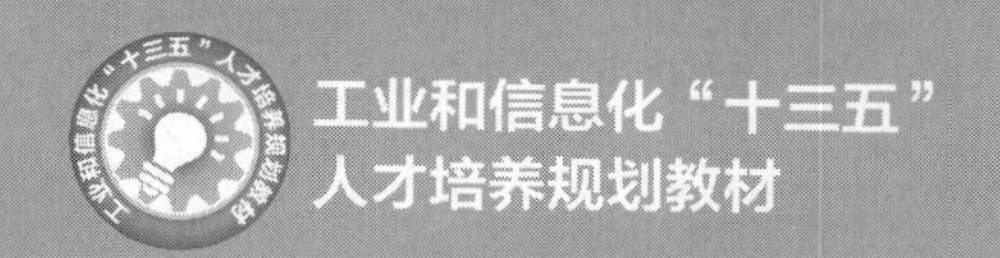

STM32嵌入式技术应用开发全案例实践

Cases Practice of STM32 Embedded Technology Application and Development

苏李果 宋丽 ◎ 主编

张叶茂 ◎ 副主编

人 民 邮 电 出 版 社

北 京

图书在版编目（CIP）数据

STM32嵌入式技术应用开发全案例实践 / 苏李果，宋丽主编. -- 北京 ：人民邮电出版社，2020.4（2023.4重印）
工业和信息化“十三五”人才培养规划教材
ISBN 978-7-115-53300-5

Ⅰ. ①S… Ⅱ. ①苏… ②宋… Ⅲ. ①微控制器－系统开发－高等学校－教材 Ⅳ. ①TP368.1

中国版本图书馆CIP数据核字(2020)第031681号

内 容 提 要

本书主要介绍STM32F4系列微控制器在工程应用中所需的基础知识、硬件外设的工作原理以及编程开发的相关技术。本书由5个项目共16个任务构成，介绍STM32的基础知识、基于STM32F4标准外设库的工程建立和STM32F4系统时钟的配置，并结合可控LED流水灯的设计与实现、智能小车运动控制系统的设计与实现、环境参数监测和显示系统的设计与实现、多机通信系统的设计与实现等案例，对GPIO、外部中断、USART、ADC、定时器、SPI、I^2C、SDIO、CAN等常用硬件外设进行讲解。

本书在内容组织上采用了“项目引领、任务驱动”的模式。针对MCU常用的硬件外设，设定了对应的应用场景作为案例，并在讲解的过程中将所需的知识点和技能点同任务实施过程有机结合了起来。案例中还融入了全国职业院校技能大赛“嵌入式技术应用开发”赛项的考核点，按照任务分析—知识链接—任务实施的路线对其展开了讨论，十分有利于读者学习与实践。

本书可作为电子信息类和通信类专业的教学用书，也可作为从事嵌入式产品设计、智能终端设备开发的工程技术人员的自学用书。

◆ 主　　编　苏李果　宋　丽
　副 主 编　张叶茂
　责任编辑　祝智敏
　责任印制　王　郁　马振武

◆ 人民邮电出版社出版发行　　北京市丰台区成寿寺路11号
　邮编　100164　　电子邮件　315@ptpress.com.cn
　网址　http://www.ptpress.com.cn
　大厂回族自治县聚鑫印刷有限责任公司印刷

◆ 开本：787×1092　1/16
　印张：20　　　　　　2020年4月第1版
　字数：481千字　　　　2023年4月河北第6次印刷

定价：62.00元

读者服务热线：(010)81055256　印装质量热线：(010)81055316
反盗版热线：(010)81055315
广告经营许可证：京东市监广登字 20170147 号

前言 FOREWORD

随着电子技术、计算机技术、通信技术的发展，嵌入式技术已无处不在。从随身携带的可穿戴智能设备，到智慧家庭中的远程抄表系统、智能洗衣机和智能音箱，再到智慧交通中的车辆导航、流量控制和信息监测等，各种创新应用及需求不断涌现。行业的发展促进了技术的进步、催生了对人才的需求，很多高校的电子信息类专业都针对嵌入式技术开设了一系列课程。微控制器是嵌入式系统的核心，掌握一种微控制器的编程应用技术是嵌入式工程师的一项必不可少的技能。

在全球微控制器领域，基于 Arm Cortex-M 内核的 MCU 的市场占有率很高。在我国，意法半导体公司的 STM32 系列 MCU 几乎占据了 Cortex-M 内核微控制器领域的半壁江山。目前，国内针对 STM32 系列 MCU 的书籍以介绍理论知识居多，辅以简单的实验对理论加以验证，应用开发实践类型的书籍成为了广大智能电子产品设计爱好者和初学者迫切需要的资料。在这样的背景下，编者结合多年的教学与工程实践经验，编写了这本《STM32 嵌入式技术应用开发全案例实践》。

本书没有采用大而全的框架结构，而是基于意法半导体公司的高性能 STM32F4 系列 MCU，介绍了在工程实践中比较常用的外设硬件，并以具体的应用场景为教学案例，引导读者进行应用的开发与实践。本书的参考学时为 64 学时，建议老师采用理论实践一体化的教学模式，理论与实践的学时比例为 4∶6，各项目的知识重点与学时建议见下表。

项目	任务	知识重点	学时建议
项目 1 走进 STM32 的世界	任务 1.1 STM32 学习八问 任务 1.2 STM32F4 标准外设库工程的建立 任务 1.3 STM32F4 系统时钟的配置	1. STM32 系列 MCU 相关的知识 2. 基于 STM32F4 标准外设库工程的建立步骤 3. STM32F4 系统时钟的配置方法	8 学时
项目 2 可控 LED 流水灯的设计与实现	任务 2.1 LED 流水灯的应用开发 任务 2.2 按键控制流水灯的应用开发 任务 2.3 串行通信控制流水灯的应用开发	1. STM32F4 的 GPIO 工作原理 2. STM32F4 的中断管理与配置 3. STM32F4 的 USART 外设的工作原理	10 学时
项目 3 智能小车运动控制系统的设计与实现	任务 3.1 智能小车循迹状态获取的应用开发 任务 3.2 智能小车供电监测模块的应用开发 任务 3.3 智能小车电机调速模块的应用开发 任务 3.4 智能小车电机测速模块的应用开发	1. STM32F4 的 ADC 外设的工作原理 2. STM32F4 的定时器基本定时、PWM 信号输出和硬件编码器功能 3. 智能小车电机调速与测速的实现原理	16 学时
项目 4 环境参数监测与显示系统的设计与实现	任务 4.1 环境温湿度监测的应用开发 任务 4.2 环境光照强度监测的应用开发 任务 4.3 环境参数持久化存储的应用开发 任务 4.4 具备交互功能的人机界面应用开发	1. 常用温湿度、光照强度传感器的工作原理 2. SD 存储卡的基本特性与读写原理 3. OLED 显示模块的工作原理 4. STM32F4 的 RTC 外设的工作原理 5. STM32F4 的 I²C、SPI 和 SDIO 总线的工作原理 6. FatFs 文件系统的移植与使用方法	18 学时

续表

项目	任务	知识重点	学时建议
项目5　多机通信系统的设计与实现	任务5.1　基于RS-485总线的多机通信应用开发 任务5.2　基于CAN总线的多机通信应用开发	1. RS-485和CAN标准 2. 自定义多机通信应用层协议的方法 3. STM32F4的bxCAN外设的工作原理 4. STM32F4标准外设库中与CAN相关的函数API	12学时

为了更好地服务广大师生，使本书更加适应当前教育信息化的需求，编写组制定了课程标准和教学计划，制作了精美的多媒体课件，编写了完整的教案，形成了一套完整的教学资源。读者可以登录人邮教育社区下载或联系编者获取教学资源。

本书由闽西职业技术学院的苏李果和宋丽担任主编，南宁职业技术学院的张叶茂担任副主编。苏李果编写了项目2、项目4和项目5，宋丽编写了项目1的任务1.2、任务1.3和项目3，张叶茂编写了项目1的任务1.1。在本书的编写过程中，编者参考并引用了意法半导体公司提供的技术资料和应用笔记，听取了多方面的建议。本书得到了百科荣创（北京）科技发展有限公司的大力支持，该公司的黄文昌工程师为本书提供了教学案例，石浪总监对本书进行了审阅；本书介绍的智能小车设备由该公司提供，相关实验案例均可在其上运行。编者在此对他们表示衷心的感谢。同时感谢“全国高等院校计算机基础教育研究会计算机基础教育教学研究项目（2019-AFCEC-048）”课题组为本书编写所做的大量工作和所给予的支持。

由于编者水平有限，书中难免存在遗漏之处，恳请广大读者批评指正。读者可以将修改建议发至邮箱Liguo-su@qq.com，以与本书编者进行交流。

苏李果

2020年4月

目录 CONTENTS

1 Chapter

项目1

走进 STM32 的世界

项目描述

本项目是嵌入式技术学习的先导篇，介绍 STM32 微控制器的基础知识，阐述基于 STM32F4 标准外设库的工程的建立与配置，并重点讲解 STM32 开发的必备知识——STM32 F4 系统时钟的配置。

（1）了解嵌入式系统的基本概念、STM32 微控制器的主要特性、内部结构与最小系统组成；

（2）了解 Keil μVision5 集成开发环境的常用菜单功能；

（3）了解 STM32 微控制器的典型应用、开发模式和学习方法；

（4）熟练掌握 STM32F4 系列微控制器的时钟系统构成；

（5）能正确安装并使用 Keil μVision5 集成开发环境；

（6）会建立并配置基于 STM32F4 标准外设库的工程；

（7）能根据应用需求进行 STM32F4 系统时钟的配置。

任务1.1 STM32学习八问

1.1.1 什么是STM32

1. STM32概述

STM32微控制器是意法半导体（ST Microelectronics，ST）有限公司出品的一系列微控制器（Micro Controller Unit，MCU）的统称。

意法半导体有限公司于1987年6月成立，由意大利的SGS微电子公司和法国的Thomson半导体公司合并而成（以下简称ST公司），是世界上最大的半导体公司之一。

STM32微控制器基于Arm Cortex®-M0、M0+、M3、M4和M7内核，这些内核是专门为高性能、低成本和低功耗的嵌入式应用设计的。STM32微控制器按内核架构可以分为以下产品系列。

- 通用微处理器产品系列：STM32MP1。
- 高性能产品系列：STM32F2、STM32F4、STM32F7、STM32H7。
- 主流产品系列：STM32F0、STM32F1、STM32F3。
- 超低功耗产品系列：STM32L0、STM32L1、STM32L4、STM32L4+。
- 无线系列：STM32WB。

图1-1-1展示了STM32微控制器的产品家族。

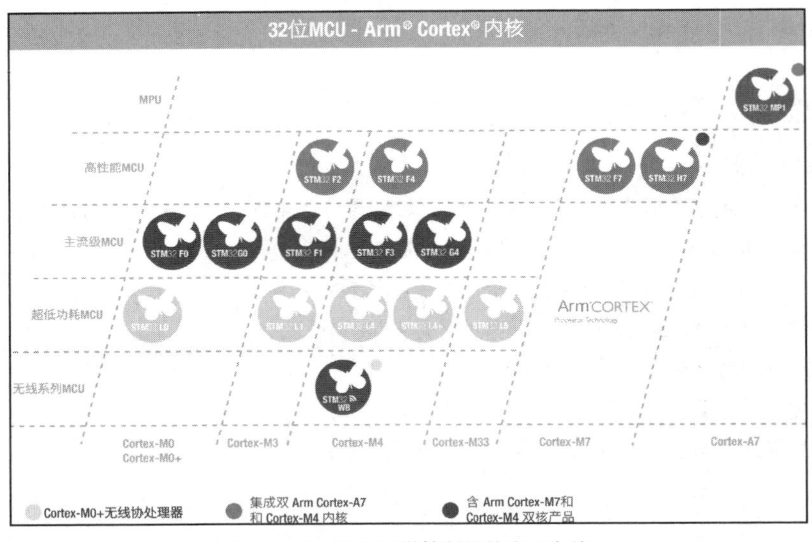

图1-1-1 STM32微控制器的产品家族

2. STM32微控制器的命名规则

各个型号的STM32微控制器在封装形式、引脚数量、静态随机存储器（SRAM）和闪存的大小、最高工作频率（影响产品的性能）等方面有所不同，开发人员可根据应用需求选择最合适的STM32微控制器来完成项目设计。STM32微控制器型号的各部分含义介绍如图1-1-2

所示。

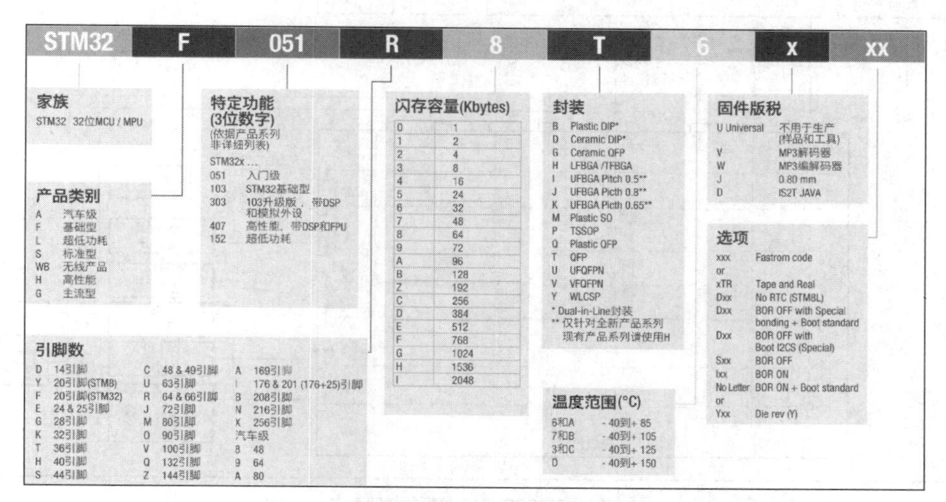

图1-1-2　STM32微控制器型号各组成部分含义介绍

下面以一个具体的 STM32 微控制器型号（STM32F407ZGT6）为例来介绍型号中各部分的含义，如表 1-1-1 所示。

表 1-1-1　STM32 微控制器型号 STM32F407ZGT6 的各部分含义介绍

序号	组成部分	具体含义
1	STM32	代表 ST 公司出品的基于 Arm Cortex®-M 内核的 32 位微控制器
2	F	代表“基础型”产品类别
3	407	代表“高性能”产品系列
4	Z	代表 MCU 的引脚数，如 T 代表 36 脚，C 代表 48 脚，R 代表 64 脚，V 代表 100 脚，Z 代表 144 脚，I 代表 176 脚等
5	G	代表 MCU 的内存容量，如 6 代表 32KB，8 代表 64KB，B 代表 128KB，C 代表 256KB，D 代表 384KB，E 代表 512KB，G 代表 1MB
6	T	代表 MCU 的封装，如 H 代表 BGA 封装，T 代表 QFP 封装，U 代表 UFQFPN 封装
7	6	代表 MCU 的工作温度范围，如 6 和 A 均代表-40~85℃，7 和 B 均代表-40~105℃

3. STM32F4 系列微控制器的系统架构

STM32F4 系列微控制器在片上集成了各种功能部件，各部件之间通过总线相连。这些功能部件包括内核（Core）、系统时钟发生器、复位电路、程序存储器、数据存储器、中断控制器、调试接口以及各种外设等。

STM32F4 系列微控制器的片上外设有：通用输入/输出（GPIO）端口、定时器（Timer）、模数转换器（ADC）、数模转换器（DAC）、通用同步/异步收发器（USART）、安全数字输入/输出（SDIO）接口、串行外设接口（SPI）、内部集成电路（IIC）接口、控制器区域网络（CAN）总线等。

图 1-1-3 展示了 STM32F4 系列微控制器的系统架构。

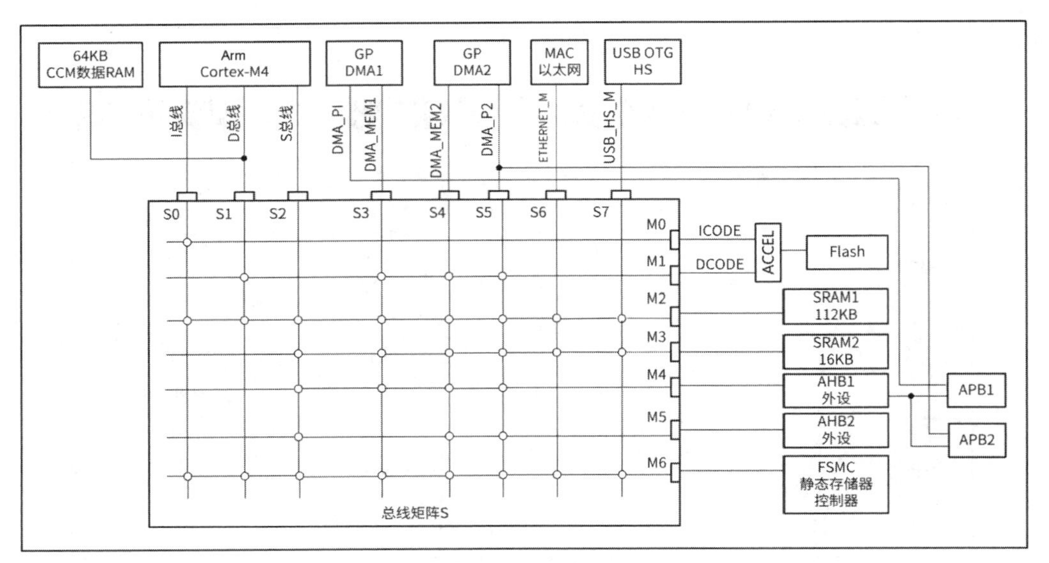

图1-1-3　STM32F4系列微控制器的系统架构

从图 1-1-3 中可以看到，主系统由 32 位多层先进的高性能总线（AHB）矩阵构成。借助 AHB 矩阵，MCU 可以实现主控总线到被控总线的访问。这样，即使多个高速外设同时运行，系统也可以实现并发访问和高效运行。

1.1.2　什么是 Arm

Arm(Advanced RISC Machines)公司是微处理器行业中的一家知名企业，它设计了大量高性能、低能耗且廉价的微处理器。Arm 公司的产品适用于多个领域，如嵌入式控制、消费/教育类多媒体、数字信号处理和移动式应用等。目前全世界超过 95%的智能手机和便携式计算机的微处理器都采用 Arm 架构。

1990 年 11 月，Arm 公司在英国剑桥正式成立，专门从事基于精简指令集计算机（Reduced Instruction Set Computer，RISC）技术的芯片设计开发工作。作为一家知识产权供应商，Arm 公司并不直接生产芯片，只出售芯片设计技术的授权，而由合作公司生产具体的芯片。世界各大半导体生产商从 Arm 公司购买其设计的微处理器核心，根据不同的应用领域加入适当的外围电路，生产出各具特色的基于 Arm 内核的微处理器芯片。目前全世界有几十家半导体公司与 Arm 公司签订了硬件技术使用许可协议，其中包括 Intel、IBM、三星半导体、NEC、SONY、飞利浦和美国国家半导体等大公司。Arm 公司软件系统的合作伙伴包括微软、SUN 和 MRI 等知名公司。图 1-1-4 展示了 Arm 公司与合作伙伴的关系。

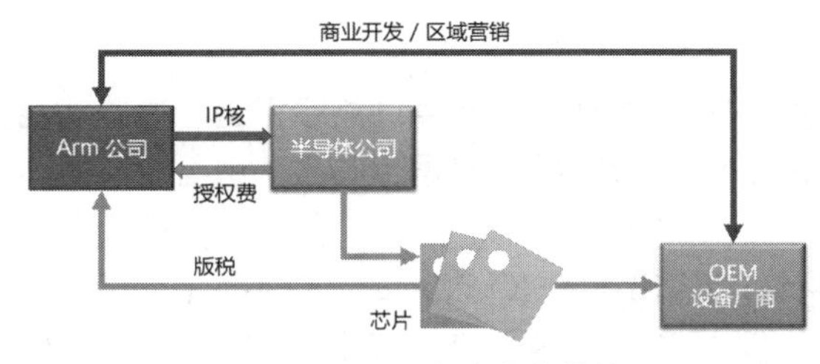

图1-1-4　Arm公司与合作伙伴的关系

综上所述，“Arm”既代表一家公司（从事基于 RISC 技术的芯片设计工作，只出售芯片设计技术的授权）的名称，又代表一种技术（微处理器核心设计），还代表一类微处理器（由半导体公司生产的基于 Arm 架构的微处理器）。

Arm 处理器经过多年的发展，产生了 Arm v1、v2、v3、v4、v5、v6、v7、v8 等不同版本的内核架构。自 Arm v7 架构开始，内核命名将 Cortex 作为前缀，分为 Cortex-A、Cortex-R 和 Cortex-M 三大系列。三大系列分工明确：Cortex-A 系列内核面向尖端的基于虚拟内存的操作系统和用户应用，如移动领域的微处理器(MPU)；Cortex-R 系列内核面向对实时性要求较高的应用；Cortex-M 系列内核主要用于微控制器。STM32 系列微控制器就是基于 Arm v7 架构中的 Cortex-M 系列内核设计出来的。

1.1.3　用 STM32 能做什么

随着电子技术、计算机技术、通信技术的发展，嵌入式技术已无处不在。从随身携带的可穿戴智能设备到智慧家庭中的远程抄表系统、智能洗衣机和智能音箱，再到智慧交通中的车辆导航、流量控制和信息监测等，各种创新应用及需求不断涌现。

电子产品得以快速更新、淘汰，其组成部分中最基础的底层架构芯片——微控制器（MCU）功不可没。目前 MCU 已成为电子产品及行业应用解决方案中不可或缺的一部分。

ST 公司在 2007 年发布了首款搭载 Arm Cortex-M3 内核的 32 位 MCU。在之后的十余年时间里，STM32 产品线又相继加入了基于 Arm Cortex-M0、Cortex-M4 和 Cortex-M7 内核的产品，产品线覆盖了通用型、低成本、超低功耗、高性能低功耗以及甚高性能等类型。正是由于 STM32 系列微控制器拥有完整的产品线和简单易用的应用开发生态系统，越来越多的领域的电子产品才将 STM32 系列微控制器作为主流的解决方案，涵盖智能硬件、智能家居、智慧城市、智慧工业、智能驾驶等领域。图 1-1-5 是生活中的一些常见的使用 STM32 系列微控制器的电子产品。

图1-1-5　使用STM32微控制器的电子产品

1.1.4　学习 STM32 必备的知识基础是什么

STM32 系列微控制器应用开发使用的编程语言主要是 C 语言。在应用开发的过程中，用户还经常需要阅读电路原理图、集成电路芯片的数据手册（Datasheet）等专业资料。因此在学习 STM32 前，应先学习“C 语言程序设计”“模拟电子电路分析与应用”“数字电子电路分析与应用”等课程。上述课程可为学习 STM32 奠定模拟和数字电子电路分析设计的原理与方法、基本的 C 语言程序设计语法与规范等知识基础。

1.1.5 学习 STM32 需要哪些工具与平台，有什么好的学习方法

1. 学习 STM32 所需的工具与平台

在开始 STM32 学习之前，我们需要先挑选一块合适的 STM32 开发板。初学者不应盲目地追求开发板的功能，应以够用为原则，重点关注开发板配套的学习资料与视频是否详细、全面。目前市面上可供选购的 STM32 开发板主要有两种：最小系统板和外设齐全的开发板，分别如图 1-1-6（a）和图 1-1-6（b）所示。上述两种开发板各有优缺点：从价格上来说，最小系统板比外设齐全的开发板便宜；从提升硬件电路的构建能力来说，在使用最小系统板进行学习时，需要自行搭建外设的应用电路，这有助于学习者更好地理解外设电路的原理，并能够提高其电路板设计与制作的能力；从使用的便利性来说，外设齐全的开发板具有绝对的优势，学习者使用这种开发板可以方便地完成芯片性能的测试、程序功能的验证以及想法创意的快速应用。

（a）最小系统板

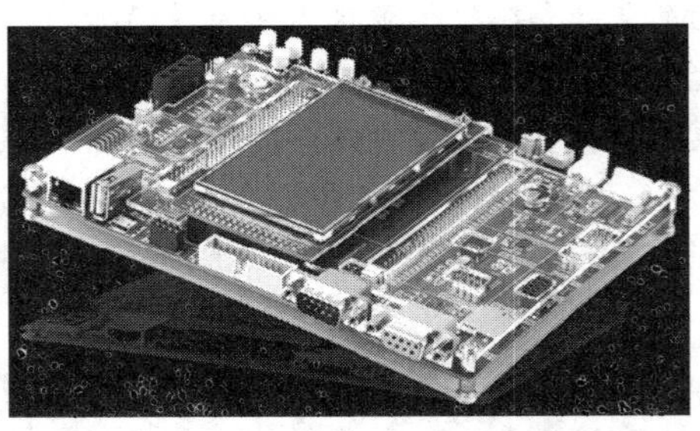

（b）外设齐全的开发板

图1-1-6 STM32开发板

ST 公司官网显示，支持 STM32 开发的集成开发环境（Integrated Development Environment，IDE）有 20 余种，其中包括商业版 IDE 和免费的 IDE。目前比较常用的商业版 IDE 有 MDK-ARM-STM32 和 IAR-EWARM，免费的 IDE 有 SW4STM32、TrueSTUDIO 和 CoIDE 等。另外，ST 公司官方推荐使用 STM32CubeMX 软件可视化地进行芯片资源和管脚的配置，然后生成项目的源程序，最后导入 IDE 中进行编译、调试与下载。常见的支持 STM32 开发的 IDE 如图 1-1-7 所示。

图1-1-7 常见的支持STM32开发的IDE

2. 学习 STM32 的方法

如果想在短时间内上手 STM32 微控制器的开发（即“入门 STM32”），初学者需要采用科学的学习方法，制定一个完善的学习计划并严格按照计划实施。

首先，不要把时间过多地花在犹豫上。人们在学习一项新技术前，可能都会经历“犹豫期”。他们会先查阅资料，了解新技术并解决心中的一些疑问，如这个技术难不难、需要什么基础、适合不适合自己等。适当的前期调研是必要的，但过多地思索却没有实际行动是永远不可能入门的。因此，如果你对 STM32 开发感兴趣，那么请不要过多地犹豫，根据后面介绍的方法按部就班地开始学习吧。

然后，准备好必需的 STM32 开发板、开发软件和学习文档。STM32 开发板与开发软件的选择可参考前文，此外，我们还需要准备以下几个必备的学习文档：一是《STM32F4xx 中文参考手册》，它介绍了 STM32F4 系列微控制器各种外设的工作原理；二是《STM32 标准外设库使用手册》，它介绍了 STM32 标准外设库函数 API 的调用方法和使用实例；三是某个型号的 STM32 微控制器的 Datasheet，该文档有助于我们了解 MCU 的电气性能、管脚分布与外设功能；四是开发板生产厂商编制的产品使用手册。

最后，一个很重要的环节是制定学习计划。

（1）快速浏览一遍文档

STM32 开发涉及的文档内容很多，没必要也无法一次性全部看完，但 STM32 开发的通用基础部分必须得看，如存储器和总线架构、电源控制、备份寄存器、复位和时钟控制、GPIO 引脚及其功能复用、中断等。具体某个外设的工作原理与使用方法在用到时再仔细阅读即可。

（2）制定分阶段目标

STM32 的学习过程可以分为以下 3 个阶段。

第一阶段是“找感觉”阶段。拿到 STM32 开发板之后，先把厂家配套的开发板使用手册浏览一遍，以熟悉开发板上的硬件组成。接下来可以按照使用手册中与开发板配套的测试例程的操作步骤，操作一遍开发板。本阶段的学习能让你找到感觉并建立自信。

第二阶段是“模仿”阶段。在了解了 STM32 开发的基本流程之后，可以选取一些例程，详细分析其工作原理与实现方法，并对例程的功能进行修改，以达到不同的运行效果。本阶段的学习能让你获得成就感。

第三阶段是“自由发挥”阶段。在熟练掌握 STM32 的开发流程并具备一定的开发经验之后，你可以选取并开发一个综合性较强的小项目。在项目的开发过程中，应严格按照实际的项目开发流程实施，不可遗漏一些重要的环节，如需求分析、系统功能描述、程序流程图绘制与软件文档编写等。通过本阶段的学习，你将积累宝贵的项目开发实战经验。

经过以上 3 个阶段的学习，你就可入门 STM32 微控制器的开发！

3. 经验之谈

（1）遇到问题怎么办

先谈谈对待问题的态度：遇到问题时不要抱怨。俗话说得好：出现问题是给你学习的机会。因此解决问题的过程可以促进能力的提升。我们应摆正态度，正视问题。

另外，遇到问题时不要马上四处求助。当问题刚出现时，你可能还无法看清问题的全貌，也无法用最合适的语言将问题表述清楚以使别人理解并做出回答。因此在遇到问题时，应先查资料，自己尝试解决问题。

如果经过一番分析，你仍然无法解决问题且必须向他人请教时，应注意提问题的艺术，即不问不具体的问题。如“FreeRTOS如何移植？”这个问题，需要非常大的篇幅才能阐述清楚，因此类似的问题是需要避免的。换个角度，如果我们将项目实施过程中遇到的具体问题提出来并向技术“大师”请教，有经验的人可能几句话就可以解答，因此这才是正确的提问方式。

（2）学习过程中注意总结经验

在STM32的学习过程中，可能会遇到很多问题，你通过自己的努力解决了这些问题，并获得了成就感，但是过了一段时间你可能会忘记当时的解决方法与步骤。因此在学习过程中，花一点时间进行经验总结是非常有必要的。如果我们能将总结文档发布到博客中进行分享，则可为遇到相同问题的人提供帮助，何乐而不为呢？

1.1.6 如何搭建STM32F4系列微控制器的最小系统

一般来说，STM32F4xx微控制器的最小系统应包含以下6个部分。

1. STM32F4xx微控制器

STM32F407ZGT6、STM32F405RGT6等型号的微控制器均属于STM32F4xx微控制器。

2. 电源

最小系统板的电源可采用多种不同的芯片组合方案。如果最小系统板采用12V直流电压适配器供电，则电源可采用“LM2596+ASM1117”的芯片组合方案，其中LM2596芯片将12V直流电压转换为4V，ASM1117芯片将4V直流电压转换为3.3V后为微控制器供电。电源的电路原理图如图1-1-8所示。

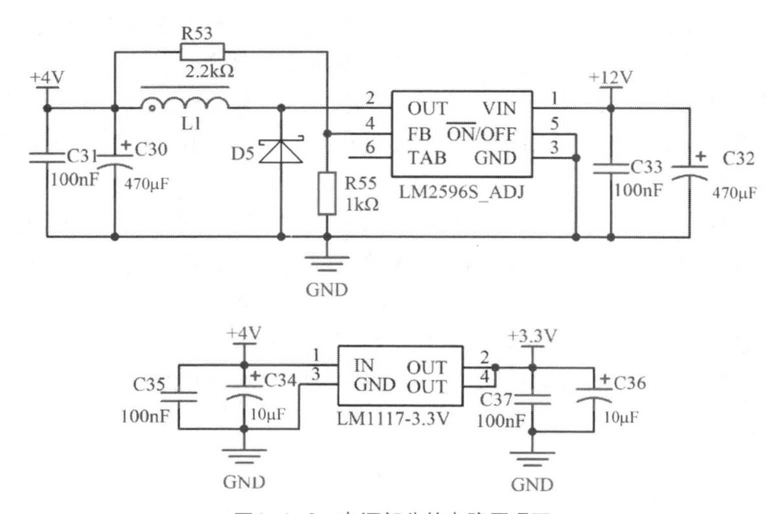

图1-1-8 电源部分的电路原理图

3. 外部晶振

STM32F4系列微控制器的最小系统板需要安装两个外部晶振：高频晶振（频率为8MHz或

者25MHz）和低频晶振（频率为32.768kHz）。外部晶振的电路原理图如图1-1-9所示。

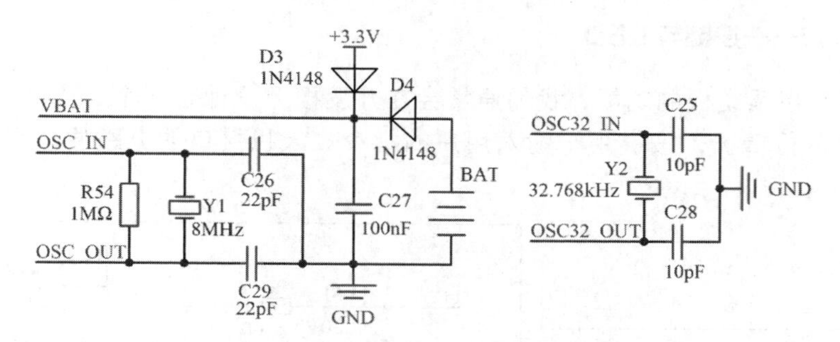

图1-1-9　外部晶振的电路原理图

4．JTAG仿真调试接口

用户通过JTAG仿真调试接口将STM32开发板与J-Link或ST-Link仿真器相连，然后通过集成开发环境进行程序下载或完成在线调试。JTAG仿真调试接口的电路原理图如图1-1-10所示。

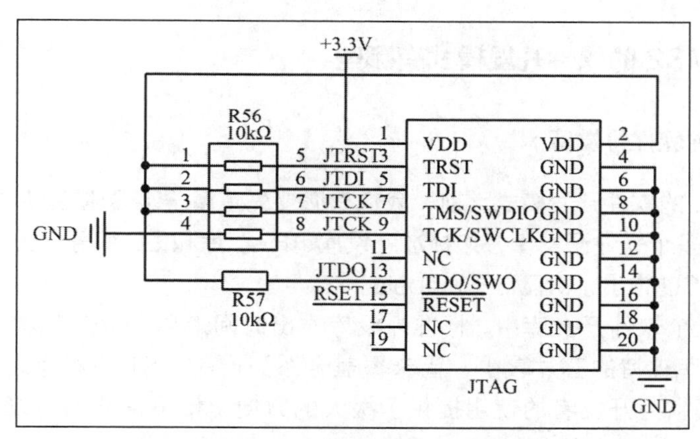

图1-1-10　JTAG仿真调试接口的电路原理图

5．启动模式配置电路

STM32微控制器有3种启动模式，它们对应的存储介质都是芯片内置的，分别是主Flash存储器、系统存储器和内置SRAM。用户通过配置两个启动模式选择引脚（BOOT0和BOOT1）可选择从哪个存储介质启动。启动模式配置方法见表1-1-2。

表1-1-2　启动模式配置方法

启动模式选择引脚		存储介质	说明
BOOT1	BOOT0		
X	0	主Flash存储器	这是正常的启动模式
0	1	系统存储器	这种启动模式一般用于从串口下载程序
1	1	内置SRAM	这种启动模式一般用于调试

启动模式配置电路的原理图如图 1-1-11 所示。

6. 人机接口——按键与 LED

为了验证最小系统板的功能，我们通常会在开发板上设计若干个 LED 与按键。LED 用于显示程序的运行情况，按键用于输入用户的指令。人机接口的电路原理图如图 1-1-12 所示。

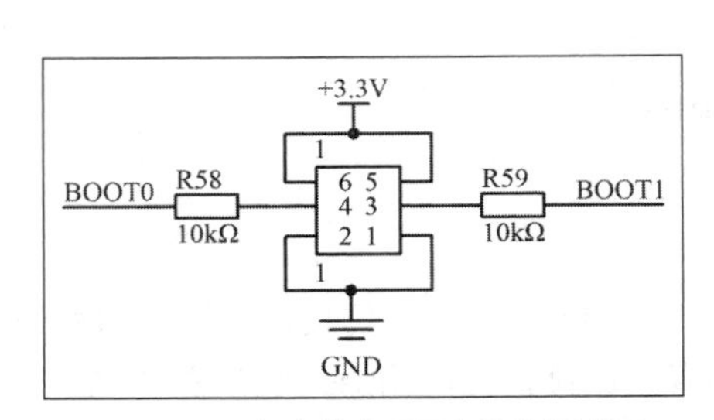

图1-1-11 启动模式配置电路的原理图

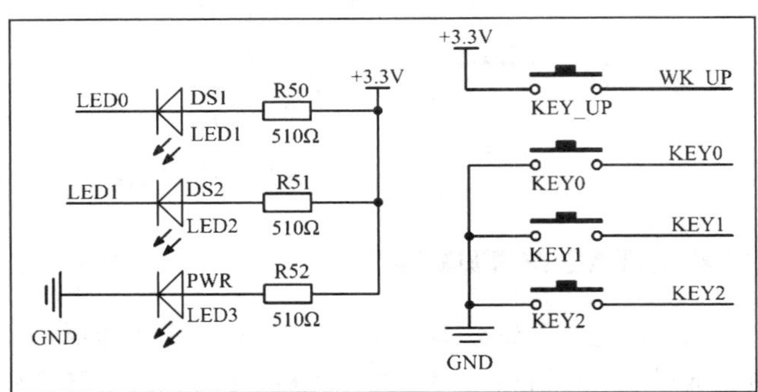

图1-1-12 人机接口的电路原理图

1.1.7 STM32 的软件开发模式有哪些

1. STM32 的软件开发库

在学习 STM32 的软件开发模式之前，我们有必要先了解一下 STM32 的软件开发库。ST 公司为开发者提供了多个软件开发库，如标准外设库、HAL 库和 LL 库等。另外，ST 公司还针对 F0 与 L0 系列的 MCU 推出了 STM32Snippets。

上面提到的几个软件开发库中，标准外设库推出时间最早，HAL 库次之，LL 库是最近才新增的。目前 LL 库支持的芯片较少，尚未覆盖全系列产品。ST 公司为这些软件开发库配套了齐备的开发文档，为开发者的使用提供了极大的方便。接下来分别对以上几种软件开发库进行介绍。

（1）STM32Snippets

STM32Snippets 是 ST 公司推出的提供高度优化且立即可用功能的寄存器级代码段集合，以最大限度地发挥 STM32 微控制器应用设计的性能和能效的软件开发库。寄存器级的编程虽然可降低内存占用率，节省宝贵的处理器时钟周期，降低电源电流消耗，但通常需要开发者花费很多时间和精力研究产品手册。另外，这种开发模式的缺点是代码在不同系列的 STM32 微控制器之间没有可移植性。

（2）标准外设库

标准外设库（Standard Peripherals Library）是对 STM32 微控制器进行了完整封装的库，它包括了 STM32 微控制器所有外设的驱动描述和应用实例，为开发者访问底层硬件提供了一个中间函数 API。通过标准外设库，开发者无须深入掌握底层硬件的细节就可以轻松驱动外设，快速部署应用。因此，使用标准外设库可以减少开发者驱动片上外设的编程工作量，降低时间成本。

标准外设库早期的版本也称为固件函数库或固件库，它是目前使用最多的库，缺点是不支持近期推出的 L0、L4 和 F7 等系列的 MCU。

ST 公司为各个不同系列的 MCU 提供的标准外设库的内容是有区别的。例如，STM32F1xx 的库和 STM32F4xx 的库在文件结构与内部实现上有所不同。因此基于标准外设库开发的程序在不同系列的 MCU 之间的可移植性较差。

（3）HAL 库与 LL 库

为了减少开发者的工作量，提高程序开发效率，ST 公司发布了一个新的软件开发工具产品——STM32Cube。这个产品由图形化配置工具 STM32CubeMX、库函数（HAL 库与 LL 库）以及一系列中间件（RTOS、USB 库、文件系统、TCP/IP 协议栈和图形库等）构成。

硬件抽象层（Hardware Abstraction Layer，HAL）库是 ST 公司为 STM32 系列微控制器推出的硬件抽象层嵌入式软件，它可以提高程序在不同系列产品之间的可移植性。

与标准外设库相比，HAL 库表现出了更高的抽象整合水平。HAL 库的应用程序编程接口（API）集中关注各外设的公共函数功能，定义了一套通用的、对用户友好的 API 函数，开发者可以轻松地将程序从一个系列的 STM32 微控制器移植到另一个系列。目前，HAL 库支持 STM32 全系列产品，它是 ST 公司未来主推的库。

低层（Low Layer，LL）库是 ST 最近新增的库，与 HAL 库捆绑发布，其说明文档也与 HAL 库的文档编写在一起。例如，在 STM32L4xx 的 HAL 库说明文档中，新增了 LL 库这一部分。

下面从可移植性、程序优化、易用性、程序可读性和支持硬件系列等方面对各软件开发库进行比较，结果如表 1-1-3 所示。

表 1-1-3 软件开发库的比较结果

软件开发库名称		可移植性	程序优化（内存占用&执行效率）	易用性	程序可读性	支持硬件系列
STM32Snippets			+++			+
标准外设库		++	++	+	++	+++
STM32Cube	HAL 库	+++	+	++	+++	+++
	LL 库	+	+++	+	++	++

注：“+”越多，表示对应的某项特性越好。

目前，各软件开发库对不同系列 STM32 微控制器的支持情况如表 1-1-4 所示。

表 1-1-4 各软件开发库对不同系列 STM32 微控制器的支持情况

开发库名称	STM32 F0	STM32 F1	STM32 F3	STM32 F2	STM32 F4	STM32 F7	STM32 L0	STM32 L1	STM32 L4
STM32Snippets	Now	N.A.	N.A.	N.A.	N.A.	N.A.	Now	N.A.	N.A.
标准外设库	Now	Now	Now	Now	Now	N.A.	N.A.	Now	N.A.
HAL 库	Now	Now	Now	Now	Now	Now	Now	Now	Now
LL 库	Now	Now	Now	Now	Now	Now	Now	Now	Now

注：“Now”表示该软件开发库已支持相应系列的 MCU，“N.A.”反之。

2. STM32的软件开发模式

开发者可基于ST公司提供的软件开发库进行应用程序的开发，常用的STM32软件开发模式主要有以下3种。

（1）基于寄存器的开发模式

基于寄存器编写的代码简练、执行效率高。这种开发模式有助于开发者从细节上了解STM32系列微控制器的架构与工作原理，但由于STM32系列微控制器的片上外设多且寄存器功能复杂，因此开发者需要花费很多时间和精力研究产品手册。这种开发模式的另一个缺点是：基于寄存器编写的代码后期维护难、可移植性差。总体来说，这种开发模式适合有较强编程功底的开发者。

（2）基于标准外设库的开发模式

基于标准外设库的开发模式对开发者的能力要求较低，开发者只要会调用API函数即可编写程序。基于标准外设库编写的代码容错性好且后期维护简单，但是其运行速度相对于基于寄存器编写的代码偏慢。另外，基于标准外设库的开发模式与基于寄存器的开发模式相比不利于开发者深入掌握STM32系列微控制器的架构与工作原理。总体来说，这种开发模式适合想要快速入门的初学者，因此大多数初学者会选择这种开发模式编写代码。

（3）基于STM32Cube的开发模式

开发者基于STM32Cube开发软件的流程如下：

- 首先，根据应用需求使用图形化配置工具对MCU片上外设进行配置；
- 然后，生成基于HAL库或LL库的初始代码；
- 最后，将生成的代码导入集成开发环境并进行编辑、编译和运行。

基于STM32Cube的开发模式的优点有以下3个。

① 初始代码框架自动生成，简化了开发者新建工程、编写初始代码的过程。

② 图形化配置工具操作简单、界面直观，为开发者节省了查询数据手册以了解引脚与外设功能的时间。

③ HAL库的特性决定了基于STM32Cube编写的代码可移植性最好。

当然，这种开发模式也有其缺点，如函数调用关系较复杂、程序执行效率偏低以及对初学者不友好等。

本书在综合考虑各种软件开发模式难易程度的基础上，选取了对初学者比较友好的“基于标准外设库的开发模式”展开讨论。

1.1.8 STM32F4标准外设库的文件结构是怎样的

截至本书出版，在ST公司官网上可下载到的STM32F4标准外设库的最新版本是V1.8.0，将压缩包解压后的文件结构如图1-1-13所示。

对图1-1-13中文件夹与文件的说明如下：

- _htmresc文件夹存放ST公司的Logo；
- Libraries文件夹存放标准外设库的源代码与启动文件等；
- Project文件夹存放官方范例与工程模板；
- Utilities文件夹存放ST公司官方开发板的示例代码，可作为学习的参考文件；
- .chm文件是STM32F4标准外设库的API说明与编程示例。

用户在使用标准外设库进行STM32开发时，需要用到的库函数主要在Libraries文件夹中。

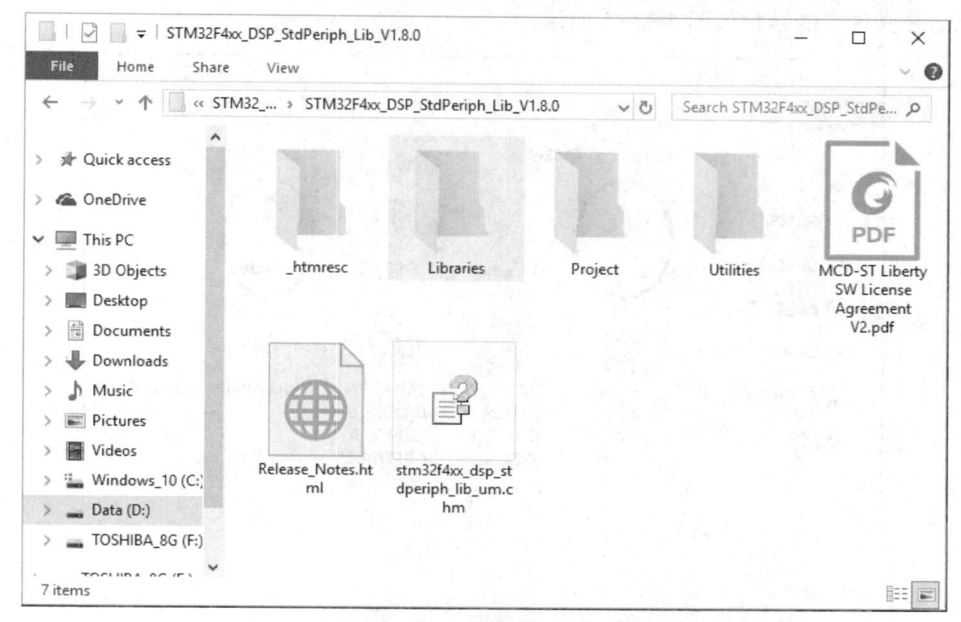

图1-1-13 STM32F4标准外设库的文件结构

任务1.2 STM32F4标准外设库工程的建立

1.2.1 任务分析

本任务要求在Keil μVision5集成开发环境下建立基于STM32F4标准外设库的工程，在工程中添加必要的文件，正确地配置、编译工程，并将其下载至开发板中运行。

本任务涉及的知识点有：

- STM32F4标准外设库中的重要文件；
- STM32F4标准外设库帮助文档的使用方法；
- 基于STM32F4标准外设库的工程的建立步骤。

1.2.2 知识链接

1. 认识STM32F4标准外设库中的重要文件

通过对任务1.1的学习，我们已经了解了STM32F4标准外设库的文件结构。但如果要建立基于STM32F4标准外设库的工程，则仅了解库的文件结构是不够的，还要进一步学习库里的重要文件。

工程建立所需的文件主要位于STM32F4标准外设库的Libraries文件夹和Project文件夹中。Libraries文件夹中包含CMSIS与STM32F4xx_StdPeriph_Driver两个子文件夹。Project文件夹中包含stm32f4xx_it.c和stm32f4xx_conf.h文件。

（1）CMSIS 文件夹

CMSIS 文件夹的结构如图 1-2-1 所示。

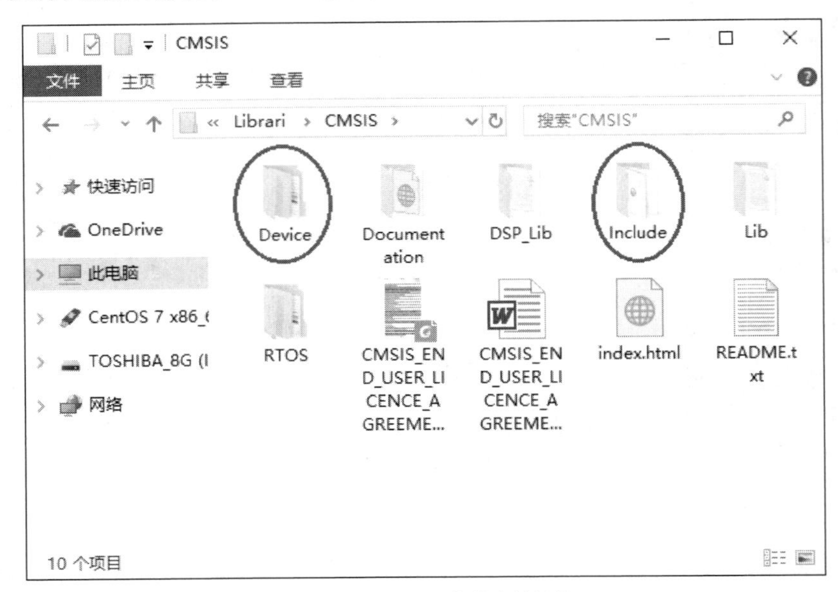

图1-2-1　CMSIS文件夹的结构

图 1-2-1 中的 Device 和 Include 文件夹中存放了建立工程所需的文件，它们的介绍如下。

① stm32f4xx.h

文件路径：Libraries\CMSIS\Device\ST\STM32F4xx\Include。

stm32f4xx.h 文件包括 STM32F4 系列微控制器的中断优先级定义、外设寄存器的结构体类型定义和寄存器操作的宏定义等。

② system_stm32f4xx.c

文件路径：Libraries\CMSIS\Device\ST\STM32F4xx\Source\Templates。

system_stm32f4xx.c 文件定义了一个重要函数，即 STM32F4 芯片通电后的系统时钟初始化函数—— SystemInit()函数。这个函数在启动文件中用汇编语言调用，并根据相关配置参数进行系统时钟的初始化。如 STM32F407ZGT6 的系统时钟默认被初始化为 168 MHz。

③ system_stm32f4xx.h

文件路径：Libraries\CMSIS\Device\ST\STM32F4xx\Include。

system_stm32f4xx.h 文件是 system_stm32f4xx.c 的头文件。

④ startup_stm32f40_41xx.s

文件路径：Libraries\CMSIS\Device\ST\STM32F4xx\Source\Templates\arm。

startup_stm32f40_41xx.s 文件是 STM32F4 系列微控制器在 MDK-Arm-STM32 集成开发环境中的启动文件，它是用汇编语言编写的。若用户使用不同的集成开发环境，则应选择相应的启动文件。

⑤ core_cm4.h、core_cmFunc.h、corecmInstr.h、core_cmSimd.h

文件路径：Libraries\CMSIS\Include。

Include 文件夹中包含了遵循 CMSIS 标准的 Cortex-M 内核通用的头文件，它们为基于

Cortex-M 内核的 SoC 芯片外设提供了内核 API，定义了与内核相关的寄存器。STM32F4 系列微控制器的工程中需要 core_cm4.h、core_cmFunc.h、corecmInstr.h、core_cmSimd.h 这 4 个头文件。

（2）STM32F4xx_StdPeriph_Driver 文件夹

STM32F4xx_StdPeriph_Driver 文件夹的结构如图 1-2-2 所示。

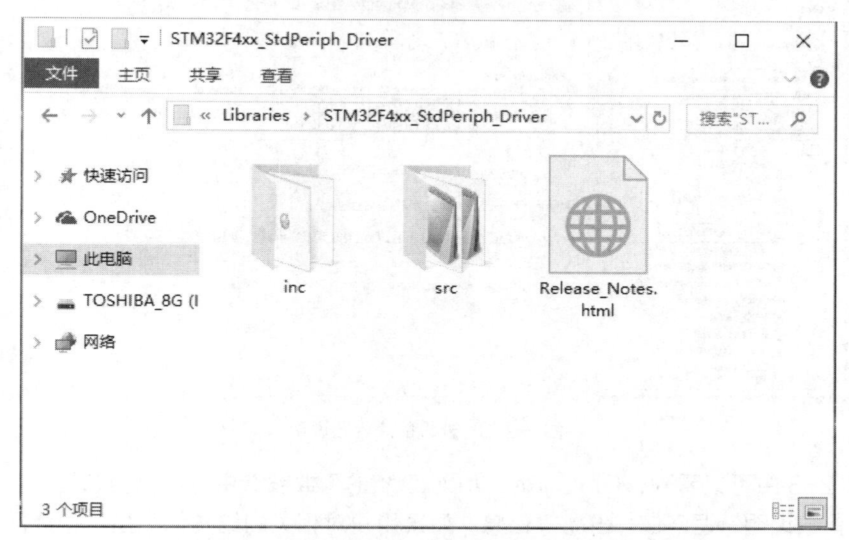

图1-2-2　STM32F4xx_StdPeriph_Driver文件夹的结构

由图 1-2-2 可知，STM32F4xx_StdPeriph_Driver 文件夹中有两个子文件夹，分别是 inc 文件夹和 src 文件夹。其中，src 文件夹存放 STM32F4 系列微控制器所有外设的驱动程序源代码，inc 文件夹存放外设驱动程序源代码相应的头文件。这两个文件夹里的内容是标准外设库的核心内容。

（3）中断服务程序文件 stm32f4xx_it.c

STM32F4 系列微控制器的中断服务程序一般在 stm32f4xx_it.c 文件中进行编写，相应的头文件是 stm32f4xx_it.h。在 ST 公司官方工程模板的这个文件里已经定义了一些系统异常（特殊中断）的接口函数，我们还可在此文件中自行定义普通中断服务程序函数。上述两个文件的路径：Project\STM32F4xx_StdPeriph_Templates。

（4）标准外设库功能裁减文件 stm32f4xx_conf.h

STM32F4 系列微控制器的外设种类繁多，为了精简工程并提高编译速度，可将暂时不用的外设库文件从工程中删除，通过配置 stm32f4xx_conf.h 文件可实现上述功能。该文件的路径：Project\STM32F4xx_StdPeriph_Templates。

2. 正确使用标准外设库的帮助文档

我们在使用 STM32F4 标准外设库进行程序设计时，经常要调用某种外设驱动的库函数。库函数的数量庞大，为了实现快速调用，我们应熟练掌握库函数的查阅方法。

STM32F4 标准外设库提供了一个帮助文档，名为“stm32f4xx_dsp_stdperiph_lib_um.chm”，通过这个文档可以快速查阅函数原型、功能说明、参数说明、返回值及其出处。

打开帮助文档后，依次展开标签：Modules→STM32F4xx_StdPeriph_Driver，可找到各种外设（如 ADC、DMA、TIM、USART 等）的库函数说明，如图 1-2-3 所示。

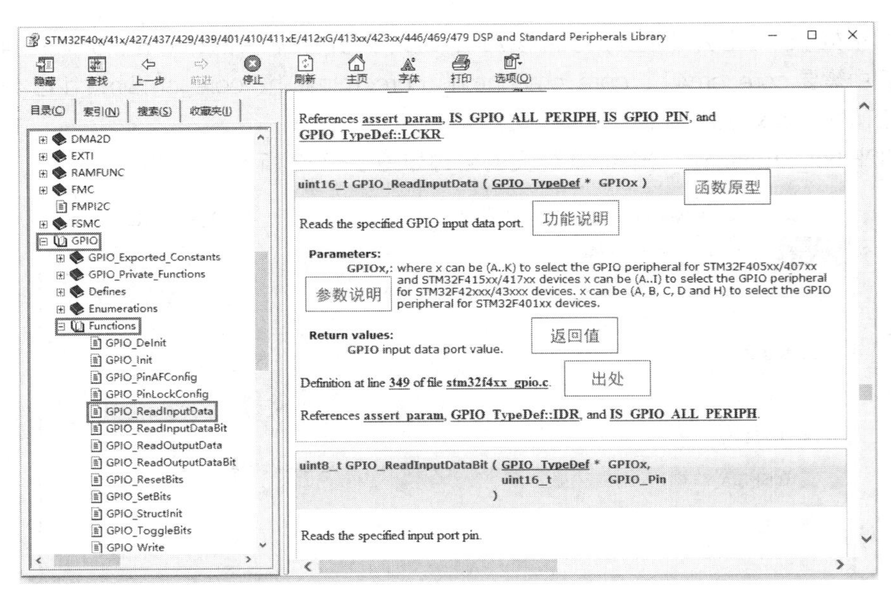

图1-2-3 外设的库函数说明

从图 1-2-3 中可以看到，GPIO_ReadInputData()函数被选中。右侧窗格显示了函数原型、功能说明、参数说明、返回值、出处等信息。如果用户对相关的结构体类型存在疑问，可单击超链接跳至其定义处进行查看。

1.2.3 任务实施

1. 建立工程文件夹

一个 STM32 工程通常包含多个源代码。随着对 STM32 学习的深入，我们建立的工程将会越来越复杂，包含的源代码数量也会越来越多。为了实现工程的科学管理，我们应对工程文件夹的命名与结构进行合理规划。

STM32 工程包含的文件主要有以下几类：用户编写的应用层程序文件、硬件外设驱动程序文件、STM32F4 标准外设库文件、Cortex-M4 内核相关文件与启动文件等。为了使工程结构更加清晰，我们可通过建立文件夹来分门别类地存放上述文件。

先建立名为“STM32F407_Template”的工程文件夹，并在其下建立 5 个子文件夹。工程子文件夹的名称与用途如表 1-2-1 所示。

表 1-2-1 工程子文件夹的名称与用途

序号	子文件夹名称	用途
1	USER	存放用户编写的应用层程序文件、工程文件
2	HARDWARE	存放硬件外设驱动程序文件
3	FWLIB	存放 STM32F4 标准外设库文件
4	CORE	存放 Cortex-M4 内核相关文件、启动文件
5	OBJ	存放编译产生的各种中间文件

注：表中工程子文件夹的结构仅供参考，用户可根据自己的工作习惯进行调整。

2. 为工程的子文件夹添加文件

工程文件夹建好以后，在新建工程前，我们应将必要的文件先加入相应的子文件夹中。

（1）USER 文件夹

将 stm32f4xx.h、system_stm32f4xx.c、system_stm32f4xx.h、stm32f4xx_it.c、stm32f4xx_it.h 和 stm32f4xx_conf.h 文件复制到 USER 文件夹中，这些文件的具体路径见 1.2.2 节。另外，新建 main.c 文件并存入此文件夹中。

（2）HARDWARE 文件夹

本工程未涉及硬件驱动程序的编写，故此文件夹暂时留空。

（3）FWLIB 文件夹

将 STM32F4xx_StdPeriph_Driver 文件夹中的 inc 和 src 文件夹中的所有内容复制到 FWLIB 文件夹中，并保留原始文件架构。

（4）CORE 文件夹

将 startup_stm32f40_41xx.s、core_cm4.h、core_cmFunc.h、corecmInstr.h 和 core_cmSimd.h 文件复制到 CORE 文件夹中，这些文件的具体路径见 1.2.2 节。

3. 新建工程

打开 Keil μVision5 软件，单击“Project”菜单下的“new uVision Project”选项新建工程，保存工程名为“Template”，并将其存放在 USER 文件夹中。

工程保存完毕后，工程建立向导会弹出“MCU 型号选择”对话框，用户可根据开发板所用的 MCU 型号进行配置，然后单击“OK”按钮进行保存。MCU 型号选择界面如图 1-2-4 所示，图中选取的 MCU 型号为 STM32F407ZGTx。

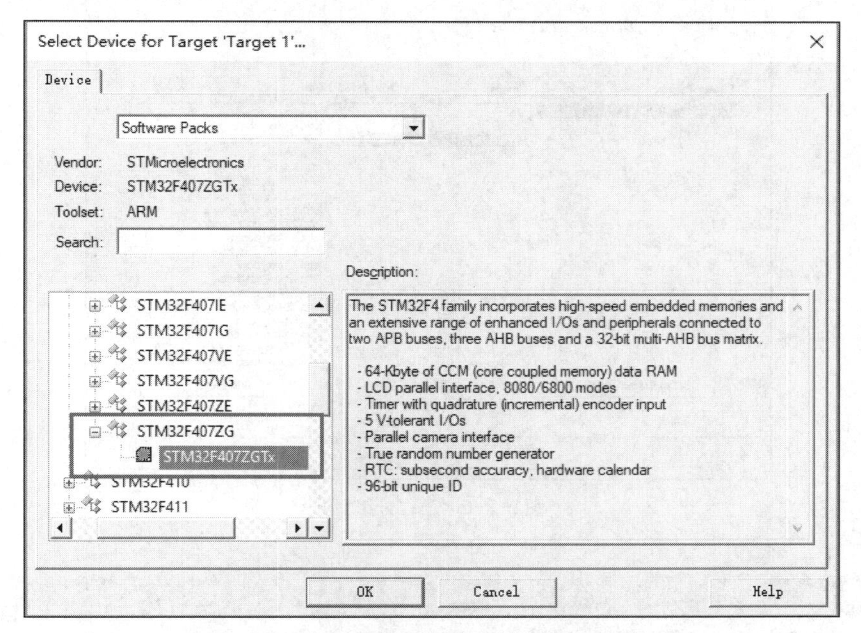

图1-2-4 MCU型号选择界面

4．新建组（Group）并添加相应文件

工程建好以后，为了使工程架构更加清晰，我们应将程序文件归类分组。分组的依据是工程子文件夹的架构。我们在 Keil μVision5 软件开发窗口左侧的 Project 窗格上单击右键，在弹出的快捷菜单中选择“Manage Project Items...”选项，即可进入工程管理窗口，如图 1-2-5 所示。

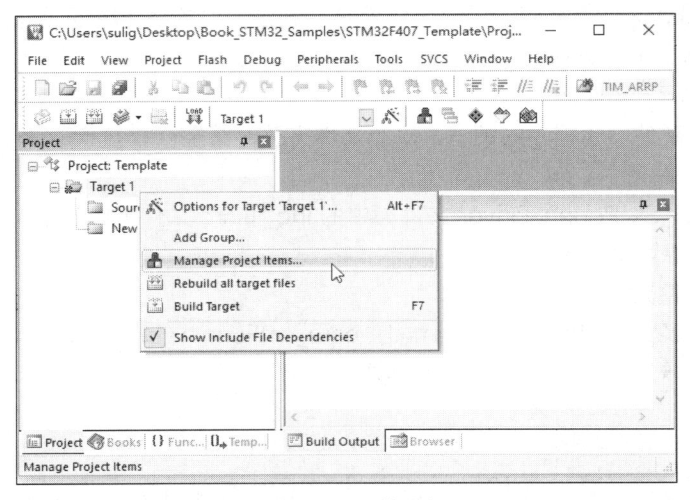

图1-2-5　工程管理窗口

根据工程子文件夹的架构，我们为“Groups”栏添加 USER、HARDWARE、FWLIB、CORE 等几个分组，并在分组中添加相应的程序文件。完成后的工程分组情况如图 1-2-6 所示。

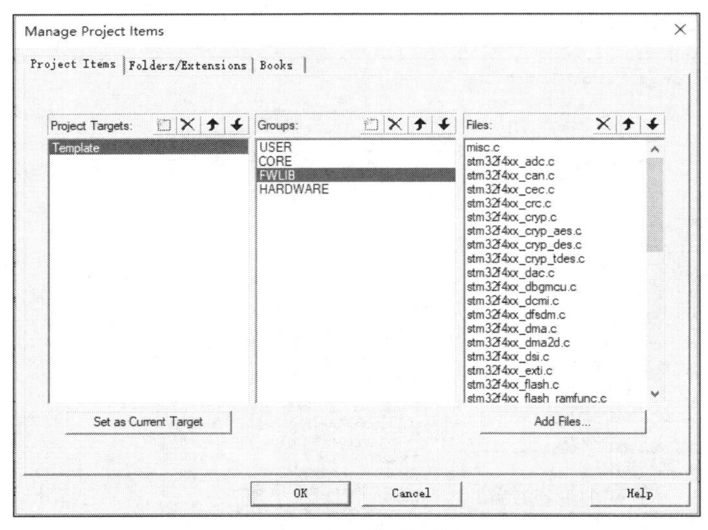

图1-2-6　工程分组情况

注意

此处主要添加“.c”和“.s”文件，“.h”文件无须添加。

5. 配置文件是否加入编译

STM32F407 微控制器没有 FMC、DMA2D 和 LTDC 外设，将所有的 STM32F4 标准外设库文件都加入工程以后，工程在编译时会出错。我们可将相应的库文件从工程中屏蔽以解决此问题，具体的操作流程如下：

（1）在要屏蔽的文件上右击；

（2）在弹出的快捷菜单中选择“Options for File …”菜单项；

（3）在弹出的配置界面中，取消“Include In Target Build”复选框的勾选；

（4）单击“OK”按钮确认。

编译选项配置的具体步骤如图 1-2-7 和图 1-2-8 所示。

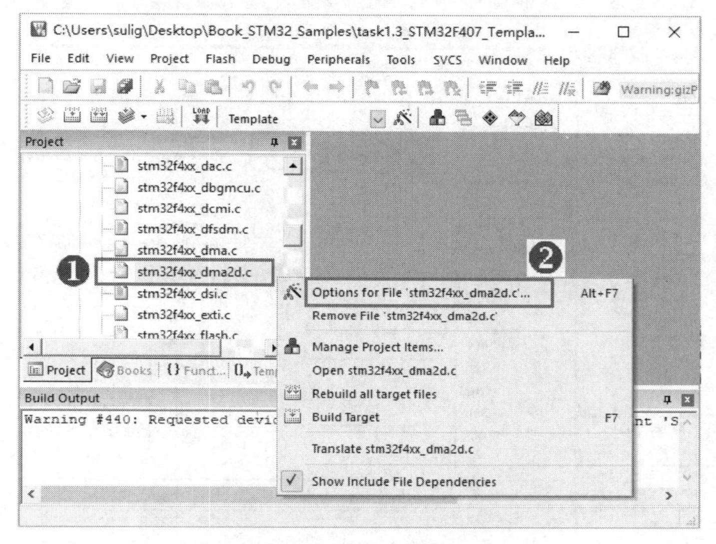

图1-2-7　编译选项配置一

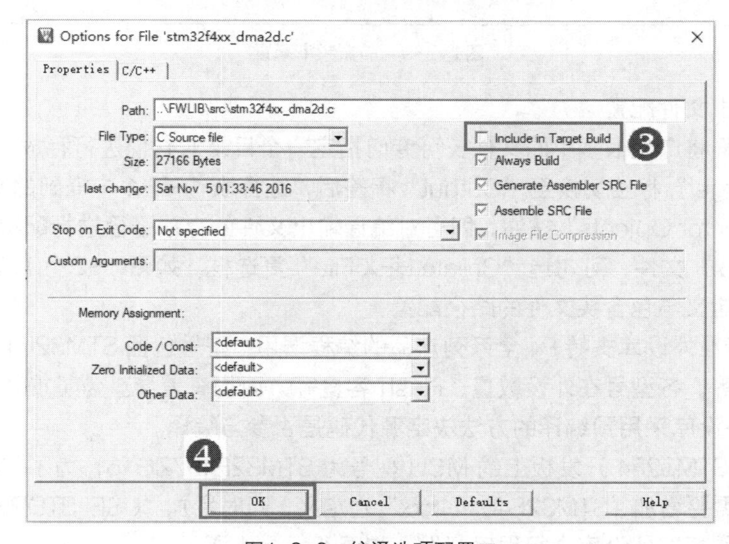

图1-2-8　编译选项配置二

6. 工程配置

在工程中加入必要的文件后，还须对工程进行配置才能对其进行编译。主要配置步骤如下。

（1）晶振频率配置

晶振频率应根据开发板实际使用的 MCU 型号进行配置。单击 Keil μVision5 软件工具栏上的“魔术棒”图标，弹出“工程配置”对话框后，切换至“Target”标签。编者使用的 STM32F4 开发板上的晶振频率为 8 MHz，所以应将 Xtal（MHz）后的数字修改为“8.0”，如图 1-2-9 所示。

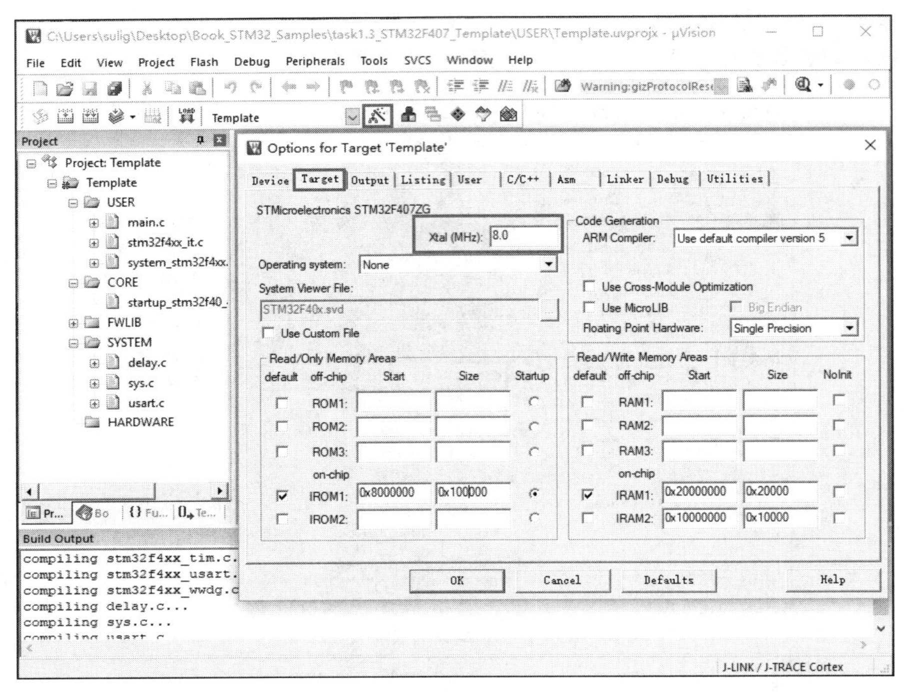

图1-2-9 晶振频率配置

（2）编译输出文件配置

工程编译过程将产生很多中间文件，可专门指定一个目录对它们进行存放。将“工程配置”对话框中的“Target”标签切换至“Output”标签后，选择表 1-2-1 中提到的 OBJ 文件夹，单击“Select Folder for Objects”按钮，即可对编译输出文件的存放路径进行配置。另外，如果需要编译产生“.hex”文件，可勾选“Create HEX File”复选框，如图 1-2-10 所示。

（3）重要宏定义与包含头文件的路径配置

STM32F4 标准外设库支持 F4 全系列产品的编程调用，型号包括 STM32F40x、STM32F41x 和 STM32F42X 等，各型号在外设数量、Flash 容量等方面均有差异。为了提高代码的易用性，STM32F4 标准外设库采用预编译的方法决定源代码是否参与编译。

编者使用的 STM32F4 开发板上的 MCU 型号为 STM32F407ZGT6，为了使标准外设库中相应的代码生效，需要增加“STM32F40_41xxx”宏定义，同时增加“USE_STDPERIPH_DRIVER”宏定义，代表使用标准外设库进行程序开发，如图 1-2-11 所示。

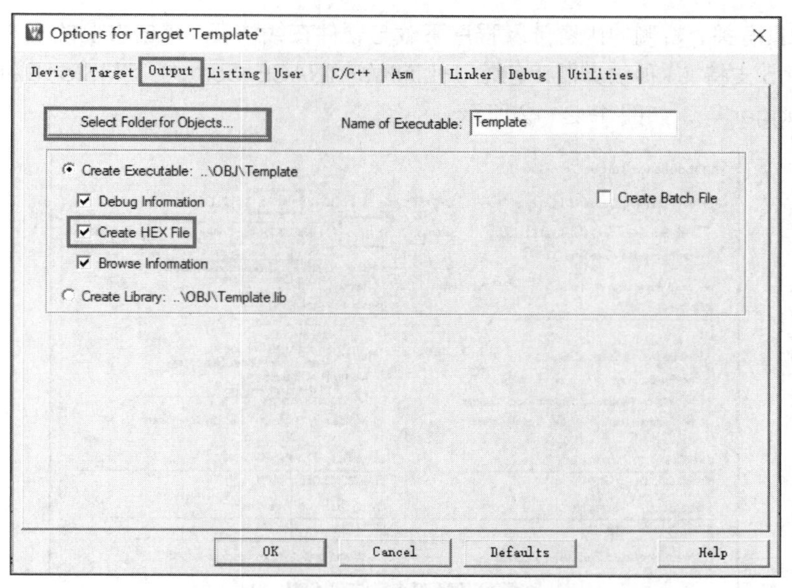

图1-2-10 编译输出文件配置

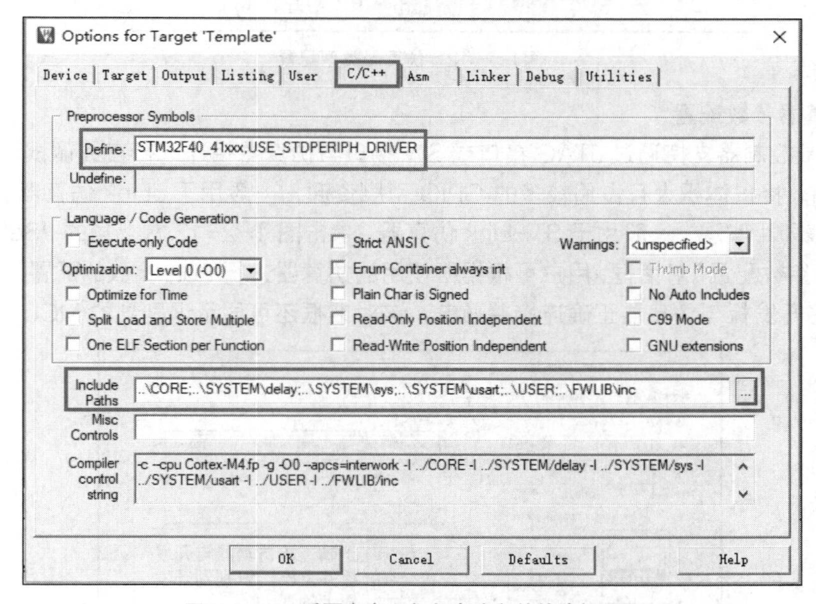

图1-2-11 重要宏定义与包含头文件的路径配置

在使用 Keil μVision5 进行工程编译之前，我们需要指定“.h”头文件所在的路径，否则在编译时会出现无法找到头文件的情况。单击“Include Paths”右侧的按钮，可将需要包含的“.h”头文件所在的路径都加入其中，如图 1-2-11 所示。

（4）仿真器类型配置

Keil μVision5 支持的仿真器类型很多。工程编译成功以后，在将程序下载到 MCU 中或者运行软件仿真之前，我们应根据实际所用的仿真器类型对工程进行配置。将“工程配置”对话框中的“C/C++”标签切换到“Debug”标签后，可以看到“Debug”配置界面分左右两边，左侧的内容与软件仿真有关，右侧的内容涉及程序下载与硬件在线仿真。单击右侧的下拉按钮，可以看到 Keil μVision5 支持 13 种仿真器，包括 J-LINK/J-TRACE Cortex、CMSIS-DAPDebugger、ST-LinkDebugger 等，如图 1-2-12 所示。

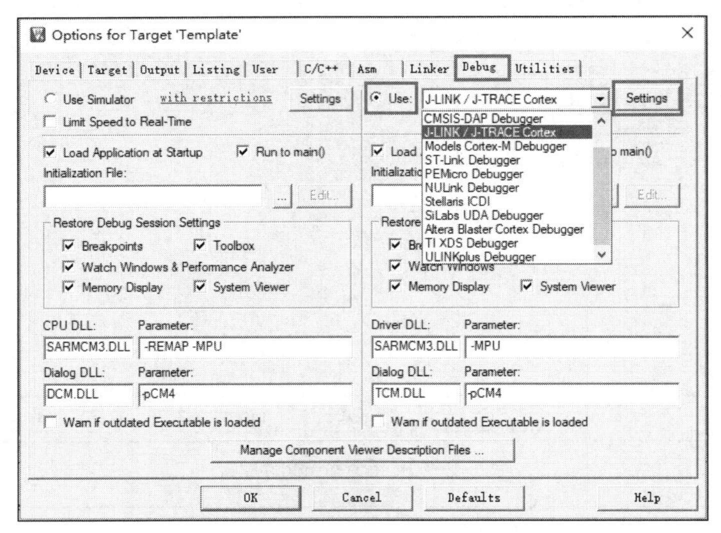

图1-2-12　仿真器类型配置

（5）仿真器参数配置

STM32 微控制器支持通过 JTAG 接口或 SW 接口与仿真器相连进行在线调试。完整的 JTAG 接口为 20Pin，接口体积大且占用较多的 GPIO 引脚资源，一般用于 JLink 仿真器。而 SW 接口只需 3 根连线即可实现，一般用于 ST-Link 仿真器。单击图 1-2-12 右上角的“Settings”按钮，打开“仿真器参数配置”对话框，用户可根据所使用的仿真器进行 Port 参数的配置，如图 1-2-13 所示。如果将开发板与仿真器正确连接并通电，该对话框还可显示识别到的 MCU。

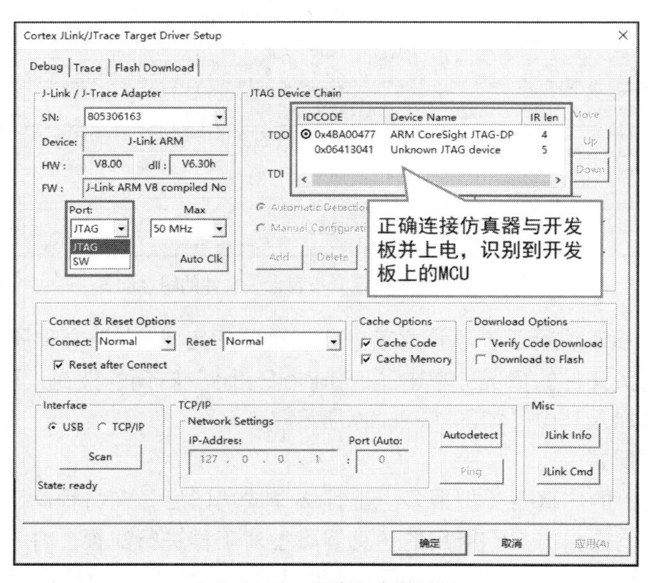

图1-2-13　仿真器参数配置

（6）Flash参数配置

Keil μVision5支持STM32全系列MCU的开发，各型号的Flash类型（内置或外置）或Flash容量都不尽相同，因此在程序下载前应根据MCU型号正确配置Flash参数。在“仿真器参数配置”对话框中单击“Flash Download”标签，在“Programming Algorithm”选项区可进行Flash参数的配置。

STM32F407ZGT6型号MCU的内置Flash容量为1MB，单击“Add”按钮后选择正确的选项即可。一般来说，如果在新建工程的“MCU型号选择”步骤中选择了特定型号的MCU，Keil μVision5将会自动完成Flash参数配置工作。具体配置如图1-2-14所示。

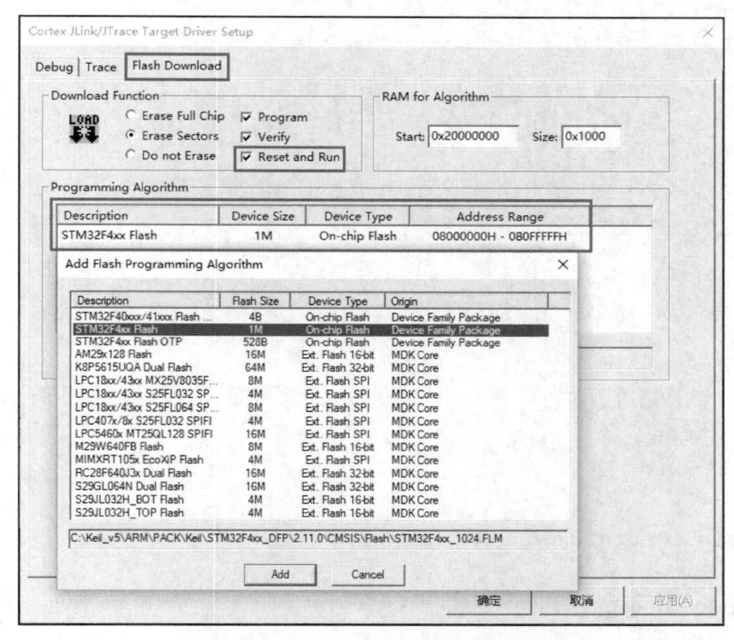

图1-2-14　Flash参数配置

7. 编译并下载工程

完成工程的所有配置之后，可对工程进行编译并下载。先编写一个简单的main()函数，在“main.c”文件中输入以下代码：

```
1   #include "stm32f4xx.h"
2
3   void Delay(__IO uint32_t nCount);
4
5   /**
6     * @brief  Main program
7     * @param  None
8     * @retval None
9     */
10  int main(void)
11  {
12      GPIO_InitTypeDef GPIO_InitStructure;
```

```
13     RCC_AHB1PeriphClockCmd(RCC_AHB1Periph_GPIOF, ENABLE);
14     GPIO_InitStructure.GPIO_Pin = GPIO_Pin_9 | GPIO_Pin_10;
15     GPIO_InitStructure.GPIO_Mode = GPIO_Mode_OUT;
16     GPIO_InitStructure.GPIO_OType = GPIO_OType_PP;
17     GPIO_InitStructure.GPIO_Speed = GPIO_Speed_100MHz;
18     GPIO_InitStructure.GPIO_PuPd = GPIO_PuPd_UP;
19     GPIO_Init(GPIOF, &GPIO_InitStructure);
20
21     /* 无限循环 */
22     while (1)
23     {
24         GPIO_SetBits(GPIOF,GPIO_Pin_9 | GPIO_Pin_10);
25         Delay(0x7FFFFF);
26         GPIO_ResetBits(GPIOF,GPIO_Pin_9 | GPIO_Pin_10);
27         Delay(0x7FFFFF);
28     }
29 }
30
31 /**
32   * @brief  软件延时函数
33   * @param  None
34   * @retval None
35   */
36 void Delay(__IO uint32_t nCount)
37 {
38     while(nCount--){}
39 }
```

单击工具栏中的“Build（功能键 F7）”按钮可对工程进行编译，编译无误后单击“Download（功能键 F8）”按钮可将工程下载至开发板运行，如图 1-2-15 所示。

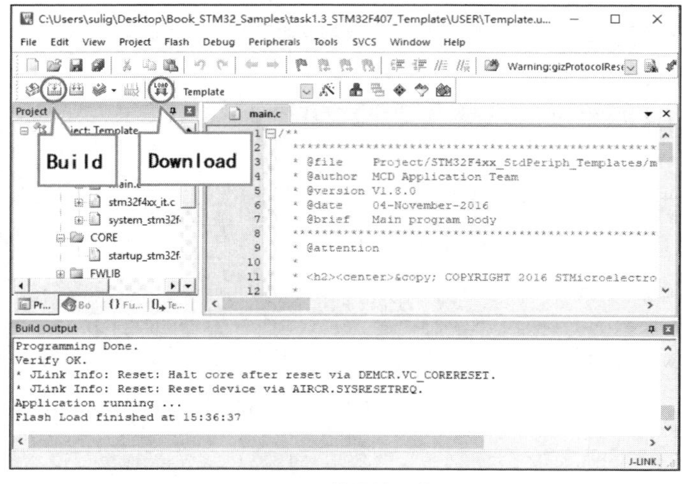

图1-2-15　编译并下载工程

任务1.3 STM32F4系统时钟的配置

1.3.1 任务分析

本任务要求完成STM32F4开发板（板上连接的外部晶振频率为8 MHz）系统时钟的配置，具体配置要求如下：

- 系统时钟（SYSCLK）配置为168 MHz；
- 高性能总线时钟（HCLK）配置为168 MHz；
- 高速外设总线时钟（PCLK2）配置为84 MHz；
- 低速外设总线时钟（PCLK1）配置为42 MHz。

时钟（Clock）是微控制器的脉搏。在数字系统中，所有部件要正常工作都离不开时钟。时钟之于数字系统，如心跳之于人，其重要性不言而喻。

一般情况下，我们在使用标准外设库进行STM32开发时无须对系统时钟进行配置，原因是STM32开发板上提供的晶振频率基本上都与ST公司官方标准的晶振频率相同。但对于一些特殊的应用场景（如超低功耗），我们可能需要对MCU进行降频，即对系统时钟进行配置。

STM32F4标准外设库为用户提供了复位与时钟控制（Reset and Clock Control，RCC）库，用于系统时钟的配置。

本任务涉及的知识点有：

- STM32F4系列微控制器的时钟源；
- STM32F4系列微控制器中的一些重要的时钟信号概念；
- STM32F4标准外设库中与RCC库配置相关的内容。

1.3.2 知识链接

1. STM32F4的时钟源

与51系列单片机相比，STM32F4的时钟系统更加复杂。由于STM32F4的系统架构复杂，外设种类繁多，且每种外设所需的时钟频率不尽相同，因此系统有多个时钟源。STM32F4的时钟树图标明了各时钟源的信息，如图1-3-1所示。

图1-3-1中的标号❶❷❸❹❺处分别标明了STM32F4的5个时钟源，它们的介绍如下。

（1）高速内部时钟

高速内部时钟（High Speed Internal，HSI）由STM32F4系列微控制器芯片内部的RC振荡器产生，其频率为16MHz，可作为SYSCLK或锁相环（PLL）的时钟源。它位于图1-3-1中标号❶所示的位置。

（2）高速外部时钟

高速外部时钟（High Speed External，HSE）由石英振荡器或陶瓷振荡器产生，也可直接使用外部时钟源，其频率范围是4~26MHz，可作为SYSCLK或锁相环（PLL）的时钟源。它位于图1-3-1中标号❷所示的位置。

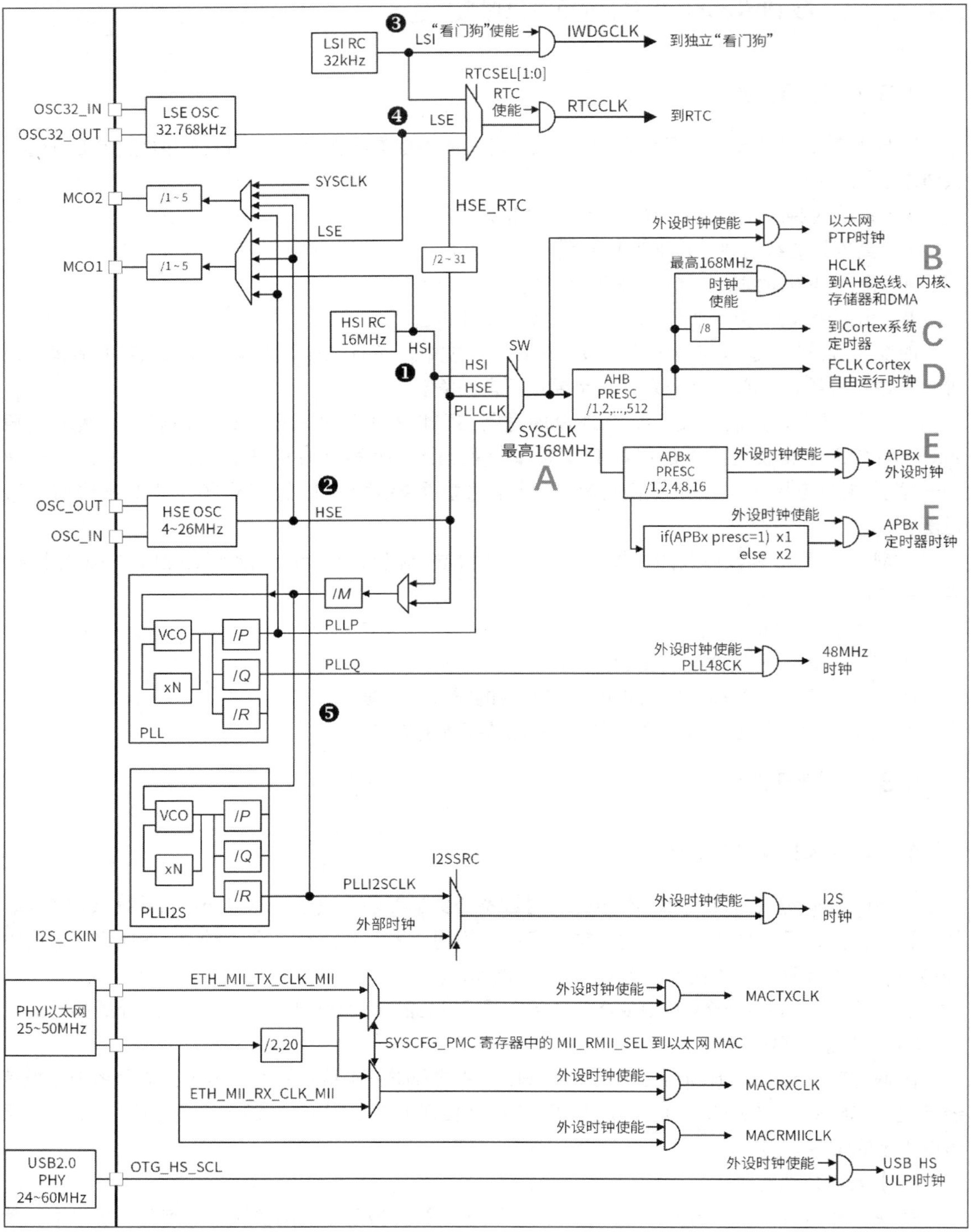

图1-3-1 STM32F4的时钟树图

（3）低速内部时钟

低速内部时钟（Low Speed Internal，LSI）由STM32F4系列微控制器芯片内部的RC振荡器产生，其频率为32kHz，可供独立“看门狗”或实时时钟（RTC）使用。它位于图1-3-1中标号❸所示的位置。

（4）低速外部时钟

低速外部时钟（Low Speed External，LSE）一般由频率为32.768kHz的石英振荡器产生，可供独立“看门狗”或实时时钟（RTC）使用。它位于图1-3-1中标号❹所示的位置。

（5）锁相环倍频输出

锁相环（Phase Locked Loop，PLL）的主要作用是对其他输入时钟进行倍频，然后把时钟信号输出到各个功能部件。STM32F4系列微控制器有两个PLL，一个是主PLL，另一个是PLLI2S，它们位于图1-3-1中标号❺所示的位置。

主PLL的输入可以是HSI或HSE，输出共有两路：一路输出PLLP提供的时钟信号PLLCLK，可作为系统时钟SYSCLK的时钟源，最高频率168MHz；另一路输出PLLQ，可用于生成48MHz的时钟信号PLL48CK，可供给USB OTG FS、随机数发生器和SDIO接口等使用。

PLLI2S用于生成精准时钟PLLI2SCLK，其可供给I2S总线接口以实现高品质音频输出。

2. 几个重要的时钟信号概念

图1-3-1中的标号A、B、C、D、E、F处分别标明了STM32F4中几个重要的时钟信号，它们的介绍如下。

（1）SYSCLK

系统时钟（SYSCLK）是STM32大部分器件的时钟源，它经AHB预分频器分频后分配到各个部件，如图1-3-1中标号“A”位置所示。SYSCLK的时钟源可以是HSI、HSE或PLLCLK，具体由时钟配置寄存器（RCC_CFGR）的SW位进行配置。

（2）HCLK

先进的高性能总线（Advanced High-Performance Bus，AHB）时钟（High-Performance Clock，HCLK）由AHB预分频器分频后得到，分频系数可以是1、2、4、8、16、64、128、256、512等，由RCC_CFGR的HPRE位进行配置，一般选择1分频。HCLK供Cortex-M4内核使用，它决定了STM32系列微控制器的运算速度和数据存取速度，一般也称为主频，如图1-3-1中标号“B”位置所示。

（3）SysTick

系统定时器（SysTick）是Cortex-M4内核的一个外设，它是一个24bit的向下递减的计数器，一般用于产生时基信号，如实时操作系统中的系统心跳信号就是由SysTick产生的。SysTick的时钟源一般设置为SYSCLK的1/8，如图1-3-1中标号“C”位置所示。

（4）FCLK

自由运行时钟（Free Running Clock，FCLK）独立于HCLK，它用于采样中断信号以及为调试模块计时。在处理器休眠期间，FCLK可确保采样到中断信号或跟踪到休眠事件，如图1-3-1中标号“D”位置所示。

（5）PCLK1和PCLK2

外设时钟（Peripheral Clock，PCLK）是APB上的时钟信号。STM32F4上有两条APB，分

别是低速外设总线（APB1）和高速外设总线（APB2）。APB1 上的时钟信号为 PCLK1，APB2 上的时钟信号为 PCLK2。PCLK1 和 PCLK2 由 SYSCLK 分别经 APB1 预分频器和 APB2 预分频器分频后产生，分频系数可以是 1、2、4、8、16 等。

PCLK1 的最大频率为 42MHz，它主要为挂载在 APB1 上的低速外设提供时钟，如 USART2、TIM2 和 TIM3 等。

PCLK2 的最大频率为 84MHz，它主要为挂载在 APB2 上的高速外设提供时钟，如 USART1、TIM1 和 GPIO 等，如图 1-3-1 中标号“E”位置所示。

（6）TIMxCLK

从图 1-3-1 中标号“F”位置可以看到，APB 预分频器有一路输出接入定时器（Timer）的倍频器。PCLK 信号经倍频后作为定时器时钟（TIMxCLK），倍频系数可选 1 或 2，即 TIMxCLK=PCLK×1（或 2），更详细的配置内容见本书 3.1.2 节。

1.3.3 任务实施

1. 主 PLL 的配置

本任务要求将系统时钟（SYSCLK）配置为 168MHz，而外部晶振（HSE）频率仅为 8MHz，因此必须使用主 PLL 倍频来实现。主 PLL 的树图如图 1-3-2 所示，我们需要为主 PLL 配置以下参数：压控振荡器（VCO）输入时钟分频系数 M、VCO 输出时钟倍频系数 N、PLLCLK 时钟分频系数 P 和 48MHz 时钟输出的分频系数 Q。

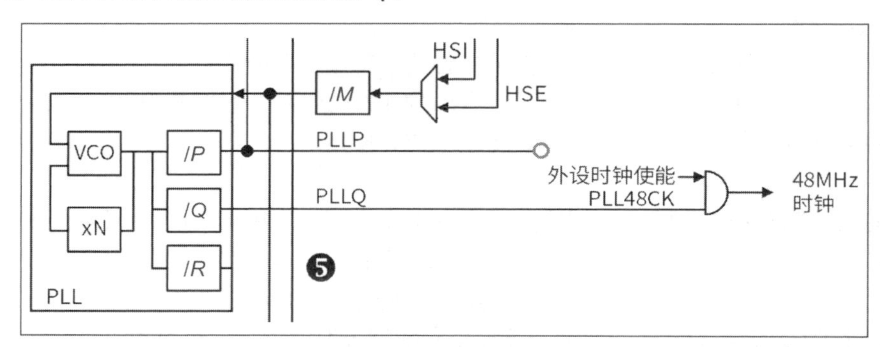

图1-3-2 主PLL的树图

根据《STM32F4xx 中文参考手册》，M 的取值范围为 2~63，N 的取值范围 192~432，P 的取值为 2、4、6、8 中的一个，Q 的取值范围为 2~15。

从图 1-3-1 可知，SYSCLK 来源于 PLLCLK。当 HSE 为 8MHz 时，如果要使 PLLCLK 输出为 168MHz，则须配置 M 值为 8，N 值为 336，P 值为 2。计算过程如下所示。

$$\text{PLLCLK} = (8\text{MHz} / M) \times (N/P) = 1\text{MHz} \times (336 / 2) = 168\text{MHz}$$

同样地，配置 Q 值为 7 时，可使 PLL48CK 输出满足任务要求。计算过程如下所示。

$$\text{PLL48CK} = (8\text{MHz} / M) \times (N/Q) = 1\text{MHz} \times (336 / 7) = 48\text{MHz}$$

2. 根据开发板的硬件配置修改标准外设库的相关文件

STM32F4 标准外设库的启动文件 startup_stm32f40xx.s 调用库函数 SystemInit()进行系统时

钟配置后，进入用户主程序 main()函数。startup_stm32f40xx.s 文件是用汇编语言实现的，其调用 SystemInit 库函数的具体实现如图 1-3-3 所示。

```
177  ; Reset handler
178  Reset_Handler    PROC
179                   EXPORT  Reset_Handler             [WEAK]
180          IMPORT  SystemInit
181          IMPORT  __main
182
183                   LDR     R0, =SystemInit
184                   BLX     R0
185                   LDR     R0, =__main
186                   BX      R0
187                   ENDP
```

图1-3-3 启动文件调用SystemInit库函数

由于 STM32F4 标准外设库板载晶振的参数和主 PLL 的各项参数（*M*、*N*、*P*、*Q*）的默认配置可能与开发者所用的开发板不匹配，因此需要根据开发板硬件配置对标准外设库相关文件进行修改。需要修改的地方有以下几处。

一是开发板晶振频率的配置，此项配置位于 stm32f4xx.h 文件的第 144 行。ST 公司官方开发板使用的晶振频率为 25 MHz，如果我们的开发板的板载晶振频率为 8 MHz，则需要将原有宏定义“#define HSE_VALUE ((uint32_t)25000000)”修改为“#define HSE_VALUE ((uint32_t)8000000)”。

二是主 PLL 各项参数（*M*、*N*、*P*、*Q*）的配置，它们分别位于 system_stm32f4xx.c 文件的第 371、384、401 和 403 行。如果板载晶振频率为 8 MHz，则需要将第 371 行原有的宏定义“#define PLL_M 25”修改为“#define PLL_M 8”，即将 VCO 输入时钟分频系数 *M* 的值由 25 改为 8。其他各项参数（*N*、*P*、*Q*）可根据项目实际需要进行配置。

3. 为工程添加与 RCC 配置相关的库文件

本任务需要调用与 RCC 配置相关的库函数以完成系统时钟的配置，这些库函数都包含在 stm32f4xx_rcc.c 库文件中，因此我们应在工程中添加此文件，如图 1-3-4 所示。

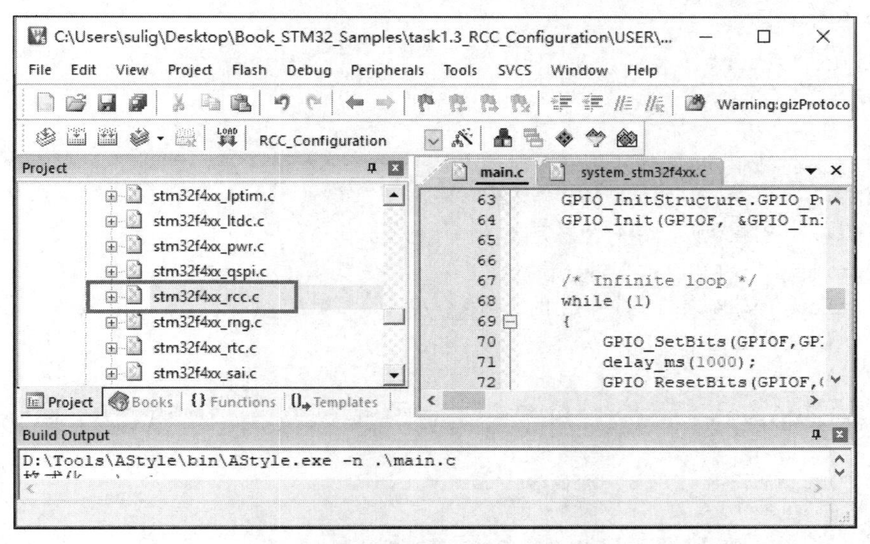

图1-3-4 为工程添加stm32f4xx_rcc.c库文件

4. 调用与 RCC 配置相关的函数以进行系统时钟的配置

相关准备工作完成以后，我们就可以调用与 RCC 配置相关的函数进行系统时钟的配置。外部时钟 HSE 作为时钟源的配置步骤如下。

（1）复位 RCC 寄存器值为默认值

```
RCC_DeInit();
```

（2）开启 HSE，并等待其工作稳定

```
RCC_HSEConfig(RCC_HSE_ON);
HSEStartUpStatus = RCC_WaitForHSEStartUp();
```

（3）配置 AHB、APB2、APB1 的预分频系数

```
RCC_HCLKConfig(RCC_SYSCLK_Div1);         // HCLK = SYSCLK / 1 (1 分频)
RCC_PCLK2Config(RCC_HCLK_Div2);          // PCLK2 = HCLK / 2 (2 分频)
RCC_PCLK1Config(RCC_HCLK_Div4);          // PCLK1 = HCLK / 4 (4 分频)
```

（4）配置主 PLL 的参数

```
RCC_PLLConfig(RCC_PLLSource_HSE, 8, 336, 2, 7);
```

上述代码片段配置 $M=8$，$N=336$，$P=2$，$Q=7$。

（5）开启 PLL，并等待其工作稳定

```
RCC_PLLCmd(ENABLE);
while (RCC_GetFlagStatus(RCC_FLAG_PLLRDY) == RESET);
```

（6）选择 PLLCLK 作为 SYSCLK 的时钟源，并等待其稳定

```
RCC_SYSCLKConfig(RCC_SYSCLKSource_PLLCLK);
while (RCC_GetSYSCLKSource() != 0x08);
```

5. 编写系统时钟配置程序

复制一份任务 1.2 的工程，修改工程名为“RCC_Configuration”，在工程根目录下新建“SYSTEM”文件夹，并建立子文件夹“sys”，新建“sys.c”和“sys.h”两个文件，在“sys.c”文件中输入以下代码：

```
1  #include "sys.h"
2
3  /**
4    * @brief  使用外部晶振进行系统时钟的配置
5    * @param  M: VCO 输入时钟分频系数
6    * @param  N: VCO 输出时钟倍频系数
7    * @param  P: PLLCLK 时钟分频系数
8    * @param  Q: 48MHz 时钟输出的分频系数
9    * @retval None
10   */
11 void HSE_RCC_Configuration(uint16_t M, uint16_t N, uint16_t P, uint16_t Q)
12 {
13     __IO uint32_t HSEStartUpStatus = 0;
14
15     RCC_DeInit();//将 RCC 寄存器重新设置为默认值
```

```
16      RCC_HSEConfig(RCC_HSE_ON);//打开 HSE，并等待其工作稳定
17      HSEStartUpStatus = RCC_WaitForHSEStartUp();
18      /* HSE 启动成功 */
19      if (HSEStartUpStatus == SUCCESS)
20      {
21          RCC->APB1ENR |= RCC_APB1ENR_PWREN;    //调压器电压输出级别配置为 1
22          PWR->CR |= PWR_CR_VOS;                //工作时实现性能和功耗的平衡
23
24          RCC_HCLKConfig(RCC_SYSCLK_Div1);      //HCLK  = SYSCLK / 1
25          RCC_PCLK2Config(RCC_HCLK_Div2);       //PCLK2 = HCLK / 2
26          RCC_PCLK1Config(RCC_HCLK_Div4);       //PCLK1 = HCLK / 4
27          /* 设置主 PLL 相关时钟分频系数 */
28          RCC_PLLConfig(RCC_PLLSource_HSE, M, N, P, Q);
29          /* 开启 PLL，并等待其工作稳定 */
30          RCC_PLLCmd(ENABLE);
31          while (RCC_GetFlagStatus(RCC_FLAG_PLLRDY) == RESET);
32
33          /* 配置 FLASH 预取值，指令缓存，数据缓存和等待状态 */
34          FLASH->ACR = FLASH_ACR_PRFTEN
35                     | FLASH_ACR_ICEN
36                     | FLASH_ACR_DCEN
37                     | FLASH_ACR_LATENCY_5WS;
38          /* 选择 PLLCLK 作为 SYSCLK 的时钟源，并等待其稳定 */
39          RCC_SYSCLKConfig(RCC_SYSCLKSource_PLLCLK);
40          while (RCC_GetSYSCLKSource() != 0x08);
41      }
42      /* 如果 HSE 启动失败 */
43      else
44      {
45          //TODO 出错处理
46      }
47  }
```

在“sys.h”文件中输入以下代码：

```
1  #ifndef __SYS_H
2  #define __SYS_H
3  #include "stm32f4xx.h"
4
5  void HSE_RCC_Configuration(uint16_t M, uint16_t N, uint16_t P, uint16_t Q);
6  #endif
```

6. 编写main()函数

在“main.c”文件中输入以下代码并调用自定义的系统时钟配置函数，编译、下载并观察程序运行情况。如果系统时钟配置成功，可以看到开发板上两个LED同亮同灭，并循环往复。

```
1   #include "sys.h"
2
3   void Delay(__IO uint32_t nCount);
4
5   int main(void)
6   {
7       /* 调用自定义的系统时钟配置函数 */
8       HSE_RCC_Configuration(8,336,2,7);
9
10      GPIO_InitTypeDef GPIO_InitStructure;
11      RCC_AHB1PeriphClockCmd(RCC_AHB1Periph_GPIOF, ENABLE);
12      GPIO_InitStructure.GPIO_Pin = GPIO_Pin_9 | GPIO_Pin_10;
13      GPIO_InitStructure.GPIO_Mode = GPIO_Mode_OUT;
14      GPIO_InitStructure.GPIO_OType = GPIO_OType_PP;
15      GPIO_InitStructure.GPIO_Speed = GPIO_High_Speed;
16      GPIO_InitStructure.GPIO_PuPd = GPIO_PuPd_UP;
17      GPIO_Init(GPIOF, &GPIO_InitStructure);
18
19      /* 无限循环 */
20      while (1)
21      {
22          GPIO_SetBits(GPIOF, GPIO_Pin_9 | GPIO_Pin_10);
23          Delay(0x7FFFFF);
24          GPIO_ResetBits(GPIOF, GPIO_Pin_9 | GPIO_Pin_10);
25          Delay(0x7FFFFF);
26      }
27  }
28
29  /**
30    * @brief  软件延时函数
31    * @param  None
32    * @retval None
33    */
34  void Delay(__IO uint32_t nCount)
35  {
36      while(nCount--){}
37  }
```

2 Chapter

项目 2
可控 LED 流水灯的设计与实现

项目描述

本项目主要讲解 STM32F4 系列微控制器的通用 I/O（GPIO）、中断管理和通用同步/异步收发器（USART）的工作原理。读者通过 3 个任务的实施，掌握常用的输入/输出系统的编程配置方法，外部中断的编程配置方法，以及使用 USART 与上位机进行通信与调试的编程配置方法。

（1）掌握 STM32F4 系列微控制器通用 I/O 的工作原理和编程配置方法；
（2）掌握 STM32F4 系列微控制器中断管理的工作原理和外部中断的编程配置方法；
（3）掌握 STM32F4 系列微控制器 USART 的工作原理和编程配置方法；
（4）会编写 STM32F4 系列微控制器的输入/输出系统的应用程序；
（5）会编写 STM32F4 系列微控制器的外部中断配置程序和中断服务程序；
（6）会编写 STM32F4 系列微控制器的 USART 配置程序和数据收发程序。

任务 2.1 LED 流水灯的应用开发

2.1.1 任务分析

本任务要求设计一个 LED 流水灯系统，具体要求如下。

系统通电时，两个 LED 以 2s 为周期（亮 1s，灭 1s）交替闪烁，并逐渐缩短周期（每次递减 0.1s），直至周期变为 0.1s 后，再恢复为 2s，并以此循环往复。

分析本任务的要求，若要控制 LED 以一定的周期进行闪烁，开发者须在应用程序中加入延时功能。在 STM32 应用开发的过程中，经常会用到延时操作，如控制 LED 亮 1s 后熄灭、每隔 2s 采集一次环境温湿度值等。在实际应用中，编程实现延时一般有 3 种方法。

一是用软件实现延时，这种方法通过让 MCU 执行空指令实现，缺点是延时不准确。

二是用定时器实现延时，这种方法通过控制 MCU 内部的定时器外设实现，缺点是需要占用一个定时器资源，优点是延时准确。

三是用 MCU 内核的 SysTick 实现延时，这种方法通过控制 SysTick 进行倒计数实现，不需要占用额外的定时器资源，而且能实现精确延时。

综上所述，使用 SysTick 实现延时的方法具有一定的优势，因此在实际应用中一般选用这种方法实现最基本的延时操作。

本任务涉及的知识点有：

- STM32F4 系列微控制器 SysTick 的工作原理和编程配置方法；
- STM32F4 系列微控制器通用 I/O 的工作原理和编程配置方法。

2.1.2 知识链接

1. 使用 SysTick 实现延时

SysTick 是 Cortex-M4 内核的外设，所以不单是 ST 公司的 STM32F4 系列微控制器内部有 SysTick，只要是使用了 Cortex-M4 内核的微控制器，它们的内部都有 SysTick。SysTick 是一个 24 位的倒计数定时器，当计数到 0 时，SysTick 将从重载值寄存器（STK_LOAD）中自动重新加载计数初值。只要不将 SysTick 的控制与状态寄存器（STK_CTRL）中的使能位清除，它就可以持续运行。

STM32F4 系列微控制器的 SysTick 时钟源来自 AHB，我们可将其配置为“AHB 时钟频率的 1/8”或者直接使用“AHB 时钟频率”，实际应用中一般使用前者，如图 2-1-1 中的阴影部分所示。

接下来介绍与 SysTick 编程配置相关的 4 个寄存器：控制与状态寄存器、重载值寄存器、当前值寄存器和校准数值寄存器。

控制与状态寄存器（SysTick Control And Status Register，STK_CTRL）的位段定义与功能描述见表 2-1-1。

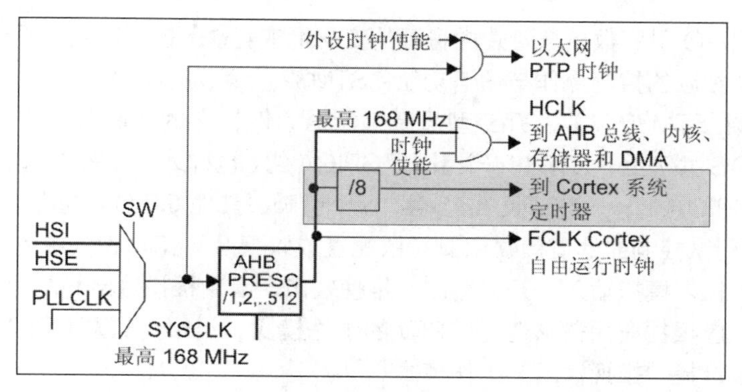

图2-1-1 SysTick时钟源

表 2-1-1 控制与状态寄存器的位段定义与功能描述

位段	名称	类型	复位值	功能描述
16	COUNTFLAG	rw	0	如果上次读取本寄存器后 SysTick 已经计为 0，则该位为 1；如果读取该位，则该位将自动清零
2	CLKSOURCE	rw	0	0：AHB/8 1：AHB
1	TICKINT	rw	0	0：倒数到 0 时产生 SysTick 异常请求 1：倒数到 0 时无动作
0	ENABLE	rw	0	SysTick 定时器使能位 0：定时器失能 1：定时器使能

重载值寄存器（SysTick Reload Value Register，STK_LOAD）的位段定义与功能描述如表 2-1-2 所示。

表 2-1-2 重载值寄存器的位段定义与功能描述

位段	位段名称	类型	复位值	功能描述
23:0	RELOAD	rw	0	当 SysTick 倒数至 0 时，将被重载值

当前值寄存器（SysTick Current Value Register，STK_VAL）的位段定义与功能描述如表 2-1-3 所示。

表 2-1-3 当前值寄存器的位段定义与功能描述

位段	名称	类型	复位值	功能描述
23:0	CURRENT	rw	0	读取时返回当前倒计数的值，写入任意值会使之清零，同时还会将 STK_CTRL 中 COUNTFLAG 位段的值置为 0

校准数值寄存器（SysTick Calibration Value Register，STK_CALIB）不常用，故在此处不做介绍。

2. STM32F4 系列微控制器的 GPIO 及其工作模式

通用 I/O 的全名是通用输入/输出（General Purpose Input Output，GPIO）。

微控制器的 GPIO 引脚数量随着片内资源的变化而变化。微控制器通过 GPIO 引脚与外部设备相连，进而实现相应的控制操作与通信功能。STM32 全系列芯片的 GPIO 被分成多组，每组有 16 个引脚。以 STM32F407ZGT6 型号微控制器为例，它的 GPIO 引脚被分成 GPIOA、GPIOB、…、GPIOG 共 7 组，共有 144 个引脚。GPIOA 组（也称之为 GPIOA 端口）含有 GPIOA.0（也称为 PA0）、GPIOA.1、…、GPIOA.15 共 16 个引脚，其他 GPIO 组亦然。

STM32F4 系列微控制器的 GPIO 引脚可以配置成以下 8 种工作模式中的一种：输入浮空、输入上拉、输入下拉、模拟输入、开漏输出、推挽输出、复用推挽输出和复用开漏输出。

实际应用中，应根据应用需求选择 GPIO 的工作模式。例如：配置 GPIO 引脚用于 LED 的亮灭控制时，一般选择“推挽输出”工作模式。

3. 与 GPIO 工作模式配置相关的寄存器和函数 API

（1）与 GPIO 工作模式配置相关的寄存器

与 GPIO 工作模式配置相关的寄存器主要有 GPIOx_MODER、GPIOx_OTYPER、GPIOx_OSPEEDR 和 GPIOx_PUPDR（x=A，B，C…），下面分别对它们进行介绍。

GPIO 端口模式控制寄存器（GPIO Port Mode Register，GPIOx_MODER）用于控制 GPIOx 的工作模式，其位段定义如图 2-1-2 所示。

31	30	29	28	27	26	25	24	23	22	21	20	19	18	17	16
MODER15[1:0]		MODER14[1:0]		MODER13[1:0]		MODER12[1:0]		MODER11[1:0]		MODER10[1:0]		MODER9[1:0]		MODER8[1:0]	
rw	rw	rw	rw	rw	rw	rw	rw	rw	rw	rw	rw	rw	rw	rw	rw
15	14	13	12	11	10	9	8	7	6	5	4	3	2	1	0
MODER7[1:0]		MODER6[1:0]		MODER5[1:0]		MODER4[1:0]		MODER3[1:0]		MODER2[1:0]		MODER1[1:0]		MODER0[1:0]	
rw	rw	rw	rw	rw	rw	rw	rw	rw	rw	rw	rw	rw	rw	rw	rw

位 2y:2y+1 **MODERy[1:0]**：端口 x 配置位 (Port x configuration bits) (y = 0,1, …, 15)
这些位通过软件写入，用于配置 I/O 方向模式。
00：输入（复位状态）
01：通用输出模式
10：复用功能模式
11：模拟模式

图2-1-2 GPIOx_MODER的位段定义

GPIO 端口输出类型寄存器（GPIO Port Output Type Register，GPIOx_OTYPER）用于控制 GPIOx 的输出类型，在 GPIOx_MODER 相应位段被配置为“01”（即通用输出模式）时适用。该寄存器低 16 位有效，每一位控制一个 GPIO 引脚，其位段定义如图 2-1-3 所示。

31	30	29	28	27	26	25	24	23	22	21	20	19	18	17	16
Reserved															
15	14	13	12	11	10	9	8	7	6	5	4	3	2	1	0
OT15	OT14	OT13	OT12	OT11	OT10	OT9	OT8	OT7	OT6	OT5	OT4	OT3	OT2	OT1	OT0
rw	rw	rw	rw	rw	rw	rw	rw	rw	rw	rw	rw	rw	rw	rw	rw

位 31:16 保留，必须保持复位值。

位 15:0 **OTy[1:0]**：端口 x 配置位 (Port x configuration bits) (y = 0,1, …, 15)
这些位通过软件写入，用于配置 I/O 端口的输出类型。
0：输出推挽（复位状态）
1：输出开漏

图2-1-3 GPIOx_OTYPER的位段定义

GPIO 端口输出速度寄存器（GPIO Port Output Speed Register，GPIOx_OSPEEDR）用于控制 GPIOx 端口的输出速度，相应的输出频率有 2 MHz、25 MHz、50 MHz 和 100 MHz 这 4 种。GPIOx_OSPEEDR 的位段定义如图 2-1-4 所示。

31	30	29	28	27	26	25	24	23	22	21	20	19	18	17	16
OSPEEDR15[1:0]		OSPEEDR14[1:0]		OSPEEDR13[1:0]		OSPEEDR12[1:0]		OSPEEDR11[1:0]		OSPEEDR10[1:0]		OSPEEDR9[1:0]		OSPEEDR8[1:0]	
rw	rw	rw	rw	rw	rw	rw	rw	rw	rw	rw	rw	rw	rw	rw	rw
15	**14**	**13**	**12**	**11**	**10**	**9**	**8**	**7**	**6**	**5**	**4**	**3**	**2**	**1**	**0**
OSPEEDR7[1:0]		OSPEEDR6[1:0]		OSPEEDR5[1:0]		OSPEEDR4[1:0]		OSPEEDR3[1:0]		OSPEEDR2[1:0]		OSPEEDR1[1:0]		OSPEEDR0[1:0]	
rw	rw	rw	rw	rw	rw	rw	rw	rw	rw	rw	rw	rw	rw	rw	rw

位 2y:2y+1 **OSPEEDRy[1:0]**：端口 x 配置位 (Port x configuration bits) (y = 0,1，…，15)
这些位通过软件写入，用于配置 I/O 输出速度。
00：2 MHz（低速）
01：25 MHz（中速）
10：50 MHz（快速）
11：30 pF 时为 100 MHz（高速）（15 pF 时为 80 MHz 输出<最大速度>）

图2-1-4 GPIOx_OSPEEDR的位段定义

GPIO 端口上拉/下拉寄存器（GPIO Port Pull-up/Pull-down Register，GPIOx_PUPDR）用于控制 GPIOx 端口的上拉/下拉形式，其位段定义如图 2-1-5 所示。

31	30	29	28	27	26	25	24	23	22	21	20	19	18	17	16
PUPDR15[1:0]		PUPDR14[1:0]		PUPDR13[1:0]		PUPDR12[1:0]		PUPDR11[1:0]		PUPDR10[1:0]		PUPDR9[1:0]		PUPDR8[1:0]	
rw	rw	rw	rw	rw	rw	rw	rw	rw	rw	rw	rw	rw	rw	rw	rw
15	**14**	**13**	**12**	**11**	**10**	**9**	**8**	**7**	**6**	**5**	**4**	**3**	**2**	**1**	**0**
PUPDR7[1:0]		PUPDR6[1:0]		PUPDR5[1:0]		PUPDR4[1:0]		PUPDR3[1:0]		PUPDR2[1:0]		PUPDR1[1:0]		PUPDR0[1:0]	
rw	rw	rw	rw	rw	rw	rw	rw	rw	rw	rw	rw	rw	rw	rw	rw

位 2y:2y+1 **PUPDRy[1:0]**：端口 x 配置位 (Port x configuration bits) (y = 0,1，…，15)
这些位通过软件写入，用于配置 I/O 上拉或下拉。
00：无上拉或下拉
01：上拉
10：下拉
11：保留

图2-1-5 GPIOx_PUPDR的位段定义

（2）与 GPIO 工作模式配置相关的函数 API

与 GPIO 工作模式配置相关的函数 API 主要位于"stm32f4xx_gpio.c"和"stm32f4xx_gpio.h"文件中。利用 STM32F4 的标准外设库进行应用开发时，各种外设的初始化一般通过对初始化结构体的成员赋值来完成，GPIO 工作模式的配置也是如此。某个 GPIO 端口的初始化函数原型如下。

```
void GPIO_Init(GPIO_TypeDef* GPIOx, GPIO_InitTypeDef* GPIO_InitStruct);
```

第一个参数是需要初始化的 GPIO 端口，对于 STM32F407ZGT6 型号而言，取值范围是 GPIOA~GPIOG。第二个参数是初始化参数的结构体指针，结构体类型为 GPIO_InitTypeDef，其原型定义如下。

```
typedef struct
{
    uint32_t GPIO_Pin;                       //要初始化的 GPIO 引脚编号
    GPIOMode_TypeDef GPIO_Mode;              //GPIO 端口的工作模式
    GPIOSpeed_TypeDef GPIO_Speed;            //GPIO 端口的输出速度
    GPIOOType_TypeDef GPIO_OType;            //GPIO 端口的输出类型
```

```
    GPIOPuPd_TypeDef GPIO_PuPd;             //GPIO 端口的上拉/下拉形式
  } GPIO_InitTypeDef;
```

上述结构体定义中，第一个成员 GPIO_Pin 用于配置要初始化的 GPIO 引脚编号。如配置选项“GPIO_Pin_9”代表对 GPIOx 端口中的 9 号引脚进行配置，即 GPIOx.9（x=A,B,C,D,E…）。

第二个成员 GPIO_Mode 用于配置 GPIO 端口的工作模式，它的类型为枚举，实际配置 GPIOx_MODER 的值。其类型定义如下：

```
  typedef enum
  {
      GPIO_Mode_IN     = 0x00,           //GPIO 输入模式
      GPIO_Mode_OUT    = 0x01,           //GPIO 输出模式
      GPIO_Mode_AF     = 0x02,           //GPIO 复用功能模式
      GPIO_Mode_AN     = 0x03            //GPIO 模拟输入模式
  } GPIOMode_TypeDef;
```

第三个成员 GPIO_Speed 用于配置 GPIO 端口的输出速度，它的类型为枚举，实际配置 GPIOx_OSPEEDR 的值。其类型定义如下：

```
  typedef enum
  {
      GPIO_Low_Speed        = 0x00,     //低速 Low speed = 2 MHz
      GPIO_Medium_Speed     = 0x01,     //中速 Medium speed = 25 MHz
      GPIO_Fast_Speed       = 0x02,     //快速 Fast speed = 50 MHz
      GPIO_High_Speed       = 0x03      //高速 High speed = 100 MHz
  } GPIOSpeed_TypeDef;
```

第四个成员 GPIO_Otype 用于配置 GPIO 端口的输出类型，它的类型为枚举，实际配置 GPIOx_OTYPER 的值。其类型定义如下：

```
  typedef enum
  {
      GPIO_OType_PP         = 0x00,     //推挽输出模式
      GPIO_OType_OD         = 0x01      //开漏输出模式
  } GPIOOType_TypeDef;
```

第五个成员 GPIO_PuPd 用于配置 GPIO 端口的上拉/下拉形式，它的类型为枚举，实际配置 GPIOx_PUPDR 的值。其类型定义如下：

```
  typedef enum
  {
      GPIO_PuPd_NOPULL      = 0x00,     //无上拉、下拉
      GPIO_PuPd_UP          = 0x01,     //上拉
      GPIO_PuPd_DOWN        = 0x02      //下拉
  } GPIOPuPd_TypeDef;
```

下面是一段 GPIO 端口初始化的程序实例：

```
1  GPIO_InitTypeDef  GPIO_InitStructure;
2  RCC_AHB1PeriphClockCmd(RCC_AHB1Periph_GPIOF, ENABLE);    //开启 GPIOF 端口的时钟
3  GPIO_InitStructure.GPIO_Pin = GPIO_Pin_9;                //配置 PF9 引脚
4  GPIO_InitStructure.GPIO_Mode = GPIO_Mode_OUT;            //输出模式
5  GPIO_InitStructure.GPIO_OType = GPIO_OType_PP;           //推挽输出
```

```
6 GPIO_InitStructure.GPIO_Speed = GPIO_High_Speed;          //高速，100MHz
7 GPIO_InitStructure.GPIO_PuPd = GPIO_PuPd_UP;              //上拉
8 GPIO_Init(GPIOF, &GPIO_InitStructure);                    //配置生效
```

4. 与 GPIO 电平控制相关的寄存器和函数 API

介绍完与 GPIO 工作模式配置相关的寄存器和函数 API 后，接下来介绍与 GPIO 电平控制相关的寄存器，并讲解如何调用相应的函数 API 以实现 GPIO 电平的控制。

与 GPIO 电平控制相关的寄存器有 GPIOx_IDR、GPIOx_ODR 和 GPIOx_BSRR，下面分别对它们进行介绍。

（1）GPIOx_IDR 及其相关函数 API

GPIO 端口输入数据寄存器（GPIO Port Input Data Register，GPIOx_IDR）用于读取某个 GPIOx 端口的输入电平，低 16 位有效，分别对应 16 个引脚的电平值。若某位的值为 0（如 GPIOA_IDR9=0），则说明该引脚（PA9）输入低电平；反之，输入高电平。GPIOx_IDR 的位段定义如图 2-1-6 所示。

31	30	29	28	27	26	25	24	23	22	21	20	19	18	17	16
Reserved															
15	14	13	12	11	10	9	8	7	6	5	4	3	2	1	0
IDR15	IDR14	IDR13	IDR12	IDR11	IDR10	IDR9	IDR8	IDR7	IDR6	IDR5	IDR4	IDR3	IDR2	IDR1	IDR0
r	r	r	r	r	r	r	r	r	r	r	r	r	r	r	r

位 31:16 保留，必须保持复位值。

位 15:0 **IDRy[15:0]**：端口输入数据 (Port input data) (y = 0,1, …, 15)
这些位为只读形式，只能在字模式下访问。它们包含相应 I/O 端口的输入值。

图2-1-6 GPIOx_IDR的位段定义

STM32F4 标准外设库提供了 GPIO_ReadInputData()函数和 GPIO_ReadInputDataBit()函数用于读取输入的电平，前者用于一次性读取某 GPIOx 端口中所有引脚的输入电平，后者用于读取若干 GPIO 引脚的输入电平。它们的原型定义如下：

```
uint16_t GPIO_ReadInputData(GPIO_TypeDef* GPIOx);
uint8_t GPIO_ReadInputDataBit(GPIO_TypeDef* GPIOx, uint16_t GPIO_Pin);
```

使用实例 1：

```
GPIO_ReadInputData(GPIOB);
```

上述实例一次性读取 GPIOB 端口中所有 GPIO 引脚的输入电平，返回 16 位二进制数据。

使用实例 2：

```
GPIO_ReadInputDataBit(GPIOA, GPIO_Pin_8);
```

上述实例读取 GPIOA.8 引脚（PA8）的输入电平，返回 8 位二进制数据。

（2）GPIOx_ODR 及其相关函数 API

GPIO 端口输出数据寄存器（GPIO Port Output Data Register，GPIOx_ODR）用于设置某个 GPIOx 端口的输出电平，当某个 ODRy 位段被写入 0 时，相应的引脚输出低电平；否则，输出高电平。GPIOx_ODR 的位段定义如图 2-1-7 所示。

STM32F4 标准外设库提供了 GPIO_Write()函数来实现对 GPIOx 端口输出电平的控制，其原型定义如下：

```
void GPIO_Write(GPIO_TypeDef* GPIOx, uint16_t PortVal);
```

31	30	29	28	27	26	25	24	23	22	21	20	19	18	17	16
Reserved															
15	14	13	12	11	10	9	8	7	6	5	4	3	2	1	0
ODR15	ODR14	ODR13	ODR12	ODR11	ODR10	ODR9	ODR8	ODR7	ODR6	ODR5	ODR4	ODR3	ODR2	ODR1	ODR0
rw	rw	rw	rw	rw	rw	rw	rw	rw	rw	rw	rw	rw	rw	rw	rw

位 31:16 保留，必须保持复位值。

位 15:0 **ODRy[15:0]**：端口输出数据 (Port output data)(y = 0,1，…，15)
这些位可通过软件读取和写入。
注意：对于原子置位/复位，通过写入 GPIOx_BSRR，可分别对 ODR 位进行置位和复位。

图2-1-7 GPIOx_ODR的位段定义

GPIO_Write()函数的第一个参数是 GPIOx 端口，第二个参数是需要输出的值（16 位二进制数据），其使用实例如下：

```
GPIO_Write(GPIOF, 0xFFB7);
```

上述实例控制 GPIOF 端口的 16 位输出为 0xFFB7。

若要一次性读取某 GPIOx 端口中所有 GPIO 引脚的输出电平，则可使用 GPIO_ReadOutputData() 函数，其函数原型定义如下：

```
uint16_t GPIO_ReadOutputData(GPIO_TypeDef* GPIOx);
```

也可使用 GPIO_ReadOutputDataBit()函数读取某 GPIOx 端口中的一个或若干个 GPIO 引脚的输出电平，其函数原型定义如下：

```
uint8_t GPIO_ReadOutputDataBit(GPIO_TypeDef* GPIOx, uint16_t GPIO_Pin);
```

（3）GPIOx_BSRR 及其相关函数 API

GPIO 端口置位/复位寄存器（GPIO Port Bit Set/Reset Register，GPIOx_BSRR）用于设置某 GPIOx 端口中的一个或若干个 GPIO 引脚的输出电平，高 16 位对应输出低电平，低 16 位对应输出高电平。

对于 GPIOx_BSRR 的高 16 位（16~31）而言，往相应的位写入 1，则对应的 GPIO 引脚输出低电平；若写入 0，则不起作用。同理，对于 GPIOx_BSRR 的低 16 位（0~15）而言，往相应的位写入 1，则对应的 GPIO 引脚输出高电平；若写入 0，则不起作用。GPIOx_BSRR 的位段定义如图 2-1-8 所示。

31	30	29	28	27	26	25	24	23	22	21	20	19	18	17	16
BR15	BR14	BR13	BR12	BR11	BR10	BR9	BR8	BR7	BR6	BR5	BR4	BR3	BR2	BR1	BR0
w	w	w	w	w	w	w	w	w	w	w	w	w	w	w	w
15	14	13	12	11	10	9	8	7	6	5	4	3	2	1	0
BS15	BS14	BS13	BS12	BS11	BS10	BS9	BS8	BS7	BS6	BS5	BS4	BS3	BS2	BS1	BS0
w	w	w	w	w	w	w	w	w	w	w	w	w	w	w	w

位 31:16 **BRy**：端口 x 复位位 y (Port x reset bit y) (y = 0,1，…，15)
这些位为只写形式，只能在字、半字或字节模式下访问。读取这些位可返回值 0x0000。
0：不会对相应的 ODRx 位执行任何操作
1：对相应的 ODRx 位进行复位
注意：如果同时对 BSx 和 BRx 置位，则 BSx 的优先级更高。

位 15:0 **BSy**：端口 x 置位位 y (Port x set bit y) (y = 0,1，…，15)
这些位为只写形式，只能在字、半字或字节模式下访问。读取这些位可返回值 0x0000。
0：不会对相应的 ODRx 位执行任何操作
1：对相应的 ODRx 位进行置位

图2-1-8 GPIOx_BSRR的位段定义

STM32F4 标准外设库提供了两个设置 GPIO 端口输出电平的函数，它们通过操作 GPIOx_BSRR

来实现，其函数原型定义如下：

```
void GPIO_SetBits(GPIO_TypeDef* GPIOx, uint16_t GPIO_Pin);
void GPIO_ResetBits(GPIO_TypeDef* GPIOx, uint16_t GPIO_Pin);
```

使用实例1：

```
GPIO_SetBits(GPIOA, GPIO_Pin_4);
```

上述实例设置PA4引脚输出高电平。

使用实例2：

```
GPIO_ResetBits(GPIOC, GPIO_Pin_1 | GPIO_Pin_12);
```

上述实例设置PC1和PC12两个引脚输出低电平。

2.1.3　任务实施

1. 配置SysTick以实现延时

复制一份任务1.3的工程，并将其重命名为“task2.1_WaterFlow_LED”。在“SYSTEM”目录下新建子文件夹“delay”，新建“delay.c”和“delay.h”文件，将它们加入工程中，并配置头文件包含路径。在“delay.c”文件中输入以下代码：

```
1	#include "delay.h"
2	
3	static uint8_t  fac_us=0;                           //μs 延时倍乘数
4	static uint16_t fac_ms=0;                           //ms 延时倍乘数
5	
6	/**
7	  * @brief  SysTick 初始化
8	  * @param  SysCLK: 系统时钟频率(单位:MHz)
9	  * @retval None
10	  */
11	void delay_init(uint8_t SysCLK)
12	{
13	   /* SysTick 时钟源设置为 HCLK 的 1/8 */
14	   SysTick_CLKSourceConfig(SysTick_CLKSource_HCLK_Div8);
15	   fac_us = SysCLK / 8;
16	   fac_ms = (uint16_t)fac_us * 1000;
17	}
18	
19	/**
20	  * @brief  延时 nμs
21	  * @note   nμs 最大值为 798915 μs(2^24/fac_us@fac_us=21)
22	  * @param  nus: 要延时的微秒值
23	  * @retval None
24	  */
25	void delay_us(uint32_t nus)
26	{
27	   uint32_t temp;
28	   SysTick->LOAD = nus * fac_us;                    //时间加载
```

```
29      SysTick->VAL = 0x00;                                 //清空计数器
30      SysTick->CTRL |= SysTick_CTRL_ENABLE_Msk ;           //开始倒数
31      do{
32          temp=SysTick->CTRL;
33      } while((temp&0x01)&&!(temp&(1<<16)));               //等待时间到达
34      SysTick->CTRL &= ~SysTick_CTRL_ENABLE_Msk;           //关闭计数器
35      SysTick->VAL = 0X00;                                 //清空计数器
36  }
37
38  /**
39    * @brief  延时 nms
40    * @note   nms 最大值为 798 ms(对于 SYSCLK=168 MHz)
41    * @param  nms: 要延时的毫秒值
42    * @retval None
43    */
44  void delay_xms(uint16_t nms)
45  {
46      uint32_t temp;
47      SysTick->LOAD = (uint32_t)nms * fac_ms;              //时间加载
48      SysTick->VAL = 0x00;                                 //清空计数器
49      SysTick->CTRL |= SysTick_CTRL_ENABLE_Msk;            //开始倒数
50      do{
51          temp = SysTick->CTRL;
52      } while((temp&0x01)&&!(temp&(1<<16)));               //等待时间到达
53      SysTick->CTRL &= ~SysTick_CTRL_ENABLE_Msk;           //关闭计数器
54      SysTick->VAL = 0X00;                                 //清空计数器
55  }
56
57  /**
58    * @brief  延时 nms
59    * @note   对 delay_xms()函数重新封装，避免最大值越界
60    * @param  nms: 要延时的毫秒值(范围 0~65535)
61    * @retval None
62    */
63  void delay_ms(uint16_t nms)
64  {
65      uint8_t repeat = nms/540;
66      uint16_t remain = nms%540;
67      while(repeat)
68      {
69          delay_xms(540);
70          repeat--;
71      }
72      if(remain) delay_xms(remain);
73  }
```

在“delay.h”文件中输入以下代码：

```
1  #ifndef __DELAY_H
2  #define __DELAY_H
3  #include "sys.h"
4
5  void delay_init(uint8_t SysCLK);
6  void delay_us(uint32_t nus);
7  void delay_ms(uint16_t nms);
8
9  #endif
```

2. 编程实现对LED流水灯的控制

在工程根目录下新建“HARDWARE”文件夹用于存放与外设硬件驱动相关的程序。建立子文件夹“LED”，新建“led.c”和“led.h”两个文件，将它们加入工程中，并配置头文件包含路径。在“led.c”文件中输入以下代码：

```
1  #include "led.h"
2  #include "delay.h"
3
4  /**
5    * @brief  LED GPIO引脚初始化
6    * @param  None
7    * @retval None
8    */
9  void LED_Init(void)
10 {
11     GPIO_InitTypeDef  GPIO_InitStructure;
12     /* 使能GPIOF端口时钟 */
13     RCC_AHB1PeriphClockCmd(RCC_AHB1Periph_GPIOF, ENABLE);
14     /* LED0: PF9 | LED1: PF10 */
15     GPIO_InitStructure.GPIO_Pin = GPIO_Pin_9 | GPIO_Pin_10;
16     GPIO_InitStructure.GPIO_Mode = GPIO_Mode_OUT;        //输出模式
17     GPIO_InitStructure.GPIO_OType = GPIO_OType_PP;       //推挽输出
18     GPIO_InitStructure.GPIO_Speed = GPIO_High_Speed;     //高速，100MHz
19     GPIO_InitStructure.GPIO_PuPd = GPIO_PuPd_UP;         //默认上拉
20     GPIO_Init(GPIOF, &GPIO_InitStructure);               //配置生效
21     /* PF9,PF10默认输出高电平 */
22     GPIO_SetBits(GPIOF,GPIO_Pin_9 | GPIO_Pin_10);
23 }
24
25 /**
26   * @brief  LED流水灯程序(库函数实现)
27   * @param  xms: 延时时间(单位为ms)
28   * @retval None
```

```
29   */
30  void WaterFlow_LED(uint16_t xms)
31  {
32     GPIO_ResetBits(GPIOF,GPIO_Pin_9);        //LED0 亮
33     GPIO_SetBits(GPIOF,GPIO_Pin_10);         //LED1 灭
34     delay_ms(xms);                           //延时一段时间
35     GPIO_SetBits(GPIOF,GPIO_Pin_9);          //LED0 灭
36     GPIO_ResetBits(GPIOF,GPIO_Pin_10);       //LED1 亮
37     delay_ms(xms);                           //延时一段时间
38  }
```

在“led.h”文件中输入以下代码：

```
1   #ifndef __LED_H
2   #define __LED_H
3   #include "sys.h"
4
5   /* LED 相关 GPIO 引脚宏定义 */
6   #define LED0 PFout(9)                       //LED0
7   #define LED1 PFout(10)                      //LED1
8
9   void LED_Init(void);                        //LED 相关 GPIO 端口初始化
10  void WaterFlow_LED(uint16_t xms);
11
12  #endif
```

在“main.c”文件中输入以下代码：

```
1   #include "sys.h"
2   #include "delay.h"
3   #include "led.h"
4
5   static uint16_t delay_xms = 0;
6
7   int main(void)
8   {
9      delay_init(168);                         //延时函数初始化
10     LED_Init();                              //LED 相关 GPIO 端口初始化
11     delay_xms = 1000;                        //流水灯周期赋初值
12     while(1)
13     {
14        /* 周期变为 0.1s 后恢复为 2s */
15        if(delay_xms == 0)
16        {
17           delay_xms = 1000;
18        }
19        /* 执行流水灯函数 */
20        WaterFlow_LED(delay_xms);
```

```
21        /* 周期每次减少0.1s */
22        delay_xms -= 50;
23    }
24 }
```

任务2.2　按键控制流水灯的应用开发

2.2.1　任务分析

本任务要求设计一个可通过按键进行控制的LED流水灯系统，具体要求如下。

LED流水灯的工作模式有3种。

模式①：两个LED以2s为周期交替闪烁，并以此循环往复。

模式②：两个LED同时亮0.2s，然后同时灭0.8s，并以此循环往复。

模式③：两个LED同时亮0.8s，然后同时灭0.2s，并以此循环往复。

用户通过按键进行LED流水灯工作模式的切换。通电时系统默认运行在模式①，按下按键K2切换为模式②，按下按键K3切换为模式③，按下按键K1又切换为模式①。

按键模块的电路原理图如图2-2-1所示。

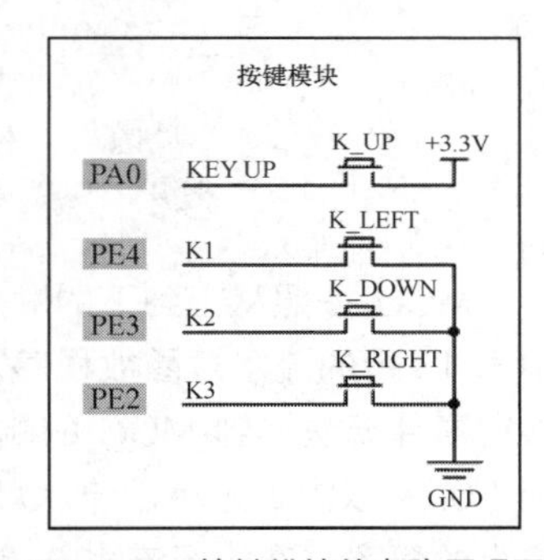

图2-2-1　按键模块的电路原理图

从图2-2-1中可以看到，K1连接MCU的PE4引脚，K2连接PE3引脚，K3连接PE2引脚。各GPIO引脚默认为上拉，当按键按下时相应的GPIO引脚接地且为低电平。

分析本任务的要求，若要通过按键控制LED流水灯的工作模式，开发者须在应用程序中增加按键驱动与按键检测功能。按键通过GPIO引脚与MCU相连，因此其驱动程序的编写与LED类似。

另外，常见的按键检测方式有多种，开发者应了解每种检测方式的工作原理及其特性，然后根据应用需求选择合适的检测方式。

本任务涉及的知识点有：

- 嵌入式系统中的按键检测方式；
- STM32F4系列微控制器中断管理的工作原理；
- STM32F4系列微控制器的外部中断的配置和中断服务程序的编写技巧。

2.2.2　知识链接

1. 按键的检测方式

在任务2.1中，我们已经对STM32F4系列微控制器的GPIO的工作原理和配置方法进行了学习。与LED相同，按键也是连接到MCU的GPIO引脚上的，因此其配置方法参照任务2.1中相关内容即可。本小节主要探讨嵌入式系统中按键的检测方式。一般来说，要检测按键是否按下有以下两种方式。

第一种是扫描方式。这种方式需要编写一个“按键扫描”函数，通过判断与按键相连的GPIO

引脚电平高低来确定按键是否按下，进而决定下一步的程序流程。“按键扫描”函数运行在 main() 函数的 while 主循环中，反复执行。这种方式的优点是所需硬件资源较少，编程简单。但其缺点也较为明显：一是“按键扫描”函数频繁执行须占用 CPU 时间；二是这种编程方式存在 MCU 无法及时响应甚至完全无法响应用户输入的问题。原因分析如下：while 主循环中的程序指令是依次执行的，若用户按下按键时恰逢 CPU 时间被一段耗时的程序占用，则用户的此次输入无法被 MCU 响应。扫描方式检测按键的示例代码片段如下：

```
1  while(1)
2  {
3      /* 按键扫描函数确定键值 */
4      keyValue = KEY_Scan(0);
5      /* 根据键值决定程序流程*/
6      if(keyValue == 1){
7          myLEDWorkMode = LED_MODE1;
8      }
9      else if(keyValue == 2){
10         myLEDWorkMode = LED_MODE2;
11     }
12     /* 执行流水灯函数，大约需要 10s */
13     WaterFlow_LED(myLEDWorkMode);
14 }
```

MCU 按照从上到下的顺序执行程序。假设当用户按下按键时 MCU 正在执行上述代码片段中第 13 行的流水灯函数程序，由于流水灯函数的执行所需时间较长（大约 10s），因此，此次的按键事件无法得到 MCU 的响应（由于还未执行到第 4 行的按键扫描程序）。而且用户按键的时间（0.5s 以内）远小于流水灯函数的执行时间（10s），这意味着用户在按下按键时，MCU 有非常大的概率正在执行流水灯函数，于是就出现了上文所说的 MCU 完全无法响应用户输入的问题。

第二种是中断方式。这种方式的编程实现需要用到 MCU 的中断资源。对 STM32F4 系列微控制器而言，前述中断资源包括嵌套向量中断控制器和外部中断/事件控制器。用户先配置 GPIO 引脚与外部中断线的映射关系，然后配置外部中断的优先级，最后编写“中断服务”函数。当用户按下按键时，将触发相应的外部中断，程序跳转至“中断服务”函数执行后续处理程序。这种方式的优点如下：

- while 主循环无须频繁检测按键是否按下，仅当按键按下时才执行相应的操作，节省了 MCU 上的代码执行时间；
- 得益于中断的工作机制，这种编程方式可确保用户每次的按键输入都能及时得到 MCU 的响应。

2. STM32F4 的中断管理

（1）STM32F4 的中断/异常类型

Cortex-M4 内核支持 256 个中断，包括 16 个系统异常中断和 240 个可屏蔽中断，并具有 256 级可编程的中断优先级。STM32F4 系列微控制器在中断管理资源方面对 Cortex-M4 内核进行了裁减，如 STM32F40xx/41xx 型号 MCU 仅支持 92 个中断，STM32F42xx/43xx 型号 MCU 仅支持 96 个中断。

STM32F40xx/41xx 型号 MCU 支持的 92 个中断由 10 个系统异常中断和 82 个可屏蔽中断组

成，具有 16 级可编程的中断优先级，用户在编程时主要对 82 个可屏蔽中断进行管理与配置。表 2-2-1 列出了 STM32F407ZGT6 的部分中断向量及其说明。

表 2-2-1　STM32F407ZGT6 的部分中断向量及其说明

中断编号	优先级	优先级类型	中断/异常向量名称	说明
	-3	固定	Reset	复位
	-2	固定	NMI	不可屏蔽中断
	-1	固定	HardFault	所有类型的错误
	0	可设置	MemManage	存储器管理
	1	可设置	BusFault	预取值失败，存储器访问失败
	2	可设置	UsageFault	未定义的指令或非法状态
	3	可设置	SVCall	通过 SWI 指令调用的系统服务
	4	可设置	DebugMonitor	调试监视器
	5	可设置	PendSV	可挂起的系统服务
	6	可设置	SysTick	系统嘀嗒定时器
0	7	可设置	WWDG	窗口看门狗中断
1	8	可设置	PVD	连接到 EXTI 线的可编程电压检测（PVD）中断
……	……	……	……	……
6	13	可设置	EXTI0	EXTI 线 0 中断
……	……	……	……	……
19	26	可设置	CAN1_TX	CAN 总线发送中断
……	……	……	……	……
28	35	可设置	TIM2	TIM2 全局中断
……	……	……	……	……
36	43	可设置	SPI2	SPI2 全局中断
37	44	可设置	USART1	USART1 全局中断
……	……	……	……	……
61	68	可设置	ETH	以太网全局中断
……	……	……	……	……
81	88	可设置	FPU	FPU 全局中断

注：Reset、NMI、HardFault、MemManage、BusFault、UsageFault、SVCall、DebugMonitor、PendSV 和 SysTick 为系统异常向量。

（2）STM32F4 的嵌套向量中断控制器

嵌套向量中断控制器（Nested Vectored Interrupt Controller，NVIC）是 Cortex-M4 内核的外设，它控制 MCU 中与中断配置相关的功能。ST 公司在芯片设计时对 NVIC 的完整功能进行了裁减，因此 STM32F4 的 NVIC 可以说是 Cortex-M4 内核的 NVIC 的子集。

NVIC 配置的相关寄存器在 core_cm4.h 文件中以结构体的形式被定义，如下所示：

```
typedef struct
{
```

```
    __IO uint32_t ISER[8];          //Offset: 0x000(R/W)中断使能寄存器
    uint32_t RESERVED0[24];
    __IO uint32_t ICER[8];          //Offset: 0x080(R/W)中断清除寄存器
    uint32_t RSERVED1[24];
    __IO uint32_t ISPR[8];          //Offset: 0x100(R/W)中断使能挂起寄存器
    uint32_t RESERVED2[24];
    __IO uint32_t ICPR[8];          //Offset: 0x180(R/W)中断清除挂起寄存器
    uint32_t RESERVED3[24];
    __IO uint32_t IABR[8];          //Offset: 0x200(R/W)中断有效位寄存器
    uint32_t RESERVED4[56];
    __IO uint8_t  IPR[240];         //Offset: 0x300(R/W)中断优先级寄存器(8bit)
    uint32_t RESERVED5[644];
    __O  uint32_t STIR;             //Offset: 0xE00(/W)软件触发中断寄存器
    } NVIC_Type;
```

从上面的结构体定义中可以看到，中断配置相关寄存器有7种，常用的是ISER、ICER和IPR这3个。

中断使能寄存器（Interrupt Set Enable Registers，ISER）。它由8个32 bit寄存器组成，每个bit控制一个中断，可管理Cortex-M4内核所有的256个中断，往相应的位写入“1”可使能某个中断。但STM32F407系列微控制器只使用了前82 bit，对应82个可屏蔽中断，即ISER[0]、ISER[1]以及ISER[2]的bit0~bit17。

中断清除寄存器（Interrupt Clear Enable Registers，ICER）。它的功能与ISER相反，往相应的位写入“1”可清除某个中断。

中断优先级控制寄存器（Interrupt Priority Registers，IPR）。它由240个8 bit的寄存器组成，对应Cortex-M4内核的240个可屏蔽中断，可管理256（$2^8=256$）级中断优先级。STM32F407系列微控制器只使用了其中82个寄存器，对应82个可屏蔽中断；8 bit寄存器只使用了高4 bit，可管理16（$2^4=16$）级中断优先级。

（3）STM32F4的中断优先级分组

STM32F4系列微控制器的中断优先级管理采取了分组的理念，将优先级分为“抢占优先级”与“子优先级”。中断优先级分组由系统控制基本寄存器（System Control Base Register，SCBR）中的应用程序中断和复位控制寄存器（Application Interrupt and Reset Control Register,AIRCR）中的PRIGROUP[10:8]位段决定，共分为5个组别，具体分组情况见表2-2-2。

表2-2-2　STM32F4系列微控制器的中断优先级分组情况

组别	PRIGROUP[10:8]	IPR[x]bit7~bit4分配		优先级级数	
		抢占优先级	子优先级	抢占优先级	子优先级
0	111B	None	4 bit	None	16级
1	110B	1 bit	3 bit	2级	8级
2	101B	2 bit	2 bit	4级	4级
3	100B	3 bit	1 bit	8级	2级
4	011B	4 bit	None	16级	None

对“抢占优先级”和“子优先级”在程序执行过程中的判定规则说明如下：

- 若两个中断的“抢占优先级”与“子优先级”都相同，则哪个中断先发生就先执行哪个；
- “抢占优先级”高的中断可以打断“抢占优先级”低的中断；
- 若两个中断的“抢占优先级”相同，则当两个中断同时发生时，“子优先级”高的中断先被执行，且“子优先级”高的中断不能打断“子优先级”低的中断。

STM32F4 的标准外设库提供了 NVIC_PriorityGroupConfig()函数用于中断优先级的分组，其原型定义如下：

```
void NVIC_PriorityGroupConfig(uint32_t NVIC_PriorityGroup)
{
    /* 检查参数 */
    assert_param(IS_NVIC_PRIORITY_GROUP(NVIC_PriorityGroup));

    /* 根据 NVIC_PriorityGroup 的值配置 PRIGROUP[10:8]位段*/
    SCB->AIRCR = AIRCR_VECTKEY_MASK | NVIC_PriorityGroup;
}
```

NVIC_PriorityGroupConfig()函数的输入参数 NVIC_PriorityGroup 的定义如下：

```
#define NVIC_PriorityGroup_0        ((uint32_t)0x700)      //对应组 0
#define NVIC_PriorityGroup_1        ((uint32_t)0x600)      //对应组 1
#define NVIC_PriorityGroup_2        ((uint32_t)0x500)      //对应组 2
#define NVIC_PriorityGroup_3        ((uint32_t)0x400)      //对应组 3
#define NVIC_PriorityGroup_4        ((uint32_t)0x300)      //对应组 4
```

使用实例：

```
NVIC_PriorityGroupConfig(NVIC_PriorityGroup_2);
```

上述实例将系统的优先级分组配置为“组 2”，通过查表 2-2-2 可知，该系统具备 4 级抢占优先级和 4 级子优先级。

（4）STM32F4 的中断优先级配置

STM32F4 的标准外设库提供了 NVIC_Init()函数用于中断优先级的配置，其原型定义如下：

```
void NVIC_Init(NVIC_InitTypeDef* NVIC_InitStruct);
```

函数参数 NVIC_InitStruct 所对应的 NVIC_InitTypeDef 结构体在“misc.h”文件中被定义，如下所示：

```
typedef struct
{
    uint8_t NVIC_IRQChannel;                        //中断源
    uint8_t NVIC_IRQChannelPreemptionPriority;      //抢占优先级
    uint8_t NVIC_IRQChannelSubPriority;             //子优先级
    FunctionalState NVIC_IRQChannelCmd;             //中断使能或失能
} NVIC_InitTypeDef;
```

接下来对结构体中的 4 个成员进行介绍。

- NVIC_IRQChannel：该成员用于配置中断源，可选参数见“stm32f4xx.h”文件中的 IRQn_Type 枚举类型定义。
- NVIC_IRQChannelPreemptionPriority：该成员用于配置抢占优先级。
- NVIC_IRQChannelSubPriority：该成员用于配置子优先级。
- NVIC_IRQChannelCmd：该成员用于配置使能（ENABLE）或失能（DISABLE）某个中

断，对该成员的配置其实是对 ISER 与 ICER 进行操作。

中断优先级的配置实例见以下代码：

```
NVIC_InitTypeDef   NVIC_InitStructure;
NVIC_PriorityGroupConfig(NVIC_PriorityGroup_2);                      //配置为组 2
NVIC_InitStructure.NVIC_IRQChannel = EXTI3_IRQn;                     //外部中断 3
NVIC_InitStructure.NVIC_IRQChannelPreemptionPriority = 0x02;         //抢占优先级 2
NVIC_InitStructure.NVIC_IRQChannelSubPriority = 0x02;                //子优先级 2
NVIC_InitStructure.NVIC_IRQChannelCmd = ENABLE;                      //使能外部中断
NVIC_Init(&NVIC_InitStructure);                                      //NVIC 配置生效
```

3. STM32F4 的外部中断/事件控制器

STM32F4 的外部中断/事件控制器（External Interrupt/Event Controller，EXTI）包含 23 个可用于产生中断/事件请求的边沿检测器。STM32F4 系列微控制器的每个 GPIO 引脚都可作为外部中断的中断输入口，且每个外部中断都设置了状态位，具备独立的触发和屏蔽设置的功能。这 23 个外部中断或事件介绍如下。

EXTI 线 0～15：对应外部 I/O 口的输入中断。

EXTI 线 16：连接到 PVD 输出。

EXTI 线 17：连接到 RTC 闹钟事件。

EXTI 线 18：连接到 USB_OTG_FS 唤醒事件。

EXTI 线 19：连接到以太网唤醒事件。

EXTI 线 20：连接到 USB_OTG_HS(在 FS 中配置)唤醒事件。

EXTI 线 21：连接到 RTC 入侵和时间戳事件。

EXTI 线 22：连接到 RTC 唤醒事件。

由上述介绍可知，STM32F4 系列微控制器供 GPIO 引脚使用的中断线有 16 条，即：EXTI0～EXTI15。MCU 本身的 GPIO 引脚数量大于 16，因此需要制定 GPIO 引脚与中断线映射的规则。ST 公司制定的规则如下：所有 GPIO 端口的引脚 0 共用 EXTI0 中断线，引脚 1 共用 EXTI1 中断线，以此类推，引脚 15 共用 EXTI15 中断线，使用前再将某个 GPIO 引脚与中断线进行映射。如 PA0、PB0、PC0、……、PI0 共用 EXTI0 中断线，则使用前须将 EXTI0 中断线与某 GPIO 端口的引脚 0 进行映射。中断线与 GPIO 端口映射的示意如图 2-2-2 所示。

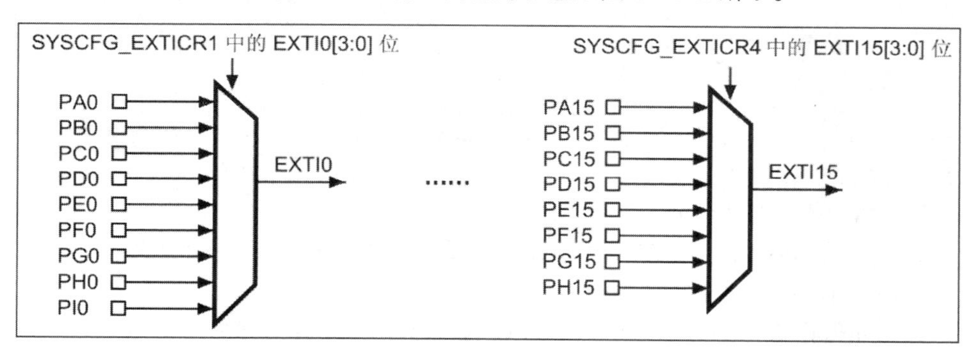

图2-2-2　中断线与GPIO端口映射的示意

4. STM32F4 外部中断的编程配置步骤

使用 STM32F4 标准外设库进行外部中断的编程配置可按照以下步骤进行。

（1）配置 GPIO 引脚的工作模式为输入模式

要将某个 GPIO 引脚作为外部中断的输入口，应先配置该 GPIO 引脚的工作模式为输入模式。任务 2.1 已经介绍了输出模式的 GPIO 引脚配置方法，输入模式的 GPIO 引脚配置方法与其类似，此处不再赘述。

（2）开启系统配置控制器（SYSCFG）时钟，配置中断线与 GPIO 引脚的映射关系

由图 2-2-2 可知，中断线与 GPIO 引脚的映射配置实际上是通过修改 SYSCFG_EXTICRx（x=1，2，3，4）的参数实现的。例如：EXTI15 外部中断由 SYSCFG_EXTICR4 中的“EXTI15[3:0]”位段进行配置。由于配置过程涉及 SYSCFG_EXTICRx，因此在配置前需要先开启 SYSCFG 时钟，具体代码如下：

```
RCC_APB2PeriphClockCmd(RCC_APB2Periph_SYSCFG, ENABLE);
```

STM32F4 标准外设库提供了 SYSCFG_EXTILineConfig()函数用于配置中断线与 GPIO 引脚的映射关系，其原型定义如下：

```
void SYSCFG_EXTILineConfig(uint8_t EXTI_PortSourceGPIOx, uint8_t EXTI_PinSourcex);
```

SYSCFG_EXTILineConfig()函数中有两个参数：EXTI_PortSourceGPIOx 参数指明了 GPIO 端口，如 GPIOA、GPIOB 等；EXTI_PinSourcex 参数指明了中断线编号，如 EXTI_PinSource0 对应外部中断 0。具体配置实例如下：

```
SYSCFG_EXTILineConfig(EXTI_PortSourceGPIOA, uint8_t EXTI_PinSource4);
```

上述配置实例将外部中断 4 与 PA4 引脚进行了映射。

（3）配置外部中断的工作参数

配置好中断线与 GPIO 引脚的映射关系之后，我们还须对外部中断的工作参数进行配置，STM32F4 标准外设库提供了外部中断初始化结构体 EXTI_InitTypeDef 来完成此项配置。EXTI_InitTypeDef 结构体可配置外部中断的工作模式、触发方式等参数，被初始化函数 EXTI_Init()调用，其原型定义如下：

```
typedef struct
{
    uint32_t EXTI_Line;                         //中断或事件线
    EXTIMode_TypeDef EXTI_Mode;                 //EXTI 的工作模式
    EXTITrigger_TypeDef EXTI_Trigger;           //EXTI 的触发方式
    FunctionalState EXTI_LineCmd;               //是否使能
} EXTI_InitTypeDef;
```

接下来对 EXTI_InitTypeDef 结构体成员变量的作用进行介绍。

① EXTI_Line

中断或事件线配置，共有 23 个选项可供选择，分别是 EXTI_Line0~EXTI_Line22。

② EXTI_Mode

EXTI 工作模式配置，可配置的参数如下：

- 产生中断（EXTI_Mode_Interrupt）；
- 产生事件（EXTI_Mode_Event）。

③ EXTI_Trigger

EXTI 边沿触发方式配置，可配置的参数如下：

- 上升沿触发（EXTI_Trigger_Rising）；
- 下降沿触发（EXTI_Trigger_Falling）；
- 上升沿与下降沿都触发（EXTI_Trigger_Rising_Falling）。

④ EXTI_LineCmd

是否使能 EXTI 线配置，可配置的参数如下：

- 使能 EXTI 线（ENABLE）；
- 禁用 EXTI 线（DISABLE）。

（4）通过 NVIC 配置外部中断的优先级

在 STM32F4 系列微控制器的编程应用中，任何使用 MCU 中断资源的应用程序都要通过 NVIC 配置中断的优先级，外部中断也不例外。具体的配置方法参照 NVIC 相关的介绍。

（5）编写外部中断服务函数

在引入中断工作机制后，应用程序提高了用户请求的响应速度。在中断工作机制中，用于处理用户请求的函数被称为“中断服务”函数，该函数是中断工作机制的重要组成部分。

用户在编写中断服务函数的过程中，需要特别关注以下两点（注：适用于所有中断类型）。

一是中断服务函数的入口函数名是由 STM32F4 标准外设库规定的，用户不可随意命名。

二是应掌握中断服务函数的框架结构。在实际的编程应用中，各种中断服务函数的框架结构都是类似的，应熟练掌握并灵活应用之。

对外部中断而言，虽然 STM32F4 系列微控制器支持 16 路外部中断，但标准外设库只定义了 7 个外部中断函数。EXTI0 ~ EXTI4 各自独享一个函数，EXTI5~EXTI9 共用一个函数，EXTI10~EXTI15 共用一个函数，具体函数名如表 2-2-3 所示。

表 2-2-3　外部中断服务函数名

中断编号	中断服务函数名	中断编号	中断服务函数名
外部中断 0	EXTI0_IRQHandler()	外部中断 4	EXTI4_IRQHandler()
外部中断 1	EXTI1_IRQHandler()	外部中断 5 至外部中断 9	EXTI9_5_IRQHandler()
外部中断 2	EXTI2_IRQHandler()	外部中断 10 至外部中断 15	EXTI15_10_IRQHandler()
外部中断 3	EXTI3_IRQHandler()		

从表 2-2-3 可知，有的中断服务函数被多个中断源共用。以 EXTI9_5_IRQHandler()中断服务函数为例，它被外部中断 EXTI5~EXTI9 共用。即 EXTI5~EXTI9 共 5 个外部中断中，不论哪个中断满足其触发条件，程序都将跳转入 EXTI9_5_IRQHandler()函数并执行。因此，在刚进入该函数时，需要用条件判断语句检测究竟发生了何种中断。同时，执行完中断处理的相关程序之后，应清除相应的中断标志位。

STM32F4 标准外设库提供了 EXTI_GetITStatus()函数，用于判断某个中断线上是否触发了中断，其原型定义如下：

```
ITStatus EXTI_GetITStatus(uint32_t EXTI_Line);
```

EXTI_GetITStatus()函数的参数为要判断的中断线编号，如 EXTI_Line3 对应中断线 3，EXTI_Line8 对应中断线 8。

函数 EXTI_ClearITPendingBit()用于清除某个中断线上的中断标志位，其原型定义如下：

```
void EXTI_ClearITPendingBit(uint32_t EXTI_Line);
```

下面给出一个外部中断服务函数的框架，该函数以中断线 3 为例，适用于 STM32F4 系列微控制器的其他中断，只须修改中断服务函数名、判断中断是否发生的语句和清除中断标志位的语句即可。

```
/* EXTI3 中断服务函数 */
void EXTI3_IRQHandler(void)
{
    /* 判断中断线上的中断是否发生*/
    if(EXTI_GetITStatus(EXTI_Line3) != RESET)
    {
        // TODO 中断处理逻辑
        ……
        /* 清除相应的中断标志位 */
        EXTI_ClearITPendingBit(EXTI_Line3);
    }
}
```

2.2.3 任务实施

本任务的知识链接部分介绍了按键的两种检测方式，本小节我们将分别用这两种方式实现任务要求。

1. 用扫描方式实现按键功能

（1）编写按键引脚的配置程序

按键引脚的配置与 LED 引脚的配置方法类似，不同之处在于 GPIO 引脚的工作模式：LED 引脚配置为 GPIO_Mode_OUT，按键引脚配置为 GPIO_Mode_IN。

复制一份任务 2.1 的工程，并将其重命名为“task2.2_KeyScan_WaterFlow_LED”。在“HARDWARE”文件夹下新建“KEY”子文件夹，新建“key.c”和“key.h”两个文件，将它们加入工程中，并配置头文件包含路径。在“key.c”文件中输入以下代码：

```
1  #include "key.h"
2  #include "delay.h"
3
4  /**
5    * @brief  按键 GPIO 引脚初始化
6    * @param  None
7    * @retval None
8    */
9  void Key_Init(void)
10 {
11     GPIO_InitTypeDef  GPIO_InitStructure;
```

```
12      /* 使能 GPIOA，GPIOE 时钟 */
13      RCC_AHB1PeriphClockCmd(RCC_AHB1Periph_GPIOA|RCC_AHB1Periph_GPIOE, ENABLE);
14      /* PE4|PE3|PE2 初始化 */
15      GPIO_InitStructure.GPIO_Pin = GPIO_Pin_2|GPIO_Pin_3|GPIO_Pin_4;
16      GPIO_InitStructure.GPIO_Mode = GPIO_Mode_IN;          //输入模式
17      GPIO_InitStructure.GPIO_Speed = GPIO_High_Speed;      //高速，100MHz
18      GPIO_InitStructure.GPIO_PuPd = GPIO_PuPd_UP;          //默认上拉
19      GPIO_Init(GPIOE, &GPIO_InitStructure);                //配置生效
20      /* PA0 初始化 */
21      GPIO_InitStructure.GPIO_Pin = GPIO_Pin_0;
22      GPIO_InitStructure.GPIO_PuPd = GPIO_PuPd_DOWN;        //默认下拉
23      GPIO_Init(GPIOA, &GPIO_InitStructure);
24  }
```

（2）编写按键扫描函数

用扫描方式实现按键功能的主要函数是“按键扫描”函数，该函数通过读取按键 GPIO 引脚的电平状态来判断某个按键是否被按下。继续在“key.c”文件中输入以下代码：

```
1   /**
2     * @brief  按键扫描函数
3     * @note   注意此函数按键有响应优先级，KEY_L(K1)>KEY_D(K2)>KEY_R(K3)>KEY_U(K4)
4     * @param  mode 是否支持连续按，1 支持连续按，0 不支持连续按
5     * @retval 键值(无按键按下返回 0)
6     */
7   uint8_t Key_Scan(uint8_t mode)
8   {
9       static uint8_t key_up = 1;                              //按键松开标志
10      if(mode)  key_up = 1;                                   //支持连按
11      if(key_up && (KEY_L==0||KEY_D==0||KEY_R==0||KEY_U==1))
12      {
13          delay_ms(20);                                       //去抖动
14          key_up=0;
15          if(KEY_L==0)  return KEY_L_PRESS;                   //左键键值 1
16          else if(KEY_D==0)return KEY_D_PRESS;                //下键键值 2
17          else if(KEY_R==0)return KEY_R_PRESS;                //右键键值 3
18          else if(KEY_U==1)return KEY_U_PRESS;                //上键键值 4
19      }
20      else if(KEY_L==1&&KEY_D==1&&KEY_R==1&&KEY_U==0)
21      {
22          key_up = 1;
23      }
24      return 0;                                               //无按键按下
25  }
```

在“key.h”文件中输入以下代码：

```
1   #ifndef  __KEY_H
2   #define  __KEY_H
```

```
3   #include "sys.h"
4
5   /* 位带方式读取GPIO端口状态 */
6   #define KEY_L   PEin(4)                    //PE4|K1|Key_Left
7   #define KEY_D   PEin(3)                    //PE3|K2|Key_Down
8   #define KEY_R   PEin(2)                    //PE2|K3|Key_Right
9   #define KEY_U   PAin(0)                    //PA0|K4|Key_Up
10  /* 键值宏定义 */
11  #define KEY_L_PRESS     1
12  #define KEY_D_PRESS     2
13  #define KEY_R_PRESS     3
14  #define KEY_U_PRESS     4
15
16  void Key_Init(void);                       //按键GPIO端口初始化
17  uint8_t Key_Scan(uint8_t mode);            //按键扫描函数
18
19  #endif
```

（3）编写LED流水灯的各种工作模式函数

在“led.c”文件中增加以下代码：

```
1   /**
2     * @brief  LED流水灯模式1
3     * @param  time: 延时时间(单位ms)
4     * @retval None
5     */
6   void LED_Mode1(uint16_t time)
7   {
8      GPIO_ResetBits(GPIOF,GPIO_Pin_9);   //LED0亮
9      GPIO_SetBits(GPIOF,GPIO_Pin_10);    //LED1灭
10     delay_ms(time);                     //延时一段时间
11     GPIO_SetBits(GPIOF,GPIO_Pin_9);     //LED0灭
12     GPIO_ResetBits(GPIOF,GPIO_Pin_10);  //LED1亮
13     delay_ms(time);                     //延时一段时间
14  }
15
16  /**
17    * @brief  LED流水灯模式2
18    * @param  None
19    * @retval None
20    */
21  void LED_Mode2(void)
22  {
23     GPIO_ResetBits(GPIOF,GPIO_Pin_9);   //LED0亮
24     GPIO_ResetBits(GPIOF,GPIO_Pin_10);  //LED1亮
25     delay_ms(200);                      //延时200 ms
```

```
26     GPIO_SetBits(GPIOF,GPIO_Pin_9);              //LED0 灭
27     GPIO_SetBits(GPIOF,GPIO_Pin_10);             //LED0 灭
28     delay_ms(800);                               //延时 800 ms
29  }
30
31  /**
32    * @brief  LED 流水灯模式 3
33    * @param  None
34    * @retval None
35    */
36  void LED_Mode3(void)
37  {
38     GPIO_ResetBits(GPIOF,GPIO_Pin_9);            //LED0 亮
39     GPIO_ResetBits(GPIOF,GPIO_Pin_10);           //LED1 亮
40     delay_ms(800);                               //延时 800 ms
41     GPIO_SetBits(GPIOF,GPIO_Pin_9);              //LED0 灭
42     GPIO_SetBits(GPIOF,GPIO_Pin_10);             //LED1 灭
43     delay_ms(200);                               //延时 200 ms
44  }
```

在“led.h”文件中输入以下代码：

```
1   #ifndef __LED_H
2   #define __LED_H
3   #include "sys.h"
4
5   /* LED 引脚宏定义 */
6   #define LED0 PFout(9)                           //LED0
7   #define LED1 PFout(10)                          //LED1
8
9   /* LED 流水灯工作模式枚举类型定义 */
10  typedef enum
11  {
12     LED_MODE1 = 0x00,
13     LED_MODE2,
14     LED_MODE3,
15  } LED_WorkModeTypeDef;
16
17  void LED_Init(void);                            //LED 引脚初始化
18  void LED_Mode1(uint16_t time);
19  void LED_Mode2(void);
20  void LED_Mode3(void);
21  void WaterFlow_LED(uint16_t xms);
22
23  #endif
```

（4）编写main()函数

在“main.c”文件中输入以下代码：

```
1  #include "sys.h"
2  #include "delay.h"
3  #include "led.h"
4  #include "key.h"
5
6  uint8_t keyValue = 0;
7  LED_WorkModeTypeDef myLEDWorkMode = LED_MODE1;
8
9  int main(void)
10 {
11     delay_init(168);                          //延时函数初始化
12     LED_Init();                               //LED 引脚初始化
13     Key_Init();                               //按键引脚初始化
14
15     while(1)
16     {
17         /* 按键扫描，不支持连续按 */
18         keyValue = Key_Scan(0);
19         switch (keyValue)
20         {
21         case KEY_L_PRESS:                     //K1 按下
22             myLEDWorkMode = LED_MODE1;    //切换为工作模式 1
23             break;
24         case KEY_D_PRESS:                     //K2 按下
25             myLEDWorkMode = LED_MODE2;    //切换为工作模式 2
26             break;
27         case KEY_R_PRESS:                     //K3 按下
28             myLEDWorkMode = LED_MODE3;    //切换为工作模式 3
29             break;
30         default:
31             break;
32         }
33
34         if(myLEDWorkMode == LED_MODE1)
35         {
36             /* 执行 LED 流水灯模式 1 */
37             LED_Mode1(1000);
38         }
39         else if(myLEDWorkMode == LED_MODE2)
40         {
41             /* 执行 LED 流水灯模式 2 */
42             LED_Mode2();
```

```
43          }
44          else if(myLEDWorkMode == LED_MODE3)
45          {
46              /* 执行 LED 流水灯模式 3 */
47              LED_Mode3();
48          }
49      }
50  }
```

2. 用中断方式实现按键功能

与扫描方式相比，使用中断方式实现按键功能需要增加外部中断配置函数与中断服务函数，其他程序可以继续沿用。

（1）编写外部中断初始化程序

复制一份 task2.2_KeyScan_WaterFlow_LED 工程，并将其重命名为“task2.2_KeyEXTI_WaterFlow_LED”。在“HARDWARE”文件夹下新建子文件夹“EXTI”，新建“exti.c”和“exti.h”两个文件，将它们加入工程中，并配置头文件包含路径。在“exti.c”文件中输入以下代码：

```
1   #include "exti.h"
2   #include "delay.h"
3   #include "key.h"
4   extern uint8_t keyValue;
5   /**
6     * @brief  外部中断初始化程序
7     * @note   将 PE2，PE3，PE4，PA0 映射到外部中断线
8     * @param  None
9     * @retval None
10    */
11  void EXTIx_Init(void)
12  {
13      NVIC_InitTypeDef NVIC_InitStructure;
14      EXTI_InitTypeDef EXTI_InitStructure;
15      /* 开启 SYSCFG 时钟 */
16      RCC_APB2PeriphClockCmd(RCC_APB2Periph_SYSCFG, ENABLE);
17
18      /* 将 PE2，PE3，PE4，PA0 分别映射到中断线 2，3，4，0 */
19      SYSCFG_EXTILineConfig(EXTI_PortSourceGPIOE, EXTI_PinSource2);
20      SYSCFG_EXTILineConfig(EXTI_PortSourceGPIOE, EXTI_PinSource3);
21      SYSCFG_EXTILineConfig(EXTI_PortSourceGPIOE, EXTI_PinSource4);
22      SYSCFG_EXTILineConfig(EXTI_PortSourceGPIOA, EXTI_PinSource0);
23
24      /* 配置 EXTI_Line0 */
25      EXTI_InitStructure.EXTI_Line = EXTI_Line0;//LINE0
26      EXTI_InitStructure.EXTI_Mode = EXTI_Mode_Interrupt;//外部中断
```

```
27      EXTI_InitStructure.EXTI_Trigger = EXTI_Trigger_Rising;//上升沿触发
28      EXTI_InitStructure.EXTI_LineCmd = ENABLE;//使能 LINE0
29      EXTI_Init(&EXTI_InitStructure);//配置生效
30
31      /* 配置 EXTI_Line2, 3, 4 */
32      EXTI_InitStructure.EXTI_Line = EXTI_Line2 | EXTI_Line3 | EXTI_Line4;
33      EXTI_InitStructure.EXTI_Mode = EXTI_Mode_Interrupt;//外部中断
34      EXTI_InitStructure.EXTI_Trigger = EXTI_Trigger_Falling;//下降沿触发
35      EXTI_InitStructure.EXTI_LineCmd = ENABLE;//中断线使能
36      EXTI_Init(&EXTI_InitStructure);//配置生效
37
38      /* 配置外部中断优先级 */
39      NVIC_InitStructure.NVIC_IRQChannel = EXTI0_IRQn;//外部中断 0
40      NVIC_InitStructure.NVIC_IRQChannelPreemptionPriority = 0x00;//抢占优先级 0
41      NVIC_InitStructure.NVIC_IRQChannelSubPriority = 0x01;//子优先级 1
42      NVIC_InitStructure.NVIC_IRQChannelCmd = ENABLE;//使能外部中断通道
43      NVIC_Init(&NVIC_InitStructure);//配置生效
44
45      NVIC_InitStructure.NVIC_IRQChannel = EXTI2_IRQn;//外部中断 2
46      NVIC_InitStructure.NVIC_IRQChannelPreemptionPriority = 0x00;//抢占优先级 0
47      NVIC_InitStructure.NVIC_IRQChannelSubPriority = 0x02;//子优先级 2
48      NVIC_InitStructure.NVIC_IRQChannelCmd = ENABLE;//使能外部中断通道
49      NVIC_Init(&NVIC_InitStructure);//配置生效
50
51      NVIC_InitStructure.NVIC_IRQChannel = EXTI3_IRQn;//外部中断 3
52      NVIC_InitStructure.NVIC_IRQChannelPreemptionPriority = 0x00;//抢占优先级 0
53      NVIC_InitStructure.NVIC_IRQChannelSubPriority = 0x03;//子优先级 3
54      NVIC_InitStructure.NVIC_IRQChannelCmd = ENABLE;//使能外部中断通道
55      NVIC_Init(&NVIC_InitStructure);//配置生效
56
57      NVIC_InitStructure.NVIC_IRQChannel = EXTI4_IRQn;//外部中断 4
58      NVIC_InitStructure.NVIC_IRQChannelPreemptionPriority = 0x00;//抢占优先级 0
59      NVIC_InitStructure.NVIC_IRQChannelSubPriority = 0x04;//子优先级 4
60      NVIC_InitStructure.NVIC_IRQChannelCmd = ENABLE;//使能外部中断通道
61      NVIC_Init(&NVIC_InitStructure);//配置生效
62  }
```

（2）编写外部中断服务函数

本任务使用了 3 个按键，它们的 GPIO 引脚分别与外部中断线 EXTI_Line2、EXTI_Line3 和 EXTI_Line4 映射，因此需要编写 3 个外部中断服务函数。在“exti.c”文件中继续输入以下代码：

```
1   /**
2     * @brief  外部中断 2 服务函数
3     * @param  None
4     * @retval None
```

```
5     */
6   void EXTI2_IRQHandler(void)
7   {
8       delay_ms(10);                               //消抖
9       if(KEY_R == 0)
10      {
11          keyValue = KEY_R_PRESS;                 //K3 键值 3
12      }
13      EXTI_ClearITPendingBit(EXTI_Line2);         //清除 LINE2 上的中断标志位
14  }
15  /**
16    * @brief  外部中断 3 服务函数
17    * @param  None
18    * @retval None
19    */
20  void EXTI3_IRQHandler(void)
21  {
22      delay_ms(10);                               //消抖
23      if(KEY_D == 0)
24      {
25          keyValue = KEY_D_PRESS;                 //K2 键值 2
26      }
27      EXTI_ClearITPendingBit(EXTI_Line3);         //清除 LINE3 上的中断标志位
28  }
29  /**
30    * @brief  外部中断 4 服务程序
31    * @param  None
32    * @retval None
33    */
34  void EXTI4_IRQHandler(void)
35  {
36      delay_ms(10);                               //消抖
37      if(KEY_L == 0)
38      {
39          keyValue = KEY_L_PRESS;                 //K1 键值 1
40      }
41      EXTI_ClearITPendingBit(EXTI_Line4);         //清除 LINE4 上的中断标志位
42  }
```

在“exti.h”文件中输入以下代码：

```
1   #ifndef __EXTI_H
2   #define __EXTI_H
3   #include "sys.h"
4
5   void EXTIx_Init(void);
6   #endif
```

（3）编写 main()函数

在“main.c”文件中输入以下代码：

```
1   #include "sys.h"
2   #include "delay.h"
3   #include "led.h"
4   #include "key.h"
5   #include "exti.h"
6
7   uint8_t keyValue = 0;
8   LED_WorkModeTypeDef myLEDWorkMode = LED_MODE1;
9
10  int main(void)
11  {
12      delay_init(168);                               //延时函数初始化
13      LED_Init();                                    //LED 引脚初始化
14      Key_Init();                                    //按键引脚初始化
15      EXTIx_Init();                                  //外部中断初始化
16
17      while(1)
18      {
19          /* 无需按键扫描函数 */
20          //keyValue = Key_Scan(0);
21
22          switch (keyValue)
23          {
24          case KEY_L_PRESS:                          //K1 按下
25              myLEDWorkMode = LED_MODE1;             //切换为工作模式 1
26              break;
27          case KEY_D_PRESS:                          //K2 按下
28              myLEDWorkMode = LED_MODE2;             //切换为工作模式 2
29              break;
30          case KEY_R_PRESS:                          //K3 按下
31              myLEDWorkMode = LED_MODE3;             //切换为工作模式 3
32              break;
33          default:
34              break;
35          }
36
37          if(myLEDWorkMode == LED_MODE1)
38          {
39              /* 执行 LED 流水灯模式 1 */
40              LED_Mode1(1000);
41          }
42          else if(myLEDWorkMode == LED_MODE2)
43          {
```

```
44              /* 执行 LED 流水灯模式 2 */
45              LED_Mode2();
46          }
47          else if(myLEDWorkMode == LED_MODE3)
48          {
49              /* 执行 LED 流水灯模式 3 */
50              LED_Mode3();
51          }
52      }
53  }
```

注 意

使用外部中断实现按键功能无需“按键扫描”函数，因此将上述代码段第 20 行的内容作为注释。

任务 2.3 串行通信控制流水灯的应用开发

2.3.1 任务分析

本任务要求设计一个 LED 流水灯系统，该系统与上位机之间通过串行通信接口相连。上位机可发送命令对 LED 流水灯系统进行控制，具体要求如下。

LED 流水灯的工作模式有 3 种。

模式①：两个 LED 以 2s 为周期交替闪烁，并以此循环往复。

模式②：两个 LED 同时亮 0.2s，然后同时灭 0.8s，并以此循环往复。

模式③：两个 LED 同时亮 0.8s，然后同时灭 0.2s，并以此循环往复。

上位机以串行通信的方式发送命令至该系统进行 LED 流水灯工作模式的切换，命令“mode_1#”“mode_2#”“mode_3#”分别对应模式①、模式②和模式③的控制。

分析本任务的要求，上位机需要以串行通信的方式发送命令以控制 LED 流水灯系统，STM32F4 系列微控制器的通用同步/异步收发器具备与外部设备进行串行通信的功能，因此可利用此收发器完成任务要求。

本任务涉及的知识点有：

- 串行通信的基础知识；
- 通用同步/异步收发器的工作原理；
- 通用同步/异步收发器的配置与数据收发程序的编写技巧。

2.3.2 知识链接

1. 串行通信的基本知识

（1）什么是串行通信

在计算机网络与分布式工业控制系统中，设备之间经常通过各自配备的标准串行通信接口，加上合适的通信电缆实现数据与信息的交换。所谓“串行通信”是指外设和计算机之间通过数据信号线、地线与控制线等，按位进行数据传输的一种通信方式。

目前常见的串行通信接口标准有RS-232、RS-422和RS-485等，它们由美国电子工业协会（Electronic Industries Association，EIA）发布。本小节主要学习与RS-232标准相关的内容。

（2）常见的电平信号及其电气特性

在电子产品开发领域，常见的电平信号有TTL电平、CMOS电平、RS-232电平和USB电平等。由于它们对逻辑“1”和逻辑“0”的表示标准有所不同，因此在不同器件之间进行通信时，要特别注意电平信号的电气特性。表2-3-1对常见电平信号的逻辑表示与电气特性进行了归纳。

表2-3-1 常见电平信号的逻辑表示与电气特性

电平信号名称	输入		输出		说明
	逻辑1	逻辑0	逻辑1	逻辑0	
TTL电平	≥2.0V	≤0.8V	≥2.4V	≤0.4V	噪声容限较低，约0.4V。MCU芯片引脚都是TTL电平
CMOS电平	≥0.7Vcc	≤0.3Vcc	≥0.8Vcc	≤0.1Vcc	噪声容限高于TTL电平，Vcc为供电电压
RS-232电平	-3V~-15V			+3V~+15V	PC的COM口为RS-232电平
USB电平	$(V_{D+}-V_{D-})$ ≥200mV			$(V_{D-}-V_{D+})$ ≥200mV	采用差分电平，4线制：VCC、GND、D+和D-

RS-232电平与TTL电平的逻辑表示对比如图2-3-1所示。

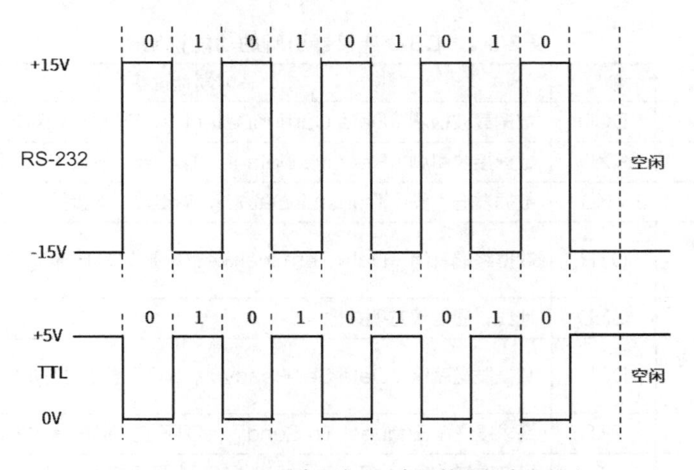

图2-3-1 RS-232电平与TTL电平的逻辑表示对比

（3）串行通信的接口与信号连接

RS-232标准最早是为远程通信设计的，用于连接数据终端设备（Data Teminal Equipment，DTE）与数据通信设备（Data Communication Equipment，DCE），现在普遍用于计算机之间或计算机与外设之间的近端连接。

RS-232标准规定使用25针标准接口，使用DB-25连接器。但在实际使用中，只需2根数据线、6根控制器线和1根地线共9根信号线。因此一些生产厂家对RS-232标准的接口进行了简化，使用9针标准接口，即DB-9连接器。图2-3-2展示了上述两种连接器的公头与母头。

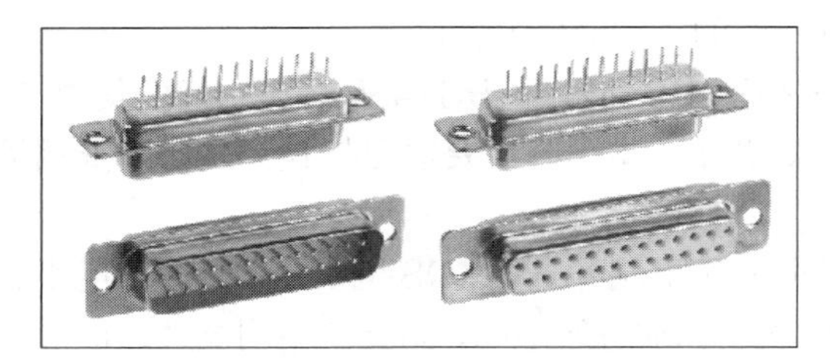

（a）DB-25连接器的公头和母头

（b）DB-9连接器的公头和母头

图2-3-2　DB-25与DB-9连接器的公头和母头

下面对DB-9连接器的引脚及其功能进行说明，如图2-3-3和表2-3-2所示。

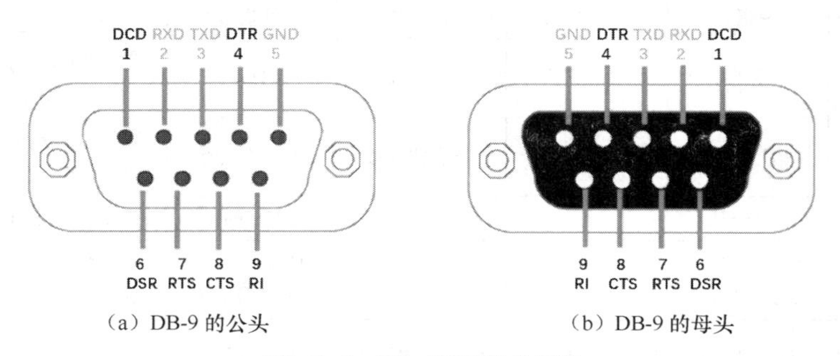

（a）DB-9的公头　（b）DB-9的母头

图2-3-3　DB-9连接器的引脚

表2-3-2　DB-9连接器引脚的功能说明

序号	引脚名称	缩写	功能说明
1	载波检测	DCD	数据载波检测（Data Carrier Detect），DTE通知对方是否已收到载波信号
2	接收数据	RXD	数据接收引脚（Receive Data），输入端，连接另一个设备的TXD
3	发送数据	TXD	数据发送引脚（Transmit Data），输出端，连接另一个设备的RXD
4	数据终端设备就绪	DTR	数据终端就绪（Data Terminal Ready），DTE通知对方本机是否已准备好
5	信号地线	GND	地线，通信双方须共地
6	数据通信设备就绪	DSR	数据发送就绪（Data Set Ready），DCE通知对方本机是否已处于待命状态
7	请求发送	RTS	请求发送（Request To Send），DTE向DCE请求发送数据
8	允许发送	CTS	允许发送（Clear To Send），DCE回应对方的RTS发送请求，通知对方可以发数据
9	振铃提示	RI	振铃提示（Ring Indicator），表示通信双方线路已接通

由于DB-9连接器体积较大，因此近年来便携式计算机和PC主板渐渐淘汰了这种接口。随着USB接口的普及，出现了一种USB电平转TTL电平的转换模块，可方便地实现上位机与外设之间的串行通信。这种转换模块对传输所用的信号线进行了进一步精简，只需3根信号线：RXD、TXD与GND。常见的转换芯片型号有CH340、PL2303、CP2102和FT232等，转换模块的实物图及其与MCU的连接如图2-3-4所示。

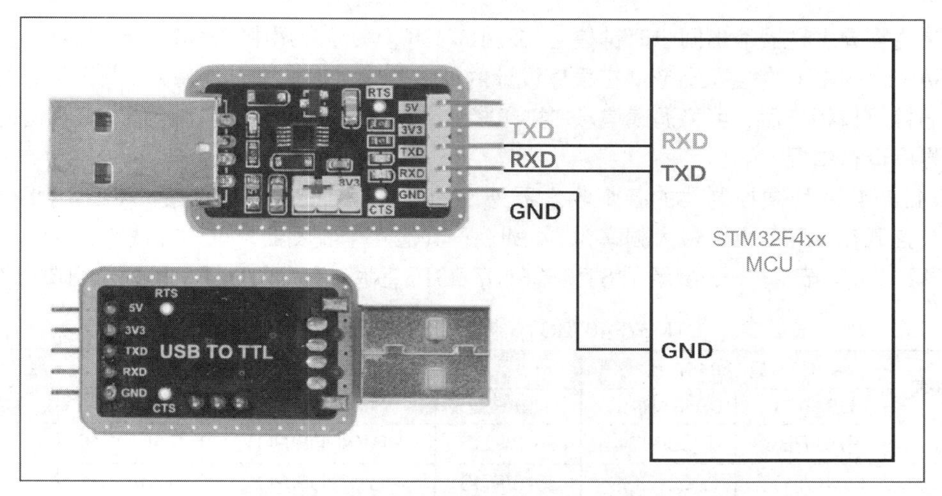

图2-3-4　USB-TTL电平转换模块的实物图及其与MCU的连接

（4）串行通信的数据帧

在异步串行通信中，数据是以数据帧（Data Frame）为单位进行传输的。每个数据帧承载一个字符数据，异步串行通信的数据帧结构如图 2-3-5 所示。

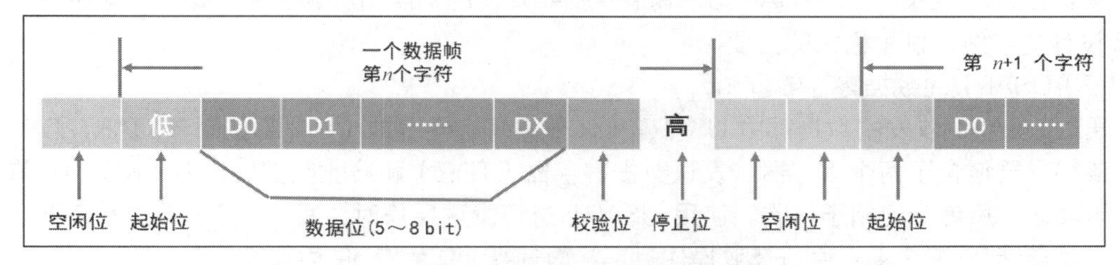

图2-3-5　异步串行通信的数据帧结构

下面对数据帧中各个组成部分进行说明。

- 空闲位：数据帧与数据帧之间的间隔，没有严格的时间要求，因此空闲位的长度可以是 *n* 个位。
- 起始位：数据帧的开始，低电平逻辑“0”，长度占 1 位。
- 数据位：主体数据内容，长度可选 5、6、7 或 8 位。
- 校验位：用于校验数据传输是否正确，可选奇校验、偶校验或者也可以不使用校验。
- 停止位：数据帧的结束，高电平逻辑“1”，长度可选 0.5、1、1.5 或 2 位。

2. STM32F4 系列微控制器的通用同步/异步收发器介绍

（1）通用同步/异步收发器概述

通用同步/异步收发器的英文全称是 Universal Synchronous Asynchronous Receiver and Transmitter，简称 USART。STM32F4 系列微控制器有多个收发器外设（俗称“串口”）可用于串行通信，包括 4 个 USART 和 2 个通用异步收发器（Universal Asynchronous Receiverand Transmitter，UART），它们分别是：USART1、USART2、USART3、UART4、UART5 和 USART6。与 USART 相比，UART 裁减了同步通信的功能，只有异步通信功能。同步通信与异步通信的区别在于通信

过程中是否需要发送器输出同步时钟信号 USART_CK，实际应用中一般使用异步通信。

USART 是 MCU 的重要外设，在程序设计的调试阶段可发挥重要作用，如将开发板与 PC 通过串行通信接口相连后，可将调试信息“打印”到串口调试助手等工具中，开发者可借助这些信息了解程序运行情况。

STM32F4 系列微控制器的各个收发器外设的工作时钟来源于不同的 APB：USART1 和 USART6 挂载在 APB2 上，最大频率为 84 MHz；其他 4 个收发器外设则挂载在 APB1 上，最大频率为 42 MHz。表 2-3-3 展示了 STM32F407ZGT6 芯片 USART/UART 的外部引脚分布。

表 2-3-3　STM32F407ZGT6 芯片 USART/UART 的外部引脚分布

引脚名称	APB2（最高 84 MHz）		APB1（最高 42 MHz）			
	USART1	USART6	USART2	USART3	UART4	UART5
TX	PA9/PB6	PC6/PG14	PA2/PD5	PB10/PD8/PC10	PA0/PC10	PC12
RX	PA10/PB7	PC7/PG9	PA3/PD6	PB11/PD9/PC11	PA1/PC11	PD2
sCLK	PA8	PG7/PC8	PA4/PD7	PB12/PD10/PC12		
nCTS	PA11	PG13/PG15	PA0/PD3	PB13/PD11		
nRTS	PA12	PG8/PG12	PA1/PD4	PB14/PD12		

从表 2-3-3 可知，除了 UART5，其他收发器外设的功能引脚都有多个选择，这给硬件电路 PCB 设计的布线提供了极大的方便。

（2）USART 的数据寄存器

通过 USART 收发的数据都由 USART_DR 数据寄存器存放（UART 则对应 UART_DR），实际上该寄存器包含了两个寄存器：发送数据寄存器（TDR）和接收数据寄存器（RDR）。前者专门用于发送，后者专门用于接收。使用 USART 进行发送操作时，写入 DR（数据寄存器）的数据会自动存储至 TDR 中；进行读取操作时，将自动从 DR 的 RDR 中读取。

TDR 和 RDR 中的数据是通过移位寄存器与系统总线通信的。发送数据时，TDR 的数据被转移到发送移位寄存器，然后一位一位地发送出去；接收数据时，把接收到的每一位数据按顺序存放在接收移位寄存器中，然后再转移到 RDR 中，即可进行读取操作。USART 收发数据寄存器的功能框图如图 2-3-6 所示。

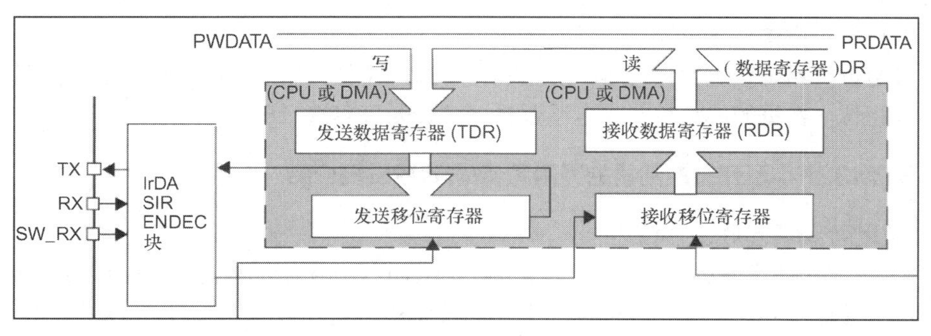

图2-3-6　USART收发数据寄存器的功能框图

USART 还支持直接存储访问（DMA）传输，可实现高速数据传输，这部分知识本书不做介绍。

（3）USART 的发送控制与接收控制

USART 的数据收发由专门的发送控制单元和接收控制单元来完成，其功能框图如图 2-3-7 所示。

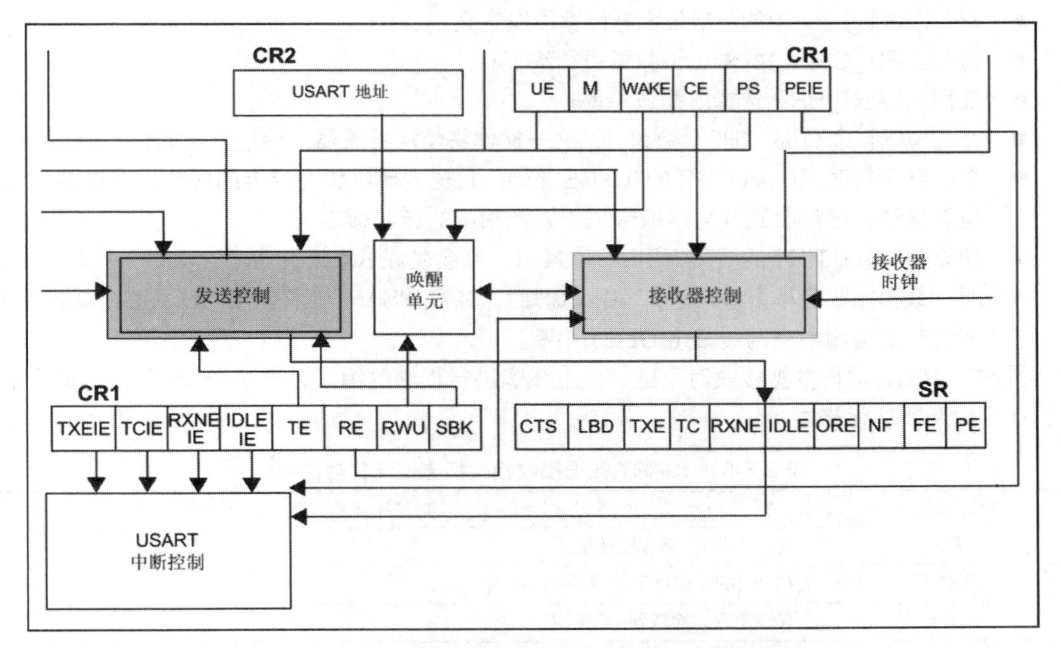

图2-3-7　USART的发送与接收控制单元功能框图

① 发送控制

根据图 2-3-7 可知，使用 USART 外设进行数据发送的流程如下：

- 向 USART_CR1 中的“UE”位写入 1，使能 USART；
- 对 USART_CR1 中的“M”位进行编程以定义字长；
- 对 USART_CR2 中的停止位数量进行编程；
- 使用 USART_BRR 选择所需波特率；
- 将 USART_CR1 中的“TE”位置 1，以便在首次发送数据时发送一个空闲帧；
- 在 USART_DR 中写入要发送的数据（该操作将清零“TXE”位）；
- 向 USART_DR 写入最后一个数据后，等待至 TC=1，这表明最后一个帧的传送已完成；
- 如果 USART_CR1 的“TCIE”位被置 1，则将产生中断。

操作 USART 进行数据发送时可遵循以上步骤进行程序的编写，表 2-3-4 总结了编程中用到的标志位及其功能描述。

表 2-3-4　USART 数据发送相关标志位及其功能描述

标志位名称	功能描述
TE	位于控制寄存器（CR1），发送器使能
TXE	位于状态寄存器（SR），发送数据寄存器为空
TC	位于 SR，最后一帧传送完成
TCIE	位于 CR1，“发送完成中断”使能

② 接收控制

根据图 2-3-7 可知，使用 USART 外设进行数据接收的流程如下：

- 向 USART_CR1 中的“UE”位写入 1，使能 USART；
- 对 USART_CR1 中的“M”位进行编程以定义字长；
- 对 USART_CR2 中的停止位数量进行编程；
- 使用 USART_BRR 选择所需波特率；
- 将 USART_CR1 的“RE”位置 1，这一操作将使能接收器开始搜索起始位；
- 接收到字符时，USART_SR 的“RXNE”位置 1，这表明移位寄存器的内容已传送到 RDR；也就是说，已接收到并可读取数据（以及相应的错误标志）；
- 如果 USART_CR1 的“RXNEIE”位置 1，则会生成 RXNE 中断；
- 所有数据接收完毕，线路进入空闲状态时，如果 USART_CR1 的“IDLEIE”位被置 1，则会产生检测到空闲线路（IDLE）中断。

操作 USART 进行数据接收时可遵循以上步骤进行程序的编写，表 2-3-5 总结了编程中用到的标志位及其功能描述。

表 2-3-5　USART 数据接收相关标志位及其功能描述

标志位名称	功能描述
RE	位于 CR1，接收器使能
RXNE	位于 SR，读取数据寄存器不为空
IDLE	位于 SR，检测到空闲线路
RXNEIE	位于 CR1，“读取数据寄存器不为空中断”使能（或称“接收中断”使能）
IDLEIE	位于 CR1，“检测到空闲线路中断”使能

（4）USART 的中断控制

STM32F4 系列微控制器的 USART 支持多种中断事件，与发送有关的中断有发送完成、清除以发送（CTS 标志）和发送数据寄存器为空，与接收有关的中断有接收数据寄存器不为空、检测到空闲线路、检测到上溢错误、奇偶校验错误、检测到局域互联网络（LIN）断路、多缓冲通信中的噪声标志、上溢错误和帧错误。以上各中断事件的标志和使能控制位见表 2-3-6，常用的中断事件标志有 TC、TXE、RXNE 和 IDLE。

表 2-3-6　USART 支持的中断事件的标志和使能控制位

<table>
<tr><th></th><th>中断事件</th><th>事件标志</th><th>使能控制位</th></tr>
<tr><td rowspan="3">发送期间</td><td>发送完成</td><td>TC</td><td>TEIE</td></tr>
<tr><td>清除以发送（CTS 标志）</td><td>CTS</td><td>CTSIE</td></tr>
<tr><td>发送数据寄存器为空</td><td>TXE</td><td>TXEIE</td></tr>
<tr><td rowspan="6">接收期间</td><td>接收数据寄存器不为空（准备好读取接收到的数据）</td><td>RXNE</td><td rowspan="2">RXNEIE</td></tr>
<tr><td>检测到上溢错误</td><td>ORE</td></tr>
<tr><td>检测到空闲线路</td><td>IDLE</td><td>IDLEIE</td></tr>
<tr><td>奇偶校验错误</td><td>PE</td><td>PEIE</td></tr>
<tr><td>检测到 LIN 断路</td><td>LBD</td><td>LBDIE</td></tr>
<tr><td>多缓冲通信中的噪声标志、上溢错误和帧错误</td><td>NF/ORE/FE</td><td>EIE</td></tr>
</table>

上述所有的中断事件都被连接到相同的中断向量——USARTx_IRQn（如 USART1 对应的中断向量为 USART1_IRQn），因此进入中断服务函数后，需要判断发生了何种中断事件。

3. STM32F4 的 USART 编程配置步骤

（1）开启 USART 时钟和 GPIOx 时钟

查表 2-3-3 可知 USART 所在的 APB。如果我们要使用 USART1，并使用 PA9 和 PA10 分别作为 TX 和 RX 引脚，执行以下代码即可开启 USART1 时钟和 GPIOA 时钟。

```
RCC_APB2PeriphClockCmd(RCC_APB2Periph_USART1,ENABLE);  //开启 USART1 时钟
RCC_AHB1PeriphClockCmd(RCC_AHB1Periph_GPIOA,ENABLE);   //开启 GPIOA 时钟
```

（2）GPIO 端口复用映射

STM32F4 系列微控制器集成了多个外设，各外设的引脚是与 GPIO 端口复用的，而且一个 GPIO 端口可复用为多个外设的引脚。如 PA10 端口，可复用为 USART1 的 RX 引脚、TIM1_CH3（定时器 1 的通道 3）或 OTG_FS_ID 等。因此在对外设功能进行初始化时，需要指明将 GPIO 端口复用为哪个外设的引脚。执行以下代码可将 PA9 和 PA10 引脚分别复用为 USART1 的 TX 和 RX 引脚。

```
GPIO_PinAFConfig(GPIOA,GPIO_PinSource9,GPIO_AF_USART1);//PA9 复用为 USART1_TX
GPIO_PinAFConfig(GPIOA,GPIO_PinSource10,GPIO_AF_USART1);//PA10 复用为 USART1_RX
```

（3）GPIO 引脚的工作模式配置

USART 外设的 GPIO 引脚工作模式的配置方法与 LED 引脚的配置方法类似，但工作模式应配置为“复用功能”。执行以下代码可实现 USART1 的 GPIO 引脚的工作模式配置。

```
GPIO_InitTypeDef GPIO_InitStructure;
RCC_AHB1PeriphClockCmd(RCC_AHB1Periph_GPIOA,ENABLE);          //开启 GPIOA 时钟
GPIO_InitStructure.GPIO_Pin = GPIO_Pin_9 | GPIO_Pin_10;       //PA9 与 PA10
GPIO_InitStructure.GPIO_Mode = GPIO_Mode_AF;                  //复用功能
GPIO_InitStructure.GPIO_Speed = GPIO_Speed_50MHz;             //快速，50 MHz
GPIO_InitStructure.GPIO_OType = GPIO_OType_PP;                //推挽复用输出
GPIO_InitStructure.GPIO_PuPd = GPIO_PuPd_UP;                  //上拉
GPIO_Init(GPIOA,&GPIO_InitStructure);                         //配置生效
```

（4）USART 工作参数配置

STM32F4 标准外设库提供了 USART_InitTypeDef 结构体，其可对 USART 工作参数进行配置，包括波特率、数据帧字长、停止位、奇偶校验、是否使能收发功能、是否启用流控等，其原型定义如下：

```
typedef struct
{
    uint32_t USART_BaudRate;                //波特率
    uint16_t USART_WordLength;              //数据帧字长
    uint16_t USART_StopBits;                //停止位
    uint16_t USART_Parity;                  //奇偶校验
```

```
    uint16_t USART_Mode;                                        //是否使能收发功能
    uint16_t USART_HardwareFlowControl;                         //是否启用流控
  } USART_InitTypeDef;
```

执行以下代码可将USART1设置为波特率115200bit/s、数据长度8 bit、一个停止位、无奇偶校验、同时使能接收与发送功能、不启用流控。

```
USART_InitTypeDef USART_InitStructure;
USART_InitStructure.USART_BaudRate = 115200;//波特率为115200bit/s
USART_InitStructure.USART_WordLength = USART_WordLength_8b; //数据长度为8bit
USART_InitStructure.USART_StopBits = USART_StopBits_1;      //一个停止位
USART_InitStructure.USART_Parity = USART_Parity_No;         //无奇偶校验
USART_InitStructure.USART_HardwareFlowControl = USART_HardwareFlowControl_None;
USART_InitStructure.USART_Mode = USART_Mode_Rx | USART_Mode_Tx; //使能收发功能
USART_Init(USART1, &USART_InitStructure);                   //配置生效
```

（5）使能USART中断并设置中断优先级

USART常用的接收中断包括“准备好读取接收到的数据（RXNE）”中断和“检测到空闲线路（IDLE）”中断，使能USART中断后还应配置NVIC进行优先级的设置。执行以下代码可使能上述两个中断，并配置USART1的中断优先级。

```
USART_ITConfig(USART1, USART_IT_RXNE, ENABLE);              //使能RXNE中断
USART_ITConfig(USART1, USART_IT_IDLE, ENABLE);              //使能IDLE中断
/* USART1 NVIC配置 */
NVIC_InitTypeDef NVIC_InitStructure;
NVIC_InitStructure.NVIC_IRQChannel = USART1_IRQn;           //配置USART1中断源
NVIC_InitStructure.NVIC_IRQChannelPreemptionPriority=3;     //抢占优先级3
NVIC_InitStructure.NVIC_IRQChannelSubPriority =3;           //子优先级3
NVIC_InitStructure.NVIC_IRQChannelCmd = ENABLE;             //IRQ通道使能
NVIC_Init(&NVIC_InitStructure);                             //配置生效
```

（6）使能USART

当USART1配置完成后，应调用USART_Cmd()函数进行USART1的使能，执行以下代码可实现上述功能。

```
USART_Cmd(USART1, ENABLE);                                  //使能USART1
```

（7）编写USART中断服务函数

如果在USART配置中使能了中断，则在相应事件发生的时候，程序会跳到中断服务函数中执行。在中断服务函数中，需要根据中断标志位来判断当前发生了何种中断，再作相应的处理。获取USART中断标志位的状态使用USART_GetITStatus()函数，其原型定义如下：

```
ITStatus USART_GetITStatus(USART_TypeDef* USARTx, uint16_t USART_IT);
```

执行完中断服务函数以后，需要将相应的中断标志位清除，以便响应下次的中断事件。根据“STM32F4标准外设库”的注释说明可知，清除USART外设的中断标志位的方法有两种：一是调用USART_ClearFlag()函数，二是读写USART_SR和USART_DR（注：不同的中断标志位有不同的方法，具体可参考STM32F4标准外设库说明）。如IDLE中断标志位可通过先读取SR，再读取DR清除。基本的USART1中断服务函数的程序框架如下所示：

```
1   void USART1_IRQHandler(void)
```

```
2  {
3      uint8_t Res, forClear;
4      /* 接收数据寄存器不为空中断 */
5      if(USART_GetITStatus(USART1, USART_IT_RXNE) != RESET)
6      {
7         Res = USART_ReceiveData(USART1);                  //读取 DR 一个字节
8         USART_ClearFlag(USART1, USART_FLAG_RXNE);    //清除 RXNE 中断标志位
9      }
10     /* 检测到空闲线路中断 */
11     if(USART_GetITStatus(USART1, USART_IT_IDLE ) != RESET)
12     {
13        USART1_RX_OverFlag = 1;                          //数据帧结束标志位置 1
14        forClear = USART_ReceiveData(USART1);         //读取 DR 清除中断标志位
15     }
16 }
```

注 意

上述代码段中第 8 行“清除 RXNE 中断标志位”不是必要的，原因是“RXNE 中断标志位”在读取 DR（上述代码段中的第 7 行）后可自动清除。

2.3.3　任务实施

1. 编程实现 USART1 的初始化

复制一份 task2.2_KeyEXTI_WaterFlow_LED 工程，并将其重命名为“task2.3_USART_WaterFlow_LED”。在“SYSTEM”文件夹下新建“usart”子文件夹，新建“usart.c”和“usart.h”两个文件，将它们加入工程中，并配置头文件包含路径。在“usart.c”文件中输入以下代码：

```
1  #include "usart.h"
2
3  /* 以下代码用于支持 printf()函数 */
4  #pragma import(__use_no_semihosting)
5  /* 标准库需要的支持函数 */
6  struct __FILE
7  {
8      int handle;
9  };
10
11 FILE __stdout;
12 /* 定义_sys_exit()以避免使用半主机模式 */
13 int _sys_exit(int x)
14 {
15     x = x;
```

```
16      return 0;
17  }
18  /* 重定义fputc()函数 */
19  int fputc(int ch, FILE *f)
20  {
21      while((USART1->SR & 0X40) == 0);                 //循环发送，直到发送完毕
22      USART1->DR = (uint8_t)ch;
23      return ch;
24  }
25  /* 如果使能了接收 */
26  #if USART1_RX_EN
27  uint8_t USART1_RX_Buffer[USART_RX_MAX] = { 0 };  //定义1.USART1接收缓存
28  uint8_t USART1_RX_Index = 0;                     //定义2.USART1接收数组下标
29  uint8_t USART1_RX_OverFlag = 0;                  //定义3.USART1接收完成标志位
30  #endif
31
32  /**
33    * @brief  USART1初始化
34    * @param  baudRate: 波特率设置
35    * @retval None
36    */
37  void USART1_Init(uint32_t baudRate)
38  {
39      /* 初始化结构体定义 */
40      GPIO_InitTypeDef GPIO_InitStructure;
41      USART_InitTypeDef USART_InitStructure;
42      NVIC_InitTypeDef NVIC_InitStructure;
43
44      RCC_AHB1PeriphClockCmd(RCC_AHB1Periph_GPIOA,ENABLE);  //开启GPIOA时钟
45      RCC_APB2PeriphClockCmd(RCC_APB2Periph_USART1,ENABLE); //开启USART1时钟
46
47      /* USART1对应引脚复用映射 */
48      GPIO_PinAFConfig(GPIOA,GPIO_PinSource9,GPIO_AF_USART1);  //PA9复用为USART1
49      GPIO_PinAFConfig(GPIOA,GPIO_PinSource10,GPIO_AF_USART1); //PA10复用为USART1
50
51      /* USART1 GPIO端口配置*/
52      GPIO_InitStructure.GPIO_Pin = GPIO_Pin_9 | GPIO_Pin_10;
53      GPIO_InitStructure.GPIO_Mode = GPIO_Mode_AF;          //复用功能
54      GPIO_InitStructure.GPIO_Speed = GPIO_Fast_Speed;      //快速，50MHz
55      GPIO_InitStructure.GPIO_OType = GPIO_OType_PP;        //推挽复用输出
56      GPIO_InitStructure.GPIO_PuPd = GPIO_PuPd_UP;          //上拉
57      GPIO_Init(GPIOA, &GPIO_InitStructure);                //配置生效
58
59      /* USART1 工作参数配置*/
```

```
60    USART_InitStructure.USART_BaudRate = baudRate;                //波特率设置
61    USART_InitStructure.USART_WordLength = USART_WordLength_8b;//字长为 8bit
62    USART_InitStructure.USART_StopBits = USART_StopBits_1;       //一个停止位
63    USART_InitStructure.USART_Parity = USART_Parity_No;          //无奇偶校验位
64    USART_InitStructure.USART_HardwareFlowControl = \
65                                 USART_HardwareFlowControl_None;
66    USART_InitStructure.USART_Mode = USART_Mode_Rx | USART_Mode_Tx;//支持收发
67    USART_Init(USART1, &USART_InitStructure);             //配置生效
68
69    USART_Cmd(USART1, ENABLE);                            //使能 USART1
70
71    /* 如果使能了接收 */
72 #if USART1_RX_EN
73    USART_ITConfig(USART1, USART_IT_RXNE, ENABLE);       //开启接收 RXNE 中断
74    /* USART1 NVIC 配置 */
75    NVIC_InitStructure.NVIC_IRQChannel = USART1_IRQn;   //USART1 中断通道
76    NVIC_InitStructure.NVIC_IRQChannelPreemptionPriority = 1;  //抢占优先级 1
77    NVIC_InitStructure.NVIC_IRQChannelSubPriority = 3;         //子优先级 3
78    NVIC_InitStructure.NVIC_IRQChannelCmd = ENABLE;            //IRQ 通道使能
79    NVIC_Init(&NVIC_InitStructure);                            //配置生效
80 #endif
81 }
```

在 usart.h 文件中输入以下代码：

```
1  #ifndef __USART_H
2  #define __USART_H
3  #include "sys.h"
4  #include <stdio.h>
5  #define USART_RX_MAX        255      //定义最大接收字节数为 255
6  #define USART1_RX_EN        1        //使能(1)/禁止(0)USART1 接收功能
7
8  #if USART1_RX_EN
9  extern uint8_t USART1_RX_Buffer[USART_RX_MAX]; //定义 1.USART1 接收缓存
10 extern uint8_t USART1_RX_Index;                //定义 2.USART1 接收数组下标
11 extern uint8_t USART1_RX_OverFlag;             //定义 3.USART1 接收完成标志位
12 #endif
13
14 void USART1_Init(uint32_t baudRate);
15 #endif
```

2. 编写 USART1 的中断服务函数

继续在“usart.c”文件中输入如下代码：

```
1  /**
2    * @brief  USART1 中断服务函数
```

```
3    * @param  None
4    * @retval None
5    */
6  void USART1_IRQHandler(void)
7  {
8      uint8_t Res;
9      /* 如果发生了接收中断 */
10     if(USART_GetITStatus(USART1, USART_IT_RXNE) != RESET)
11     {
12         //Res = USART1->DR;                       //寄存器方式读取数据
13         Res = USART_ReceiveData(USART1);        //库函数方式读取接收到的 1 个字节
14         if(USART1_RX_Index >= USART_RX_MAX)
15             USART1_RX_Index = 0;                //防止下标越界
16
17         if(Res != '#')
18         {
19             USART1_RX_Buffer[USART1_RX_Index++] = Res;
20         }
21         else if(Res == '#')
22         {
23             USART1_RX_Buffer[USART1_RX_Index++] = Res;
24             USART1_RX_OverFlag = 1;             //接收完成标志位置 1
25         }
26     }
27     /* 清除接收中断标志位(注:也可以省略，读 DR 自动清除) */
28     USART_ClearFlag(USART1, USART_FLAG_RXNE);
29 }
```

3. 编写 main()函数

在“main.c”文件中输入以下代码：

```
1  #include "sys.h"
2  #include "delay.h"
3  #include "usart.h"
4  #include "led.h"
5  #include <string.h>
6
7  uint8_t keyValue = 0;
8  LED_WorkModeTypeDef myLEDWorkMode = LED_MODE1;
9  /* 定义流水灯模式控制命令 */
10 const char stringMode1[8] = "mode_1#";
11 const char stringMode2[8] = "mode_2#";
12 const char *stringMode3 = "mode_3#";
13
14 int main(void)
```

```
15 {
16     delay_init(168);            //延时函数初始化
17     LED_Init();                 //LED 端口初始化
18     USART1_Init(115200);        //USART1 初始化
19     printf("System Started!\r\n");
20
21     while(1)
22     {
23         /* 如果 USART1 接收完毕 */
24         if(USART1_RX_OverFlag == 1)
25         {
26             /* 判断 "收到的字符串" 是否包含 "命令" */
27             if(strstr((const char *)USART1_RX_Buffer, stringMode1) != NULL)
28             {
29                 printf("I'm in mode_1!\r\n");
30                 myLEDWorkMode = LED_MODE1;
31             }
32             else if(strstr((const char *)USART1_RX_Buffer, stringMode2) \
33                                                                     != NULL)
34             {
35                 printf("I'm in mode_2!\r\n");
36                 myLEDWorkMode = LED_MODE2;
37             }
38             else if(strstr((const char *)USART1_RX_Buffer, stringMode3) \
39                                                                       != NULL)
40             {
41                 printf("I'm in mode_3!\r\n");
42                 myLEDWorkMode = LED_MODE3;
43             }
44
45             /* 操作完成后清除各种标志位，缓存清零 */
46             USART1_RX_Index = 0;            //1.接收缓存数组下标清零
47             USART1_RX_OverFlag = 0;         //2.接收完成标志使用过后记得清零
48             memset(USART1_RX_Buffer,0,USART_RX_MAX); //3.将 USART1 接收缓存清零
49         }
50         /* 判断流水灯工作模式 */
51         if(myLEDWorkMode == LED_MODE1)
52         {
53             /* 执行 LED 流水灯模式 1 */
54             LED_Mode1(1000);
55         }
56         else if(myLEDWorkMode == LED_MODE2)
57         {
58             /* 执行 LED 流水灯模式 2 */
```

```
59              LED_Mode2();
60          }
61          else if(myLEDWorkMode == LED_MODE3)
62          {
63              /* 执行 LED 流水灯模式 3 */
64              LED_Mode3();
65          }
66      }
67  }
```

4. 观察实验现象

应用程序编译无误后，可下载至开发板运行。使用“USB-TTL 电平”转换模块连接开发板与上位机，打开上位机的串口调试助手，可观察到图 2-3-8 所示的 USART 控制 LED 流水灯实验现象。

图2-3-8　USART控制LED流水灯实验现象

通电时，应用程序将发送“System Started!”字符串至上位机。

上位机发送“mode_3#”命令至开发板，可收到响应“I'm in mode_3!”，同时 LED 流水灯的模式切换为模式 3。

3 Chapter

项目 3 智能小车运动控制系统的设计与实现

项目描述

本项目主要讲解 STM32F4 系列微控制器的模数转换器（ADC）外设的工作原理，定时器的基本功能特性及其在各种工作模式下的工作原理。读者通过 4 个任务的实施，可掌握常用的模拟信号转数字信号的编程方法，定时器基本定时、输出比较和输入捕获等功能的编程应用技巧。

（1）掌握 STM32F4 系列微控制器 ADC 外设的工作原理；

（2）掌握 STM32F4 系列微控制器定时器的基本功能特性；

（3）掌握 STM32F4 系列微控制器定时器的基本定时、输出比较和输入捕获等功能的工作原理；

（4）了解直流电机的工作原理，掌握其控制方法；

（5）掌握直流电机测速功能的实现原理；

（6）会编写 ADC 外设的初始化配置程序、模拟信号采样与转换程序；

（7）会编写定时器的基本定时功能程序；

（8）会编写利用定时器输出脉宽调制（PWM）信号控制电机转速的程序；

（9）会编写利用定时器监测电机转速的程序。

任务 3.1 智能小车循迹状态获取的应用开发

3.1.1 任务分析

本任务要求设计一个应用程序，以实现周期性地获取智能小车循迹的状态。任务要求使用反射式红外光电传感器电路板作为智能小车的循迹模块，实现智能小车的巡线前进功能。反射式红外光电传感器和循迹电路板如图 3-1-1 所示。

（a）反射式红外光电传感器

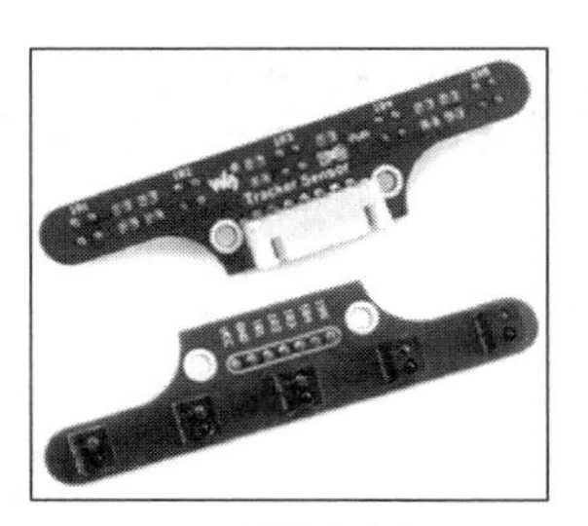

（b）循迹电路板

图3-1-1 反射式红外光电传感器和循迹电路板

反射式光电传感器的光源有多种，常用的有可见光、红外光和激光，本任务选取红外光源。单个反射式红外光电传感器自带一个红外光源和一个光接收装置，光源发出的光经待测物体反射后被光接收装置（光敏元件）接收，再经过信号调理电路处理即可获得所需信息，一般为数字信号“1”或“0”。利用传感器的这个特性可以检测地面明暗程度和颜色的变化，也可以探测有无接近的物体。

根据上述反射式红外光电传感器的工作原理来分析此任务，并在智能小车底盘前部安装反射式红外光电传感器电路板（循迹电路板），板上装有 8 个反射式红外光电传感器。智能小车循迹的具体工作原理如下：

- 红外发射管发射光线到路面，光线遇到白底后被反射，接收管收到反射光，经过信号调理电路处理后输出高电平；
- 光线遇到黑底后被吸收，接收管没有收到反射光，经过信号调理电路处理后输出低电平；
- 循迹电路板共输出 8 路数字信号到智能小车的主控板，其中数字信号“1”表示白色路面，数字信号“0”表示黑色路面；
- 智能小车主控板将接收到的 8 路数字信号作为车身当前状态的判别依据，并进一步控制电机转动以使车身归位。

测试场地路面有黑、白两色，其中黑色路面为循迹线，宽 30mm，智能小车可循此线前进。测试场地示意如图 3-1-2 所示。

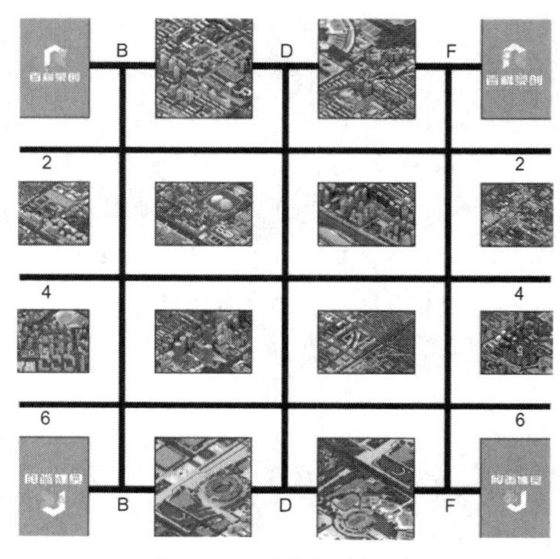

图3-1-2 测试场地示意

综上所述，如果要求智能小车以一定的速度沿着黑色跑道前进，则微控制器需要以较短的周期频繁地获取循迹电路板上的 8 路数字信号，进而才能通过及时判断车身状态以调整电机的转向。智能小车的该要求可通过定时器的基本定时功能来实现，因此本任务涉及的知识点有：

- STM32F4 系列微控制器定时器的基本功能特性；
- STM32F4 系列微控制器定时器的基本定时功能的编程配置方法。

3.1.2　知识链接

1. STM32F4 系列微控制器定时器概述

STM32F4 系列微控制器共有 14 个定时器，编号为 TIM1~TIM14，其中包括 2 个高级控制定时器、10 个通用定时器和 2 个基本定时器。

上述 3 种类型的定时器中，基本定时器功能最少，只有基本的定时功能和驱动数模转换器（Digital to Analog Converter，DAC）的功能，不具备外部通道。通用定时器和高级控制定时器的功能较强，如具有独立的外部通道，可用于输入捕获、输出比较、脉宽调制（Pulse Width Modulation，PWM）信号输出等，支持正交编码器与霍尔传感器等电路。表 3-1-1 对各定时器的功能特性进行了总结概括，查看此表时要注意区分 3 种类型定时器的功能差异。

表 3-1-1　STM32F4 系列微控制器定时器的功能特性

定时器类型	定时器编号	计数器位数	计数器类型	DMA 请求生成	捕获/比较通道数	挂载总线/接口时钟	定时器时钟
高级控制定时器	TIM1、TIM8	16 位	递增、递减、递增/递减	有	4	APB2/84 MHz	168 MHz
通用定时器	TIM2、TIM5	32 位	递增、递减、递增/递减	有	4	APB1/42 MHz	84 MHz
	TIM3、TIM4	16 位	递增、递减、递增/递减	有	4	APB1/42 MHz	84 MHz
	TIM9	16 位	递增	无	2	APB2/84 MHz	168 MHz
	TIM10、TIM11	16 位	递增	无	1	APB2/84 MHz	168 MHz
	TIM12	16 位	递增	无	2	APB1/42 MHz	84 MHz
	TIM13、TIM14	16 位	递增	无	1	APB1/42 MHz	84 MHz
基本定时器	TIM6、TIM7	16 位	递增	有	无	APB1/42 MHz	84 MHz

注意

表 3-1-1 仅列出了各类定时器存在差异的指标，参数相同的指标并未列出。

另外，定时器时钟（TIMxCLK）频率与 PCLKx 的关系如下。

如果 APB 预分频器（RCC_CFGR 中的 PPRE1、PPRE2）的分频系数配置为 1，则 TIMxCLK= PCLKx；否则，定时器时钟频率将被设置为与定时器相连的 APB 域的频率的两倍。定时器时钟频率与 PCLKx 的关系如图 3-1-3 中蓝色阴影和红色方框部分所示。

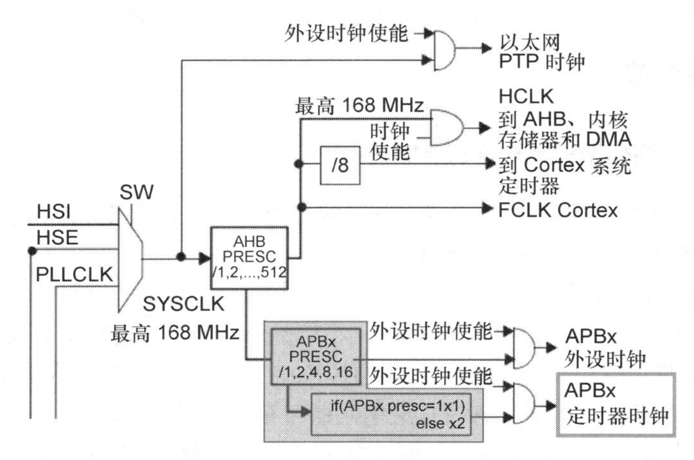

图3-1-3 定时器时钟频率与PCLKx的关系

编者使用的 STM32F4 开发板上的微控制器型号为 STM32F407ZGT6,在任务 1.3 的学习中，我们配置 HCLK 为 168 MHz，PCLK1 为 42 MHz，PCLK2 为 84 MHz，即 APB1 和 APB2 的分频系数分别为 4 和 2。根据上述关系可知，定时器时钟频率 TIMxCLK ＝ 2 × PCLKx。以 TIM13 为例，若其连接外设总线 APB1 = 42 MHz，那么 TIMxCLK = 2 × 42 MHz= 84 MHz。

对于 STM32F42xxx 和 STM32F43xxx 系列微控制器而言，根据《STM32F4xx 中文参考手册》，定时器时钟预分频器由 RCC 专用时钟配置寄存器（RCC_DCKCFGR）的“TIMPRE”位段进行配置（STM32F40xxx 系列微控制器无此寄存器），该寄存器各位的定义如图 3-1-4 所示。

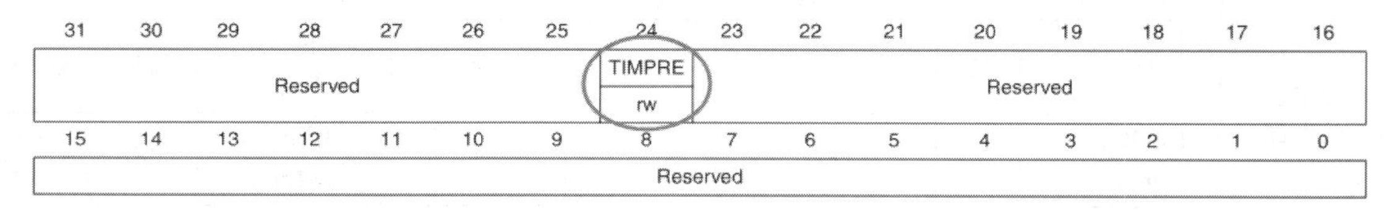

31	30	29	28	27	26	25	24	23	22	21	20	19	18	17	16
Reserved							TIMPRE rw	Reserved							
15	**14**	**13**	**12**	**11**	**10**	**9**	**8**	**7**	**6**	**5**	**4**	**3**	**2**	**1**	**0**
Reserved															

图3-1-4 RCC专用时钟配置寄存器位定义

从图 3-1-4 中可以看到，RCC 专用时钟配置寄存器只有第 24 位“TIMPRE”有效，它被称为“定时器时钟预分频器选择位”。该位默认值为“0”，TIMxCLK 频率的配置情况如前所述。

当该位被配置为“1”时，如果 APB 预分频器（RCC_CFGR 中的 PPRE1、PPRE2）的分频系数配置为 1、2 或 4，则 TIMxCLK = HCLK；否则，定时器时钟频率将被设置为与定时器相连的 APB 域的频率的 4 倍：TIMxCLK = 4 x PCLKx。以 TIM13 为例，APB1 外设总线的分频系数为 4，因此 TIMxCLK =HCLK= 168 MHz。

2. 基本定时器的功能框图解析

根据 3.1.1 节的任务分析结果可知，本任务需要用到定时器的基本定时功能，因此选择

STM32F4 系列微控制器的基本定时器即可。通过基本定时器的功能框图来学习其各部分的功能特性，其功能框图如图 3-1-5 所示。

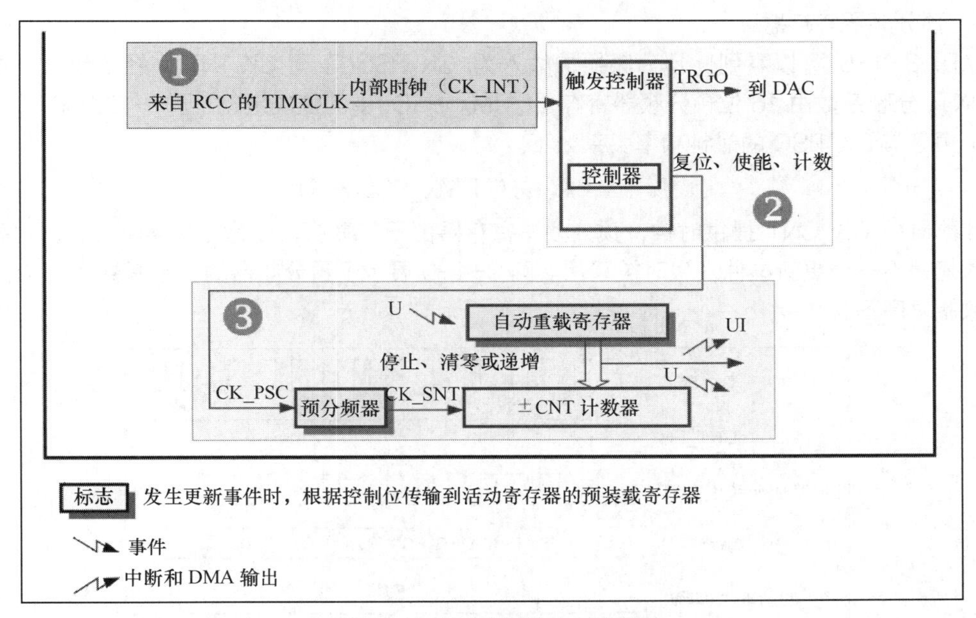

图3-1-5　基本定时器的功能框图

从图 3-1-5 中可以看到，基本定时器包含 3 部分：时钟源、控制器模块和时基单元。

自动重载寄存器和预分频器（PSC）的长方形框带有阴影，代表这两个寄存器带有影子寄存器。

自动重载寄存器左侧有一个“事件”标志，表示在更新事件发生时，使用预装载值更新自动重载影子寄存器。其右侧的“事件”标志与“中断和 DMA 输出”标志表示当计数器寄存器值与自动重载寄存器值相等时，将发生事件、中断和 DMA 输出。

下面对基本定时器的各部分组成分别进行介绍。

（1）时钟源

功能框图中非常明确地表示了基本定时器的时钟源只能来自内部时钟（CK_INT），即 RCC 的 TIMxCLK。关于 TIMxCLK 频率的具体计算方法已在前述内容中阐述了，此处不再赘述。通用定时器与高级控制定时器的时钟源除了可来自内部时钟，还可来自外部时钟或者其他定时器等。

（2）控制器模块

基本定时器的控制器模块用于控制定时器的复位、使能与计数，或者用于触发 DAC 的转换使能等。

（3）时基单元

基本定时器的时基单元由一个 16 位递增计数器（图 3-1-5 中的 CNT 计数器）及其相关的自动重载寄存器组成，计数器的时钟通过预分频器进行分频。计数器寄存器、预分频器寄存器和自动重载寄存器可通过软件进行读写。即使在计数器运行时也可对它们执行读写操作。

时基单元包括以下 3 部分。

① 计数器寄存器

计数器寄存器（TIMx_CNT）中存储了定时器当前的计数值。

② 预分频器寄存器

从图 3-1-5 可以看到，预分频器的输入为 CK_PSC(等于 CK_INT)，经分频后，输出为 CK_CNT，分频系数由 16 位预分频器寄存器（TIMx_PSC）中的值决定，介于 1～65536。CK_CNT 的时钟频率与 CK_PSC 的时钟频率关系如下。

$$f_{CK\_CNT} = f_{CK\_PSC} / (TIMx\_PSC + 1)$$

计数器由 CK_CNT 提供时钟，预分频器寄存器由于有缓冲，因此可被实时更改，但新的分频系数将在下一个更新事件发生时被采用。图 3-1-6 展示了预分频器的分频系数由 1 变为 2 时的计数器时序图。

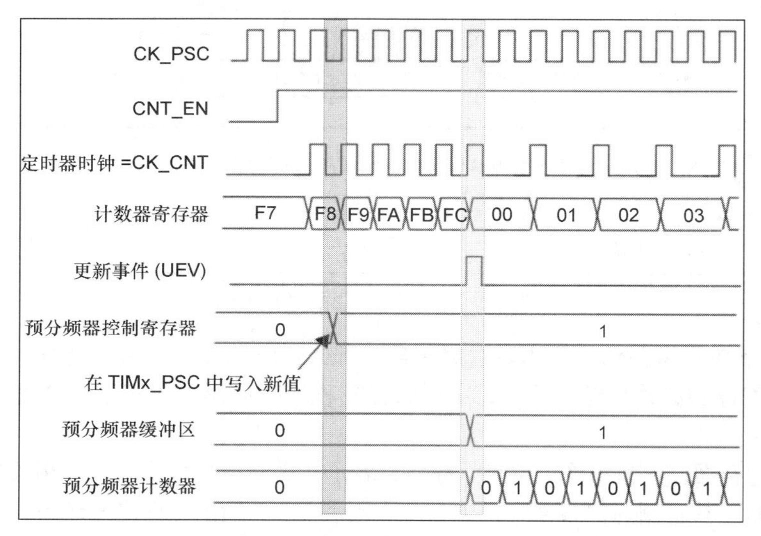

图3-1-6　预分频器的分频系数由1变为2时的计数器时序图

从图 3-1-6 中可以看到，计数器计数到“F8”时，在 TIMx_PSC 中写入了新值“1”（图中蓝色阴影处，原值为“0”）。在此之前，$f_{CK\_CNT} = f_{CK\_PSC}$。但写入新值后，预分频器的分频系数并没有马上变为 2，在更新事件发生时（图中橙色阴影处），f_{CK_CNT} 的频率才变为 f_{CK_PSC} 的 2 分频。

③ 自动重载寄存器

自动重载寄存器（TIMx_ARR）由两部分构成：预装载寄存器和影子寄存器。真正起作用的是影子寄存器，它支持预装载，每次尝试对它执行读写操作时都会访问预装载寄存器。预装载寄存器的内容既可以直接传输到影子寄存器，也可以在每次发生更新事件（UEV）的时候传输到影子寄存器，这取决于 TIMx_CR1 中的自动重载预装载使能位（APRE），其工作特性如下。

- 当 APRE=0 时，TIMx_ARR 不进行缓冲，预装载寄存器的值直接传到影子寄存器中，如图 3-1-7 所示。
- 当 APRE=1 时，TIMx_ARR 预装载（进行缓冲），当发生更新事件后，预装载寄存器的值才传输到影子寄存器中，如图 3-1-8 所示。

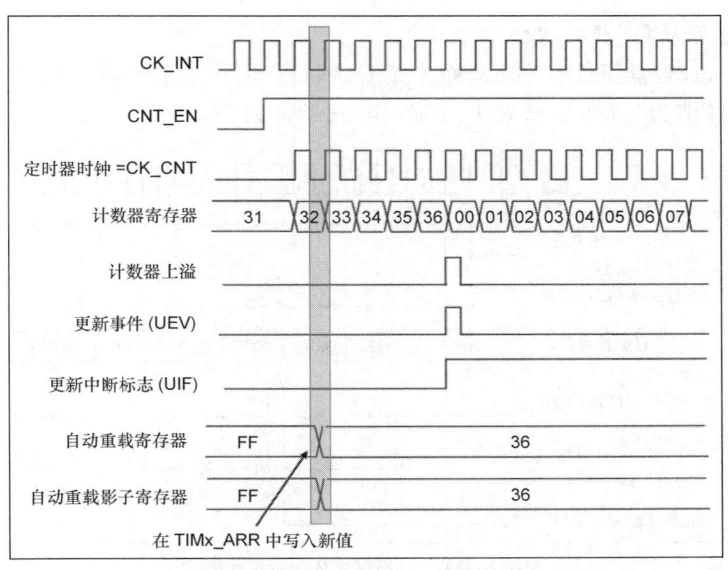

图3-1-7　ARPE=0时TIMx_ARR不进行缓冲

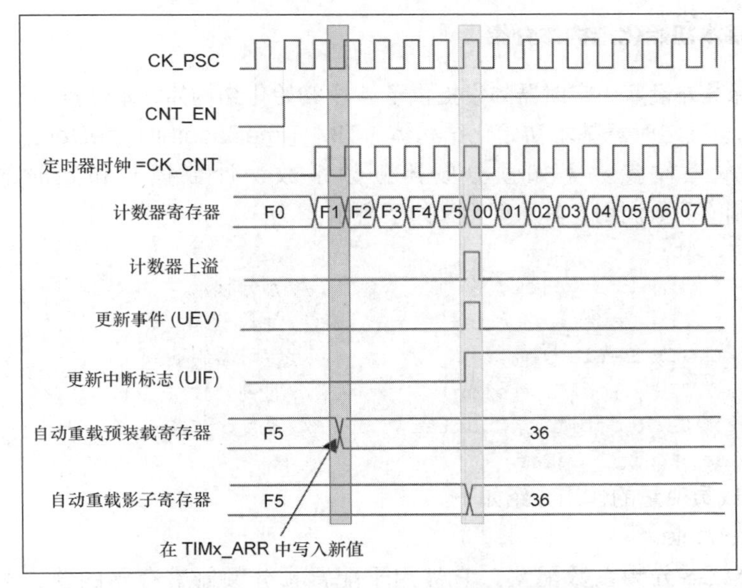

图3-1-8　ARPE=1时TIMx_ARR进行缓冲

对时基单元的计数过程总结如下。

- 计数器从 0 开始计数，当其值变为自动重载值（TIMx_ARR 的值）时，发生“计数器上溢”。
- 每次发生计数器上溢时会生成“更新事件（UEV）”，同时更新所有寄存器并将“更新中断标志位”（TIMx_SR 中的 UIF 位）置 1。
- 更新所有寄存器的动作，具体包括：
  - ➢ 使用预装载值（TIMx_PSC 的内容）重新装载预分频器的缓冲区；
  - ➢ 使用预装载值（TIMx_ARR 的内容）更新自动重载影子寄存器。

● 计数器重新从 0 开始计数。

下面通过一张计数器工作时序示意图（如图 3-1-9 所示）来说明上述计数过程，在该示意图中 TIMx_PSC 的值为 1（即 2 分频），TIMx_ARR 的值为 36。

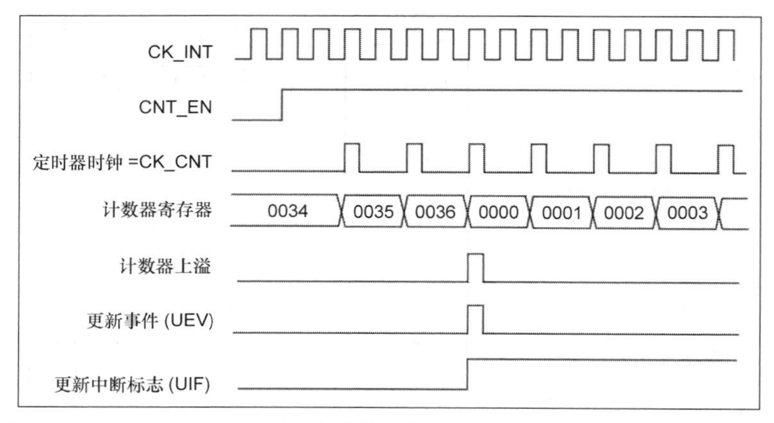

图3-1-9 计数器工作时序示意图

3. 定时器基本初始化结构体介绍

STM32F4 标准外设库为定时器外设提供了 4 个初始化结构体，本任务由于只用到定时器中断功能，因此只涉及定时器基本初始化结构体（TIM_TimeBaseInitTypeDef）。该结构体用于配置定时器的基本工作参数（如预分频器分频系数、计数模式和定时器周期等），被 TIM_TimeBaseInit()函数调用。其原型定义如下所示：

```
typedef struct {
    uint16_t TIM_Prescaler;                //预分频器
    uint16_t TIM_CounterMode;              //计数模式
    uint32_t TIM_Period;                   //定时器周期
    uint16_t TIM_ClockDivision;            //时钟分频
    uint8_t TIM_RepetitionCounter;         //重复计数器
} TIM_TimeBaseInitTypeDef;
```

对结构体各成员变量的作用介绍如下。

（1）TIM_Prescaler

定时器预分频器分频系数配置，它被用于配置预分频器寄存器的值，可配置的范围为 0~65535，对应 1~65536 分频。

（2）TIM_CounterMode

定时器计数方式配置，可配置的参数如下：

- 向上计数（TIM_CounterMode_Up）；
- 向下计数（TIM_CounterMode_Down）；
- 中心对齐模式 1（TIM_CounterMode_CenterAligned1）；
- 中心对齐模式 2（TIM_CounterMode_CenterAligned2）；
- 中心对齐模式 3（TIM_CounterMode_CenterAligned3）。

对于基本定时器而言，只能使用向上计数的方式，因此无须配置该项，使用默认值即可。

（3）TIM_Period

定时器周期配置，实际上本成员变量配置的是自动重载寄存器的值，事件生成时更新到影子寄存器，可配置的范围为 0~65535。

（4）TIM_ClockDivision

时钟分频配置，它被用于配置定时器内部时钟频率与数字滤波器采样时钟频率的分频比，基本定时器不具备输入捕获功能，可不用进行时钟分频配置。

（5）TIM_RepetitionCounter

重复计数器配置，高级控制定时器专用，基本定时器可不用进行该配置。

4. 定时器中断功能的编程配置步骤

掌握了基本定时器的功能特性与初始化结构体的配置内容后，我们可进行完整的定时器中断功能编程配置的学习。接下来我们将学习如何配置定时器 6，使之按时产生中断，并在中断服务函数中完成相应的工作。具体的编程配置步骤如下。

（1）开启 TIM6 时钟

根据表 3-1-1 可知，TIM6 挂载在 APB1 上，因此需要调用 ABP1 的时钟使能函数以开启 TIM6 的时钟。具体代码如下：

```
RCC_APB1PeriphClockCmd(RCC_APB1Periph_TIM6,ENABLE);     //使能 TIM6 时钟
```

（2）配置定时器的工作参数

首先配置“定时器基本初始化结构体(TIM_TimeBaseInitTypeDef)”的各成员变量，然后调用 TIM_TimeBaseInit()函数以完成参数的初始化。

我们通过一个实例来学习具体的配置方法。如在实际应用中，要求每隔 1s 采集一次环境温湿度信息，使用定时器 6 实现，该如何配置定时器?

在上述实例中，我们可先配置 CK_CNT 频率。TIM6 挂载在 APB1 上，定时器时钟源频率（CK_INT = CK_PSC）为 42 MHz×2=84 MHz。可将 TIMx_PSC 配置为 8399，根据计算公式可得：

$$f_{CK\_CNT} = 84\text{ MHz}/(8399 + 1) = 10000\text{ Hz}(\text{周期为 }100\mu s)$$

配置 TIMx_ARR 的值为 9999，进而即可将定时器配置为每隔 1s 产生更新中断。间隔时间的计算方法如下：

$$100\ \mu s \times (TIMx\_ARR + 1) = 1000000\ \mu s = 1s$$

实现上述配置要求的代码块如下：

```
TIM_TimeBaseInitTypeDef TIM_TimeBaseStructure;
RCC_APB1PeriphClockCmd(RCC_APB1Periph_TIM6,ENABLE);
TIM_TimeBaseStructure.TIM_Period = 10000-1;          //配置 TIMx_ARR
TIM_TimeBaseStructure.TIM_Prescaler = 8400-1;        //配置 TIMx_PSC
TIM_TimeBaseInit(TIM6,&TIM_TimeBaseStructure);
```

另外可根据以下公式计算定时器的溢出时间（T_{out}）。

$$T_{out}(\mu s) = [(TIMx\_ARR + 1) \times (TIMx\_PSC + 1)] \div f_{CK\_PSC}(MHz)$$

在上述公式中，T_{out} 的单位为 μs，f_{CK_PSC} 为定时器的工作频率，单位为 MHz。将实例中的各个数字代入上式后可得：

$$1s = 1000000\ \mu s = (10000 \times 8400) \div 84\ (MHz)$$

（3）配置允许定时器产生更新中断

本任务要求在到达定时时间后，产生更新事件并将中断标志位置 1，因此需要配置允许 TIM6 产生更新中断。STM32F4 标准外设库使用 TIM_ITConfig()函数来进行定时器中断使能，它的函数原型定义如下：

```
void TIM_ITConfig(TIM_TypeDef* TIMx, uint16_t TIM_IT, FunctionalState NewState);
```

第一个参数为定时器编号，取值为 TIM1~TIM14。

第二个参数用于指明要使能的定时器中断的类型，在本任务中使用更新中断，因此要配置为“TIM_IT_Update”。

第三个参数指明使能(ENABLE)或失能(DISABLE)。

例如要使能 TIM6 的更新中断，具体代码如下：

```
TIM_ITConfig(TIM6, TIM_IT_Update, ENABLE);
```

（4）配置定时器中断优先级

与任务 2.2 中的“按键中断”优先级和任务 2.3 中的“串口接收中断”优先级配置类似，使能定时器的“更新中断”后，也须对 NVIC 进行优先级配置。使用以下代码可配置 TIM6 的中断优先级。

```
NVIC_InitTypeDef NVIC_InitStructure;
NVIC_PriorityGroupConfig(NVIC_PriorityGroup_2);
/* TIM6 NVIC 配置 */
NVIC_InitStructure.NVIC_IRQChannel = TIM6_DAC_IRQHandler;     //定时器 6 中断
NVIC_InitStructure.NVIC_IRQChannelPreemptionPriority = 0x01; //抢占优先级 1
NVIC_InitStructure.NVIC_IRQChannelSubPriority = 0x03;        //子优先级 3
NVIC_InitStructure.NVIC_IRQChannelCmd = ENABLE;
NVIC_Init(&NVIC_InitStructure);
```

（5）使能定时器

完成定时器的相关配置以后，须开启定时器才能使其开始工作。这里通过将控制寄存器（TIMx_CR1）的“CEN”位段置 1 实现。STM32F4 标准外设库通过调用 TIM_Cmd()函数实现，该函数的原型定义如下：

```
void TIM_Cmd(TIM_TypeDef* TIMx, FunctionalState NewState);
```

使用实例如下：

```
TIM_Cmd(TIM6, ENABLE);
```

（6）编写定时器中断服务函数

定时器中断服务函数用于处理中断发生后的事件。定时器支持多种中断类型，但中断的入口函数一般是统一的，如 TIM6 的中断服务函数为“TIM6_DAC_IRQHandler()”。因此在进入中断服务函数后，首先应通过 TIMx_SR 判断中断类型，然后再执行相应的后续操作。STM32F4 标准外设库提供了获取中断类型的函数，它的函数原型定义如下：

```
ITStatus TIM_GetITStatus(TIM_TypeDef* TIMx, uint16_t TIM_IT);
```

该函数的作用是：判断当前定时器发生了哪种类型的中断。具体使用实例如下：

```
if(TIM_GetITStatus(TIM6, TIM_IT_Update) != RESET){};
```

上述语句用于判断当前 TIM6 是否发生了“更新中断（TIM_IT_Update）”。

另外，处理完中断之后，应将相应的中断标志位清除，即向 TIMx_SR 的相应位写入 0。STM32F4 标准外设库提供了清除中断标志位的函数，函数原型定义如下：

```
void TIM_ClearITPendingBit(TIM_TypeDef* TIMx, uint16_t TIM_IT);
```

该函数的作用是：清除定时器相应的中断标志位。具体使用实例如下：

```
TIM_ClearITPendingBit(TIM6, TIM_IT_Update);
```

上述语句用于清除 TIM6 的“更新中断标志位”。

下面给出定时器中断服务函数的一般框架，其中入口函数名需要根据实际定时器进行修改，如定时器 6 的中断入口函数名为“TIM6_DAC_IRQHandler()”。

```
void TIMx_IRQHandler(void)
{
    if(TIM_GetITStatus(TIMx,TIM_IT_Update) == SET)  //如果产生了更新中断
    {
        /* DoSomething */
    }
    TIM_ClearITPendingBit(TIMx,TIM_IT_Update);      //清除更新中断的标志位
}
```

3.1.3 任务实施

1. 根据任务要求计算 TIMx_ARR 与 TIMx_PSC 值

3.1.1 节的任务要求智能小车以一定的速度沿着黑色跑道前进，因此微控制器需要以较短的周期频繁地获取循迹电路板上 8 路光电传感器的实时状态。可将 TIM6 的定时中断时间配置为 10 ms，然后在中断服务函数中获取循迹电路板的状态数据，以作为应用程序控制电机的依据。可配置定时器的工作参数为 TIMx_PSC =8399，TIMx_ARR = 99。

根据计算公式可得：

$$f_{CK\_CNT} = 84\ \text{MHz}/\ (8399 + 1) = 10000\ \text{Hz}(\text{周期为}\ 100\ \mu\text{s})$$

定时中断时间为：

$$100\ \mu\text{s} \times (\text{TIMx\_ARR} + 1) = 10000\ \mu\text{s} = 0.01\text{s} = 10\ \text{ms}$$

2. 编写 TIM6 定时中断初始化程序

复制一份 task2.3_USART_WaterFlow_LED 工程，并将其重命名为“task3.1_Timer_Interrupt_GetTrackData”。在“HARDWARE”文件夹下新建“TIMER”子文件夹，新建“timer6.c”和“timer6.h”两个文件，将它们加入工程中，并配置头文件包含路径。

在“timer6.c”文件中输入以下代码：

```
1   #include "timer6.h"
2
3   /**
4     * @brief  TIM6 定时中断功能初始化
5     * @param  arr: 自动重装载值， psc: 定时器预分频值
6     * @retval None
7     */
8   void TIM6_Int_Init(uint16_t arr, uint16_t psc)
```

```
9  {
10     TIM_TimeBaseInitTypeDef TIM_TimeBaseInitStructure;
11     NVIC_InitTypeDef NVIC_InitStructure;
12
13     RCC_APB1PeriphClockCmd(RCC_APB1Periph_TIM6,ENABLE);//使能 TIM6 时钟
14
15     TIM_TimeBaseInitStructure.TIM_Period = arr;          //自动重装载值
16     TIM_TimeBaseInitStructure.TIM_Prescaler = psc;       //定时器预分频值
17     TIM_TimeBaseInit(TIM6,&TIM_TimeBaseInitStructure); //初始化 TIM6
18
19     TIM_ClearITPendingBit(TIM6, TIM_IT_Update);          //清除更新中断请求位
20     TIM_ITConfig(TIM6,TIM_IT_Update,ENABLE);             //允许定时器 6 更新中断
21     TIM_Cmd(TIM6,ENABLE);                                //使能定时器 6
22
23     NVIC_InitStructure.NVIC_IRQChannel = TIM6_DAC_IRQn;             //定时器 6 中断
24     NVIC_InitStructure.NVIC_IRQChannelPreemptionPriority = 0x01;   //抢占优先级 1
25     NVIC_InitStructure.NVIC_IRQChannelSubPriority = 0x03;          //子优先级 3
26     NVIC_InitStructure.NVIC_IRQChannelCmd = ENABLE;
27     NVIC_Init(&NVIC_InitStructure);
28 }
```

在“timer6.h”文件中输入以下代码：

```
1 #ifndef __TIMER6_H
2 #define __TIMER6_H
3 #include "sys.h"
4
5 void TIM6_Int_Init(uint16_t arr, uint16_t psc);
6
7 #endif
```

3. 编写循迹电路板连接端口初始化程序

在“HARDWARE”文件夹下新建“TRACK”子文件夹，新建“track.c”和“track.h”两个文件，将它们加入工程中，并配置头文件包含路径。

在“track.c”文件中输入以下代码：

```
1  #include "track.h"
2  #include "led.h"
3  #include "usart.h"
4
5  /* 存放循迹电路板上传来的 8 位二进制数 */
6  uint8_t trackData = 0;
7  uint16_t tCount = 0;
8
9  /**
10   * @brief  循迹电路板端口初始化
```

```
11    * @param  None
12    * @retval None
13    */
14  void TrackBoard_Init(void)
15  {
16      GPIO_InitTypeDef  GPIO_InitStructure;
17      RCC_AHB1PeriphClockCmd(RCC_AHB1Periph_GPIOF, ENABLE);//使能 GPIOF 时钟
18
19      /* PF0~PF7 端口初始化设置 */
20      GPIO_InitStructure.GPIO_Pin = GPIO_Pin_0|GPIO_Pin_1|GPIO_Pin_2|GPIO_Pin_3 \
21                                   |GPIO_Pin_4|GPIO_Pin_5|GPIO_Pin_6|GPIO_Pin_7;
22      GPIO_InitStructure.GPIO_Mode = GPIO_Mode_IN;          //输入模式
23      GPIO_InitStructure.GPIO_Speed = GPIO_High_Speed;    //引脚速率 100MHz
24      GPIO_InitStructure.GPIO_PuPd = GPIO_PuPd_UP;          //上拉
25      GPIO_Init(GPIOF, &GPIO_InitStructure);
26  }
```

在“track.h”文件中输入以下代码：

```
1   #ifndef __TRACK_H
2   #define __TRACK_H
3   #include "sys.h"
4
5   void TrackBoard_Init(void); //循迹电路板端口初始化
6
7   #endif
```

4. 编写 TIM6 的定时中断服务函数

TIM6 的定时中断服务函数理论上可放置在应用程序中的任意一个源代码文件中，但中断服务函数中通常包括数据处理程序，因此从编程的便利性来说应将中断服务函数与数据处理程序放置在同一个源代码文件中。本任务将其编写在“track.c”文件中，具体代码如下：

```
1   /**
2     * @brief   TIM6 定时中断服务函数
3     * @param   None
4     * @retval  None
5     */
6   void TIM6_DAC_IRQHandler(void)
7   {
8       if(TIM_GetITStatus(TIM6,TIM_IT_Update) == SET)//若发生更新中断
9       {
10          tCount++;
11          /* 获取 GPIOF 16 bit 数据中的低 8 位(bit0 ~ bit7) */
12          trackData = GPIO_ReadInputData(GPIOF) & 0xFF;
13          if(tCount >= 200)     //每隔 2s 翻转 LED1，打印信息
14          {
```

```
15            LED1 = ~LED1;
16            printf("trackData is 0x%x\r\n",trackData);
17            tCount = 0;
18        }
19    }
20    TIM_ClearITPendingBit(TIM6,TIM_IT_Update);//清除更新中断标志位
21 }
```

5. 编写main()函数

在“main.c”文件中输入以下代码：

```
1  #include "sys.h"
2  #include "delay.h"
3  #include "usart.h"
4  #include "led.h"
5  #include "timer6.h"
6  #include "track.h"
7
8  int main(void)
9  {
10    delay_init(168);           //延时函数初始化
11    LED_Init();                //LED端口初始化
12    USART1_Init(115200);       //USART1初始化
13    NVIC_PriorityGroupConfig(NVIC_PriorityGroup_2);
14
15    /* 配置TIM6定时中断时间为10 ms */
16    TIM6_Int_Init(100-1, 8400-1);
17    TrackBoard_Init();
18    printf("System Started...\r\n");
19
20    while(1)
21    {
22    }
23 }
```

6. 观察试验现象

本任务中8路循迹电路板数据的输出端口与STM32F4系列微控制器的PF0~PF7引脚相连，为了更加方便地观察试验现象，已在TIM6的定时中断服务函数中将每隔2s获取的循迹电路板数据通过USART1发送到上位机。应用程序编译无误后，下载至开发板运行，打开上位机的串口调试助手，可观察到如图3-1-10所示的定时器中断试验现象。

由于循迹电路板端口初始化为输入模式，默认上拉，因此从图3-1-10中可以看到默认获取到的8位数据全为“1”，即十六进制0xff。使用杜邦线将PF0端口接地后，获取到的数据变为0xfd，即最低位被清零。

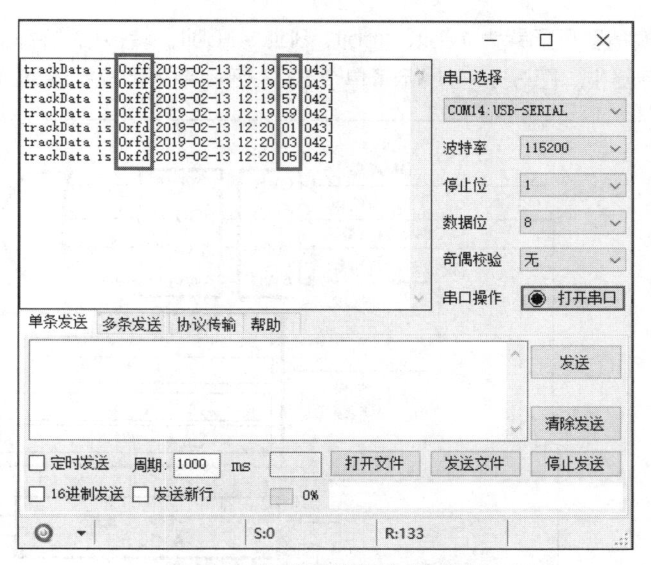

图3-1-10 定时器中断试验现象

任务 3.2 智能小车供电监测模块的应用开发

3.2.1 任务分析

本任务要设计一个可对智能小车供电电池的电压进行监测的应用程序，智能小车供电电路如图 3-2-1 所示。

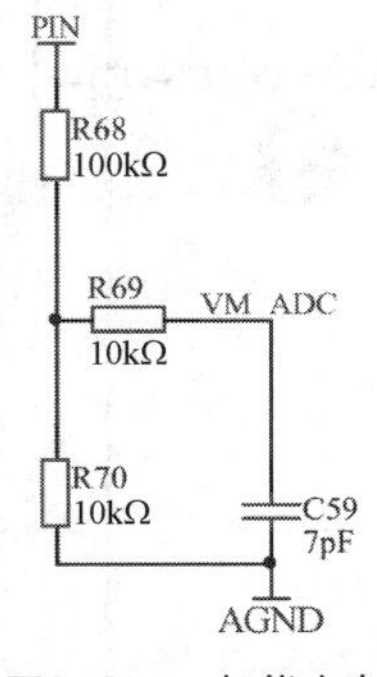

图3-2-1 智能小车供电电路

图 3-2-1 中，供电电池的电压为 12.6 V，通过“PIN”端接入。电池电压经过分压后，通过“VM_ADC”与智能小车 MCU 的 PA6 引脚相连，作为模数转换器（Analog-to-Digital Converter，ADC）采集输入。

要求每隔 3s 对电池电压值进行采集，并将采集到的电压值通过串口发送至上位机显示，显示格式样例为“10.78 V”，数值须精确到小数点后两位。

本任务涉及的知识点有：

- STM32F4 系列微控制器 ADC 外设的工作原理；
- ADC 外设的编程配置步骤。

3.2.2 知识链接

1. ADC 简介

ADC 是一种可将连续变化的模拟信号转换为离散的数字信号的器件，其可将温度、压力、声音或者图像等模拟信号转换成更易存储、处理和发射的数字信号。

STM32F407ZGT6 型号微控制器有 3 个 ADC，可工作在独立、双重或三重模式下，以满足多种不同的应用需求。每个 ADC 都具有 19 个复用通道，可测量 16 个外部信号源、2 个内部信号源以及

V_{BAT}通道的信号，转换精度可配置为 12bit、10bit、8bit 或 6bit，转换结果存储在一个可左对齐或右对齐的 16 位数据寄存器中。图 3-2-2 展示了单个 STM32F4 系列微控制器 ADC 的结构框图。

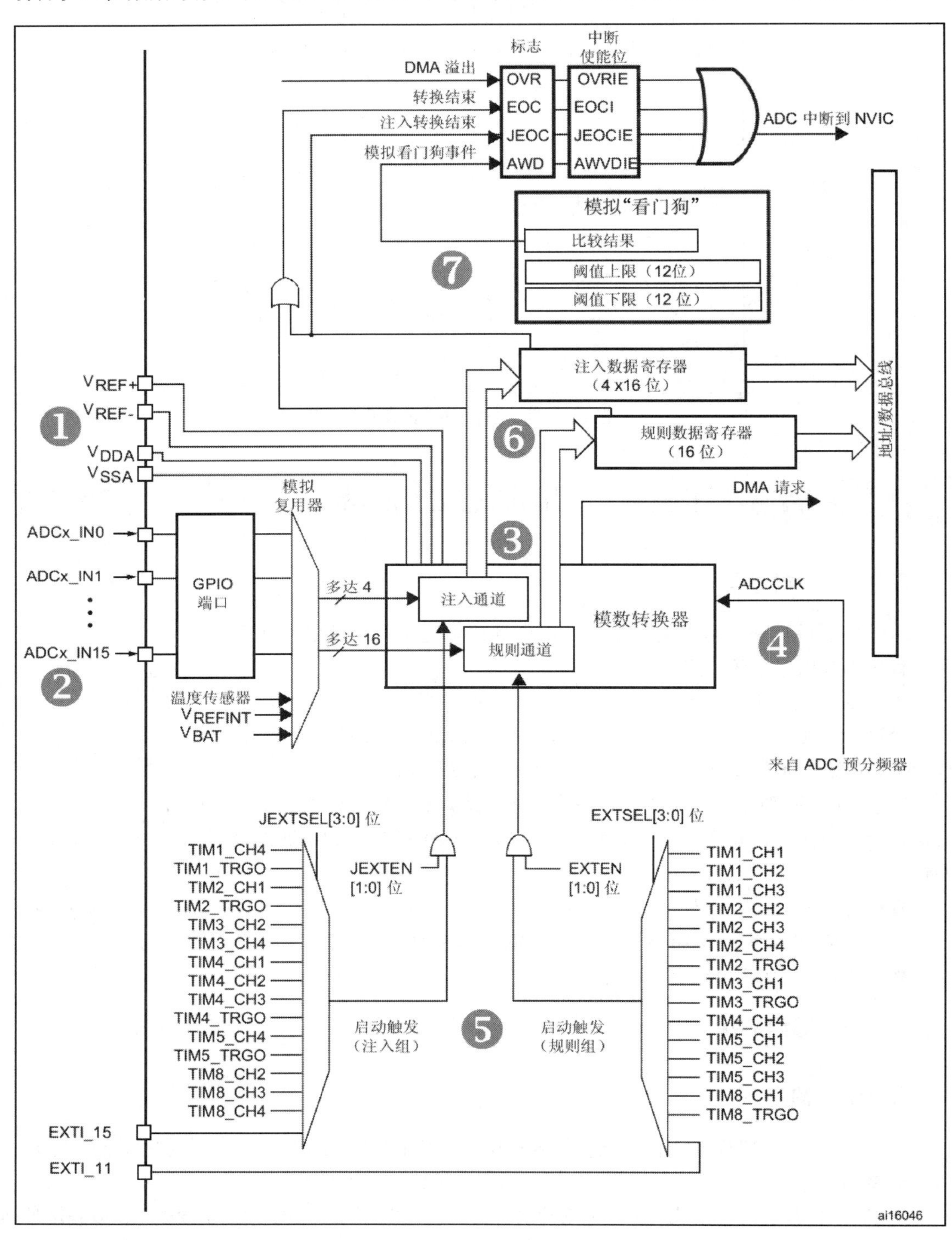

图3-2-2　单个STM32F4系列微控制器ADC的结构框图

2. ADC 的功能分析

接下来对图 3-2-2 中的各部分功能进行分析。

（1）ADC 的输入电压范围

ADC 的输入电压 V_{IN} 的范围是：$V_{REF-} \leqslant V_{IN} \leqslant V_{REF+}$，由图 3-2-3 中的 V_{REF+}、V_{REF-}、V_{DDA} 和 V_{SSA} 这 4 个外部引脚的电压决定，这 4 个外部引脚对应的输入电压范围如表 3-2-1 所示。

表 3-2-1　ADC4 个外部引脚对应的输入电压范围

引脚名称	信号类型	输入电压范围
V_{REF+}	正模拟参考电压输入	ADC 高（正参考）电压，$1.8\ V \leqslant V_{REF+} \leqslant V_{DDA}$
V_{DDA}	模拟电源输入	模拟电源电压等于 V_{DD} 全速运行时，$2.4\ V \leqslant V_{DDA} \leqslant V_{DD}\ (3.6\ V)$ 低速运行时，$1.8\ V \leqslant V_{DDA} \leqslant V_{DD}\ (3.6\ V)$
V_{REF-}	负模拟参考电压输入	ADC 低（负参考）电压，$V_{REF-} = V_{SSA}$
V_{SSA}	模拟电源接地输入	该引脚一般接地，电压等于 V_{SS}

（2）ADC 的输入通道

单个 ADC 的输入通道多达 19 个，其中包括 16 个外部通道，如图 3-2-4 中所示的 ADCx_IN0、ADCx_IN1、……、ADCx_IN15。这 16 个外部通道分别连接着不同的 GPIO 端口，如表 3-2-2 所示。

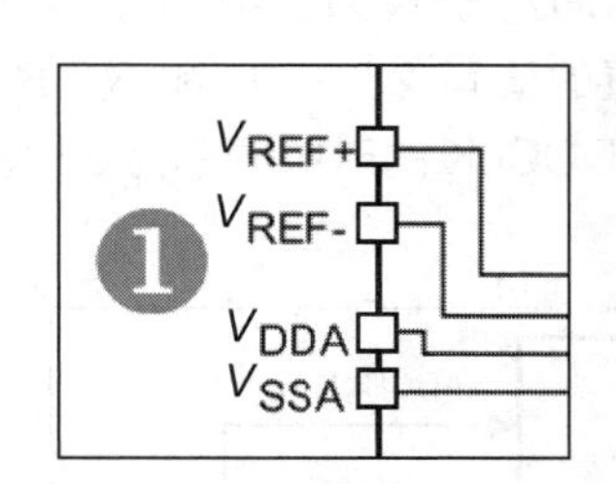

图3-2-3　ADC的4个外部引脚

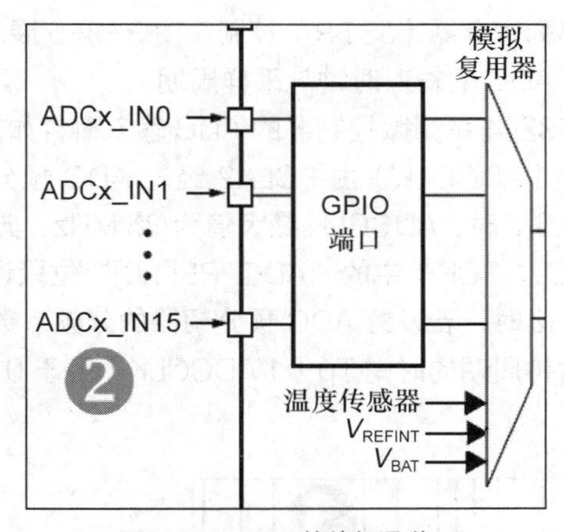

图3-2-4　ADC的外部通道

表 3-2-2　STMF407ZGT6 微控制器 ADC 的外部通道连接情况

通道号	ADC1	ADC2	ADC3
外部通道 0	PA0	PA0	PA0
外部通道 1	PA1	PA1	PA1
外部通道 2	PA2	PA2	PA2
外部通道 3	PA3	PA3	PA3
外部通道 4	PA4	PA4	PF6

续表

通道号	ADC1	ADC2	ADC3
外部通道 5	PA5	PA5	PF7
外部通道 6	PA6	PA6	PF8
外部通道 7	PA7	PA7	PF9
外部通道 8	PB0	PB0	PF10
外部通道 9	PB1	PB1	PF3
外部通道 10	PC0	PC0	PC0
外部通道 11	PC1	PC1	PC1
外部通道 12	PC2	PC2	PC2
外部通道 13	PC3	PC3	PC3
外部通道 14	PC4	PC4	PF4
外部通道 15	PC5	PC5	PF5

（3）ADC 的转换顺序

STM32F4 系列微控制器的 ADC 转换分为两个通道：规则通道和注入通道。规则通道相当于正常运行的程序，注入通道相当于中断。正如中断可以打断正常运行的程序，注入通道的 ADC 转换可以打断规则通道的 ADC 转换，只有等注入通道的 ADC 转换完成后，规则通道的 ADC 转换才能继续运行。

规则通道的转换顺序由规则序列寄存器 SQR3、SQR2 和 SQR1 控制，注入通道的转换顺序由注入序列寄存器（JSQR）控制。图 3-2-5 展示了 ADC 的两个通道。

（4）ADC 的输入时钟与采样周期

STM32F4 系列微控制器的 ADC 输入时钟如图 3-2-6 所示，由该图可知，STM32F4 的 ADC 输入时钟（ADCCLK）由 PCLK2 经过 ADC 预分频器产生。根据数据手册显示，当 V_{DDA} 范围为 2.4 V ~ 3.6 V 时，ADCCLK 最大值为 36 MHz，典型值为 30 MHz。分频系数由 ADC 通用控制寄存器（ADC_CCR）中的“ADCPRE[1:0]”位段设置，可设置的值有 2、4、6 和 8。当 PCLK2 为 84 MHz 时，若设置 ADC 预分频器的分频系数为 4，则 ADCCLK 的时钟频率为 21 MHz，对应一个时钟周期的时间 Tp（1/ADCCLK）等于 0.0476 μs。

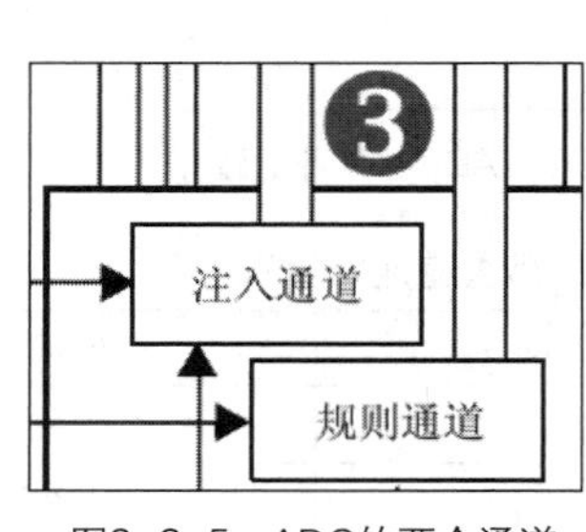

图3-2-5　ADC的两个通道

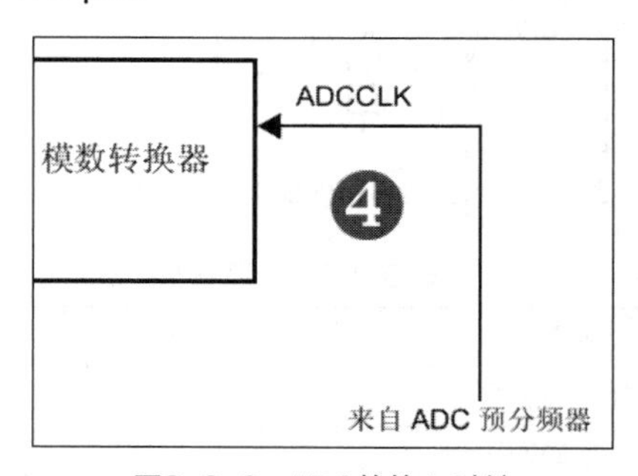

图3-2-6　ADC的输入时钟

A/D 转换需要若干个时钟周期才可完成采样，具体的采样时间可通过 ADC 采样时间寄存器 ADC_SMPR1 和 ADC_SMPR2 中的“SMP[2:0]”位段进行设置，允许设置为 3 个、15 个或 28

个时钟周期等，值越小代表采样时间越短，速度越快。

一次 A/D 转换所需的总时间 T_{conv} =采样时间+数据处理时间（12 Tp），因此当 ADCCLK 设置为 21 MHz，采样时间设置为 3 个时钟周期，可计算出最短的转换时间 T_{conv}= 15 × Tp = 0.7142 μs。

（5）ADC 的触发方式

图 3-2-7 显示了 ADC 所支持的触发方式，从图中可以看到 ADC 支持多种外部事件触发方式，包括定时器触发和外部 GPIO 中断。具体选择哪种触发方式，可通过 ADC 控制寄存器 2（ADC_CR2）进行配置，即对规则组和注入组分别进行配置。另外，该寄存器还可对触发极性进行配置，如上升沿检测、下降沿检测等。

除了图 3-2-7 中显示的触发方式外，ADC 还支持软件触发，该触发由 ADC_CR2 的“SWSTART”位进行控制，控制的前提是“ADON”位先配置为 1。一次转换结束后，硬件会自动将“SWSTART”位置零。

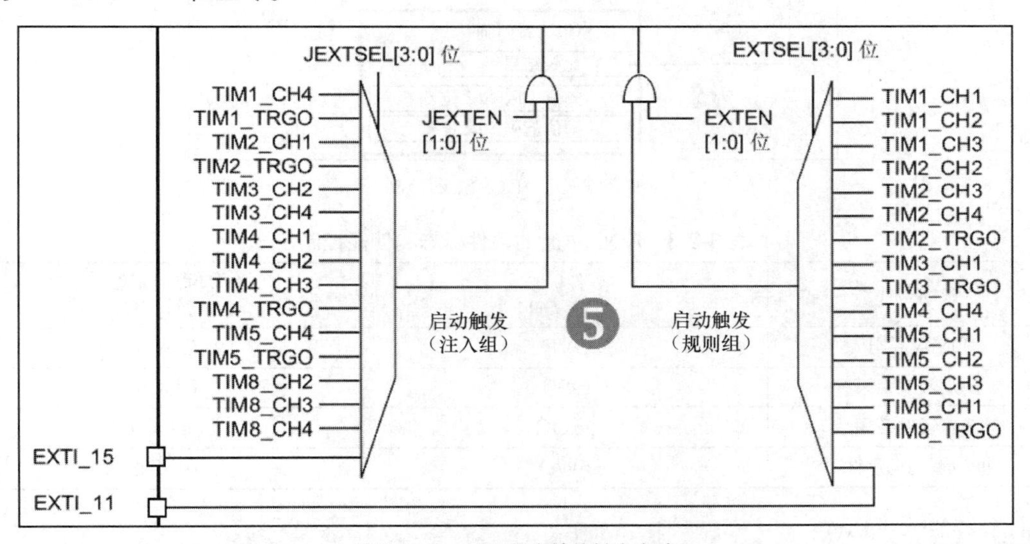

图3-2-7 ADC所支持的触发方式

（6）ADC 的数据寄存器

ADC 转换完毕后，结果数据存放在相应的数据寄存器中。ADC 的数据寄存器如图 3-2-8 所示，图中展示了两种 ADC 数据寄存器：规则数据寄存器（ADC_DR）和注入数据寄存器（ADC_JDRx）。上述两种数据寄存器用于独立转换模式的结果存放，双重和三重转换模式的结果则存放于通用 ADC_CDR 中。

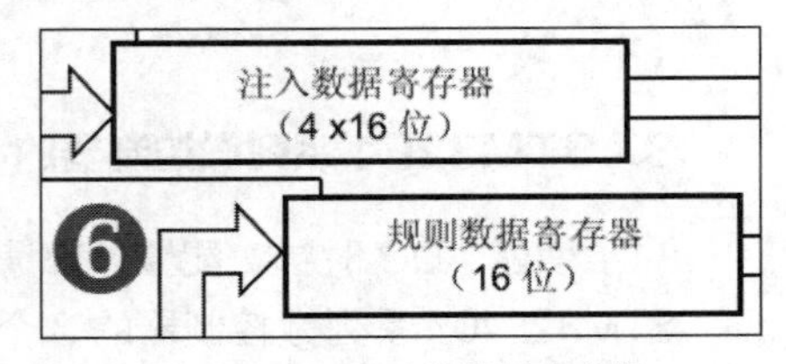

图3-2-8 ADC的数据寄存器

ADC_DR 只有一个，32bit 长，低 16 位有效，仅适用于独立模式。由于 STM32F4 系列微控制器的 ADC 最大精度是 12 位，因此存放数据时允许设置左对齐或者右对齐，即左对齐存放在 ADC_DR 的[15:4]位，右对齐存放在 ADC_DR 的[11:0]位。由于只有一个，因此当使用多通道转换时，ADC_DR 中存放的数据应及时取走，否则将会被另一个通道转换结果覆盖。常用开启 DMA 传输的方式解决该问题，无须 MCU 参与即可直接将数据转移到内存空间中存放。

ADC_JDRx 有 4 个，正好对应注入组的 4 个通道，因此不会出现类似的“数据被覆盖”的情况。ADC_JDRx 在使用过程中也需要设置数据位左对齐或者右对齐。

（7）ADC 的中断控制

从图 3-2-9 中可以看到，ADC 转换结束后，支持产生 4 种中断：DMA 溢出中断、规则转换结束中断、注入转换结束中断和模拟“看门狗”事件中断。它们的事件标志和使能控制位如表 3-2-3 所示。

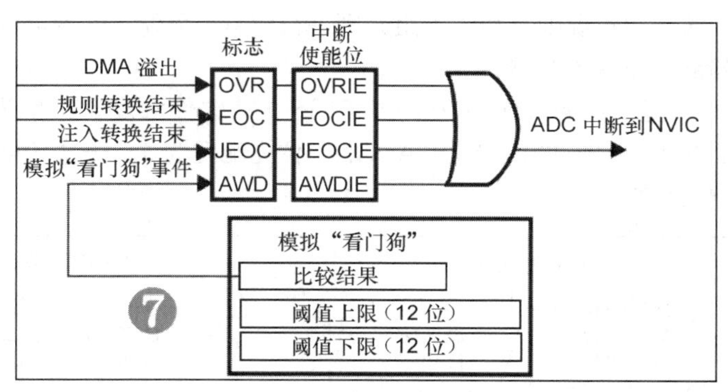

图3-2-9　ADC的中断控制

表 3-2-3　ADC 中断的事件标志和使能控制位

中断事件	事件标志（ADC_SR）	使能控制位（1ADC_CR1）
DMA 溢出	OVR	OVRIE
规则转换结束	EOC	EOCIE
注入转换结束	JEOC	JEOCIE
模拟看门狗事件	AWD	AWDIE

注意

规则转换和注入转换结束后，除了可通过产生中断方式处理转换结果之外，还可产生 DMA 请求以把转换好的数据直接转存至内存中。这对于独立模式、双重模式或三重模式的多通道转换而言是非常必要的，既可简化程序又可提高运行效率。

3. STM32F4 系列微控制器的 ADC 编程配置步骤

（1）使能 ADC 时钟，配置外部通道对应的引脚为模拟输入模式

STM32F407 系列微控制器的 3 个 ADC 外设均挂载在 APB2 上，可调用以下函数使能 ADC1 外设时钟。

```
RCC_APB2PeriphClockCmd(RCC_APB2Periph_ADC1, ENABLE);    //使能 ADC1 时钟
```

GPIO 工作模式的配置与前述各任务相似，需要注意的是：GPIO 复用为 ADC 外设需要将工作模式设置为“模拟输入”，不需要调用 GPIO_PinAFConfig()函数以设置引脚复用映射。配置 PA6 引脚为模拟电压输入的参考代码如下：

```
GPIO_InitTypeDef GPIO_InitStructure;
```

```
RCC_AHB1PeriphClockCmd(RCC_AHB1Periph_GPIOA, ENABLE);  //使能 GPIOA 时钟
GPIO_InitStructure.GPIO_Pin = GPIO_Pin_6;              //PA6 为外部通道 6
GPIO_InitStructure.GPIO_Mode = GPIO_Mode_AN;           //模拟输入(注意)
GPIO_InitStructure.GPIO_PuPd = GPIO_PuPd_NOPULL;       //不带上下拉
GPIO_Init(GPIOA, &GPIO_InitStructure);                 //初始化
```

(2)配置 ADC 的通用控制寄存器

ADC 的通用控制寄存器(ADC_CCR)主要对“ADC 工作模式”“两次采样中间的间隔时间”“是否启用 DMA 传输”“ADC 预分频器分频系数”等内容进行配置。在标准外设库中，通过调用 ADC_CommonInit()函数来实现 ADC_CCR 的初始化，示例代码如下：

```
ADC_CommonInitTypeDef ADC_CommonInitStructure;
/* ADC 工作在独立模式 */
ADC_CommonInitStructure.ADC_Mode = ADC_Mode_Independent;
/* 两次采样中间的间隔时间为 5 个时钟周期 */
ADC_CommonInitStructure.ADC_TwoSamplingDelay = ADC_TwoSamplingDelay_5Cycles;
/* 禁用 DMA 传输 */
ADC_CommonInitStructure.ADC_DMAAccessMode = ADC_DMAAccessMode_Disabled;
/* ADC 预分频器分频系数为 4 */
ADC_CommonInitStructure.ADC_Prescaler = ADC_Prescaler_Div4;
ADC_CommonInit(&ADC_CommonInitStructure);
```

(3)初始化 ADC 的参数

ADC 的参数通过控制寄存器 ADC_CR1 和 ADC_CR2 进行配置，下面给出一段使用软件触发、启用单转换通道、分辨率为 12bit、禁用扫描模式、数据右对齐的配置示例。

```
ADC_InitTypeDef ADC_InitStructure;
ADC_InitStructure.ADC_Resolution = ADC_Resolution_12b;  //分辨率 12bit 模式
ADC_InitStructure.ADC_ScanConvMode = DISABLE;           //非扫描模式
ADC_InitStructure.ADC_ContinuousConvMode = ENABLE; //关闭连续转换
/* 禁止触发检测，使用软件触发*/
ADC_InitStructure.ADC_ExternalTrigConvEdge = ADC_ExternalTrigConvEdge_None;
ADC_InitStructure.ADC_DataAlign = ADC_DataAlign_Right;  //数据右对齐
ADC_InitStructure.ADC_NbrOfConversion = 1;              //启用规则序列 1 个转换通道
ADC_Init(ADC1, &ADC_InitStructure);                     //ADC 初始化
```

(4)设置 ADC 转换通道、转换顺序和采样周期

在标准外设库中，规则序列中的 ADC 转换通道、转换顺序和采样周期的配置可通过调用 ADC_RegularChannelConfig()函数完成，该函数的原型定义如下：

```
void ADC_RegularChannelConfig(ADC_TypeDef* ADCx, uint8_t ADC_Channel,
                              uint8_t Rank, uint8_t ADC_SampleTime);
```

第一个参数配置 ADCx 外设，第二个参数配置 ADC 通道号，第三个参数配置转换顺序，第四个参数配置采样周期。下列示例可配置 ADC1 的通道号为 6，转换顺序为 1，采样时间为 56 个时钟周期。

```
ADC_RegularChannelConfig(ADC1, ADC_Channel_6, 1, ADC_SampleTime_56Cycles);
```

(5)使能 ADC 转换结束中断

如果要在 ADC 转换结束后产生中断，且在中断服务程序中读取转换结果，则应调用标准外

设库的 ADC_ITConfig()函数使能 ADC 的转换结束中断 ADC_IT_EOC。使能中断后，还应使用 NVIC 配置中断源的优先级，示例代码如下：

```
ADC_ITConfig(ADC1, ADC_IT_EOC, ENABLE);              //使能ADC的转换结束中断

NVIC_InitTypeDef NVIC_InitStructure;
NVIC_PriorityGroupConfig(NVIC_PriorityGroup_1);     //配置优先级
NVIC_InitStructure.NVIC_IRQChannel = ADC_IRQn;      //配置中断源ADC_IRQn
NVIC_InitStructure.NVIC_IRQChannelPreemptionPriority = 1;
NVIC_InitStructure.NVIC_IRQChannelSubPriority = 1;
NVIC_InitStructure.NVIC_IRQChannelCmd = ENABLE;
NVIC_Init(&NVIC_InitStructure);
```

（6）使能 ADC 并设置触发方式

配置好 ADC 的各项参数之后，使能 ADC 并设置相应的触发方式，相关示例代码如下：

```
ADC_Cmd(ADC1, ENABLE);                   //使能ADC1
ADC_SoftwareStartConv(ADC1);             //开始ADC转换，软件触发
```

（7）编写 ADC 转换完成中断服务程序

一旦使能 ADC 转换结束中断，当 ADC 转换结束后，MCU 会执行中断服务程序。STM32F4 系列微控制器的 ADC 中断服务程序的入口均为“ADC_IRQHandler”，因此在中断服务程序的入口应判断发生了哪种中断，并在其出口处清除中断标志位。具体程序框架如下：

```
void ADC_IRQHandler(void)
{
    if (ADC_GetITStatus(ADC1,ADC_IT_EOC) == SET)
    {
        ADC_ConvertedValue = ADC_GetConversionValue(ADC1);
    }
    ADC_ClearITPendingBit(ADC1,ADC_IT_EOC);
}
```

在上述示例程序中，通过 ADC_GetITStatus()函数判断是否发生了 ADC 转换结束中断，如果是，则读取 ADC 转换结果，并清除转换结束中断标志位。

3.2.3 任务实施

接下来分别用查询方式和中断方式实现智能小车电池电压的监测。

1. 用查询方式实现智能小车电池电压的监测

（1）编写 ADC 外设的初始化程序

复制一份 task3.1_Timer_Interrupt_GetTrackData 工程，并将其重命名为“task3.2_ADC_PowerMonitor”。在“HARDWARE”文件夹下新建“ADC”子文件夹，新建“adc.c”和“adc.h”两个文件，将它们加入工程中，并配置头文件包含路径。

在“adc.c”文件中输入以下代码：

```
1   #include "adc.h"
2   #include "delay.h"
```

```
3
4   /**
5    * @brief   ADC 转换初始化
6    * @param   None
7    * @retval  None
8    */
9   void MyADC_Init(void)
10  {
11      GPIO_InitTypeDef GPIO_InitStructure;
12      ADC_CommonInitTypeDef ADC_CommonInitStructure;
13      ADC_InitTypeDef ADC_InitStructure;
14
15      RCC_AHB1PeriphClockCmd(RCC_AHB1Periph_GPIOA, ENABLE);   //使能 GPIOA 时钟
16      RCC_APB2PeriphClockCmd(RCC_APB2Periph_ADC1, ENABLE);    //使能 ADC1 时钟
17
18      /* 初始化 ADC 输入通道 GPIO */
19      GPIO_InitStructure.GPIO_Pin = GPIO_Pin_5;               //PA5 通道 5
20      GPIO_InitStructure.GPIO_Mode = GPIO_Mode_AN;            //模拟输入
21      GPIO_InitStructure.GPIO_PuPd = GPIO_PuPd_NOPULL;        //不带上下拉
22      GPIO_Init(GPIOA, &GPIO_InitStructure);
23
24      RCC_APB2PeriphResetCmd(RCC_APB2Periph_ADC1,ENABLE);     //ADC1 复位
25      RCC_APB2PeriphResetCmd(RCC_APB2Periph_ADC1,DISABLE);    //复位结束
26
27      /* 配置 ADC_CCR */
28      ADC_CommonInitStructure.ADC_Mode = ADC_Mode_Independent; //独立模式
29      /* 两次采样之间的间隔时间为 5 个时钟周期 */
30      ADC_CommonInitStructure.ADC_TwoSamplingDelay =
31      ADC_TwoSamplingDelay_5Cycles;
32      /* 不使能 DMA */
33      ADC_CommonInitStructure.ADC_DMAAccessMode = ADC_DMAAccessMode_Disabled;
34      /* 分频系数 4 ADCCLK=PCLK2/4=84/4=21Mhz，ADC 时钟不要超过 36 MHz */
35      ADC_CommonInitStructure.ADC_Prescaler = ADC_Prescaler_Div4;
36      ADC_CommonInit(&ADC_CommonInitStructure);
37
38      /* 初始化 ADC 相关参数 */
39      ADC_InitStructure.ADC_Resolution = ADC_Resolution_12b; //12 位模式
40      ADC_InitStructure.ADC_ScanConvMode = DISABLE;          //非扫描模式
41      ADC_InitStructure.ADC_ContinuousConvMode = DISABLE;    //关闭连续转换
42      /* 禁止外部触发检测，使用软件触发方式 */
43      ADC_InitStructure.ADC_ExternalTrigConvEdge =
44      ADC_ExternalTrigConvEdge_None;
```

```
45     ADC_InitStructure.ADC_DataAlign = ADC_DataAlign_Right;  //数据右对齐
46     ADC_InitStructure.ADC_NbrOfConversion = 1;              //启用 1 个转换通道
47     ADC_Init(ADC1, &ADC_InitStructure);                     //ADC 配置生效
48 
49     ADC_Cmd(ADC1, ENABLE);  //使能 ADC
50 }
51 
52 /**
53   * @brief   单次 ADC 采样
54   * @param   ch:ADC 的通道编号(ADC_Channel_0 ~ ADC_Channel_16)
55   * @retval  单次采样结果
56   */
57 uint16_t Get_Adc(uint8_t ch)
58 {
59     /* 设置指定 ADC 的规则组通道，一个序列，采样时间 480 个时钟周期 */
60     ADC_RegularChannelConfig(ADC1, ch, 1, ADC_SampleTime_480Cycles );
61     ADC_SoftwareStartConv(ADC1);//使能指定的 ADC1 的软件转换启动功能
62     while(!ADC_GetFlagStatus(ADC1, ADC_FLAG_EOC ));//等待转换结束
63     return ADC_GetConversionValue(ADC1); //返回 ADC1 规则组的转换结果
64 }
65 
66 /**
67   * @brief  多次 ADC 采样取平均值
68   * @param   ch:ADC 的通道编号(ADC_Channel_0 ~ ADC_Channel_16)
69   * @param   times:采样次数
70   * @retval  采样结果均值
71   */
72 uint16_t Get_Adc_Average(uint8_t ch,uint8_t times)
73 {
74     u32 temp_val=0;
75     uint8_t t;
76     for(t=0; t<times; t++)
77     {
78         temp_val += Get_Adc(ch);
79         delay_ms(5);
80     }
81     return temp_val/times;
82 }
```

对上述代码片段的关键点解析如下。

① 采用软件方式触发：代码第 43、60 和 61 行。

② 每次触发只进行一次 ADC 转换：代码第 41 行（关闭连续转换）。

③ 查询方式实现 ADC：代码第 62 行（查询 EOC 转换结束标志位是否被置 1）。

接下来在“adc.h”文件中输入以下代码：

```
1   #ifndef __ADC_H
2   #define __ADC_H
3   #include "sys.h"
4
5   void MyADC_Init(void);                                  //ADC 通道初始化
6   uint16_t Get_Adc(uint8_t ch);                           //单次 ADC 转换某个通道
7   uint16_t Get_Adc_Average(uint8_t ch,uint8_t times);     //多次 ADC 转换取平均值
8   void ADC_NVIC_Config(void);                             //配置 ADC 中断优先级
9
10  #endif
```

（2）编写 main()函数

在“main.c”文件中输入以下代码：

```
1   #include "sys.h"
2   #include "delay.h"
3   #include "usart.h"
4   #include "led.h"
5   #include "adc.h"
6
7   uint16_t adcValue = 0;          //存放 ADC 采样的原始值(0~4096)
8   float adcVoltage = 0;           //存放 ADC 采样计算后的电压值
9   char myString[50] = {0};
10
11  int main(void)
12  {
13      delay_init(168);            //延时函数初始化
14      LED_Init();                 //LED 端口初始化
15      USART1_Init(115200);        //USART1 初始化
16      MyADC_Init();               //ADC 初始化
17
18      while(1)
19      {
20          /* 调用多次 ADC 采样取平均值函数，采样 ADC1 的通道 5 */
21          adcValue = Get_Adc_Average(ADC_Channel_5, 20);
22          /* 采样值转换为电压值 */
23          adcVoltage = adcValue * 3.3 / 4096 * 11;
24          sprintf(myString,"采样值为：%d,电压值为：%.2f V\r\n", \
25                                      adcValue, adcVoltage);
26          printf("%s",myString);
27          delay_ms(250);
28      }
29  }
```

2. 用中断方式实现智能小车电池电压的监测

相比于采用查询方式实现ADC,采用中断方式实现ADC需要对程序进行以下几方面的修改。

(1)开启 ADC 连续转换功能

采用中断方式实现 ADC 将不再调用"单次 ADC 转换函数 Get_Adc()",因此可开启 ADC 连续转换功能。将"adc.c"文件的第 41 行代码修改为:

```
ADC_InitStructure.ADC_ContinuousConvMode = ENABLE;      //开启连续转换
```

(2)增加 ADC 中断初始化相关代码

在"adc.c"文件的 MyADC_Init()函数结尾增加以下代码:

```
ADC_Cmd(ADC1, ENABLE);                                //开启 ADC (注: 此行原来就有)
/* 增加以下 4 行代码 */
ADC_ITConfig(ADC1, ADC_IT_EOC, ENABLE);               //使能 EOC 转换结束中断
ADC_NVIC_Config();                                    //配置 ADC 中断优先级
ADC_RegularChannelConfig(ADC1, ADC_Channel_5, 1,
                             ADC_SampleTime_480Cycles);
ADC_SoftwareStartConv(ADC1);                          //软件触发 ADC
```

在"adc.c"文件中增加"ADC 中断优先级配置函数"和"ADC 中断服务函数",代码如下:

```
extern uint16_t ADC_ConvertedValue;
/**
  * @brief  ADC 中断优先级配置函数
  * @param   None
  * @return  None
  */
void ADC_NVIC_Config(void)
{
    NVIC_InitTypeDef NVIC_InitStructure;

    NVIC_PriorityGroupConfig(NVIC_PriorityGroup_2);
    NVIC_InitStructure.NVIC_IRQChannel = ADC_IRQn;
    NVIC_InitStructure.NVIC_IRQChannelPreemptionPriority = 1;
    NVIC_InitStructure.NVIC_IRQChannelSubPriority = 1;
    NVIC_InitStructure.NVIC_IRQChannelCmd = ENABLE;
    NVIC_Init(&NVIC_InitStructure);
}

/**
  * @brief  ADC 中断服务函数
  * @param   None
  * @return None
  */
```

```
void ADC_IRQHandler(void)
{
    if (ADC_GetITStatus(ADC1,ADC_IT_EOC) == SET)
    {
        ADC_ConvertedValue = ADC_GetConversionValue(ADC1);
    }
    ADC_ClearITPendingBit(ADC1,ADC_IT_EOC);
}
```

（3）编写 main()函数

在“main.c”中输入以下代码：

```
1   #include "sys.h"
2   #include "delay.h"
3   #include "usart.h"
4   #include "led.h"
5   #include "adc.h"
6
7   uint16_t adcValue = 0;          //存放 ADC 采样的原始值(0~4096)
8   float adcVoltage = 0;           //存放 ADC 采样计算后的电压值
9   char myString[50] = {0};
10  uint16_t ADC_ConvertedValue = 0;
11
12  int main(void)
13  {
14      delay_init(168);            //延时函数初始化
15      LED_Init();                 //LED 端口初始化
16      USART1_Init(115200);        //USART1 初始化
17      MyADC_Init();               //ADC 初始化
18
19      while(1)
20      {
21          adcVoltage = ADC_ConvertedValue * 3.3 / 4096;
22          sprintf(myString,"采样值为：%d,电压值为：%.2f V \r\n", \
23                              ADC_ConvertedValue, adcVoltage);
24          printf("%s",myString);
25          delay_ms(2000);
26      }
27  }
```

3. 观察试验现象

应用程序编译无误后，将其下载至开发板运行。打开上位机的串口调试助手，可观察到如图 3-2-10 所示的电池电压监测结果。

注：采用查询方式与采用中断方式实现 ADC 的效果相同。

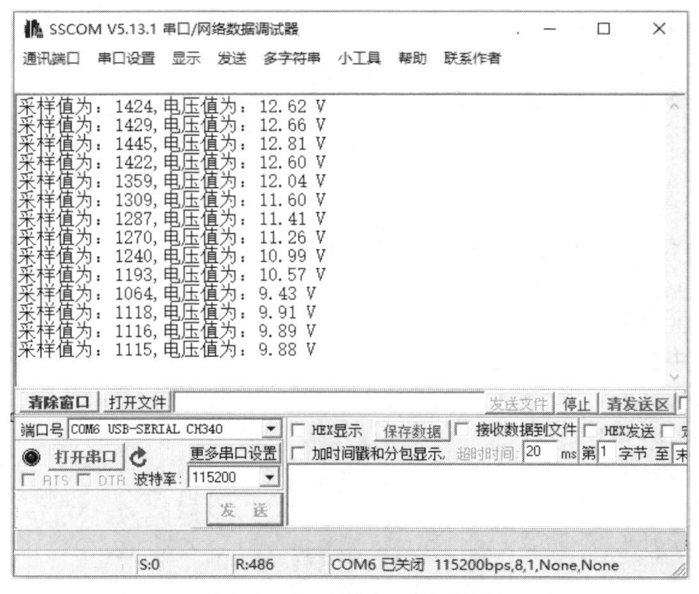

图3-2-10　电池电压监测结果

任务 3.3　智能小车电机调速模块的应用开发

3.3.1　任务分析

本任务要求设计一个可实现智能小车电机调速的应用程序，具体要点说明如下。

① 电机驱动部分选用德州仪器（Texas Instruments，TI）公司的 DRV8848 芯片（也可选用其他芯片）。

② 支持同时对两个直流电机进行控制。

③ 支持按键控制，使用 4 个按键，它们的功能描述如下：

- Key1 控制电机正转，若电机当前处于停止状态，按下 Key1 则使之正转，若电机当前处于正转或反转状态，按下 Key1 则使之停止；
- Key2 控制电机反转，若电机当前处于停止状态，按下 Key2 则使之反转，若电机当前处于正转或反转状态，按下 Key2 则使之停止；
- Key3 控制电机减小转速，若电机当前为正转则使之正向减速，反之亦然；
- Key4 控制电机增大转速，若电机当前为正转则使之正向加速，反之亦然。

分析本任务的要求，若须控制 DRV8848 芯片以驱动电机转动，则应利用 STM32F4 系列微控制器的定时器输出 PWM 信号。基本定时器不具备外部通道，故应采用高级控制定时器或通用定时器。另外，本任务要求同时控制两个直流电机，一个直流电机的控制需要两路 PWM 信号，因此程序应具备同时输出 4 路 PWM 信号的功能。

本任务涉及的知识点有：

- STM32F4 系列微控制器高级控制定时器的功能特性；
- STM32F4 系列微控制器的定时器输出 PWM 信号的编程配置方法；

- DRV8848 电机驱动芯片的工作原理与编程配置方法。

3.3.2 知识链接

1. STM32F4 系列微控制器的高级控制定时器和通用定时器概述

STM32F4 系列微控制器的高级控制定时器和通用定时器相对基本定时器来说，增加了外部通道引脚，支持输入捕获、输出比较等功能，部分定时器还支持增量（正交）编码器和霍尔传感器电路接口。高级控制定时器相比通用定时器，又增加了可编程死区互补输出、重复计数器和刹车（断路）等工业电机控制的高级功能。

表 3-3-1 列出了高级控制定时器和通用定时器的部分外部通道的引脚（此处以 144 引脚的 STM32F407ZGT6 微控制器为例）。鉴于篇幅限制，表 3-3-1 仅介绍了具备 4 个以上外部通道的定时器的引脚分布情况，其他内容可参考《STM32F4xx 中文参考手册》。

表 3-3-1 高级控制定时器和通用定时器的部分外部通道的引脚分布情况

通道号	高级控制定时器		通用定时器			
	TIM1	TIM8	TIM2	TIM3	TIM4	TIM5
CH1	PA8/PE9	PC6	PA0/PA5	PA6/PB4/PC6	PB6/PD12	PA0
CH1N	PA7/PB13/PE8	PA5/PA7	—	—	—	—
CH2	PA9/PE11	PC7	PA1/PB3	PA7/PB5/PC7	PB7/PD13	PA1
CH2N	PB0/PB14/PE10	PB0/PB14	—	—	—	—
CH3	PA10/PE13	PC8	PA2/PB10	PB0/PC8	PB8/PD14	PA2
CH3N	PB1/PB15/PE12	PB1/PB15	—	—	—	—
CH4	PA11/PE14	PC9	PA3/PB11	PB1/PC9	PB9/PD15	PA3
ETR	PA12/PE7	PA0	PA0/PA5/PA15	PD2	PE0	—
BKIN	PA6/PB12/PE15	PA6	—	—	—	—

ETR 为外部脉冲输入引脚，即以外部脉冲为定时器计数驱动源；TIM2 的 CH1 和 ETR 引脚共用，只能选择一个功能；BKIN 为刹车功能输入引脚。

2. 高级控制定时器功能框图解析

根据 3.3.1 节的任务分析可知，该任务应选取高级控制定时器来完成。由于高级控制定时器相比基本定时器增加了外部通道和其他功能，因此其功能框图更加复杂。为了便于理解，本小节将功能框图分为两部分，分别如图 3-3-1 和图 3-3-2 所示，在阅读时应注意它们之间的联系。

由这两张图可知，高级控制定时器由 7 部分构成，即：时钟源、控制器模块、时基单元、输入捕获模块、捕获/比较寄存器组、输出比较模块和断路功能模块。下面分别对它们进行介绍。

（1）时钟源

从图 3-3-1 中可以看到，高级控制定时器的时钟源有 4 个选择。

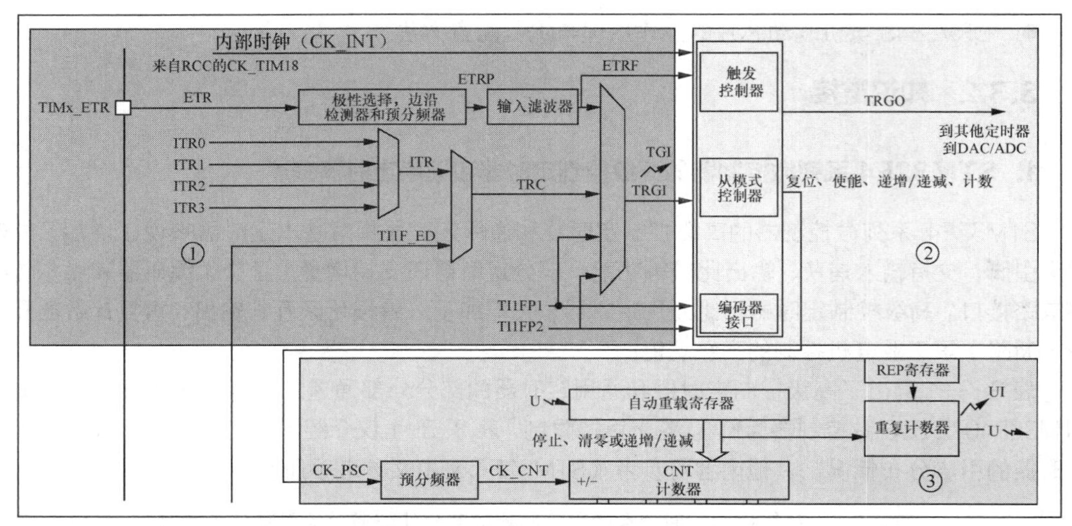

图3-3-1 高级控制定时器的功能框图1

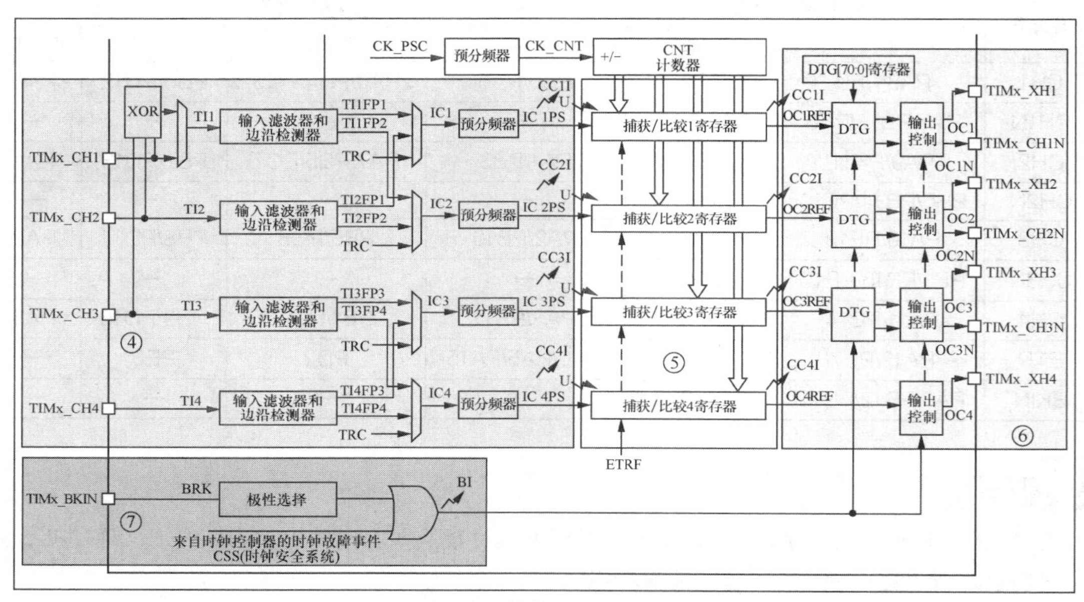

图3-3-2 高级控制定时器的功能框图2

- 内部时钟（CK_INT）；
- 外部时钟模式1，来自外部输入通道TIx（x= 1，2，3，4）；
- 外部时钟模式2，来自外部触发输入ETR；
- 内部触发输入，ITRx（x= 0，1，2，3）。

上述 4 个时钟源应用最多的是内部时钟，通过配置从模式控制寄存器（TIMx_SMCR）的“SMS”位段为“000”即可使其生效。

（2）控制器模块

高级控制定时器的控制器模块包括触发控制器、从模式控制器和编码器接口。

触发控制器可为MCU芯片内部其他外设提供触发信号，如提供时钟信号给其他定时器、触发 ADC/DAC 启动转换等。

从模式控制器用于控制计数器复位、启动、递增计数和递减计数等。

编码器接口是专门为增量（正交）编码器计数设计的，在“电机测速”等应用中引入编码器接口可极大地减少开发者的编程工作量。

（3）时基单元

高级控制定时器的时基单元相比于基本定时器和通用定时器的时基单元，增加了重复计数器寄存器（TIMx_RCR），该寄存器长度是 8bit，为高级控制定时器所特有。此外，3 种定时器的时基单元均包含计数器寄存器（TIMx_CNT）、预分频器寄存器（TIMx_PSC）、自动重载寄存器（TIMx_ARR），3 个寄存器的长度均为 16bit。

高级控制定时器的计数器功能相比其他两类定时器更强，其除了支持递增计数模式外，还支持递减计数和中心对齐计数模式。

在中心对齐计数模式下，计数器先从 0 开始递增计数，直到计数值等于“TIMx_ARR−1”后发生计数器上溢，然后从 TIMx_ARR 值开始递减计数直到发生计数器下溢。接着再从 0 开始计数，如此循环。每次发生计数器上溢和下溢且重复计数器寄存器的值达到零时，都会生成更新事件（UEV）。这意味着如果重复计数器寄存器的值设置为 N，且发生 $N+1$ 个计数器上溢或下溢，则会生成更新事件，进而数据将从预装载寄存器转移到影子寄存器（其中包括自动重载寄存器、预分频器寄存器以及比较模式下的捕获/比较寄存器）。

重复计数器在下列情况下将递减：

- 递增计数模式下发生计数器上溢；
- 递减计数模式下发生计数器下溢；
- 中心对齐模式下发生计数器上溢和计数器下溢。

图 3-3-3 给出了一个不同计数模式和 TIMx_RCR 设置下的更新频率示例，该示例可帮助理解时基单元的计数过程。

（4）输入捕获模块

输入捕获模块的作用是输入信号的上升沿、下降沿或者双边沿并进行捕获，其可被用于测量输入信号的脉宽或者输入 PWM 信号的频率和占空比。

被测量的信号由外部通道 TIMx_CH1/ TIMx_CH2/ TIMx_CH3/ TIMx_CH4 进入，编号为 TI1/ TI2/ TI3/ TI4。信号经过输入滤波器滤除干扰信号，并经过边沿检测器确定信号极性后，被送入捕获通道 IC1/IC2/IC3/IC4。预分频器用于设置捕获信号的时间，即多少个脉冲捕获一次。

通过预分频器的信号 ICxPS 是最终被捕获的信号，发生输入捕获时：

- 发生有效跳变沿时，捕获/比较寄存器（TIMx_CCRx）会获取计数器的值；
- 将 CC1IF 标志位置 1（中断标志），如果至少发生了两次连续捕获，但 CC1IF 标志位未被清零，则 CC1OF 捕获溢出标志位会被置 1；
- 根据 CC1IE 标志位生成中断；
- 根据 CC1DE 标志位生成 DMA 请求。

（5）捕获/比较寄存器组

捕获/比较寄存器组是输入捕获模块和输出比较模块的共用部分。

（6）输出比较模块

输出比较模块的作用是通过定时器的外部引脚对外输出控制信号，其可以设置为 8 种不同的工作模式，即冻结、将通道 x（x=1，2，3，4）设置为匹配时输出有效电平、将通道 x 设置为匹配时输出无效电平、翻转、强制变为无效电平、强制变为有效电平、PWM1 和 PWM2。PWM 信号输出是定时器输出比较模式中的特例，使用频率较高。

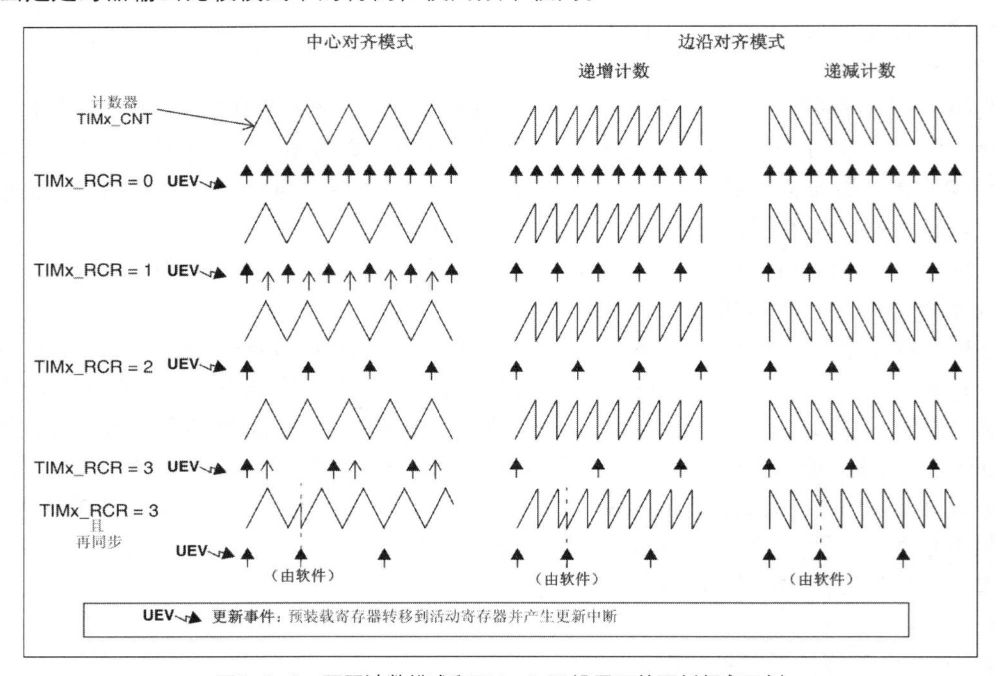

图3-3-3　不同计数模式和TIMx_RCR设置下的更新频率示例

当 TIMx_CNT 的值与 TIMx_CCR 的值相等时，输出参考波形 OCxREF 的信号极性就会发生改变，并且会产生比较中断 CCxI，相应的标志位 CCxIF（状态寄存器中）也会被置位。我们将 OCxREF=1（高电平）称为有效电平，OCxREF=0（低电平）称为无效电平。

参考波形 OCxREF 可插入死区时间，用于生成两路互补的输出信号 OCx 和 OCxN。死区时间的长短由断路和死区寄存器（BDTR）的位 DTG[7:0]配置。

进入输出控制电路的信号会被分成两路：一路是原始信号，另一路是被反向的信号。信号最终是通过定时器的外部引脚（分别为 CH1/CH2/CH3/CH4）来输出的。对于高级控制定时器而言，CH1/CH2/CH3 这 3 个输出通道各自还具备与信号极性互补的输出通道 CH1N/CH2N/CH3N。

（7）断路功能模块

断路功能是电机控制的刹车功能。使能断路功能时，根据相关控制位状态修改输出信号电平。断路源可以是时钟故障事件，由内部复位时钟控制器中的时钟安全系统(CSS)生成，也可来自外部断路输入 I/O（TIMx_BKIN）。

3. 输出比较的典型应用——PWM 输出

（1）PWM 概述

脉冲宽度调制（Pulse Width Modulation，PWM）简称脉宽调制，是一种利用微处理器的数字输出对模拟电路进行控制的非常有效的技术，被广泛应用于测量、通信、功率控制与变换等领域。

脉冲宽度调制可对模拟信号电平进行数字编码。通过使用高分辨率计数器来调制方波的占空比，可对一个具体模拟信号的电平进行数字编码。PWM 信号是数字信号，因为在给定的任何时刻，满幅值的直流供电要么完全有（ON），要么完全无（OFF）。电压或电流源是以一种通（ON）或断（OFF）的重复脉冲序列被加载到模拟负载上去的。通的时候即是直流供电被加载到负载上，断的时候即是供电被断开的时候。只要带宽足够，任何模拟值都可以使用 PWM 进行数字编码。

图 3-3-4 是 STM32F4 微控制器定时器输出 PWM 信号（PWM 信号生成过程）的示意。

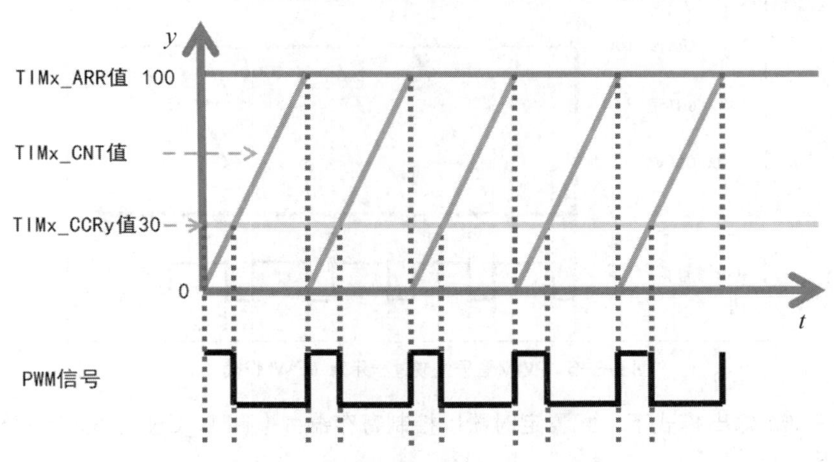

图3-3-4 PWM信号生成过程示意（PWM1模式）

PWM 信号的生成与计数器寄存器（TIMx_CNT）、自动重载寄存器（TIMx_ARR）、捕获/比较寄存器（TIMx_CCRy）以及捕获/比较使能寄存器（TIMx_CCER）关系紧密。图 3-3-4 中的 x 为定时器编号，取值范围 1~14，y 为捕获/比较通道编号，取值范围 1~4。如 TIM1_CCR2 表示定时器 1 的捕获/比较寄存器 2。

图 3-3-4 设置 TIMx_ARR 的值为 100，TIMx_CCRy 的值为 30。设置定时器为递增计数模式，TIMx_CNT 的值从 0 开始计数。当 TIMx_CNT＜TIMx_CCRy 时，PWM 输出有效电平（高电平）；当 TIMx_CCRy≤TIMx_CNT＜TIMx_ARR 时，PWM 输出无效电平（低电平）；当 TIMx_CNT=TIMx_ARR 时，TIMx_CNT 又从 0 开始计数，如此循环往复。

由此可见，PWM 信号的频率由 TIMx_ARR 的值来决定，其占空比则由 TIMx_CCRy 的值来决定。

有效和无效电平的高低由 TIMx_CCER 的 CCxP 位决定。当 CCxP 位配置为 0 时，高电平为有效电平；当 CCxP 位配置为 1 时，低电平为有效电平。

（2）PWM 输出模式

高级控制定时器的 PWM 输出模式有两种：PWM1 和 PWM2。这两种模式在 CCxp 位配置为 0 的情况下的区别见表 3-3-2。

表 3-3-2 PWM1 与 PWM2 的区别

模式	计数器计数模式	PWM 输出说明
PWM1	递增	TIMx_CNT ＜TIMx_CCRy 时，CHy 通道输出有效电平（高电平）
	递减	TIMx_CNT ＞TIMx_CCRy 时，CHy 通道输出无效电平（低电平）
PWM2	递增	TIMx_CNT ＜TIMx_CCRy 时，CHy 通道输出无效电平（低电平）
	递减	TIMx_CNT ＞TIMx_CCRy 时，CHy 通道输出有效电平（高电平）

由表 3-3-2 可知，图 3-3-4 中所示的 PWM 生成过程工作在 PWM1 模式下，计数器模式为递增，CCxP 位配置为 0。

计数模式为递增、CCxP 位配置为 0 时的 PWM2 模式下的 PWM 信号生成过程示意如图 3-3-5 所示。

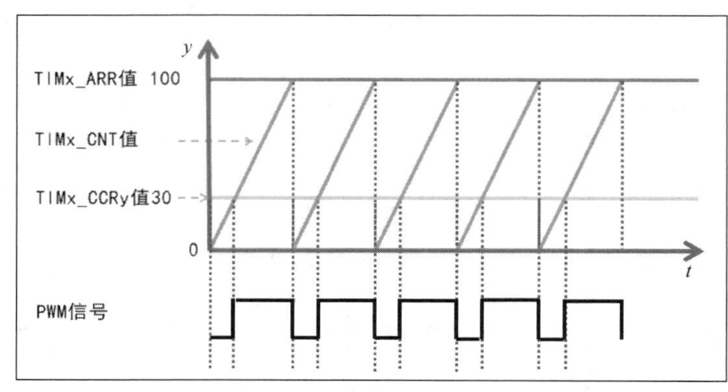

图3-3-5 PWM信号生成过程示意（PWM2模式）

在两种 PWM 输出模式下，配置定时器以控制寄存器 1（TIMx_CR1）的“CMS”位段时，可选模式如下。

- 00：边沿对齐模式。计数器根据方向位（DIR）递增计数或递减计数。
- 01：中心对齐模式 1。计数器交替进行递增计数和递减计数。仅当计数器递减计数时，配置为输出的通道捕获/比较模式寄存器中的 CxS=00）的输出比较中断标志位才置 1。
- 10：中心对齐模式 2。计数器交替进行递增计数和递减计数。仅当计数器递增计数时，配置为输出的通道捕获/比较模式寄存器中的 CxS=00）的输出比较中断标志位才置 1。
- 11：中心对齐模式 3。计数器交替进行递增计数和递减计数。当计数器递增计数或递减计数时，配置为输出的通道捕获/比较模式寄存器中的 CxS=00）的输出比较中断标志位都会置 1。

图 3-3-4 和图 3-3-5 展示了边沿对齐模式下的 PWM 信号，下面介绍中心对齐模式下的 PWM 信号。中心对齐模式下的 PWM 波形示意如图 3-3-6 所示。

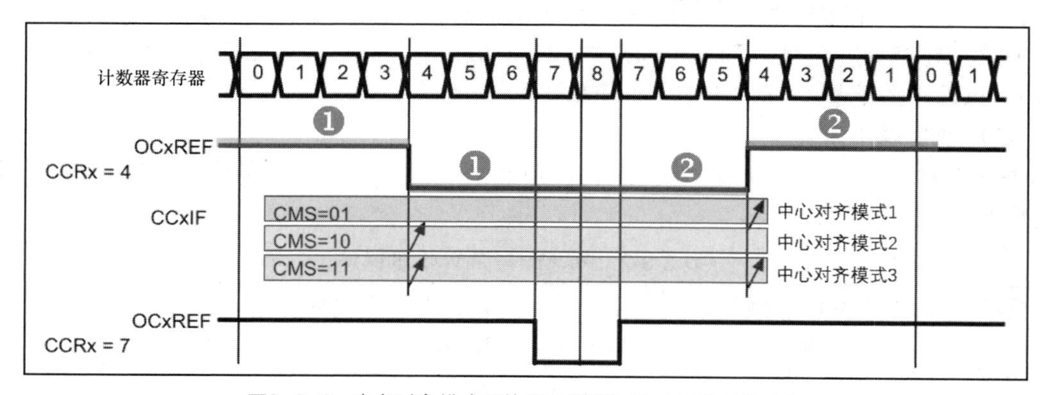

图3-3-6 中心对齐模式下的PWM波形示意（PWM1模式）

图 3-3-6 是一张 PWM1 模式下的中心对齐 PWM 波形示意图，TIMx_ARR 值设置为 8，TIMx_CCRx 值分别设置为 4 和 7，计数器 CNT 工作在递增/递减计数模式。该波形图生成过程描

述如下。

- 将中心对齐 PWM 信号生成分为两个阶段，图中标号①所处位置为第一阶段，标号②所处位置为第二阶段。
- 第一阶段计数器 CNT 工作在递增计数模式，从 0 开始计数，当 TIMx_CNT＜TIMx_CCRx 时，OCxREF 输出有效电平（高电平）；当 TIMx_CCRx≤TIMx_CNT＜TIMx_ARR 时，OCxREF 输出无效电平（低电平）。
- 第二阶段计数器 CNT 工作在递减计数模式，TIMx_ARR 值从 8 开始递减，当 TIMx_CNT＞TIMx_CCRx 时，OCxREF 输出无效电平（低电平）；TIMx_CNT≤TIMx_CCRx 时，OCxREF 输出有效电平（高电平）。
- 3 种中心对齐模式的区别在于输出比较中断标志位 CCxIF 置 1 的时机。中心对齐模式 1 在计数器 CNT 递减计数时置 1；中心对齐模式 2 在计数器 CNT 递增计数时置 1；中心对齐模式 3 则在计数器 CNT 递增和递减计数时都置 1。

4. 高级控制定时器初始化结构体介绍

STM32F4 标准外设库为定时器外设提供了 4 个初始化结构体，任务 3.1 中已学习了定时器基本初始化结构体（TIM_TimeBaseInitTypeDef），本小节将对高级控制定时器适用的输出比较初始化结构体（TIM_OCInitTypeDef）、输入捕获初始化结构体（TIM_ICInitTypeDef）和断路与死区初始化结构体（TIM_BDTRInitTypeDef）进行介绍。

（1）输出比较初始化结构体

该结构体用于输出比较模式，配置定时器的输出通道的工作参数，如比较输出模式、脉冲宽度、输出极性、空闲状态下比较输出状态等，被 TIM_OCxInit()函数调用。其原型定义如下：

```
typedef struct {
    uint16_t TIM_OCMode;            //比较输出模式
    uint16_t TIM_OutputState;       //比较输出使能
    uint16_t TIM_OutputNState;      //比较互补输出使能
    uint32_t TIM_Pulse;             //脉冲宽度
    uint16_t TIM_OCPolarity;        //输出极性
    uint16_t TIM_OCNPolarity;       //互补输出极性
    uint16_t TIM_OCIdleState;       //空闲状态下比较输出状态
    uint16_t TIM_OCNIdleState;      //空闲状态下比较互补输出状态
} TIM_OCInitTypeDef;
```

输出比较初始化结构体的各成员变量的介绍如下。

① TIM_OCMode

比较输出模式配置，共有 8 种模式可供选择。“TIM_OCMode”实际配置捕获/比较模式寄存器（TIMx_CCMRy）“OCxM[2:0]”位段的参数，可供配置的参数如下：

- 冻结模式，TIMx_CNT 与 TIMx_CCR1 不会对输出造成影响（TIM_OCMode_Timing）；
- TIMx_CNT 与 TIMx_CCR1 匹配时，输出有效电平（TIM_OCMode_Active）；
- TIMx_CNT 与 TIMx_CCR1 匹配时，输出无效电平（TIM_OCMode_Inactive）；
- TIMx_CNT 与 TIMx_CCR1 匹配时，输出翻转（TIM_OCMode_Toggle）；
- PWM1 输出模式（TIM_OCMode_PWM1）；

- PWM2 输出模式（TIM_OCMode_PWM2）；
- 强制输出有效电平（TIM_ForcedAction_Active）；
- 强制输出无效电平（TIM_ForcedAction_InActive）。

② TIM_OutputState

比较输出是否使能配置，决定最终的输出比较信号 OCx 是否通过外部引脚输出。“TIM_OutputState”实际配置捕获/比较使能寄存器（TIMx_CCER）的“CCxE”位段的参数，可供配置的参数如下：

- 比较输出不使能（TIM_OutputState_Disable）；
- 比较输出使能（TIM_OutputState_Enable）。

③ TIM_OutputNState

比较互补输出是否使能配置，决定最终的输出比较信号 OCx 的互补信号 OCxN 是否通过外部引脚输出。“TIM_OutputNState”实际配置捕获/比较使能寄存器（TIMx_CCER）的“CCxNE”位段的参数，可供配置的参数如下：

- 比较互补输出不使能（TIM_OutputNState_Disable）；
- 比较互补输出使能（TIM_OutputNState_Enable）。

④ TIM_Pulse

比较输出的脉冲宽度配置。“TIM_Pulse”实际配置捕获/比较寄存器（TIMx_CCRx）的参数，可供配置的范围是 0~65535。

⑤ TIM_OCPolarity

比较输出的极性配置，可选输出比较信号 OCx 是高电平有效还是低电平有效，决定了定时器输出通道的有效电平。“TIM_OCPolarity”实际配置捕获/比较使能寄存器（TIMx_CCER）的“CCxP”位段的参数，可供配置的参数如下：

- OCx 输出高电平有效（TIM_OCPolarity_High）；
- OCx 输出低电平有效（TIM_OCPolarity_Low）。

⑥ TIM_OCNPolarity

比较互补输出的极性配置，可选输出比较信号 OCx 的互补信号 OCxN 是高电平有效还是低电平有效，决定了定时器互补输出通道的有效电平。“TIM_OCNPolarity”实际配置捕获/比较使能寄存器（TIMx_CCER）的“CCxNP”位段的参数，可供配置的参数如下：

- OCx 互补输出高电平有效（TIM_OCNPolarity_High）；
- OCx 互补输出低电平有效（TIM_OCNPolarity_Low）。

⑦ TIM_OCIdleState

空闲状态时通道输出电平配置。“TIM_OCIdleState”配置在空闲状态（BDTR_MOE 位为 0）时经过死区时间后定时器通道输出高电平还是低电平，它实际配置控制寄存器 2（TIMx_CR2）的“OISx”位段的参数，可供配置的参数如下：

- 空闲状态通道输出低电平（TIM_OCIdleState_Reset）；
- 空闲状态通道输出高电平（TIM_OCIdleState_Set）。

⑧ TIM_OCNIdleState

空闲状态时互补通道输出电平配置。“TIM_OCNIdleState”配置在空闲状态（BDTR_MOE 位为 0）时经过死区时间后定时器互补通道输出高电平还是低电平，它实际配置控制寄存器 2

（TIMx_CR2）的“OISxN”位段的参数，可供配置的参数如下：

- 空闲状态互补通道输出低电平（TIM_OCNIdleState_Reset）；
- 空闲状态互补通道输出高电平（TIM_OCNIdleState_Set）。

（2）输入捕获初始化结构体

该结构体用于输入捕获模式，配置定时器的输入通道的工作参数，如输入通道选择、输入捕获触发边沿选择、输入捕获预分频器配置等，被 TIM_ICInit()函数调用。该结构体的原型定义如下：

```
typedef struct {
    uint16_t TIM_Channel;             //输入通道选择
    uint16_t TIM_ICPolarity;          //输入捕获触发边沿选择
    uint16_t TIM_ICSelection;         //输入捕获选择
    uint16_t TIM_ICPrescaler;         //输入捕获预分频器
    uint16_t TIM_ICFilter;            //输入捕获滤波器
} TIM_ICInitTypeDef;
```

输入捕获初始化结构体各成员变量介绍如下。

① TIM_Channel

输入通道（TIx）配置，可供配置的参数如下：

- 通道 1（TIM_Channel_1）；
- 通道 2（TIM_Channel_2）；
- 通道 3（TIM_Channel_3）；
- 通道 4（TIM_Channel_4）。

② TIM_ICPolarity

输入捕获触发边沿选择。“TIM_ICPolarity”实际配置捕获/比较使能寄存器（TIMx_CCER）的“CCxP”位段的参数，可供配置的参数如下：

- 输入捕获上升沿触发（TIM_ICPolarity_Rising）；
- 输入捕获下降沿触发（TIM_ICPolarity_Falling）；
- 输入捕获双边沿触发（TIM_ICPolarity_BothEdge）。

③ TIM_ICSelection

输入捕获通道（ICx）的信号来源选择，其信号来源有 3 个选择：直接输入、间接输入和触发输入。“TIM_ICSelection”实际配置捕获/比较模式寄存器（TIMx_CCMRx）“CCxS[1:0]”位段的参数，可供配置的参数如下：

- 直接输入（TIM_ICSelection_DirectTI）；
- 间接输入（TIM_ICSelection_IndirectTI）；
- 触发输入（TIM_ICSelection_TRC）。

④ TIM_ICPrescaler

输入捕获通道预分频比配置，它决定了捕获的频率，如果需要每检测到一个边沿就执行一次捕获，则不需要分频。“TIM_ICPrescaler”实际配置捕获/比较模式寄存器（TIMx_CCMRx）“ICxPSC[1:0]”位段的参数，可供配置的参数如下：

- 无预分频器（TIM_ICPSC_DIV1）；
- 每发生 2 个事件执行一次捕获（TIM_ICPSC_DIV2）；

- 每发生 4 个事件执行一次捕获（TIM_ICPSC_DIV4）；
- 每发生 8 个事件执行一次捕获（TIM_ICPSC_DIV8）。

⑤ TIM_ICFilter

输入捕获滤波器配置。“TIM_ICFilter”用于定义 TIx 输入的采样频率和适用于 TIx 数字滤波器的带宽，它实际配置捕获/比较模式寄存器（TIMx_CCMRx）“ICxF[3:0]”位段的参数。

（3）断路与死区初始化结构体

该结构体用于断路与死区参数的配置，如运行模式下的关闭状态选择、死区时间、断路输入使能控制、自动输出使能等，被 TIM_BDTRConfig()函数调用。该结构体各成员变量主要对应断路和死区寄存器（BDTR）。该结构体的原型定义如下：

```
typedef struct {
    uint16_t TIM_OSSRState;          //运行模式下的关闭状态选择
    uint16_t TIM_OSSIState;          //空闲模式下的关闭状态选择
    uint16_t TIM_LOCKLevel;          //锁定配置
    uint16_t TIM_DeadTime;           //死区时间
    uint16_t TIM_Break;              //断路输入使能控制
    uint16_t TIM_BreakPolarity;      //断路输入极性
    uint16_t TIM_AutomaticOutput;    //自动输出使能
} TIM_BDTRInitTypeDef;
```

本任务无须使用该结构体，故不对其进行详细介绍。

5. DRV8848 电机驱动芯片介绍

（1）DRV8848 概述

DRV8848 是 TI 公司出品的一款双路 H 桥电机驱动器，该器件可用于驱动一个或两个直流电机、一个双极性步进电机或其他负载，一般与主控制器的 PWM 输出相连。

每个 H 桥驱动器都含有一个调节电路，可通过固定关断时间斩波方案调节绕组电流。H 桥驱动器提供了低功耗睡眠模式，可将部分内部电路关断，从而实现极低的静态电流和功耗。其还具有欠压闭锁（UVLO）、过流保护（OCP）、短路保护和过热保护等内部保护功能，此外，故障状态可通过外部引脚指示。

DRV8848 的电气特性总结如下。

① 双路 H 桥电机驱动：

- 单通道/双通道刷式直流电机；
- 步进电机。

② 脉宽调制（PWM）控制接口。

③ 可选电流调节，具有 20 μs 固定关断时间。

④ 每个 H 桥均可提供高输出电流：

- 单路最大驱动电流为 2 A（12 V 且 T_A=25℃）；
- 并联模式下最大驱动电流为 4 A（12 V 且 T_A=25℃）。

⑤ 工作电源电压范围为 4～18 V。

⑥ 3μA 低电流睡眠模式。

⑦ 保护特性：

- 引脚 VM 欠压闭锁（UVLO）、过流保护（OCP）、热关断（TSD）；
- 故障状态指示引脚（nFAULT）。

（2）DRV8848 引脚功能

DRV8848 的芯片封装是 HTSSOP，共 16 个引脚，其引脚封装如图 3-3-7 所示。

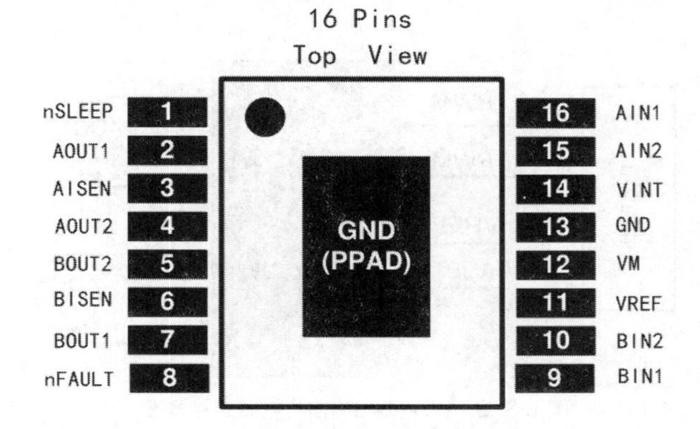

图3-3-7　DRV8848引脚封装

DRV8848 芯片引脚功能描述如表 3-3-3 所示。

表 3-3-3　DRV8848 芯片引脚功能描述

引脚（PIN）		引脚类型	功能描述	
名称	编号			
AIN1	16	I	A 桥输入 1	它控制 AOUT1，三态输入
AIN2	15	I	A 桥输入 2	它控制 AOUT2，三态输入
AISEN	3	O	绕组 A 感应	连接 A 桥的电流感应电阻，如果不需要电流调节功能则接地
AOUT1	2	O	绕组 A 输出	连接电机 A
AOUT2	4			
BIN1	9	I	B 桥输入 1	它控制 BOUT1，三态输入
BIN2	10	I	B 桥输入 2	它控制 BOUT1，三态输入
BISEN	6	O	绕组 B 感应	连接 B 桥的电流感应电阻，如果不需要电流调节功能则接地
BOUT1	7	O	绕组 B 输出	连接电机 B
BOUT2	5			
GND	13	PWR	设备地	GND 引脚和设备 PowerPAD 都应该接地
	PPAD			
nFAULT	8	OD	错误指引	默认下拉，外部上拉使能开漏输出
nSLEEP	1	I	睡眠模式输入	高电平使能设备，低电平进入低功耗睡眠模式
VINT	14	—	内部电压转换	内部电压供应，经电容旁路接地
VM	12	PWR	电压提供	与电机电压供应连接，范围 4～18 V
VREF	11	I	全范围电流参考输入	未提供外部参考电压时，与 VINT 引脚连接

（3）DRV8848 的典型应用电路及其工作过程解析

DRV8848 的简化电路连接框图如图 3-3-8 所示。微控制器生成 PWM 信号控制 DRV8848，nFAULT 引脚输出异常状况指示，AOUT 和 BOUT 可分别接入一个直流电机，电压供应范围为 4～18V。

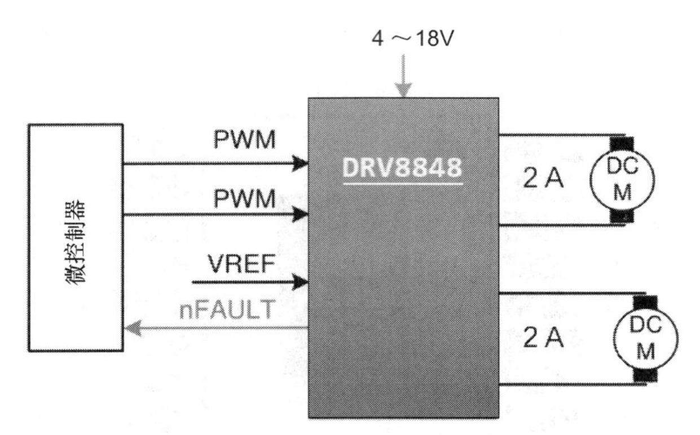

图3-3-8　DRV8848的简化电路连接框图

图 3-3-9 是 DRV8848 的典型应用电路原理图。

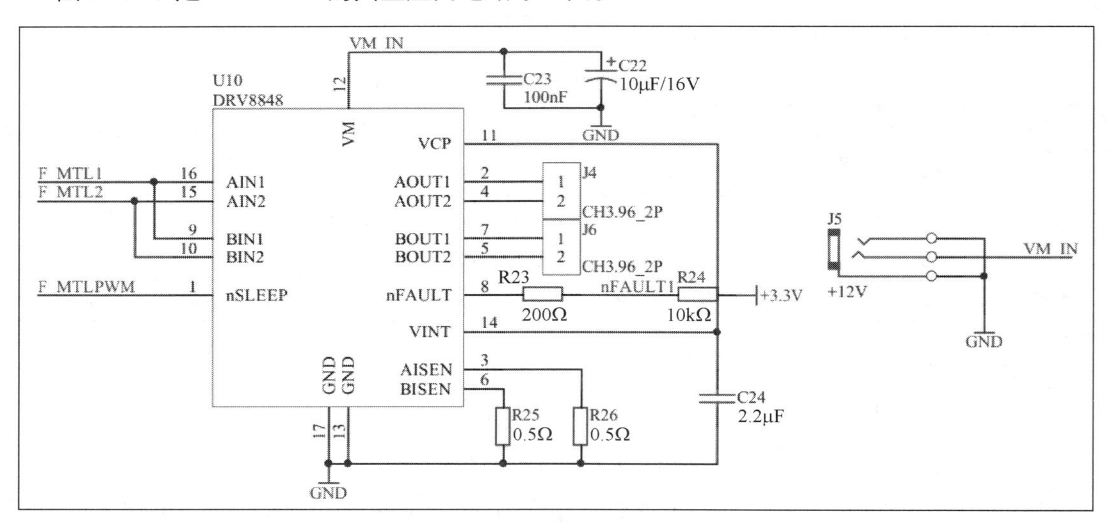

图3-3-9　DRV8848的典型应用电路原理图

DRV8848 的典型应用电路的工作过程说明如下。

① AIN1 与 BIN1 并联，输入一路 PWM 信号；AIN2 与 BIN2 并联，输入另一路 PWM 信号。

② AOUT1 与 AOUT2 连接一个电机，BOUT1 与 BOUT2 连接另一个电机，由于 PWM 信号输入部分并联，因此两个电机是联动的。

③ 电机调速方法说明如下：

- MCU 输出第一路 PWM 信号占空比为 0，第二路 PWM 信号占空比越大则电机转速越快，反之亦然；
- MCU 输出两路 PWM 信号占空比相同，则电机停止转动。

④ MCU 的 1 个 GPIO 端口连接 nSLEEP 引脚，输出高电平唤醒 DRV8848，输出低电平使

其进入低功耗睡眠模式。

⑤ MCU 的 1 个 GPIO 端口连接 nFAULT 引脚，用于接收 DRV8848 的错误状态指引信息。

⑥ VM 端连接 12 V 直流电压。

6. 高级控制定时器输出 PWM 信号的编程配置步骤

掌握了高级控制定时器的功能特性、初始化结构体的配置、PWM 输出的工作原理以及电机驱动芯片的编程配置方法等知识点以后，我们可以开始学习如何对高级控制定时器进行编程配置，并使之输出 PWM 信号。以高级控制定时器 TIM1 为例，具体的编程配置步骤如下。

（1）开启 TIM1 时钟和输出比较通道 GPIO 的时钟，配置 GPIO 端口为复用功能

根据表 3-1-1 可知 TIM1 挂载在 APB2 上，因此需要调用 ABP2 的时钟使能函数来开启 TIM1 的时钟。具体代码如下：

```
RCC_APB2PeriphClockCmd(RCC_APB2Periph_TIM1,ENABLE);     //使能 TIM1 时钟
```

由于定时器输出 PWM 信号需要使用输出比较通道，因此需要配置相关的 GPIO 端口的工作模式为复用模式，并映射为 TIM1 功能引脚，具体代码如下：

```
GPIO_InitTypeDef GPIO_InitStructure;
RCC_AHB1PeriphClockCmd(RCC_AHB1Periph_GPIOE,ENABLE);

/* CH1:PE9 | CH2:PE11 | CH3:PE13 | CH4:PE14 */
GPIO_InitStructure.GPIO_Mode = GPIO_Mode_AF;             //复用模式
GPIO_InitStructure.GPIO_Pin = GPIO_Pin_9|GPIO_Pin_11|GPIO_Pin_13|GPIO_Pin_14;
GPIO_InitStructure.GPIO_PuPd = GPIO_PuPd_NOPULL;
GPIO_Init(GPIOE,&GPIO_InitStructure);

/* PE9|PE11|PE13|PE14 映射为 TIM1 外部通道 GPIO */
GPIO_PinAFConfig(GPIOE,GPIO_PinSource9,GPIO_AF_TIM1);
GPIO_PinAFConfig(GPIOE,GPIO_PinSource11,GPIO_AF_TIM1);
GPIO_PinAFConfig(GPIOE,GPIO_PinSource13,GPIO_AF_TIM1);
GPIO_PinAFConfig(GPIOE,GPIO_PinSource14,GPIO_AF_TIM1);
```

（2）配置定时器的基本工作参数

该步骤主要通过配置“定时器基本初始化结构体（TIM_TimeBaseInitTypeDef）”的各成员变量，然后调用 TIM_TimeBaseInit()函数进行参数的初始化来完成。配置方法与基本定时器的类似，若未使用输入捕获功能和重复计数功能，则无须关心“TIM_ClockDivision”和“TIM_RepetitionCounter”的配置。具体代码如下：

```
TIM_TimeBaseInitTypeDef TIM_TimeBaseInitStructure;
/* 定时器基本工作参数初始化 */
TIM_TimeBaseInitStructure.TIM_Period = arr;              //自动重载寄存器值
TIM_TimeBaseInitStructure.TIM_Prescaler = psc;           //预分频系数
TIM_TimeBaseInitStructure.TIM_ClockDivision = TIM_CKD_DIV1;
TIM_TimeBaseInitStructure.TIM_CounterMode = TIM_CounterMode_Up;//递增计数
TIM_TimeBaseInitStructure.TIM_RepetitionCounter = 0;
TIM_TimeBaseInit(TIM1,&TIM_TimeBaseInitStructure);
```

（3）配置定时器输出比较功能的工作参数

定时器的基本工作参数配置好之后，还需要配置定时器输出比较功能的工作参数，如具体工作在何种输出比较功能、输出通道（OCx）与互补输出通道（OCxN）是否使能、比较输出的极性（高电平有效或低电平有效）、空闲状态下输出通道的电平状态等。

输出比较功能主要通过配置“定时器输出比较结构体（TIM_OCInitTypeDef）”的各成员变量，然后调用 TIM_OCxInit()函数进行参数的初始化来完成。需要注意的是：4 路输出通道需要分别配置。

配置 TIM1 工作在“PWM1”模式，输出通道（OCx）使能，互补输出通道（OCxN）失能，比较输出信号极性为高电平有效，并使能预装载寄存器的具体代码如下：

```
1   TIM_OCInitTypeDef TIM_OCInitStructure;
2   /* 定时器输出比较功能初始化 */
3   TIM_OCInitStructure.TIM_OCMode = TIM_OCMode_PWM1;  //输出比较模式为 PWM1
4   TIM_OCInitStructure.TIM_OutputState = TIM_OutputState_Enable;
5   TIM_OCInitStructure.TIM_OutputNState = TIM_OutputNState_Disable;
6   TIM_OCInitStructure.TIM_Pulse = ccr1;              //通道 1 的 TIMx_CCR1 初值
7   TIM_OCInitStructure.TIM_OCPolarity = TIM_OCPolarity_High;
8   TIM_OCInitStructure.TIM_OCNPolarity = TIM_OCNPolarity_High;
9   TIM_OCInitStructure.TIM_OCIdleState = TIM_OCIdleState_Set;
10  TIM_OCInitStructure.TIM_OCNIdleState = TIM_OCNIdleState_Reset;
11  TIM_OC1Init(TIM1,&TIM_OCInitStructure);            //通道 1 初始化
12  TIM_OC1PreloadConfig(TIM1, TIM_OCPreload_Enable);  //使能预装载寄存器
13
14  TIM_OCInitStructure.TIM_Pulse = ccr2;              //通道 2 的 TIMx_CCR2 初值
15  TIM_OC2Init(TIM1,&TIM_OCInitStructure);            //通道 2 初始化
16  TIM_OC2PreloadConfig(TIM1, TIM_OCPreload_Enable);  //使能预装载寄存器
17
18  TIM_OCInitStructure.TIM_Pulse = ccr3;              //通道 3 的 TIMx_CCR3 初值
19  TIM_OC3Init(TIM1,&TIM_OCInitStructure);            //通道 3 初始化
20  TIM_OC3PreloadConfig(TIM1, TIM_OCPreload_Enable);  //使能预装载寄存器
21
22  TIM_OCInitStructure.TIM_Pulse = ccr4;              //通道 4 的 TIMx_CCR4 初值
23  TIM_OC4Init(TIM1,&TIM_OCInitStructure);            //通道 4 初始化
24  TIM_OC4PreloadConfig(TIM1, TIM_OCPreload_Enable);  //使能预装载寄存器
```

（4）使能定时器 TIM1，并配置主输出使能

完成以上配置以后，定时器暂时还无法输出 PWM 信号，需要使能定时器后才能满足要求。同时，高级控制定时器还需要配置断路和死区寄存器（TIMx_BDTR）的“MOE”位段的值为 1，才可使能 OCx 与 OCxN 通道输出。具体的代码如下：

```
TIM_Cmd(TIM1,ENABLE);                                  //使能定时器 1
/* 高级控制定时器需要配置 TIMx_BDTR 第 15 位_MOE，才可使能主输出 */
TIM_CtrlPWMOutputs(TIM1,ENABLE);
```

（5）修改 TIMx_CCRx 的值以控制 PWM 信号的占空比

遵循以上步骤完成高级控制定时器的配置后，即可在其 4 个输出通道检测到 PWM 信号。在

直流电机控制的实际应用中，电机的转速是频繁变化的，这就需要调节 PWM 信号的占空比。通过前面的学习可知，PWM 信号的占空比是由捕获/比较寄存器（TIMx_CCRx）的值决定的，因此我们还应知道调用 STM32F4 标准外设库的哪个函数可以控制 PWM 信号的占空比。

STM32F4 标准外设库提供了一个修改定时器捕获/比较寄存器（TIMx_CCRx）值的函数，该函数的原型定义如下：

```
void TIM_SetCompare1(TIM_TypeDef* TIMx, uint16_t Compare1);
```

这个函数及其参数的说明如下。

① TIM_SetCompare1()函数对应设置“通道 1 寄存器 CCR1”的值，TIM_SetCompare2()函数对应设置“通道 2 寄存器 CCR2”的值。以此类推可知此类函数共有 4 个。

② TIMx：定时器编号，如 TIM1。只有基本定时器 TIM6 和 TIM7 无法使用该函数。

③ Compare1：要设置的 TIMx_CCRx 的参数。前半部 TIMx 中的 x 由第一个参数决定，表示定时器编号；后半部 CCRx 中的 x 的取值范围为 1~4，表示通道编号，具体如何表示取决于函数调用，参见前述函数名的说明。

例如，如果要修改定时器 TIM1 的通道 4 的捕获/比较寄存器（TIM1_CCR4）的值为“90”，可执行以下代码：

```
TIM_SetCompare4(TIM1, 90);
```

3.3.3　任务实施

1. 硬件接线

根据表 3-3-4 所示的电机调速模块硬件接线表，将直流电机、DRV8848 电机驱动与 STM32F4 系列微控制器相连。

表 3-3-4　电机调速模块硬件接线表

接口名称		STM32F4 系列微控制器	DRV8848 电机驱动	直流电机
PWM 信号输出控制（TIM1）	CH1	PE9	AIN1	
	CH2	PE11	AIN2	
	CH3	PE13	BIN1	
	CH4	PE14	BIN2	
电机动力线			AOUT1	Motor1
			AOUT2	
			BOUT1	Motor2
			BOUT2	
DRV8848 唤醒		PB11	nSLEEP	

说明：表中“PE9/PE11/PE13/PE14”分别对应高级控制定时器 TIM1 的 4 路输出比较通道。

2. 编写 TIM1 输出比较通道 GPIO 端口的功能配置程序

复制一份任务 3.2 的工程，并将其重命名为“task3.3_Timer_PWM_MotorControl”。在“TIMER”目录下新建“timer1.c”和“timer1.h”两个文件，将它们加入工程中，并配置头文件包含路径。在“timer1.c”文件中编写TIM1输出比较通道GPIO端口的功能配置程序。

```
1  #include "timer1.h"
2
3  /**
4    * @brief   Timer1 输出比较通道 GPIO 端口的功能配置
5    * @param   None
6    * @retval  None
7    */
8  void TIM1_GPIO_Config(void)
9  {
10     GPIO_InitTypeDef GPIO_InitStructure;
11     RCC_AHB1PeriphClockCmd(RCC_AHB1Periph_GPIOE,ENABLE);
12     /* CH1:PE9 | CH2:PE11 | CH3:PE13 | CH4:PE14 */
13     GPIO_InitStructure.GPIO_Mode = GPIO_Mode_AF;//复用功能
14     GPIO_InitStructure.GPIO_OType = GPIO_OType_PP;
15 GPIO_InitStructure.GPIO_Pin = GPIO_Pin_9|GPIO_Pin_11| \
16                              GPIO_Pin_13|GPIO_Pin_14;
17     GPIO_InitStructure.GPIO_PuPd = GPIO_PuPd_NOPULL;
18     GPIO_InitStructure.GPIO_Speed = GPIO_Speed_100MHz;
19     GPIO_Init(GPIOE,&GPIO_InitStructure);
20     /* PE9|PE11|PE13|PE14 复用为 TIM1 外部通道 GPIO */
21     GPIO_PinAFConfig(GPIOE,GPIO_PinSource9,GPIO_AF_TIM1);
22     GPIO_PinAFConfig(GPIOE,GPIO_PinSource11,GPIO_AF_TIM1);
23     GPIO_PinAFConfig(GPIOE,GPIO_PinSource13,GPIO_AF_TIM1);
24     GPIO_PinAFConfig(GPIOE,GPIO_PinSource14,GPIO_AF_TIM1);
25 }
```

3. 编写TIM1的时基和输出比较功能初始化程序

继续在“timer1.c”文件中输入以下代码：

```
1  /**
2    * @brief   Timer1 时基和 PWM 输出功能初始化
3    * @param   arr:自动重载寄存器值，PSC:预分频器分频系数
4    * @retval  None
5    */
6  void TIM1_PWM_Init(uint16_t arr, uint16_t psc)
7  {
8     TIM_TimeBaseInitTypeDef TIM_TimeBaseInitStructure;
9     TIM_OCInitTypeDef TIM_OCInitStructure;
10
11    /* SystemCoreClock = 168000000 */
12    uint32_t TimerPeriod = 1/(SystemCoreClock/(psc+1))*(arr+1);
13
14    uint32_t ccr1 = (arr+1) / 2;  //占空比 1/2 = 50%
```

```
15     uint32_t ccr2 = (arr+1) / 3;  //占空比 1/3 = 33%
16     uint32_t ccr3 = (arr+1) / 4;  //占空比 1/4 = 25%
17     uint32_t ccr4 = (arr+1) / 5;  //占空比 1/5 = 20%
18
19     RCC_APB2PeriphClockCmd(RCC_APB2Periph_TIM1,ENABLE);
20     /* 定时器基本初始化 */
21     TIM_TimeBaseInitStructure.TIM_Period = arr;          //自动重载寄存器值
22     TIM_TimeBaseInitStructure.TIM_Prescaler = psc;       //预分频系数
23     TIM_TimeBaseInitStructure.TIM_ClockDivision = TIM_CKD_DIV1;//死区控制用
24     TIM_TimeBaseInitStructure.TIM_CounterMode = TIM_CounterMode_Up;//递增计数
25     TIM_TimeBaseInitStructure.TIM_RepetitionCounter = 0;//重复计数器设置为 0
26     TIM_TimeBaseInit(TIM1,&TIM_TimeBaseInitStructure);
27
28     /* 定时器输出比较功能初始化 */
29     TIM_OCInitStructure.TIM_OCMode = TIM_OCMode_PWM1;//输出比较模式为 PWM1
30     TIM_OCInitStructure.TIM_OutputState = TIM_OutputState_Enable;
31     TIM_OCInitStructure.TIM_OutputNState = TIM_OutputNState_Disable;
32     TIM_OCInitStructure.TIM_Pulse = ccr1;        //通道 1 的 TIMx_CCR1 初值
33     TIM_OCInitStructure.TIM_OCPolarity = TIM_OCPolarity_High;
34     TIM_OCInitStructure.TIM_OCNPolarity = TIM_OCNPolarity_High;
35     TIM_OCInitStructure.TIM_OCIdleState = TIM_OCIdleState_Set;
36     TIM_OCInitStructure.TIM_OCNIdleState = TIM_OCNIdleState_Reset;
37     TIM_OC1Init(TIM1,&TIM_OCInitStructure);      //通道 1 初始化
38     TIM_OC1PreloadConfig(TIM1, TIM_OCPreload_Enable);//使能预装载寄存器
39
40     TIM_OCInitStructure.TIM_Pulse = ccr2;        //通道 2 的 TIMx_CCR2 初值
41     TIM_OC2Init(TIM1,&TIM_OCInitStructure);      //通道 2 初始化
42     TIM_OC2PreloadConfig(TIM1, TIM_OCPreload_Enable);//使能预装载寄存器
43
44     TIM_OCInitStructure.TIM_Pulse = ccr3;        //通道 3 的 TIMx_CCR3 初值
45     TIM_OC3Init(TIM1,&TIM_OCInitStructure);      //通道 3 初始化
46     TIM_OC3PreloadConfig(TIM1, TIM_OCPreload_Enable);//使能预装载寄存器
47
48     TIM_OCInitStructure.TIM_Pulse = ccr4;        //通道 4 的 TIMx_CCR4 初值
49     TIM_OC4Init(TIM1,&TIM_OCInitStructure);      //通道 4 初始化
50     TIM_OC4PreloadConfig(TIM1, TIM_OCPreload_Enable);   //使能预装载寄存器
51
52     TIM_ARRPreloadConfig(TIM1,ENABLE);           //ARPE 使能
53     TIM_Cmd(TIM1,ENABLE);                        //使能定时器 1
54     /* 高级控制定时器需要配置 TIMx_BDTR 的第 15 位_MOE，才可使能主输出 */
55     TIM_CtrlPWMOutputs(TIM1,ENABLE);
56 }
```

注意

以上程序将输出的 4 路 PWM 信号的占空比分别配置成了 50%、33%、25%和 20%。可通过示波器查看配置结果。

在“timer1.h”文件中输入以下代码：

```
1   #ifndef __TIMER1_H
2   #define __TIMER1_H
3   #include "sys.h"
4
5   void TIM1_GPIO_Config(void);
6   void TIM1_PWM_Init(uint16_t arr, uint16_t psc);
7
8   #endif
```

4. 编写直流电机调速程序

在“HARDWARE”文件夹下新建名为“MOTOR”的子文件夹。新建“motor.c”和“motor.h”两个文件，将它们加入工程中，并配置头文件包含路径。在“motor.c”文件中编写控制直流电机按指定速度正转、反转与停止的程序。

```
1   #include "motor.h"
2
3   /**
4     * @brief   小车前进，电机正转控制
5     * @param   speed:前进速度(TIMx_CCR 值)
6     * @retval  None
7     */
8   void Car_Forward(int16_t speed)
9   {
10      int16_t backSpeed;
11      nSLEEP = 1;
12      if(speed > 0) {
13          if(speed > 100)  speed = 100;
14          /* 第一路电机控制 */
15          TIM_SetCompare1(TIM1, speed);
16          TIM_SetCompare2(TIM1, 0);
17          /* 第二路电机控制 */
18          TIM_SetCompare3(TIM1, speed);
19          TIM_SetCompare4(TIM1, 0);
20      }
21      else if(speed < 0) {
22          if(speed < -100) speed = -100;
23          backSpeed = -speed;
```

```
24          /* 第一路电机控制 */
25          TIM_SetCompare1(TIM1, backSpeed);
26          TIM_SetCompare2(TIM1, 0);
27          /* 第二路电机控制 */
28          TIM_SetCompare3(TIM1, backSpeed);
29          TIM_SetCompare4(TIM1, 0);
30      }
31      TIM_CtrlPWMOutputs(TIM1,ENABLE);
32  }
33
34  /**
35    * @brief   小车后退，电机反转控制
36    * @param   speed:后退速度(TIMx_CCR 值)
37    * @retval  None
38    */
39  void Car_Backup(int16_t speed)
40  {
41      int16_t backSpeed;
42      nSLEEP = 1;
43      if(speed > 0) {
44          if(speed > 100)  speed = 100;
45          /* 第一路电机控制 */
46          TIM_SetCompare1(TIM1, 0);
47          TIM_SetCompare2(TIM1, speed);
48          /* 第二路电机控制 */
49          TIM_SetCompare3(TIM1, 0);
50          TIM_SetCompare4(TIM1, speed);
51      }
52      else if(speed < 0) {
53          if(speed < -100) speed = -100;
54          backSpeed = -speed;
55          /* 第一路电机控制 */
56          TIM_SetCompare1(TIM1, 0);
57          TIM_SetCompare2(TIM1, backSpeed);
58          /* 第二路电机控制 */
59          TIM_SetCompare3(TIM1, 0);
60          TIM_SetCompare4(TIM1, backSpeed);
61      }
62      TIM_CtrlPWMOutputs(TIM1,ENABLE);
63  }
64
65  /**
66    * @brief   小车停止控制
67    * @param   None
```

```
68    * @retval  None
69    */
70  void Car_Stop(void)
71  {
72      nSLEEP = 1;
73      /* 第一路电机控制 */
74      TIM_SetCompare1(TIM1, 95);
75      TIM_SetCompare2(TIM1, 95);
76      /* 第二路电机控制 */
77      TIM_SetCompare3(TIM1, 95);
78      TIM_SetCompare4(TIM1, 95);
79      TIM_CtrlPWMOutputs(TIM1,ENABLE);
80  }
```

注 意

为了简化控制流程，上述程序将两路电机进行了联动控制，但是在智能小车实际运动控制过程中，应将其区分对待。

上述程序中，正速度值将使电机正转，负速度值将使电机反转。另外，由于在本任务中未加入电机测速功能，因此调用函数所赋的“速度值”没有单位，其仅代表 PWM 信号的占空比大小。如 TIMx_ARR 的值设置为 100，当 speed 赋值 100 时，则 PWM 信号的占空比为（100/100）×100%=100%，即电机以最快速度（取决于具体的电机参数）旋转。

在“motor.h”文件中输入以下代码：

```
1   #ifndef __MOTOR_H
2   #define __MOTOR_H
3   #include "sys.h"
4
5   #define nSLEEP PBout(11)    //DRV8848 唤醒引脚
6
7   /* 直流电机工作状态枚举类型定义 */
8   typedef enum{
9      MOTOR_STOP = 0x00,
10     MOTOR_FORWARD,
11     MOTOR_BACKUP,
12  } MOTOR_StateTypeDef;
13
14  void Car_Forward(int16_t speed);
15  void Car_Backup(int16_t speed);
16  void Car_Stop(void);
17
18  #endif
```

5. 编写 main()函数

在“main.c”文件中输入以下代码：

```
1  #include "sys.h"
2  #include "delay.h"
3  #include "usart.h"
4  #include "led.h"
5  #include "key.h"
6  #include "exti.h"
7  #include "timer1.h"
8  #include "motor.h"
9
10 static void Key_Process(void);
11
12 uint8_t keyValue = 0;
13 int16_t initSpeed = 70, newSpeed = 70;
14 MOTOR_StateTypeDef Motor_State = MOTOR_STOP;
15
16 int main(void)
17 {
18     delay_init(168);          //延时函数初始化
19     LED_Init();               //LED 端口初始化
20     Key_Init();               //按键初始化
21     EXTIx_Init();             //外部中断初始化
22     USART1_Init(115200);      //USART1 初始化
23
24     TIM1_GPIO_Config();       //定时器 1 输出通道 GPIO 初始化
25     /* 定时器 1 PWM 输出功能初始化 */
26     TIM1_PWM_Init(100-1, 12-1);
27
28     printf("System Started!\r\n");
29     while(1)
30     {
31         Key_Process();
32         LED1 = ~LED1;
33         delay_ms(50);
34     }
35     return 0;
36 }
37
38 /**
39   * @brief   按键处理流程
40   * @param   None
```

```
41    * @retval  None
42    */
43  static void Key_Process(void)
44  {
45      /* Key1_上键按下，电机正转，小车前进 */
46      if(keyValue == KEY_U_PRESS)
47      {
48          if(Motor_State == MOTOR_STOP)
49          {
50              Car_Forward(70); //电机正转，小车前进
51              Motor_State = MOTOR_FORWARD;
52          }
53          else if(Motor_State == MOTOR_FORWARD || \
54                  Motor_State == MOTOR_BACKUP)
55          {
56              Car_Stop();
57              Motor_State = MOTOR_STOP;
58          }
59          keyValue = 0;
60      }
61      /* Key2_下键按下，电机反转，小车后退 */
62      if(keyValue == KEY_D_PRESS)
63      {
64          if(Motor_State == MOTOR_STOP)
65          {
66              Car_Backup(70);   //电机反转，小车后退
67              Motor_State = MOTOR_BACKUP;
68          }
69          else if(Motor_State == MOTOR_FORWARD || \
70                  Motor_State == MOTOR_BACKUP)
71          {
72              Car_Stop();
73              Motor_State = MOTOR_STOP;
74          }
75          keyValue = 0;
76      }
77      /* Key3_左键按下，减小占空比 */
78      if(keyValue == KEY_L_PRESS)
79      {
80          if(Motor_State == MOTOR_FORWARD)
81          {
82              newSpeed -= 2;
83              if(newSpeed < 0) newSpeed = 0;
84              Car_Forward(newSpeed);
```

```
85          }
86          else if(Motor_State == MOTOR_BACKUP)
87          {
88              newSpeed -= 2;
89              if(newSpeed < 0) newSpeed = 0;
90              Car_Backup(newSpeed);
91          }
92          keyValue = 0;
93      }
94      /* Key4_右键按下，增大占空比 */
95      if(keyValue == KEY_R_PRESS)
96      {
97          if(Motor_State == MOTOR_FORWARD)
98          {
99              newSpeed += 2;
100             if(newSpeed >= 100) newSpeed = 100;
101             Car_Forward(newSpeed);
102         }
103         else if(Motor_State == MOTOR_BACKUP)
104         {
105             newSpeed += 2;
106             if(newSpeed >= 100) newSpeed = 100;
107             Car_Backup(newSpeed);
108         }
109         keyValue = 0;
110     }
111 }
```

上述代码采用了运动控制中常用的“状态机(StateMachine)”的编程思想，具体说明如下：

① 在“motor.h”文件中定义了“电机工作状态枚举类型——MOTOR_StateTypeDef”；

② 在“main.c”文件的第14行中声明了一个枚举类型变量“Motor_State”，其初值为“MOTOR_STOP”，代表电机初始工作状态为“停止”；

③ 在按键处理程序中，判断电机当前的工作状态，决定下一步的程序走向；

④ 当控制电机进入不同的工作状态之后，修改“Motor_State”枚举类型变量的值，如从“MOTOR_STOP”变为“MOTOR_FORWARD”或者“MOTOR_BACKUP”；

⑤ 在while(1)的下一个循环，重复③、④两步。

6. 观察试验现象

本书各知识点的讲解均基于STM32F4系列微控制器和Keil5 uVision开发环境。由于开发环境不支持STM32F4系列微控制器的“Logic Analyzer”示波器的软件模拟功能，因此本任务的观察试验现象环节需要使用硬件示波器来完成。

（1）初始化PWM信号波形观察

将示波器“通道1”和“通道2”探头分别连接“PE9”和“PE11”引脚，并实现共地，可观察到应用程序运行时的初始化 PWM 信号波形（CH1 和 CH2），如图 3-3-10 所示。

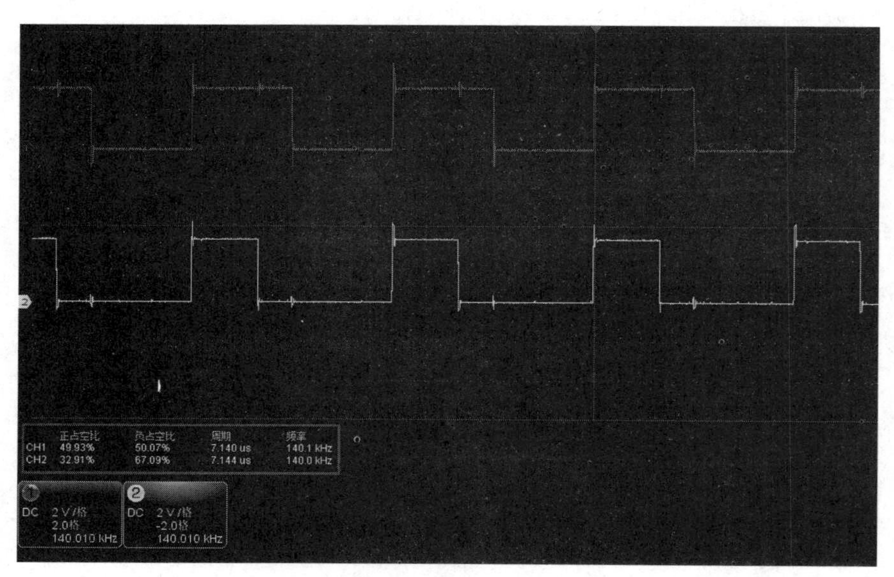

图3-3-10　应用程序运行时的初始化PWM信号波形（CH1和CH2）

从图 3-3-10 左下角的参数可以看到，TIM1 被配置为周期 7.14μs，频率 140.1kHz。CH1 初始化 PWM 信号正占空比为 49.93%，CH2 初始化 PWM 信号正占空比为 32.91%。

（2）电机正转时的 PWM 信号波形观察

按下 Key1，控制电机正转，此时观察到的 PWM 信号波形如图 3-3-11 所示。

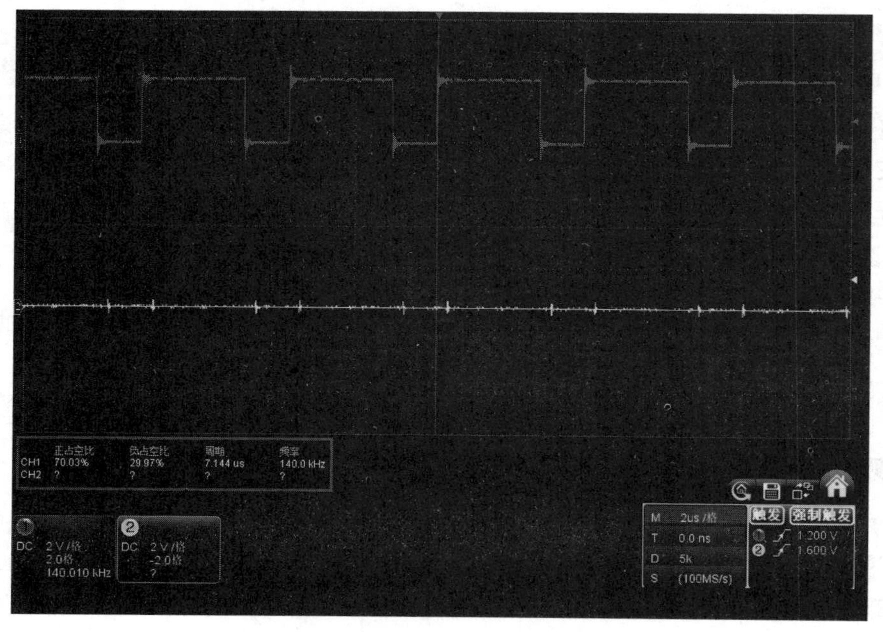

图3-3-11　电机正转时的PWM信号波形

从图 3-3-11 左下角的参数可以看到，电机正转时，CH1 的 PWM 信号正占空比为 70.03%，CH2 的 PWM 信号占空比未知。

（3）电机停转时的 PWM 信号波形观察

再次按下 Key1 或者按下 Key2，电机将停转，此时观察到的 PWM 信号波形如图 3-3-12 所示。

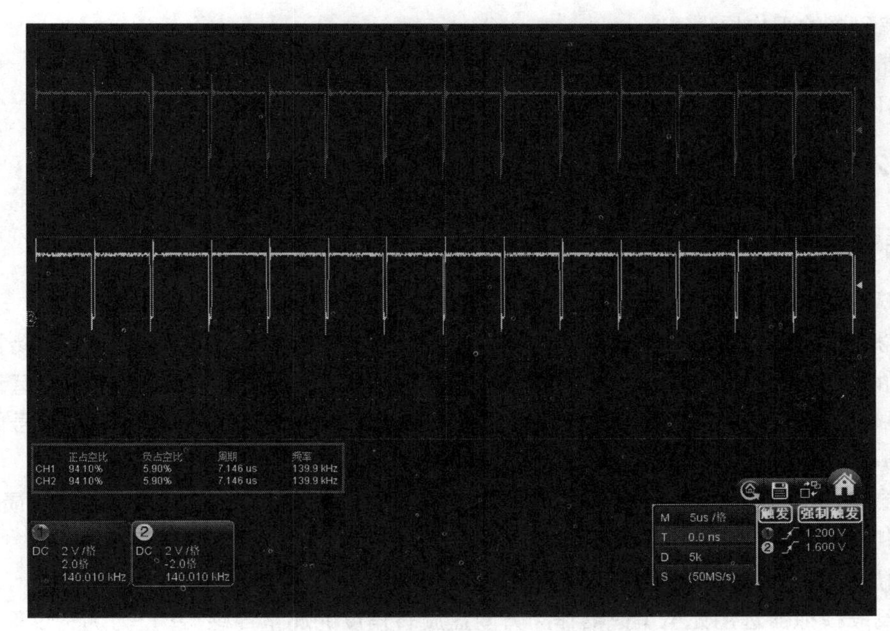

图3-3-12　电机停转时的PWM信号波形

从图 3-3-12 左下角的参数可以看到，电机停转时，CH1 和 CH2 的 PWM 信号正占空比均为 94.10%。

任务 3.4　智能小车电机测速模块的应用开发

3.4.1　任务分析

本任务要求设计一个可实现智能小车电机测速的应用程序，具体要点如下。

① 取一个电机作为测速对象。

② 支持按键控制，使用 4 个按键，功能描述如下：

- Key1 控制电机正转，若电机当前处于停止状态，按下 Key1 则使之正转，若电机当前处于正转或反转状态，按下 Key1 则使之停止；
- Key2 控制电机反转，若电机当前处于停止状态，按下 Key2 则使之反转，若电机当前处于正转或反转状态，按下 Key2 则使之停止；
- Key3 控制电机减小转速，若电机当前为正转则使之正向减速，反之亦然；
- Key4 控制电机增大转速，若电机当前为正转则使之正向加速，反之亦然。

③ 系统可通过串行通信传输当前的“电机转速”与“码盘计数值”至上位机的串口调试

助手。

分析本任务的要求可知，要实现电机测速功能的技术要点有两个：一是在电机上安装编码器；二是配置STM32F4系列微控制器的定时器工作在输入捕获模式，对编码器的输出脉冲进行计数，经过换算后得到电机的转速信息。

本任务涉及的知识点有：

- 编码器的工作原理；
- 直流电机的测速方法；
- STM32F4系列微控制器的定时器对编码器接口模式的编程配置方法。

3.4.2 知识链接

1. 编码器

（1）什么是编码器

编码器（Encoder）是一种用于运动控制的传感器。它利用光电转换或磁电转换的原理检测物体的机械位置及其变化，并将此信息转换为电信号后输出，传递给各种运动控制装置。我们将角位移转换成电信号的编码器称为“码盘”，将直线位移转换成电信号的编码器称为“码尺”。

编码器被广泛应用于需要精准确定位置及速度的场合，如机床、机器人、电机反馈系统以及测量与控制设备等。编码器有以下4个常见的应用场景。

① 角度测量场景

汽车驾驶模拟器选用光电编码器作为方向盘旋转角度的测量传感器；重力测量仪采用光电编码器将转轴与重力测量仪中的补偿旋钮轴相连；扭转角度仪利用编码器测量扭转角度变化，如扭转实验机、鱼竿扭转钓性测试等；摆锤冲击实验机利用编码器计算冲击时的摆角变化。

② 长度测量场景

计米器利用滚轮周长来测量物体的长度；拉线位移传感器利用收卷轮周长计量物体长度；联轴直测方法是将测量器与动力装置的主轴联轴，通过输出脉冲数计量物体长度；介质检测方法是通过直齿条、转动链条的链轮、同步带轮等介质来传递直线位移信息的。

③ 速度测量场景

线速度测量通过连接编码器与仪表，测量生产线的线速度；角速度测量利用编码器测量电机、转轴等的转速。

④ 位置测量场景

机床方面的应用，记忆机床（如钻床等）各个坐标点的坐标位置；自动化控制方面的应用，控制电梯、提升机等在某个位置进行指定的动作。

（2）编码器的分类

编码器有多种不同的分类方式。

① 按测量方式分类

按测量方式分类，编码器可分为旋转编码器和直尺编码器。

旋转编码器通过测量被测物体的旋转角度并将测量到的旋转角度转换为脉冲电信号输出。直尺编码器通过测量被测物体的直线行程长度并将测量到的行程长度转换为脉冲电信号输出。

② 按编码方式分类

按编码方式分类，编码器可分为增量式编码器、绝对式编码器等。

增量式编码器用光信号扫描分度盘（分度盘与转动轴相连），通过检测并统计信号的通断数量来计算旋转角度。

绝对式编码器用光信号扫描分度盘上的格雷码刻度盘以确定被测物体的绝对位置，然后将检测到的格雷码数据转换为电信号，并以脉冲的形式输出。

图 3-4-1 展示了增量式编码器和绝对式编码器的码盘。

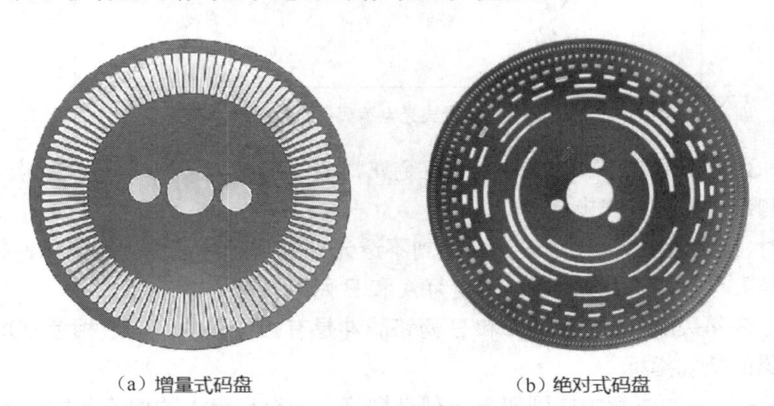

（a）增量式码盘　　（b）绝对式码盘

图3-4-1　增量式编码器和绝对式编码器的码盘

③ 按检测工作原理分类

按检测工作原理分类，编码器可分为光电编码器、磁电编码器、电感式编码器和电容式编码器。接下来对常用的两类编码器（光电编码器和磁电编码器）进行介绍。

光电编码器是一种集光、机、电为一体的数字检测装置，它通过光电转换将传输至轴上的机械位移量、几何位移量转换成脉冲或数字量输出。

磁电编码器（又称霍尔编码器）采用磁阻或者霍尔元件对磁性材料的角度或者位移值进行测量。同光电检测相比，磁电检测具有抗震动、抗污染等优点。

图 3-4-2 展示了带光电编码器的电机和带磁电编码器的电机。

（a）带光电编码器的电机　　（b）带磁电编码器的电机

图3-4-2　带光电编码器的电机和带磁电编码器的电机

（3）增量式光电编码器的工作原理

接下来主要介绍增量式光电编码器的工作原理。图 3-4-3 为增量式光电编码器的结构分解示意。

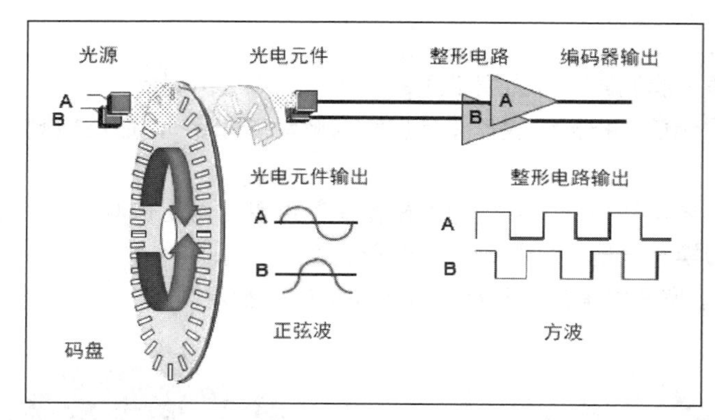

图3-4-3　增量式光电编码器结构分解示意

从图 3-4-3 中可以看到，电机轴上装有金属材质的码盘（又称“分度盘”），码盘上刻有透光的栅格，两侧装有光源与光电元件。

码盘转动时，遇到栅格则光可通过，遇到不透光部位则光被遮住。光电元件将“光的有无”转变为“电信号”，经过整形电路处理后成为 A 和 B 两路脉冲。

另外，从图 3-4-3 中可以看到 A 和 B 两路脉冲是有相位差的，一般相差 90°。

（4）编码器的技术指标

在针对图 3-4-3 的讲解中提到码盘上刻有栅格。一个码盘上的栅格条数称为编码器的“分辨率”，单位是“线”，表示码盘的“每转脉冲数”。

表 3-4-1 所示为某电机与编码器的参数。

表 3-4-1　某电机与编码器的参数

电机参数		编码器参数	
额定电压	12 V	类型	AB 相增量式光电编码器
额定功率	4.8 W	分辨率	160 线/圈（以减速器输出轴测量）
电机类型	永磁有刷		
堵转电流/堵转扭矩	2.8 A/10 N · m	供电电压	DC5 V
额定电流/额定扭矩	360 mA/1 N · m	特色功能	自带上拉整形，单片机可以直接读取
原始转速	9600r/min		
减速比	1：80	接口类型	PH2.0
输出转速	120 r/min		

2. 直流电机的测速方法

通过对上一知识点的学习可知，编码器是直流电机测速模块中必不可少的一部分，它输出 A 和 B 两路相位差为 90° 的脉冲，可以反馈电机的运行状态，如角位移、角速度等。但这两路脉冲无法直观地呈现相关信息，需要运用某些方法对两路脉冲信号进行采集并处理，进而才能得到我们想要的信息。

（1）捕获编码器输出脉冲的方法

在数据处理前，应先对编码器的输出脉冲进行计数。在实际应用中，有以下 4 种常用的捕获编码器输出脉冲的方法。

方法①：使用定时器的捕获功能，记录 A 和 B 两路脉冲中任意一路的上升沿或下降沿次数。由于只记录一路脉冲的信息，故该方法的缺点是无法判断电机的旋转方向。

方法②：使用定时器同时捕获两路脉冲的上升沿或下降沿次数，并判断 A 和 B 两路脉冲之间的时延，进而达到判断电机旋转方向的目的。

方法③：将编码器的输出脉冲与 MCU 的外部中断线相连，配置好外部中断线的触发方式（上升沿或下降沿）后，即可对脉冲进行计数。该方法的缺点也是无法判断电机的旋转方向。

方法④：使用定时器的编码器接口功能，同时捕获两路脉冲的上升沿或下降沿次数，并利用 MCU 硬件自带的功能判断电机的旋转方向。

对上述 4 种方法的优劣性分析如下。

方法 4 优势最大，无须占用中断资源即可对脉冲进行计数，并能够判断电机的旋转方向；同时，利用 MCU 硬件处理减少了程序设计的工作量。因此，如果使用带编码器接口功能的 MCU（如 STM32F4 系列微控制器），应选择此方法。

方法①由于存在功能缺失问题（即无法判断电机的旋转方向），故其被选择的优先级较低，取而代之的是方法②。但使用方法②时，如果要用程序实现电机旋转方向的判别，则所需的编程工作量较大。

方法③适用于定时器不具备编码器接口且输入捕获功能弱的 MCU（如 51 系列微控制器）。方法③由于其稳定性最低，同时又存在功能缺失问题，因此其被选择的优先级最低。

综上所述可知，在使用 STM32F407ZGT6 型号的 MCU 时，应选择方法④来实现编码器输出脉冲的捕获。

（2）编码器输出脉冲计数值与电机速度值之间的转换

完成了编码器输出脉冲的捕获之后，应采用相应的换算方法将其计数值转换成电机的角速度或者线速度。在工业控制系统中，用于测量直流电机转速的最典型的方法有测频率法（M 法）、测周期法（T 法）以及上述两者结合而得的 M/T 测速法。

M 法可测得单位时间内的脉冲数并将其换算成信号频率。此法在测量过程中，如果测量的起始位置选择不当，则会形成 1 个脉冲的误差。速度较低时，单位时间内的脉冲数变少，误差所占的比例会变大，所以 M 法适用于测量高速。若要降低测量的速度下限，可以增加编码器线数或延长测量的单位时间，以使一次采集的脉冲数尽可能多。

T 法可测得两个脉冲之间的时间并换算成信号周期。此法在测量过程中，如果测量的起始位置选择不当，则会形成 1 个基准时钟的误差。速度较高时，测得的周期较小，误差所占的比例较大，所以 T 法适用于测量低速。若要提高速度测量的上限，可以减少编码器的脉冲数或使用更精确的计时单位，以使一次测量的时间值尽可能大。

M 法与 T 法各具优劣。考虑到编码器线数不能无限增加、测量时间也无法太长（须考虑实时性）、计时单位也不能无限小，单凭 M 法或 T 法无法实现全速度范围内的准确测量。由此产生了 M 法与 T 法结合的 M/T 测速法：低速时测周期、高速时测频率。各研究机构还根据不同的应用场合对 M/T 测速法进行优化，形成了不同形式的 M/T 测速法。

3. STM32F4 系列微控制器定时器的编码器接口模式

通过对上一知识点的学习可知，使用 STM32F4 系列微控制器定时器的编码器接口模式可以十分方便地实现直流电机的测速。本小节着重对编码器接口模式的工作原理与编程配置方法进行介绍。

STM32F4 系列微控制器的定时器中，TIM1 ~ TIM5 以及 TIM8 具有编码器接口功能，其他定时器不具备该项功能。定时器编码器接口的硬件框图如图 3-4-4 所示。

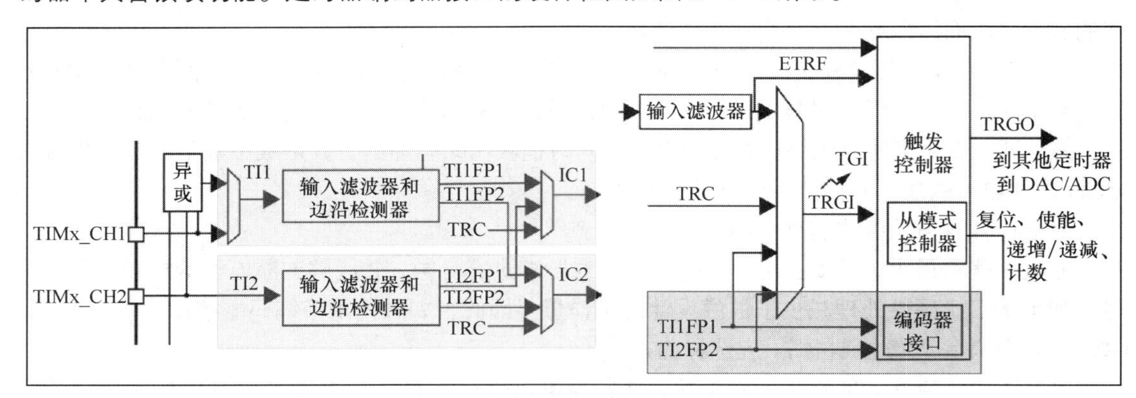

图3-4-4 定时器编码器接口的硬件框图

（1）编码器接口硬件框图解析

从图 3-4-4 中右侧阴影部分可以看到，编码器接口的两路输入分别来自 TI1FP1 和 TI2FP2 信号。TI1FP1 和 TI2FP2 是 TI1 与 TI2 经过输入滤波器和边沿检测器后的信号。实际应用中一般不进行滤波和反相，即 TI1FP1=TI1，TI2FP2=TI2。

（2）编码器接口模式的工作原理

编码器接口根据输入的 TI1FP1、TI2FP2 两个信号转换序列产生计数脉冲和方向信号，其工作方式与流程如下：

① 配置 TI1FP1 与 TI1、TI2FP2 与 TI2 的映射关系，并配置是否反相；

② 配置编码器的计数方式（仅在 TI1 或 TI2 边沿处计数，或者同时在 TI1 和 TI2 处计数）；

③ CEN=“1”（位于 TIMx_CR1，使能计数器）；

④ 编码器接口判断两个输入信号的相位关系，硬件对 TIMx_CR1 的 DIR 位（该位反映电机是正转还是反转）进行相应修改；

⑤ 编码器接口根据 DIR 位情况，计数器相应递增（电机正转）或递减（电机反转）计数，计数器在 0 到 TIMx_ARR 值之间进行连续计数，因此在电机启动前必须先配置 TIMx_ARR 值；

⑥ 任何输入（TI1 或 TI2）发生信号转换时，都会重新计算 DIR 位；

⑦ 计数器会根据增量式编码器的速度和方向自动修改其值，其值始终表示当前编码器的位置。

表 3-4-2 汇总了计数方向与编码器信号之间的各种可能的组合关系。

表 3-4-2 计数方向与编码器信号之间的各种可能的组合关系

有效边沿	相对信号的电平 TI1FP1 相对 TI2 TI2FP2 相对 TI1	TI1FP1 信号		TI2FP2 信号	
		上升沿	下降沿	上升沿	下降沿
仅在 TI1 处计数	高	递减	递增	不计数	不计数
	低	递增	递减	不计数	不计数

续表

有效边沿	相对信号的电平 TI1FP1 相对 TI2 TI2FP2 相对 TI1	TI1FP1 信号		TI2FP2 信号	
		上升沿	下降沿	上升沿	下降沿
仅在 TI2 处计数	高	不计数	不计数	递增	递减
	低	不计数	不计数	递减	递增
在 TI1 和 TI2 处都计数	高	递减	递增	递增	递减
	低	递增	递减	递减	递增

下面结合一个编码器接口模式下的计数器工作示例（如图 3-4-5 所示），对表 3-4-2 进行说明。

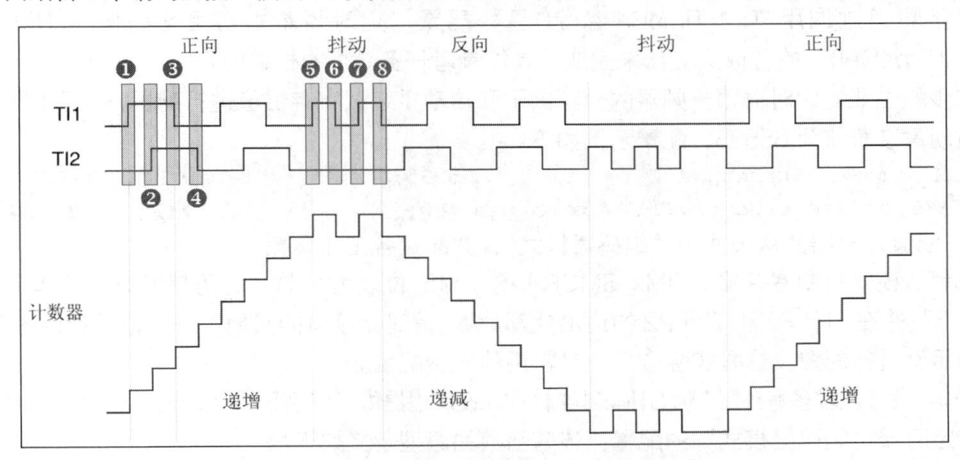

图3-4-5　编码器接口模式下的计数器工作示例

图 3-4-5 说明了计数信号的生成和方向控制，同时也说明了选择双边沿时如何对输入抖动进行补偿。编码器接口的工作参数配置如下。

- CC1S=“01”（TIMx_CCMR1，TI1FP1 映射到 TI1 上）。
- CC2S=“01”（TIMx_CCMR2，TI1FP2 映射到 TI2 上）。
- CC1P=“0”,CC1NP=“0”,且 IC1F=“0000”(TIMx_CCER,TI1FP1 未反相,TI1FP1=TI1)。
- CC2P=“0”,CC2NP=“0”,且 IC2F=“0000”(TIMx_CCER,TI1FP2 未反相,TI1FP2=TI2)。
- SMS=“011”（TIMx_SMCR，两个输入在上升沿和下降沿均有效）。
- CEN=“1”（TIMx_CR1，使能计数器）。

对图 3-4-5 中各标号处的工作情况分析如下。

编号①处：在 TI1 上升沿，查看相对信号 TI2 的电平为低，查表 3-4-2，计数器递增。
编号②处：在 TI2 上升沿，查看相对信号 TI1 的电平为高，查表 3-4-2，计数器递增。
编号③处：在 TI1 下降沿，查看相对信号 TI2 的电平为高，查表 3-4-2，计数器递增。
编号④处：在 TI2 下降沿，查看相对信号 TI1 的电平为低，查表 3-4-2，计数器递增。
编号⑤处：在 TI1 上升沿，查看相对信号 TI2 的电平为低，查表 3-4-2，计数器递增。
编号⑥处：在 TI1 下降沿，查看相对信号 TI2 的电平为低，查表 3-4-2，计数器递减。
编号⑦处：在 TI1 上升沿，查看相对信号 TI2 的电平为低，查表 3-4-2，计数器递增。
编号⑧处：在 TI1 下降沿，查看相对信号 TI2 的电平为低，查表 3-4-2，计数器递减。

（3）编码器接口模式的编程配置步骤

掌握了定时器编码器接口的硬件框图及其工作原理等内容以后，我们可以开始学习如何对定时器的编码器接口模式进行编程配置，使之对输入的 TI1FP1、TI2FP2 两个信号转换序列进行计数与方向判断。本任务使用测频率法（M 法），即测量单位时间内的脉冲数后换算成频率，具体的编程配置步骤如下。

① 配置编码器接口输入通道 GPIO 工作模式

以 TIM3 为例，配置其编码器输入通道（TI1 和 TI2）的 GPIO 端口（PC6 和 PC7）为复用功能。具体配置方法可参考 PWM 信号输出通道 GPIO 端口的配置。

② 配置定时器的基本工作参数

本步骤通过调用 TIM_TimeBaseInit() 函数配置“定时器基本初始化结构体(TIM_TimeBaseInitTypeDef)”的各成员变量来完成，具体参考任务 3.1 的相关内容。

本步骤主要对定时器预分频器的分频因子和自动重装载寄存器值进行配置，一般配置为不分频，自动重装载值为 65535，配置示例如下：

```
TIM_TimeBaseStructure.TIM_Period = 65535;          //配置 TIMx_ARR 值
TIM_TimeBaseStructure.TIM_Prescaler = 0;           //配置预分频器的分频因子
```

③ 配置定时器的从模式为“编码器模式”，并配置各工作参数

配置从模式控制寄存器（TIMx_SMCR）的 SMS 位段为“011”，可使定时器工作在“编码器模式 3”，并在 TI1FP1 和 TI2FP2 的边沿处都计数。编码器接口的其他工作参数可参照图 3-4-5 的工作示例进行配置，这是实际应用中最常用的一种配置。

本项配置涉及较多寄存器，但 STM32F4 标准外设库也提供了库函数 TIM_EncoderInterfaceConfig() 来完成定时器“编码器模式”的配置，该库函数的原型定义如下：

```
void TIM_EncoderInterfaceConfig(TIM_TypeDef* TIMx, uint16_t TIM_EncoderMode,
                                uint16_t TIM_IC1Polarity, uint16_t TIM_IC2Polarity);
```

使用实例：

```
TIM_EncoderInterfaceConfig(TIM3, TIM_EncoderMode_TI12,
                           TIM_ICPolarity_Rising, TIM_ICPolarity_Rising);
```

上述实例中，参数“TIM_EncoderMode_TI12”配置编码器接口在 TI1 和 TI2 的边沿处均计数，参数“TIM_ICPolarity_Rising”配置 TI1FP1 和 TI2FP2 未反相。另外，该库函数还配置了 TI1FP1 与 TI1、TI2FP2 与 TI2 的映射关系，具体实现方式可参考 STM32F4 标准外设库源代码。

④ 编写计数值处理与速度换算函数

以定时器 3 工作在编码器接口模式为例，使用 M 法测量单位时间内的脉冲数的具体实现流程如下：

- 先采集一次定时器 3 的计数值；
- 经过一定的时间间隔（由定时器 6 更新中断实现）后，再采集一次定时器 3 的计数值；
- 将本次计数值与上次计数值相减，得到差值；
- 由于计数值存在溢出的可能，如递增计数至 65535 或递减计数至 0，因此需要对差值进行处理（分递增计数和递减计数两种情况）；
- 根据直流电机的减速比、编码器分辨率等参数将“计数值”换算成“电机的转速”。

⑤ 配置另一个定时器限定采样的时间间隔

通过学习电机测速方法，我们知道 M 法需要测量单位时间内的脉冲数。当定时器被配置工

作在编码器接口模式下时，相当于使用了带有方向选择的外部时钟，此时定时器无法实现基本的定时功能。因此必须配置另一个定时器以实现定时功能，限定采样的时间间隔。如使用定时器 6，配置它工作使用内部时钟，计数器工作在递增计数模式，并使能更新中断。具体配置方法与 3.1 节相同，此处不再赘述。

⑥ 编写另一个定时器的中断服务函数

在中断服务函数中，调用步骤④的计数值处理与速度换算函数，实现计算单位时间内的电机转速的功能。

3.4.3 任务实施

1. 硬件接线

一般带编码器的电机外部接线如图 3-4-6 所示。

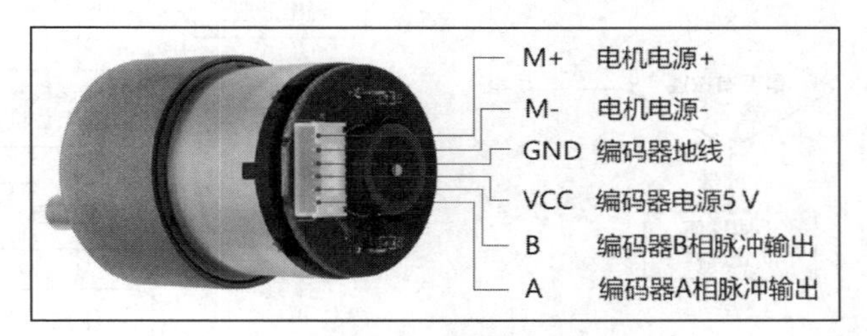

图3-4-6 带编码器的电机外部接线

从图 3-4-6 中可以看到，直流电机共有 6 根外部接线，其上安装的编码器可输出 A、B 两相脉冲，另外 4 根接线分别是：电机电源+、电机电源-、编码器电源和编码器地线。

编制表 3-4-3 所示的电机测速模块硬件接线表，并将直流电机（编码器）、DRV8848 电机驱动和 STM32F4 系列微控制器相连。

表 3-4-3 电机测速模块硬件接线表

接口名称		STM32F4 系列微控制器	DRV8848 电机驱动	直流电机（编码器）
PWM 信号输出控制（TIM1）	CH1	PE9	AIN1	
	CH2	PE11	AIN2	
电机动力线			AOUT1	Motor1
			AOUT2	
DRV8848 唤醒		PB11	nSLEEP	
编码器接口（TIM3）		PC6		编码器 A 相
		PC7		编码器 B 相

2. 电机测速模块的程序流程图

图 3-4-7 是电机测速模块的程序流程，图 3-4-7（a）为主程序流程，图 3-4-7（b）为 TIM6 定时器中断程序流程。

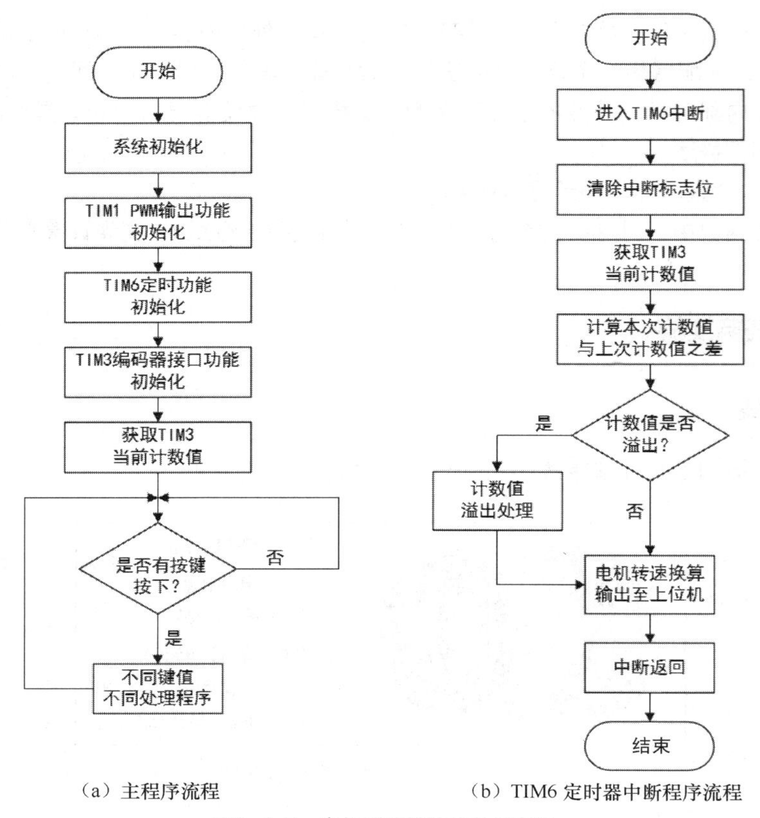

(a) 主程序流程　　(b) TIM6 定时器中断程序流程

图3-4-7　电机测速模块的程序流程

3. 编写定时器 3 的编码器接口功能配置程序

复制一份任务 3.3 的工程，并将其重命名为“task3.4_Timer_Encoder_MotorSpeed”。在“TIMER”文件夹下新建“timer3.c”和“timer3.h”两个文件，将它们加入工程中，并配置头文件包含路径。

本配置步骤包含 3 个子流程：

- 配置编码器接口输入通道 GPIO 工作模式；
- 配置定时器的基本工作参数；
- 配置定时器的从模式为“编码器模式”，并配置各工作参数。

在“timer3.c”文件中输入以下代码：

```
1   #include "timer3.h"
2   #include "usart.h"
3
4   /* 注意:lastCount 应使用静态变量 */
5   static int16_t lastCount = 0;
6
7   /**
8     * @brief  Timer3 编码器接口输入通道相关 GPIO 模式配置
```

```
9     * @param  None
10    * @retval None
11    */
12  void TIM3_GPIO_Config(void)
13  {
14      GPIO_InitTypeDef GPIO_InitStructure;
15      RCC_AHB1PeriphClockCmd(RCC_AHB1Periph_GPIOC,ENABLE);
16
17      /* PC6|PC7 复用为 TIM3 编码器接口 AB 相输入 */
18      GPIO_PinAFConfig(GPIOC,GPIO_PinSource6,GPIO_AF_TIM3);
19      GPIO_PinAFConfig(GPIOC,GPIO_PinSource7,GPIO_AF_TIM3);
20
21      /* TI1FP1:PC6 | TI2FP2:PC7 */
22      GPIO_InitStructure.GPIO_Mode = GPIO_Mode_AF;//复用功能
23      GPIO_InitStructure.GPIO_Pin = GPIO_Pin_6 | GPIO_Pin_7;
24      GPIO_InitStructure.GPIO_PuPd = GPIO_PuPd_NOPULL;
25      GPIO_Init(GPIOC,&GPIO_InitStructure);
26  }
27
28  /**
29    * @brief  Timer3 编码器接口功能初始化
30    * @param  arr:自动重载寄存器值， PSC:预分频器分频系数
31    * @retval None
32    */
33  void TIM3_Encoder_Init(uint16_t arr, uint16_t psc)
34  {
35      TIM_TimeBaseInitTypeDef TIM_TimeBaseInitStructure;
36
37      RCC_APB1PeriphClockCmd(RCC_APB1Periph_TIM3,ENABLE);
38
39      TIM_TimeBaseInitStructure.TIM_Period = arr;
40      TIM_TimeBaseInitStructure.TIM_Prescaler = psc;
41      TIM_TimeBaseInitStructure.TIM_CounterMode = TIM_CounterMode_Up;
42      TIM_TimeBaseInitStructure.TIM_ClockDivision = TIM_CKD_DIV1;
43      TIM_TimeBaseInitStructure.TIM_RepetitionCounter = 1;
44      TIM_TimeBaseInit(TIM3,&TIM_TimeBaseInitStructure);
45
46      /* 配置 TIM3 编码器接口的工作参数 */
47      TIM_EncoderInterfaceConfig(TIM3, TIM_EncoderMode_TI12,
48                                 TIM_ICPolarity_Rising,
49                                 TIM_ICPolarity_Rising);
50
51      TIM_SetCounter(TIM3, 0);     //TIM3 计数值清零
52      TIM_Cmd(TIM3,ENABLE);        //启动 TIM3 定时器
```

```
53 }
```

4. 编写计数值处理与速度换算函数

在“timer3.c”文件中继续输入以下代码：

```
1  static float motorSpeed = 0.0;
2  volatile uint16_t curCount = 0;                          //用于获取编码器当前计数值
3  volatile int32_t realValue = 0;                          //用于存放差值
4  /**
5    * @brief  换算电机转速
6    * @param  TIMx: 定时器编号，如 TIM3
7    * @retval 电机转速(单位: r/s)
8    */
9  float Cal_Motor_Speed(TIM_TypeDef* TIMx)
10 {
11    motorSpeed = 0.0;
12    curCount = TIMx->CNT;                                 //获取编码器计数值
13    realValue = curCount - lastCount;                     //计算差值
14    /* 计数值溢出处理 */
15    if(realValue >= MAX_COUNT)                            //计数值上溢
16    {
17       realValue -= ENCODER_TIM_PERIOD;
18    }
19    else if(realValue < -MAX_COUNT)                       //计数值下溢
20    {
21       realValue += ENCODER_TIM_PERIOD;
22    }
23    printf("当前值为: %d\r\n",curCount);
24    printf("上次值为: %d\r\n",lastCount);
25    printf("捕获值为: %d\r\n",realValue);
26    lastCount = curCount;
27    motorSpeed = (float)realValue/4/2/80;
28    printf("电机转速为: %0.2f(r/s)\r\n", motorSpeed);
29    printf("**********************\r\n");
30    return motorSpeed;
31 }
32
33 /**
34   * @brief  TIMx Counter 与上次计数值清零
35   * @param  TIMx: 定时器编号，如:TIM3
36   * @retval  None
37   */
38 void TIM_Clear_Counter(TIM_TypeDef* TIMx)
39 {
40    lastCount = 0;                                        //上次编码器计数值清零
```

```
41     TIM_SetCounter(TIMx, 0);                          //TIMx 计数值清零
42  }
```

上述代码段的第 11～22 行对计数值的上溢和下溢进行处理，第 27 行将计数值换算为电机转速。由于在 TI1 和 TI2 的上升沿和下降沿均捕获信号，相当于对计数值进行了“四倍频”处理，因此在最终换算时要除以 4。另外，第 27 行中的“2”代表码盘上的栅格为 2，“80”代表该电机的减速比为 1:80，最终的 motorSpeed 值为电机经减速器输出后的转速，单位为“r/s”。

在“timer3.h”文件中输入以下代码：

```
1  #ifndef __TIMER3_H
2  #define __TIMER3_H
3  #include "sys.h"
4
5  #define MAX_COUNT           10000
6  #define ENCODER_TIM_PERIOD  65535
7
8  void TIM3_GPIO_Config(void);
9  void TIM3_Encoder_Init(uint16_t arr, uint16_t psc);
10 float Cal_Motor_Speed(TIM_TypeDef* TIMx);
11 void TIM_Clear_Counter(TIM_TypeDef* TIMx);
12
13 #endif
```

5. 配置另一个定时器限定采样的时间间隔并编写定时器中断服务函数

在“timer6.c”文件中输入以下代码：

```
1  #include "timer6.h"
2  #include "timer3.h"
3  #include "usart.h"
4
5  /**
6    * @brief  TIM6 定时中断功能初始化
7    * @param  arr: 自动重装载值， PSC: 定时器预分频值
8    * @retval  None
9    */
10 void TIM6_Int_Init(uint16_t arr, uint16_t psc)
11 {
12     TIM_TimeBaseInitTypeDef TIM_TimeBaseInitStructure;
13     NVIC_InitTypeDef NVIC_InitStructure;
14
15     RCC_APB1PeriphClockCmd(RCC_APB1Periph_TIM6,ENABLE);//使能 TIM6 时钟
16
17     TIM_TimeBaseInitStructure.TIM_Period = arr;           //自动重装载值
18     TIM_TimeBaseInitStructure.TIM_Prescaler = psc;        //定时器预分频值
19     TIM_TimeBaseInit(TIM6,&TIM_TimeBaseInitStructure); //TIM6 初始化
20
21     TIM_ClearITPendingBit(TIM6, TIM_IT_Update);           //清除更新中断请求位
```

```
22     TIM_ITConfig(TIM6,TIM_IT_Update,ENABLE);              //允许定时器 6 更新中断
23
24     NVIC_InitStructure.NVIC_IRQChannel = TIM6_DAC_IRQn;//定时器 6 中断
25     NVIC_InitStructure.NVIC_IRQChannelPreemptionPriority = 0x01;//抢占优先级 1
26     NVIC_InitStructure.NVIC_IRQChannelSubPriority = 0x03;//子优先级 3
27     NVIC_InitStructure.NVIC_IRQChannelCmd = ENABLE;
28     NVIC_Init(&NVIC_InitStructure);
29
30     TIM_Cmd(TIM6,DISABLE);                                //暂时不使能定时器 6
31 }
32
33 /**
34   * @brief  TIM6 定时器中断服务函数
35   * @param  None
36   * @retval  None
37   */
38 void TIM6_DAC_IRQHandler(void)
39 {
40     if(TIM_GetITStatus(TIM6,TIM_IT_Update) == SET)  //若发生更新中断
41     {
42         Cal_Motor_Speed(TIM3);
43     }
44     TIM_ClearITPendingBit(TIM6,TIM_IT_Update);         //清除更新中断标志位
45 }
```

TIM6 用作限定采样的时间间隔。为了确保每次采样时间的准确性，TIM6 配置完毕后暂时不使能。特别注意：上述代码段的第 21 行与第 22 行代码的先后顺序不能错，第 30 行代码暂时不使能 TIM6。

上述代码段的第 42 行代码用于调用计数值处理与速度换算函数，本行代码每隔 1s 执行一次。

6. 编写 main()函数

在“main.c”文件中输入以下代码：

```
1  #include "sys.h"
2  #include "delay.h"
3  #include "usart.h"
4  #include "led.h"
5  #include "key.h"
6  #include "exti.h"
7  #include "timer1.h"
8  #include "timer3.h"
9  #include "timer6.h"
10 #include "motor.h"
11
12 static void Key_Process(void);
13
```

```
14 uint8_t keyValue = 0;
15 int16_t initSpeed = 40, newSpeed = 40;
16 MOTOR_StateTypeDef Motor_State = MOTOR_STOP;
17
18 int main(void)
19 {
20     delay_init(168);                         //延时函数初始化
21     LED_Init();                              //LED 端口初始化
22     Key_Init();                              //按键初始化
23     EXTIx_Init();                            //外部中断初始化
24     USART1_Init(115200);                     //串口 1 初始化
25     TIM6_Int_Init(10000-1,8400-1);           //定时器 6 定时中断(1s)初始化
26     TIM1_GPIO_Config();                      //定时器 1 输出通道 GPIO 初始化
27     TIM1_PWM_Init(100-1,12-1);               //定时器 1PWM 输出功能初始化
28     TIM3_GPIO_Config();
29     TIM3_Encoder_Init(65536-1,0);
30     printf("System Started!\r\n");
31
32     while(1)
33     {
34         Key_Process();
35         LED1 = ~LED1;
36         delay_ms(50);
37     }
38 }
39
40 /**
41   * @brief  按键处理流程
42   * @param  None
43   * @retval None
44   */
45 static void Key_Process(void)
46 {
47     /* Key1_上键按下，电机正转，小车前进 */
48     if(keyValue == KEY_U_PRESS)
49     {
50         if(Motor_State == MOTOR_STOP)
51         {
52             Car_Forward(initSpeed);  //电机正转，小车前进
53             Motor_State = MOTOR_FORWARD;
54             TIM_Clear_Counter(TIM3); //清 lastCount 与 TIM3 的 Counter
55             TIM_Cmd(TIM6,ENABLE);    //开启定时器 6
56         }
57         else if(Motor_State == MOTOR_FORWARD ||
58                 Motor_State == MOTOR_BACKUP)
59         {
```

```
60              Car_Stop();
61              newSpeed = 40;
62              Motor_State = MOTOR_STOP;
63              TIM_Cmd(TIM6,DISABLE);    //关闭定时器6
64              TIM_SetCounter(TIM6, 0); //清除定时器6计数值
65          }
66          keyValue = 0;
67      }
68      /* Key2_下键按下，电机反转，小车后退 */
69      if(keyValue == KEY_D_PRESS)
70      {
71          if(Motor_State == MOTOR_STOP)
72          {
73              Car_Backup(initSpeed);    //电机反转，小车后退
74              Motor_State = MOTOR_BACKUP;
75              TIM_Clear_Counter(TIM3); //清lastCount与TIM3的Counter
76              TIM_Cmd(TIM6,ENABLE);     //开启定时器6
77          }
78          else if(Motor_State == MOTOR_FORWARD || \
79                  Motor_State == MOTOR_BACKUP)
80          {
81              Car_Stop();
82              newSpeed = 40;
83              Motor_State = MOTOR_STOP;
84              TIM_Cmd(TIM6,DISABLE);    //关闭定时器6
85              TIM_SetCounter(TIM6, 0); //清除定时器6计数值
86          }
87          keyValue = 0;
88      }
89      /* Key3_左键按下，减小占空比 */
90      if(keyValue == KEY_L_PRESS)
91      {
92          if(Motor_State == MOTOR_FORWARD)
93          {
94              newSpeed -= 5;
95              if(newSpeed < 0) newSpeed = 0;
96              Car_Forward(newSpeed);
97          }
98          else if(Motor_State == MOTOR_BACKUP)
99          {
100             newSpeed -= 5;
101             if(newSpeed < 0) newSpeed = 0;
102             Car_Backup(newSpeed);
103         }
104         keyValue = 0;
105     }
```

```
106     /* Key4_右键按下，增加占空比 */
107     if(keyValue == KEY_R_PRESS)
108     {
109         if(Motor_State == MOTOR_FORWARD)
110         {
111             newSpeed += 5;
112             if(newSpeed >= 100) newSpeed = 100;
113             Car_Forward(newSpeed);
114         }
115         else if(Motor_State == MOTOR_BACKUP)
116         {
117             newSpeed += 5;
118             if(newSpeed >= 100) newSpeed = 100;
119             Car_Backup(newSpeed);
120             }
121             keyValue = 0;
122     }
123 }
```

编写 Key_Process()函数时，应特别注意“电机启动”与“电机停止”的程序流程，即上述代码段的第 52~55 行、第 60~64 行、第 73~76 行和第 81~85 行。

7. 观察试验现象

应用程序编译无误后，下载至开发板运行，打开上位机的串口调试助手，可观察到图 3-4-8 所示的电机转速显示试验现象。

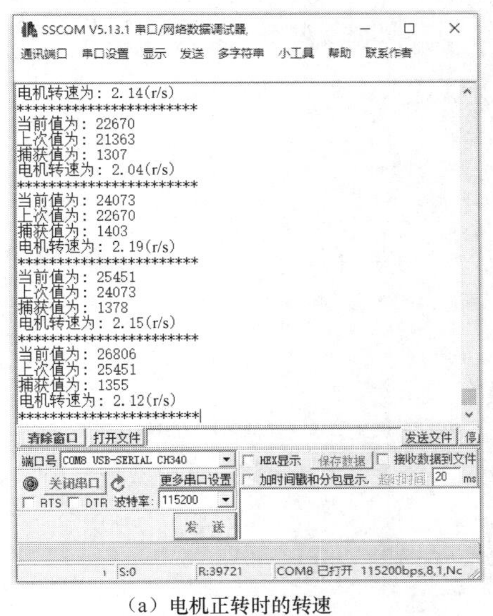

（a）电机正转时的转速

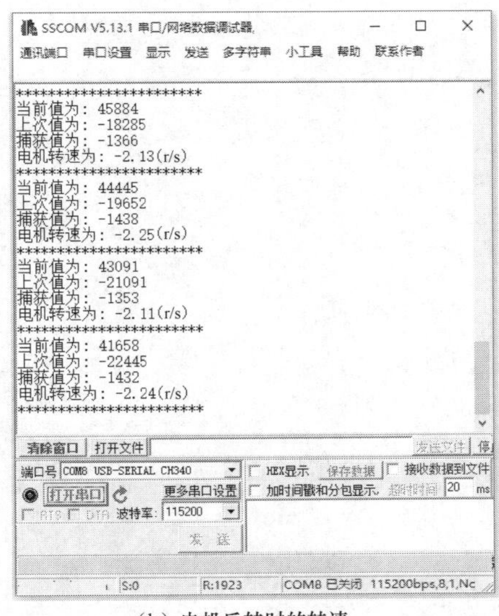

（b）电机反转时的转速

图3-4-8 电机转速显示

图 3-4-8（a）显示了电机正转时的转速，图 3-4-8（b）显示了电机反转时的转速。

4 Chapter

项目 4

环境参数监测与显示系统的设计与实现

项目描述

本项目主要讲解温湿度传感器、光照强度传感器和 OLED 显示模块的工作原理，介绍 STM32F4 系列微控制器的 I^2C、SPI、SDIO 总线和 RTC 外设的使用细节。读者通过完成环境温湿度监测的应用开发等 4 个任务，可掌握常用的环境参数监测传感器的编程应用方法、常见的通信接口的编程配置方法、数据持久化存储的编程技巧，并可完成有显示需求的应用程序开发。

（1）掌握常用的温湿度传感器的工作原理；

（2）掌握常用的光照强度检测传感器的工作原理；

（3）掌握 OLED 显示模块的工作原理；

（4）掌握 SD 卡的基本特性与读写原理；

（5）掌握 STM32F407 的 RTC 外设的工作原理；

（6）掌握 STM32F407 的 I^2C、SPI 和 SDIO 总线的工作原理；

（7）会编写环境温湿度监测的应用程序；

（8）会编写环境光照强度监测的应用程序；

（9）会编写 SD 卡的基本读写程序；

（10）能将 FatFs 文件系统模块移植到 STM32F407 微控制器的工程中；

（11）会编写利用 OLED 显示模块显示指定信息的应用程序。

任务 4.1 环境温湿度监测的应用开发

4.1.1 任务分析

本任务要求设计一个应用程序，以实现对环境温湿度的监测。单总线温湿度传感器（DHT11）与微控制器连接的电路如图 4-1-1 所示。

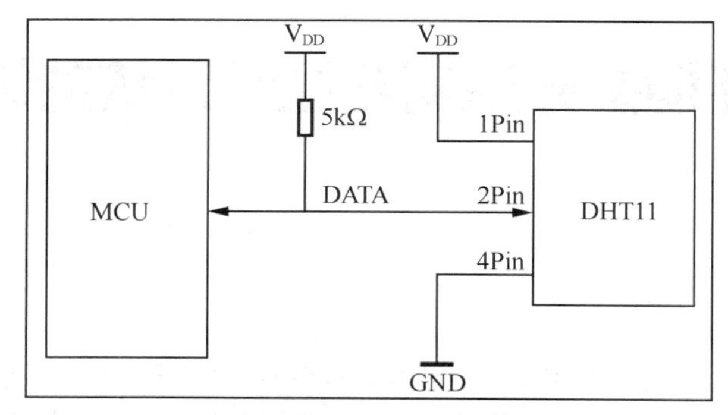

图4-1-1 DHT11与微控制器连接电路

从图 4-1-1 中可以看到，单总线温湿度传感器（DHT11）与微控制器的某个 GPIO 引脚相连。微控制器每隔 2s 采集一次温湿度数据，转换为指定格式之后，通过 USART 发送到上位机显示。显示样例为“温度：25℃，湿度：67%”。

本任务涉及的知识点有：

- DHT11 温湿度传感器的基本工作原理和性能指标；
- DHT11 温湿度传感器的传输时序。

4.1.2 知识链接

1. DHT11 概述及其性能指标

DHT11 是一款温湿度一体化的数字传感器，它的内部由一个电阻式的测湿元件和一个负温度系数（NTC）的测温元件组成，测湿与测温元件与一个高性能的 8 位单片机相连。DHT11 与微控制器之间通过简单的电路连接即可实现环境温湿度信息的采集，两者之间的通信基于单总线通信协议，微控制器只须将一个 GPIO 引脚与 DHT11 的 DATA 相连即可实现数据通信。图 4-1-2 是 DHT11 的实物图，其中 V_{CC} 接电源正极，DATA 是数据输入输出引脚，N/A 为空脚，GND 接地。表 4-1-1 展示了 DHT11 的性能指标。

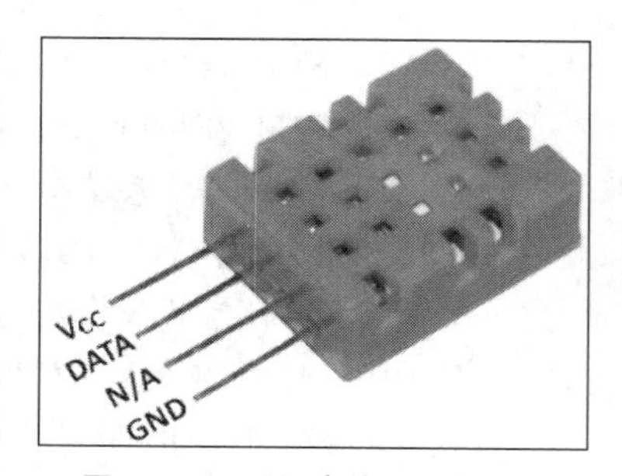

图4-1-2 温湿度传感器DHT11

表 4-1-1　DHT11 的性能指标

性能指标	数据值	性能指标	数据值
工作电压范围	3.3~5.5 V	湿度分辨率	1%
工作电流	0.5 mA	温度分辨率	1℃
湿度测量范围	20%RH~90%RH	湿度精度	±5% RH
温度测量范围	0~50℃	温度精度	±2℃
采样周期	1s		

2. DHT11 的数据格式

DHT11 与微控制器之间的通信采用单总线数据格式。DHT11 单次传输 5 个字节（40bit）的数据，高位先出。具体数据构成为：8bit 湿度整数数据 + 8bit 湿度小数数据 + 8bit 温度整数数据 + 8bit 温度小数数据 + 8bit 校验和，其中校验和为前 4 个字节的数据相加并保留低 8 位。

图 4-1-3 为从 DHT11 中一次性读取的数据样例。

Byte4	Byte3	Byte2	Byte1	Byte0
00101101	00000000	00011100	00000000	01001001
整数	小数	整数	小数	校验和
湿度		温度		校验和

图4-1-3　从DHT11中一次性读取的数据样例

根据表 4-1-1 中的温湿度分辨率性能指标可知，DHT11 无法采集温湿度的小数部分，因此微控制器收到的 Byte3（对应湿度的小数部分）与 Byte1（对应温度的小数部分）是无用的。图 4-1-3 中的数据处理结果如下：

湿度（Humidity）= Byte4.Byte3 = 45.0 (%RH)。

温度（Temperature）= Byte2.Byte1 = 28.0 (℃)。

校验和（CheckSum）= Byte4+Byte3+Byte2+Byte1 = 0x49 = 73。

3. DHT11 的传输时序

（1）数据通信时序图

微控制器（主机）与 DHT11 进行数据通信的时序如图 4-1-4 所示，其中包括“主机探测 DHT11 是否正确连接”与“数据传输”两个过程。

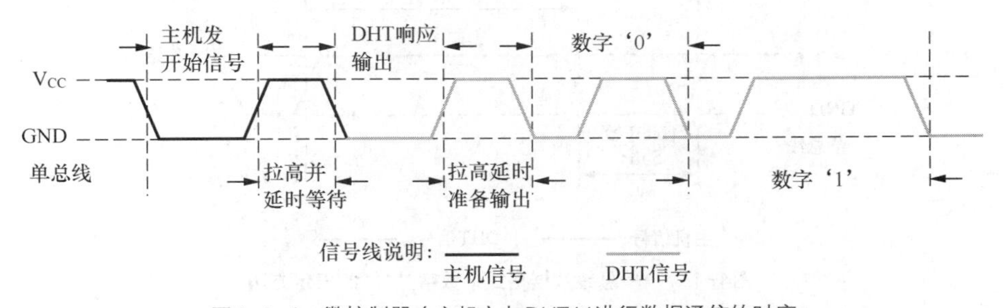

图4-1-4　微控制器（主机）与DHT11进行数据通信的时序

下面分别对“主机探测 DHT11 是否正确连接”的时序、“数字‘0’和数字‘1’的表示方法”进行介绍。

（2）主机探测 DHT11 是否正确连接的时序

从图 4-1-5 中可以看到，数据总线不被占用时 DATA 线默认为高电平，主机探测 DHT11

是否正确连接的时序由以下几个过程构成：

- 主机发送开始信号（拉低总线至少 18 ms）；
- 主机拉高总线并延时等待 10～20μs 后释放总线，准备读取 DHT11 的响应信号；
- DHT11 发送响应信号（低电平 83μs）；
- DHT11 拉高总线 87μs，准备发送数据。

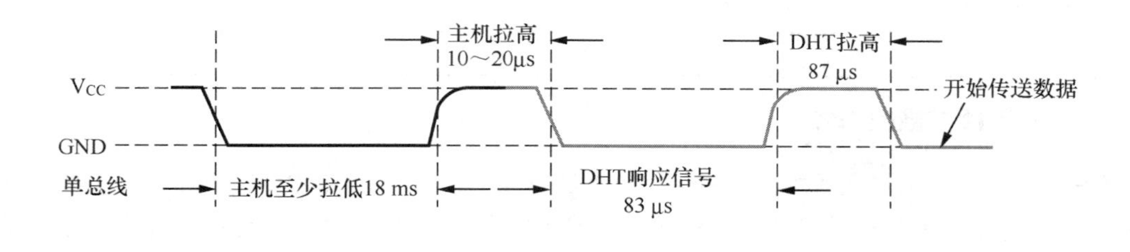

图4-1-5　主机探测DHT11是否正确连接的时序

（3）单总线数据格式中数字‘0’和数字‘1’的表示方法

图 4-1-6 和图 4-1-7 分别展示了单总线数据格式中数字‘0’和数字‘1’的表示方法。

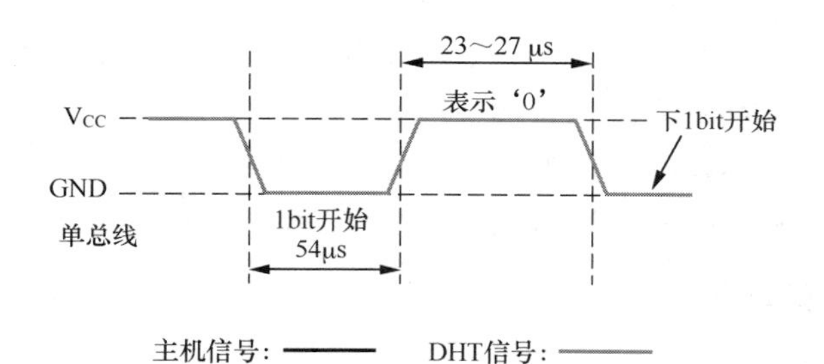

图4-1-6　单总线数据格式中数字‘0’的表示方法

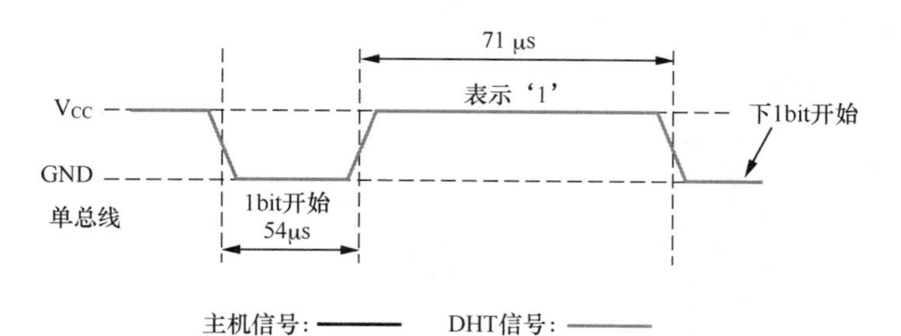

图4-1-7　单总线数据格式中数字‘1’的表示方法

从图 4-1-6 和图 4-1-7 中可以看到，DHT11 每发送 1 bit 数据都是以一个 54μs 的低电平开始，然后拉高开始数据发送。微控制器采集到的数据是‘0’或者是‘1’取决于高电平持续时间的长短：高电平持续 23～27μs 表示数据‘0’，持续 68～74μs 表示数据‘1’。

当最后 1 bit 数据传送完毕后，DHT11 拉低总线 54μs，表示数据传送完毕并释放总线。随后总线由上拉电阻拉高进入空闲状态。

DHT11 温湿度传感器单总线数据格式中各种信号的特性见表 4-1-2。

表 4-1-2　DHT11 温湿度传感器单总线数据格式中各种信号的特性

符号	信号类型	最小值	典型值	最大值	单位
T_{be}	主机发开始信号拉低时间	18	20	30	ms
T_{go}	主机释放总线时间	10	13	20	μs
T_{rel}	DHT11 响应低电平时间	81	83	85	μs
T_{reh}	DHT11 响应高电平时间	85	87	88	μs
T_{LOW}	数据‘0’‘1’的低电平时间	52	54	56	μs
T_{H0}	数据‘0’的高电平时间	23	24	27	μs
T_{H1}	数据‘1’的高电平时间	68	71	74	μs
T_{en}	DHT11 释放总线时间	52	54	56	μs

4.1.3　任务实施

1. 硬件连接

将 DHT11 温湿度传感器的 V_{CC} 引脚连接 3.3 V 电压，GND 引脚接地，DATA 引脚与微控制器的某 GPIO 引脚（本任务选择 PG9）相连。

2. 编写 DHT11 的控制程序

复制一份任务 2.3 的工程，并将其重命名为“task4.1_DHT11”。在“HARDWARE”文件夹下新建“DHT11”子文件夹，新建“dht11.c”和“dht11.h”两个文件，将它们加入工程中，并配置头文件包含路径。在“dht11.c”文件中输入以下代码：

```
1   #include "dht11.h"
2   #include "delay.h"
3
4   /**
5     * @brief   主机复位 DHT11
6     * @param   None
7     * @retval  None
8     */
9   void DHT11_Reset(void)
10  {
11      DHT11_IO_OUT();         //设置 DATA 引脚为输出
12      DHT11_DQ_OUT=0;         //拉低 DATA
13      delay_ms(20);           //拉低至少 18ms
14      DHT11_DQ_OUT=1;         //拉高 DATA
15      delay_us(13);           //主机拉高 10～20μs
16  }
17
```

```
18  /**
19    * @brief    主机探测 DHT11 是否正确连接
20    * @param    None
21    * @retval   1:未探测到 DHT11 | 0:DHT11 正常响应
22    */
23  uint8_t DHT11_Check(void)
24  {
25      uint8_t retry=0;
26      DHT11_IO_IN();                              //设置 DATA 引脚为输入
27      while (DHT11_DQ_IN&&retry<100)              //DHT11 会拉低 83μs
28      {
29          retry++;
30          delay_us(1);
31      }
32      if(retry>=100) return 1;
33      else retry=0;
34      while (!DHT11_DQ_IN&&retry<100)             //DHT11 拉低后会再次拉高 87μs
35      {
36          retry++;
37          delay_us(1);
38      }
39      if(retry>=100) return 1;
40      return 0;
41  }
42
43  /**
44    * @brief    主机从 DHT11 读取 1bit
45    * @param    None
46    * @retval   数据 1 or 0
47    */
48  uint8_t DHT11_Read_Bit(void)
49  {
50      uint8_t retry=0;
51      while(DHT11_DQ_IN&&retry<100)               //等待 DATA 变为低电平
52      {
53          retry++;
54          delay_us(1);
55      }
56      retry=0;
57      while(!DHT11_DQ_IN&&retry<100)              //等待 DATA 变为高电平
58      {
59          retry++;
60          delay_us(1);
61      }
```

```
62       delay_us(40);                              //等待 40μs
63       if(DHT11_DQ_IN) return 1;
64       else return 0;
65   }
66
67   /**
68     * @brief    主机从 DHT11 读取 1 B
69     * @param    None
70     * @retval   读取到的数据
71     */
72   uint8_t DHT11_Read_Byte(void)
73   {
74       uint8_t i,dat;
75       dat = 0;
76       for (i=0; i<8; i++)
77       {
78           dat<<=1;
79           dat|=DHT11_Read_Bit();
80       }
81       return dat;
82   }
83
84   /**
85     * @brief    主机从 DHT11 读取 1 次数据(40bit)
86     * @param    *temp:存放温度值的变量地址
87     * @param    *humi:存放湿度值的变量地址
88     * @retval   1: 读取失败， 0: 读取成功
89     */
90   uint8_t DHT11_Read_Data(uint8_t *temp,uint8_t *humi)
91   {
92       uint8_t buf[5];
93       uint8_t i;
94       DHT11_Reset();
95       if(DHT11_Check()==0)
96       {
97           for(i=0; i<5; i++) //读取 40bit 数据
98           {
99               buf[i]=DHT11_Read_Byte();
100          }
101          /* 计算校验和是否正确 */
102          if((buf[0]+buf[1]+buf[2]+buf[3])==buf[4])
103          {
104              *humi=buf[0];
105              *temp=buf[2];
```

```
106         }
107     } else return 1;
108     return 0;
109 }
110
111 /**
112   * @brief   初始化DHT11的GPIO端口，并探测DHT11是否正确连接
113   * @param   None
114   * @retval  1：DHT11不存在， 0：DHT11正确连接
115   */
116 uint8_t DHT11_Init(void)
117 {
118     GPIO_InitTypeDef  GPIO_InitStructure;
119     RCC_AHB1PeriphClockCmd(RCC_AHB1Periph_GPIOG, ENABLE);  //使能GPIOG时钟
120     /* GPIO引脚配置 */
121     GPIO_InitStructure.GPIO_Pin = GPIO_Pin_9;              //PG9
122     GPIO_InitStructure.GPIO_Mode = GPIO_Mode_OUT;          //输出模式
123     GPIO_InitStructure.GPIO_OType = GPIO_OType_PP;         //推挽输出
124     GPIO_InitStructure.GPIO_Speed = GPIO_Speed_50MHz;      //50MHz
125     GPIO_InitStructure.GPIO_PuPd = GPIO_PuPd_UP;           //上拉
126     GPIO_Init(GPIOG, &GPIO_InitStructure);                 //配置生效
127     DHT11_Reset();
128     return DHT11_Check();
129 }
```

在“dht11.h”文件中输入以下代码：

```
1  #ifndef __DHT11_H
2  #define __DHT11_H
3  #include "sys.h"
4
5  /* GPIO方向设置 */
6  #define DHT11_IO_IN()  {GPIOG->MODER&=~(3<<(9*2));GPIOG->MODER|=0<<9*2;} //输入
7  #define DHT11_IO_OUT() {GPIOG->MODER&=~(3<<(9*2));GPIOG->MODER|=1<<9*2;} //输出
8
9  #define  DHT11_DQ_OUT PGout(9)
10 #define  DHT11_DQ_IN  PGin(9)
11
12 uint8_t DHT11_Init(void);
13 uint8_t DHT11_Read_Data(uint8_t *temp,uint8_t *humi);
14 uint8_t DHT11_Read_Byte(void);
15 uint8_t DHT11_Read_Bit(void);
16 uint8_t DHT11_Check(void);
17 void DHT11_Reset(void);
18 #endif
```

3. 编写 main()函数

在“main.c”文件中输入以下代码：

```
1   #include "sys.h"
2   #include "delay.h"
3   #include "usart.h"
4   #include "led.h"
5   #include "dht11.h"
6   #include <string.h>
7
8   char myString[50] = {0};
9
10  int main(void)
11  {
12     Uint16_t tCount = 0;
13     uint8_t temperature = 0;
14     uint8_t humidity = 0;
15
16     delay_init(168);                                    //延时函数初始化
17     LED_Init();                                         //LED 端口初始化
18     USART1_Init(115200);                                //USART1 初始化
19
20     while(DHT11_Init())                                 //DHT11 初始化
21     {
22        printf("DHT11 Init Error!\r\n");
23        delay_ms(500);
24     }
25     printf("DHT11 Init Success!\r\n");
26
27     while(1)
28     {
29        tCount++;
30        if(tCount % 2000 == 0)                           //每隔 2s 读取一次
31        {
32           DHT11_Read_Data(&temperature,&humidity); //读取 DHT11 的温湿度值
33           sprintf(myString,"温度:%d,湿度:百分之%d\r\n",temperature,humidity);
34           printf("%s",myString);
35           LED1 = ~LED1;
36        }
37        delay_ms(1);
38     }
39  }
```

4. 观察试验现象

应用程序编译无误后，下载至开发板运行。打开上位机的串口调试助手，设置好波特率等参

数，可观察到图 4-1-8 所示的环境温湿度采集结果。

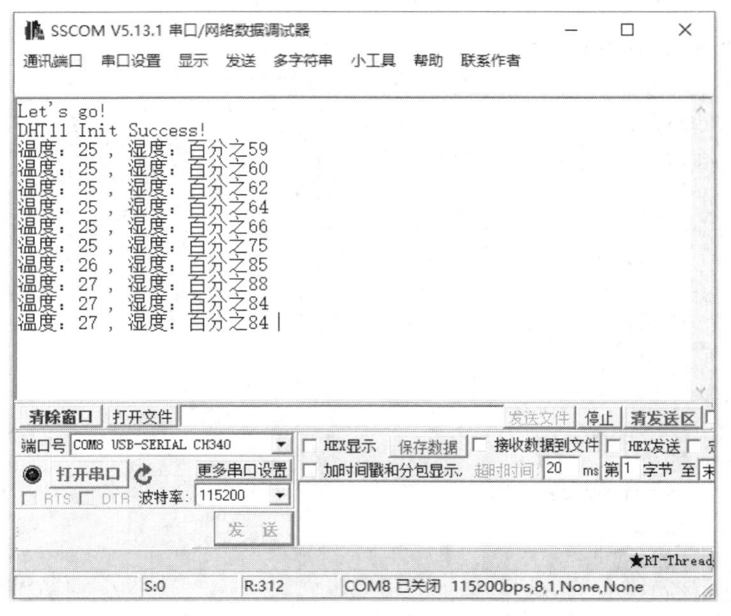

图4-1-8 环境温湿度采集结果

任务 4.2 环境光照强度监测的应用开发

4.2.1 任务分析

本任务要求设计一个应用程序，以实现对环境光照强度的监测。传感器硬件使用 ROHM 半导体公司的 BH1750 光照强度传感器模块，该模块如图 4-2-1 所示，图 4-2-1（a）为传感器模块正面，图 4-2-1（b）为传感器模块背面。

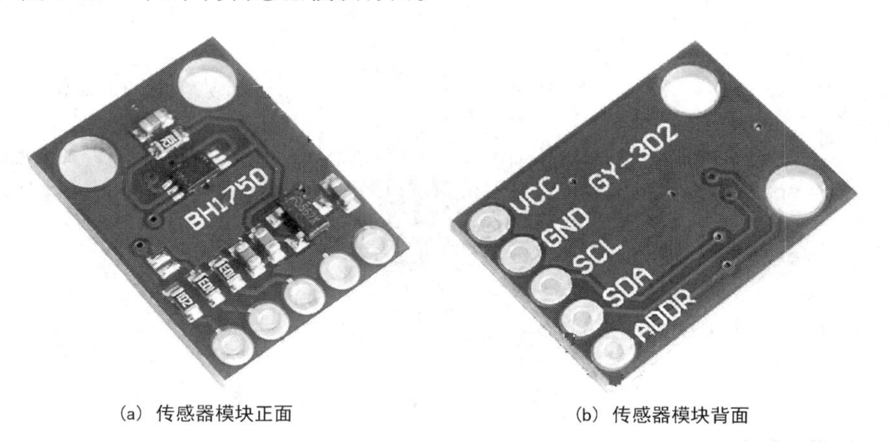

（a）传感器模块正面　　（b）传感器模块背面

图4-2-1 BH1750光照强度传感器模块

从图 4-2-1 中可以看到，BH1750 光照强度传感器模块有 5 个外部接口，分别是 V_{CC}、GND、

SCL、SDA 和 ADDR。该模块与微控制器的硬件接线如表 4-2-1 所示。

表 4-2-1 BH1750 光照强度传感器模块与微控制器的硬件接线

序号	传感器模块引脚	说明	外部连接
1	V_{CC}	电源输入	3.3～5V
2	GND	接地	GND
3	SCL	I^2C 总线的时钟线	微控制器 I^2C 总线的 SCL（本任务连接 PB6）
4	SDA	I^2C 总线的数据线	微控制器 I^2C 总线的 SDA（本任务连接 PB7）
5	ADDR	BH1750 的地址控制 ‘1’ 对应 1011100 ‘0’ 对应 0100011	微控制器的 GPIO 引脚（本任务连接 PG15）

任务要求微控制器每隔 2s 采集一次光照强度，数据转换为指定格式之后，通过 USART 发送到上位机显示。显示样例为“环境光照强度为：5368 Lx”。

本任务涉及的知识点有：

- I^2C 总线规范；
- BH1750 光照强度传感器的特性；
- 环境光照强度监测应用程序的编写方法。

4.2.2 知识链接

1. I^2C 总线规范

（1）I^2C 总线概述

I^2C (Inter-Integrated Circuit) 总线由 Philips 公司推出，在微电子通信控制领域有着广泛的应用。I^2C 总线是串行同步通信的一种类型，它具有双向、两线、多主控的特点，并具有总线仲裁机制，非常适合在器件之间进行近距离、非经常性的数据通信。

① I^2C 总线的连接方式

I^2C 总线上设备之间常用的连接方式如图 4-2-2 所示。

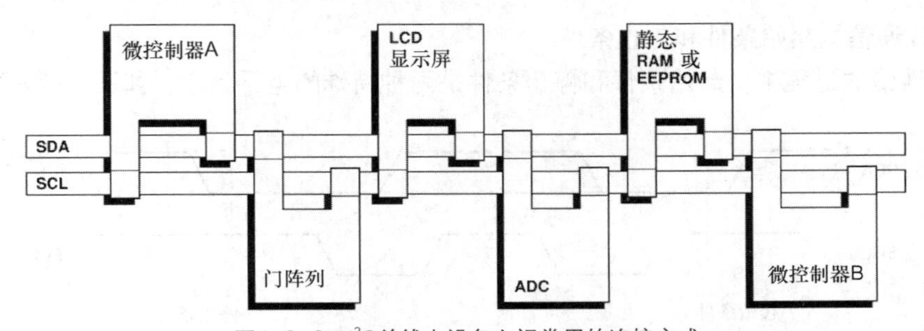

图4-2-2 I^2C总线上设备之间常用的连接方式

I^2C 总线是一个支持多设备的总线。从图 4-2-2 中可以看到，I^2C 总线连接了 2 个微控制器、1 个门阵列电路、1 个液晶（LCD）显示屏、1 个静态 RAM 或 EEPROM，这些设备共用一条 I^2C 总线。

② I^2C 总线物理层的特性

I^2C 总线的物理层具有以下特点。

- 一条 I^2C 总线只需要两条线路：双向串行数据线（SDA）和串行时钟线（SCL）。SDA 用于数据收发，SCL 用于数据收发的同步。
- 每个连接到总线的设备都有一个独立的地址，主机利用地址进行不同设备的访问控制。
- 总线通过上拉电阻连接至电源。I^2C 总线空闲时呈现高阻态，由上拉电阻将总线电平拉高。
- I^2C 总线支持多主机，如果两个或更多主机同时初始化数据传输时，总线通过冲突检测和仲裁方式决定由哪个设备占用总线。
- 8 位串行双向数据传输速率在标准模式下可达 100 kbit/s，快速模式下可达 400 kbit/s，而高速模式下则可达 3.4 Mbit/s。

③ I^2C 总线相关术语

I^2C 总线上的每个器件（无论是微控制器、LCD 驱动器、存储器或是键盘接口）都由一个唯一的地址进行识别，每个器件都可作为“发送器”或“接收器”（由器件的功能决定）。如 LCD 驱动器只能作为接收器，而存储器既可以作为接收器，也可以作为发送器。

I^2C 总线上除了“发送器”和“接收器”这两个概念之外，还有“主机”和“从机”的概念。所谓“主机”是初始化总线数据传输并产生允许传输的时钟信号的器件。“从机”则是所有被“主机”所寻址的器件。表 4-2-2 对 I^2C 总线的相关术语进行了归纳。

表 4-2-2　I^2C 总线相关术语

术语	描述
发送器	发送数据到总线上的器件
接收器	从总线上接收数据的器件
主机	初始化传输、产生允许传输的时钟信号和终止传输的器件
从机	被主机寻址的器件
多主机	同时有多于一个主机尝试控制总线，但不破坏报文
仲裁	当多个主机同时尝试控制总线，但只允许其中一个控制总线时报文不被破坏的过程
同步	两个或多个器件同步时钟信号的过程

（2）I^2C 通信的起始条件和停止条件

在 I^2C 通信的过程中，起始条件和停止条件是两种特殊的电平状态，如图 4-2-3 所示。

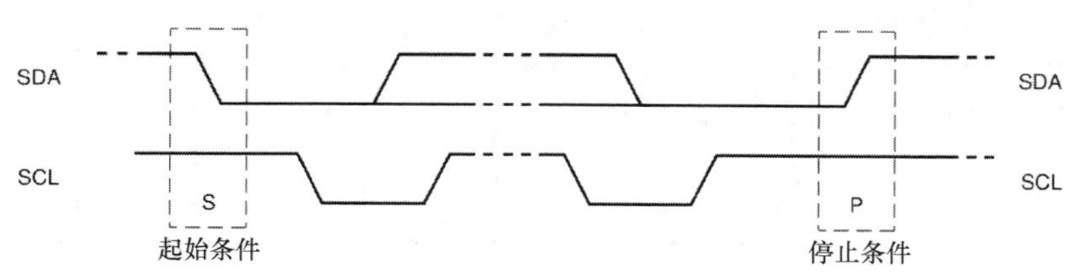

图4-2-3　I^2C通信的起始条件和停止条件

从图 4-2-3 中可以看到，起始条件被定义为当 SCL 为高电平时，SDA 由高电平向低电平切换，停止条件被定义为当 SCL 为高电平时，SDA 由低电平向高电平切换，它们一般均由主机产生。

（3）I^2C 总线的寻址和数据传输方向的表示

I^2C 总线上的每个器件都有一个独立的地址，主机发起通信时，通过 SDA 发送设备地址（slave address）进行从机的寻址。根据 I^2C 总线的通信协议可知，器件地址有两种形式，其长度分别为 7 bit 与 10 bit，在工程实践中前者应用较为广泛。

器件地址后面的一个数据位（第 8 位或第 10 位）用于表示数据的传输方向，我们一般称之为数据方向位（R/$\overline{W}$）。数据方向位为“1”时，主机由从机中读取数据；数据方向位为“0”时，主机向从机写入数据。从机地址和数据传输方向的表示如图 4-2-4 所示。

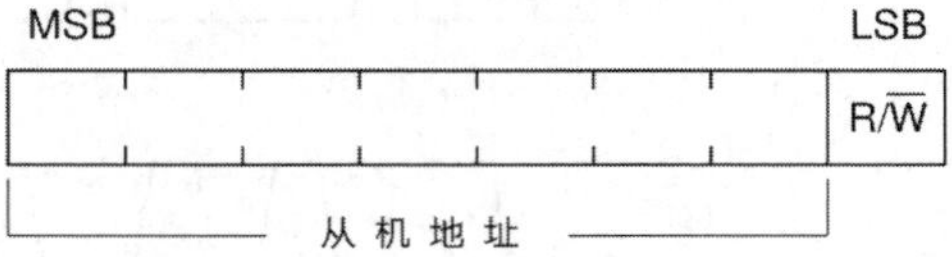

MSB　　LSB

R/$\overline{W}$

从机地址

图4-2-4　从机地址和数据传输方向的表示

（4）I^2C 通信的数据有效性

在 I^2C 通信中，SDA 用于数据传输，SCL 用于数据同步，SDA 在 SCL 的每个时钟周期传输 1 位数据。传输过程中，当 SCL 为高电平时，SDA 上的数据有效（高电平表示数据“1”，低电平表示数据“0”）；当 SCL 为低电平时，SDA 上的数据无效，实际应用中一般选择在这个时候进行 SDA 的电平切换，进而为下一位数据传输做好准备。图 4-2-5 展示了上述过程。

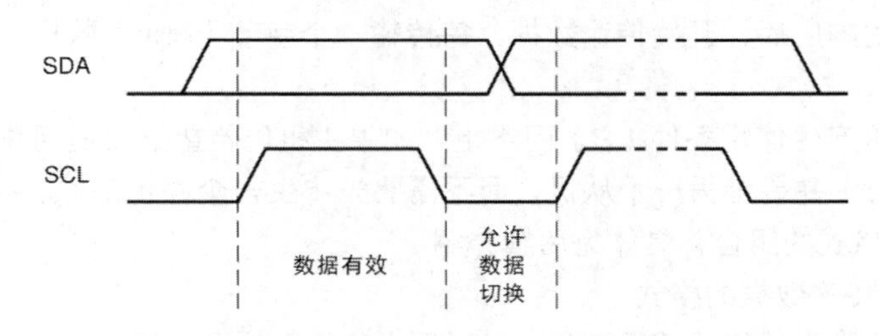

图4-2-5　I^2C通信的数据有效性

（5）I^2C 通信的响应

I^2C 总线上的数据通信必须带响应。响应时钟脉冲（如图 4-2-6 所示的 I^2C 通信响应的第 9 个时钟脉冲）由主机产生，在此脉冲期间发送器释放 SDA，保持高电平状态。

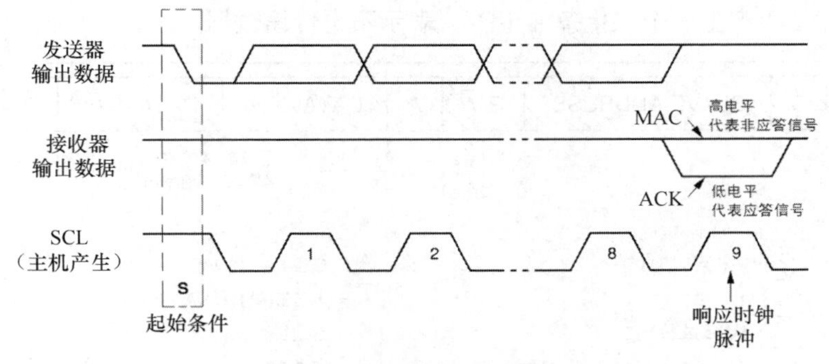

图4-2-6　I^2C通信的响应

响应包括应答信号（ACK）和非应答信号（NACK）两种。对接收器而言，当其接收完一个字节的数据之后，若希望发送器继续发送数据，则需要回复应答信号（ACK），发送器收到应答信号后会继续发送下一个数据。若接收器在接收完一个字节的数据之后，希望结束数据传输，则需要回复非应答信号（NACK），这样发送器收到该信号后则会产生一个“停止条件”，结束数据传输。

（6）I²C总线的数据传输时序与格式

① 完整的数据传输时序

I²C总线的数据传输遵循图4-2-7所示的时序。

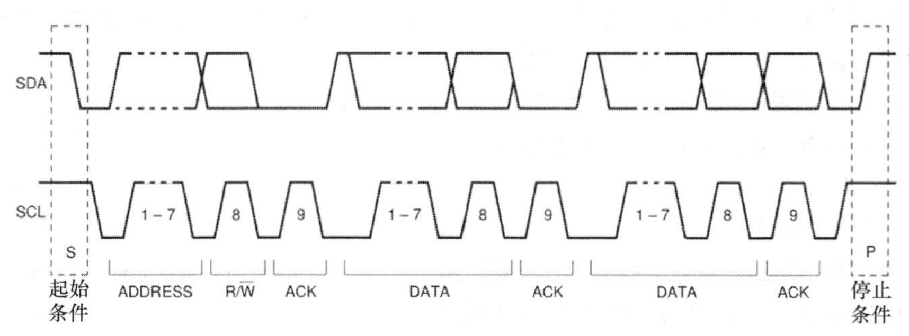

图4-2-7　I²C总线数据传输遵循的时序

主机在产生起始条件（S）后发送从机地址（7bit）和数据方向位（R/$\overline{W}$），然后释放SDA，并等待从机的响应。

主机收到从机的响应后，开始传输数据，每传输一个字节（8bit）数据，都要等待从机的应答信号。

数据传输由主机产生停止条件（P）而终止。如果主机仍希望继续占用总线，它可以直接产生重复起始条件（Sr）并寻址另一个从机，而不需要先产生一个停止条件。I²C总线的数据传输格式有不同的读/写格式的组合，具体见后续介绍。

② 主机向从机传输数据的格式

主机向从机传输数据的格式用于主机（发送器）传输数据到从机（接收器）的应用场合，且传输方向保持不变，具体数据格式如图4-2-8所示。主机在I²C总线上广播地址并收到从机的应答信号后，开始正式向从机传输数据（图4-2-8中的DATA），数据包的大小为8位，主机每发送完一个字节数据，都要等待从机的应答信号（图4-2-8中的A）。

主机通过重复上述数据传输过程，可以向从机传输n个字节的数据，n没有大小限制。当数据传输完毕后，主机产生一个停止条件（P），表示不再传输数据。

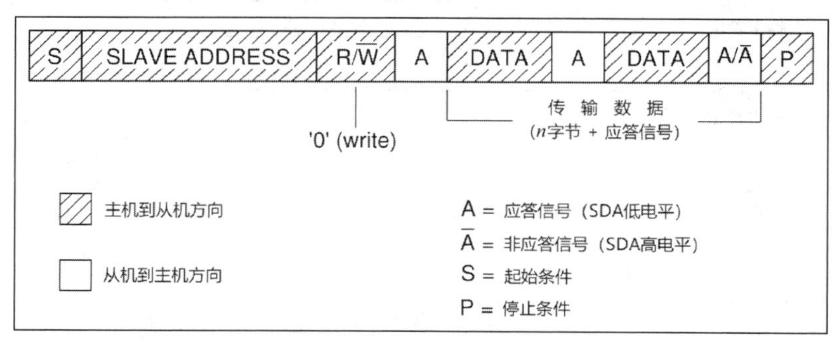

图4-2-8　主机向从机传输数据的格式

③ 主机自从机中读取数据的格式

主机自从机中读取数据的格式用于主机自从机中读取数据的应用场合，具体数据格式如

图 4-2-9 所示。主机在 I^2C 总线上广播地址并收到从机的应答信号后，从机开始向主机传输数据。此时主机（发送器）转变为从机（接收器），相应地从机（接收器）转变为主机（发送器）。从机每发送完一个字节的数据，都会等待主机的应答信号。

从机通过重复上述数据传输过程，可以向主机传输 n 个字节的数据，n 没有大小限制。当主机希望停止接收数据时，先向从机返回一个非应答信号（NACK），然后产生一个停止条件（P），表示结束数据传输。

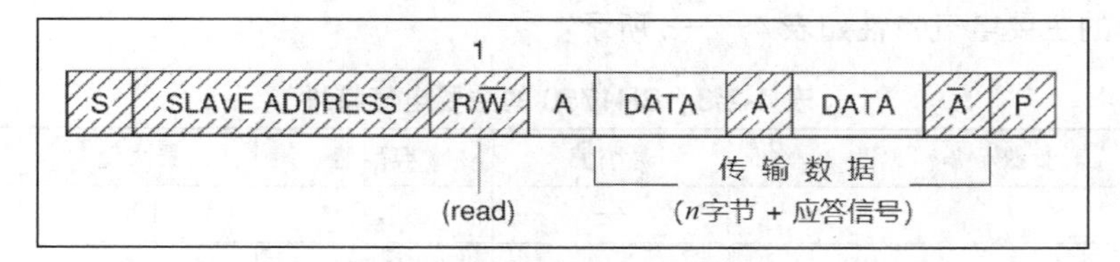

图4-2-9 主机自从机中读取数据的格式

④ 主机与从机通信的复合数据格式

在实际应用中，I^2C 通信的数据传输方向不是一成不变的，因此通信数据更多地使用了图 4-2-10 所示的复合数据格式。

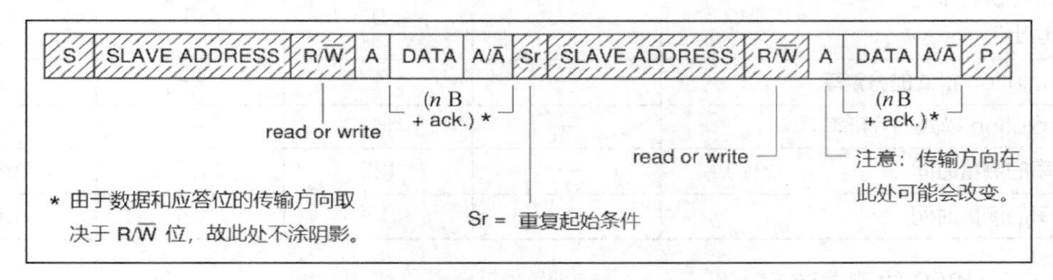

图4-2-10 主机与从机通信的复合数据格式

接下来以 MCU（主机）读写串行接口存储器（从机）为例，对图 4-2-10 中复合数据格式所涉及的通信过程进行介绍。

主机产生起始条件（S）之后，广播从机地址并明确数据传输方向为“写入（$\overline{W}$）”。收到从机的应答信号后，主机向从机传输数据，这段数据为“要操作的存储器地址”，数据长度不限。

由于 I^2C 总线上接下来的数据传输方向有变，因此主机产生重复起始条件（Sr）重新寻找从机，并明确此次的数据传输方向为“读取（R）”。收到从机的应答信号后，主机自从机内读取数据（指定存储器地址的内容），数据长度不限。

当主机希望停止接收数据时，先向从机返回一个非应答信号（NACK），然后产生一个停止条件（P），表示结束数据传输。

2. BH1750 环境光照强度传感器

（1）BH1750 概述

BH1750 是 ROHM 半导体公司出品的一款基于 I^2C 接口的数字式环境光照强度传感器。电子产品可根据 BH1750 采集的环境光照强度数据来调整 LCD 和键盘背光灯的亮度。BH1750 具有以下特点：

① 使用 I^2C 总线接口（支持全速和高速模式）；

② 拥有接近人眼视觉灵敏度的光谱灵敏度特性；

③ 可直接输出对应光照强度的数字值；

④ 具有宽泛的输入光范围（1~65535lx）且分辨率高；

⑤ 光源依赖性弱（可支持白炽灯、荧光灯、卤素灯、白光 LED 和日光灯等）；

⑥ 有两种可选的 I^2C 从机地址；

⑦ 受红外线的影响很小。

BH1750 的主要电气特性如表 4-2-3 所示：

表 4-2-3　BH1750 的主要电气特性

参数	最小值	典型值	最大值	单位
供电电流	—	120	190	μA
关机电流	—	0.01	1.0	μA
峰值灵敏度波长	—	560	—	nm
测量精度（传感器输出/实际光照度）	0.96	1.2	1.44	倍
环境全黑（0lx）时传感器输出值	0	0	3	lx
H-Resolution 模式的分辨率	—	1	—	lx
L-Resolution 模式的分辨率	—	4	—	lx
高分辨率的测量时间	—	120	180	ms
低分辨率的测量时间	—	16	24	ms

（2）BH1750 的测量流程

BH1750 的测量流程如图 4-2-11 所示，当 V_{CC} 和 DVI 供电后的初始状态为断电模式时发送“上电指令”，传感器切换为上电模式，此时可发送不同的测量指令使传感器完成诸如“单次测量”或“连续测量”等操作。

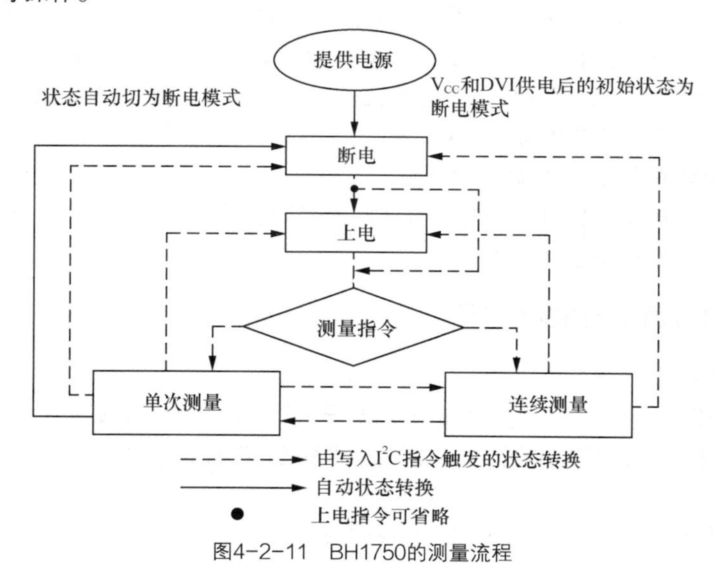

图4-2-11　BH1750的测量流程

（3）BH1750 的控制指令集

BH1750 的主要控制指令及其说明如表 4-2-4 所示。

表 4-2-4 BH1750 的主要控制指令及其说明

指令	指令码	说明
断电（PowerDown）	0000_0000(0x00)	非激活状态
通电（PowerOn）	0000_0001(0x01)	等待测量指令状态
复位（Reset）	0000_0111(0x07)	恢复数据寄存器的值（在断电模式下不可用）
连续高分辨率模式（Continuously H-Resolution Mode）	0001_0000(0x10)	分辨率 1lx，典型测量时间 120 ms
连续高分辨率模式 2（Continuously H-Resolution Mode2）	0001_0001(0x11)	分辨率 0.5 lx，典型测量时间 120 ms
连续低分辨率模式（Continuously L-Resolution Mode）	0001_0011(0x13)	分辨率 4 lx，典型测量时间 16 ms
单次高分辨率模式	0010_0000(0x20)	测量后自动切换为断电模式
单次高分辨率模式 2	0010_0001(0x21)	测量后自动切换为断电模式
单次低分辨率模式	0010_0011(0x23)	测量后自动切换为断电模式

（4）BH1750 应用实例

下面通过两个实例来说明主机控制 BH1750 运行在不同模式下的工作流程，流程涵盖“写入指令”到“读取测量结果”中间的各个环节。

① 连续高分辨率模式（ADDR 地址线为低电平）

图 4-2-12 展示了主机控制 BH1750 运行在连续高分辨率模式下的工作流程。

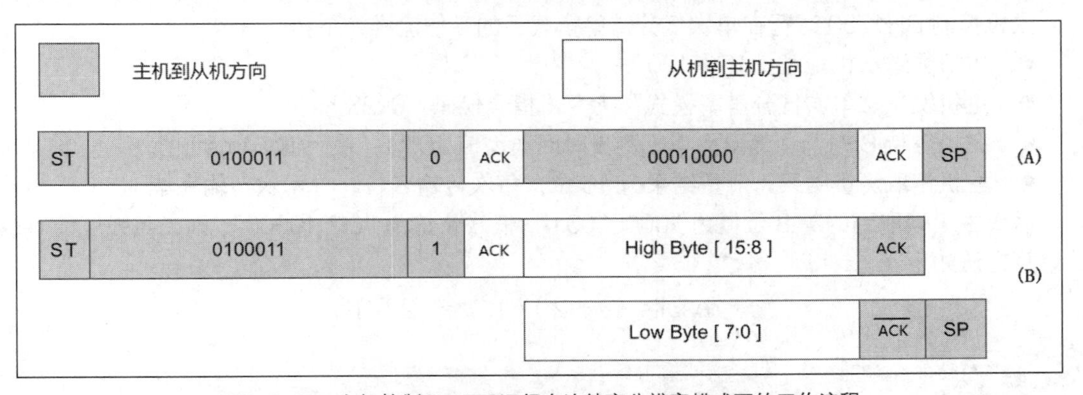

图4-2-12 主机控制BH1750运行在连续高分辨率模式下的工作流程

通过前面的学习我们知道，每个连接到 I^2C 总线的设备都有一个独立的地址，主机利用地址进行不同设备的访问控制。另外，BH1750 具有两种可选的 I^2C 从机地址：当 BH1750 的 ADDR 地址线为低电平时，使用从机地址“0100011”；当 BH1750 的 ADDR 地址线为高电平时，使用从机地址“1011100”。在图 4-2-12 展示的实例中，BH1750 的 ADDR 地址线为低电平。

主机控制 BH1750 运行在连续高分辨率模式下的工作流程如下：

- 主机发送从机地址“0100011”；
- 主机发送“连续高分辨率模式”指令（指令代码：0x10）；
- 主机等待 BH1750 测量完毕（测量时间典型值 120ms，最大值 180ms）；
- 主机读取测量结果（测量结果为 16 位，每次传输 8 位，分两次传输完毕）。

假设主机读取到的高 8 位值为“10000011”，低 8 位值为“10010000”，则光照强度值 result 的计算方法如下：

$$result=(2^{15}+2^{9}+2^{8}+2^{7}+2^{4})/1.2\approx 28067\ lx$$

注：上式中将读取到的测量值除以“1.2”后得到最终的光照强度值，其中除数“1.2”通过查表 4-2-3 可得。

② 单次低分辨率模式（ADDR 地址线为高电平）

图 4-2-13 展示了主机控制 BH1750 运行在单次低分辨率模式下的工作流程，此实例中 BH1750 的 ADDR 地址线为高电平。

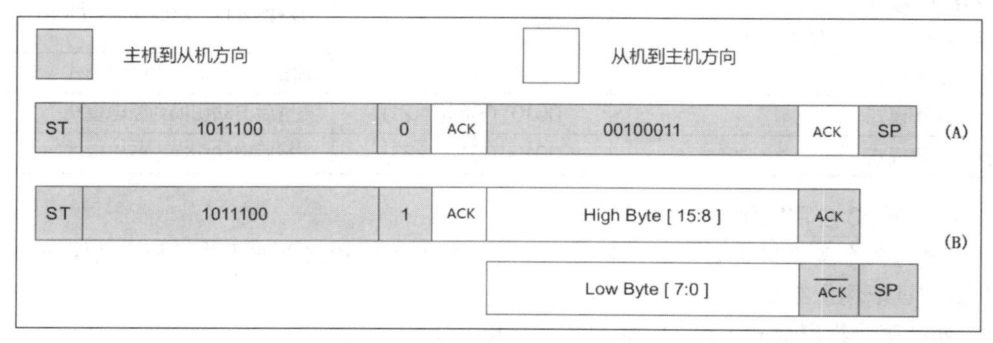

图4-2-13 主机控制BH1750运行在单次低分辨率模式下的工作流程

主机控制 BH1750 运行在单次低分辨率模式下的工作流程如下：

- 主机发送从机地址“1011100”；
- 主机发送“单次低分辨率模式”指令（指令代码：0x23）；
- 主机等待 BH1750 测量完毕（测量时间典型值 16ms，最大值 24ms）；
- 主机读取测量结果（测量结果为 16 位，每次传输 8 位，分两次传输完毕）。

假设主机读取到的高 8 位值为“00000001”，低 8 位值为“00010000”，则光照强度值 result 的计算方法如下：

$$result=(2^{8}+2^{4})/1.2\approx 227\ lx$$

注意

在单次测量模式下，BH1750 测量结束后将自动切换为断电模式。如果应用程序需要不间断地更新数据，则主机必须重新发送测量指令给 BH1750，控制其再次启动测量。

4.2.3 任务实施

1. 硬件连接

参照接线表 4-2-1 将 BH1750 光照强度传感器模块与 STM32F4 系列微控制器相连。

2. 编写 I²C 总线基本通信程序

在“HARDWARE”文件夹下新建“I²C”子文件夹，新建“bsp_iic.c”和“bsp_iic.h”两个文件，将它们加入工程中，并配置头文件包含路径。在“bsp_iic.c”文件中编写 I²C 总线的基本通信程序，这部分程序的函数清单如表 4-2-5 所示。

表 4-2-5　I²C 总线基本通信程序的函数清单

序号	函数原型	功能描述	参数说明	返回值说明
1	void IIC_Init(void)	I²C 相关引脚初始化	None	None
2	void SDA_IN(void)	设置 SDA 引脚为输入	None	None
3	void SDA_OUT(void)	设置 SDA 引脚为输出	None	None
4	void IIC_Start(void)	产生起始条件	None	None
5	void IIC_Stop(void)	产生停止条件	None	None
6	void IIC_SendACK(uint8_t ack)	发送响应	0：应答 1：非应答	None
7	uint8_t IIC_RecvACK(void)	接收响应	None	响应值
8	void IIC_SendByte(uint8_t data)	发送一个字节数据	要发送的数据	None
9	IIC_RecvByte(void)	接收数据	None	收到的数据

在“bsp_iic.c”文件中输入以下代码：

```
1    #include "bsp_iic.h"
2    #include "delay.h"
3
4    /**
5      * @brief    I²C 总线 SCL 和 SDA 引脚初始化
6      * @param    None
7      * @retval   None
8      */
9    void IIC_Init(void)
10   {
11       GPIO_InitTypeDef GPIO_InitStructure;
12       RCC_AHB1PeriphClockCmd(IIC_SCL_CLK | IIC_SDA_CLK,ENABLE);
13
14       // IIC_SCL:PB6 | IIC_SDA:PB7
15       GPIO_InitStructure.GPIO_Pin = IIC_SCL_PIN;
16       GPIO_InitStructure.GPIO_Mode = GPIO_Mode_OUT;
17       GPIO_InitStructure.GPIO_OType = GPIO_OType_PP;
18       GPIO_InitStructure.GPIO_Speed = GPIO_Speed_100MHz;
19       GPIO_Init(IIC_SCL_PORT, &GPIO_InitStructure);
20
21       GPIO_InitStructure.GPIO_Pin = IIC_SDA_PIN;
22       GPIO_Init(IIC_SDA_PORT, &GPIO_InitStructure);
23   }
```

```
24
25  /**
26    * @brief    将 SDA 引脚配置为输入
27    * @param    None
28    * @retval   None
29    */
30  void SDA_IN(void)
31  {
32      GPIO_InitTypeDef GPIO_InitStructure;
33      GPIO_InitStructure.GPIO_Pin = IIC_SDA_PIN;        //PB7 配置为输入
34      GPIO_InitStructure.GPIO_Mode = GPIO_Mode_IN;
35      GPIO_InitStructure.GPIO_PuPd = GPIO_PuPd_UP;
36      GPIO_Init(IIC_SDA_PORT, &GPIO_InitStructure);
37  }
38
39  /**
40    * @brief    将 SDA 引脚配置为输出
41    * @param    None
42    * @retval   None
43    */
44  void SDA_OUT(void)
45  {
46      GPIO_InitTypeDef GPIO_InitStructure;
47      GPIO_InitStructure.GPIO_Pin = IIC_SDA_PIN;        //PB7 配置为输出
48      GPIO_InitStructure.GPIO_Mode = GPIO_Mode_OUT;
49      GPIO_InitStructure.GPIO_OType = GPIO_OType_PP;
50      GPIO_InitStructure.GPIO_Speed = GPIO_Speed_100MHz;
51      GPIO_Init(IIC_SDA_PORT, &GPIO_InitStructure);
52  }
53
54  /**
55    * @brief    主机产生起始条件(S)
56    * @param    None
57    * @retval   None
58    */
59  void IIC_Start(void)
60  {
61      SDA_OUT();
62      IIC_SDA=1;
63      IIC_SCL=1;
64      delay_us(4);
65      IIC_SDA=0;        //START:when CLK is high, DATA change form high to low
66      delay_us(4);
67      IIC_SCL=0;        //钳住 I2C 总线，准备发送或接收数据
```

```
68  }
69
70  /**
71    * @brief    主机产生停止条件(P)
72    * @param    None
73    * @retval   None
74    */
75  void IIC_Stop()
76  {
77      SDA_OUT();
78      IIC_SDA=0;        //STOP:when CLK is high, DATA change form low to high
79      IIC_SCL=1;
80      delay_us(4);
81      IIC_SDA=1;        //发送 I2C 总线结束信号
82      delay_us(4);
83  }
84
85  /**
86    * @brief    主机发送响应 ACK 或 NACK
87    * @param    ack: 要发送的应答信号，1 对应 NACK，0 对应 ACK
88    * @retval   None
89    */
90  void IIC_SendACK(uint8_t ack)
91  {
92      SDA_OUT();
93      if(ack) IIC_SDA=1;  //写应答信号
94      else    IIC_SDA=0;
95      IIC_SCL=1;          //拉高时钟线
96      delay_us(2);        //延时
97      IIC_SCL=0;          //拉低时钟线
98      delay_us(2);        //延时
99  }
100
101 /**
102   * @brief    主机读取响应信号
103   * @param    None
104   * @retval   data: 返回的响应信号
105   */
106 uint8_t IIC_RecvACK(void)
107 {
108     uint8_t data;
109     SDA_IN();           //SDA 设置为输入
110     IIC_SCL=1;          //拉高时钟线
111     delay_us(2);        //延时
```

```
112     data = READ_SDA;            //读应答信号
113     IIC_SCL=0;                  //拉低时钟线
114     delay_us(2);                //延时
115     return data;
116 }
117 
118 /**
119   * @brief   I²C 发送一个字节
120   * @param   data：要发送的数据
121   * @retval  None
122   */
123 void IIC_SendByte(uint8_t data)
124 {
125     uint8_t i,bit;
126     SDA_OUT();                  //SDA 输出
127     for (i=0; i<8; i++)         //8 位计数器
128     {
129         bit=data&0x80;
130         if(bit)  IIC_SDA=1;
131         else     IIC_SDA=0;
132         data <<= 1;             //移出数据的最高位
133         IIC_SCL=1;              //拉高时钟线
134         delay_us(2);
135         IIC_SCL=0;
136         delay_us(2);
137     }
138     IIC_RecvACK();
139 }
140 
141 /**
142   * @brief   I²C 总线接收一个字节的数据
143   * @param   None
144   * @retval  接收到的数据
145   */
146 uint8_t IIC_RecvByte(void)
147 {
148     uint8_t i, data = 0;
149     SDA_IN();                   //SDA 设置为输入
150     IIC_SDA=1;                  //使能内部上拉，准备读取数据
151     for (i=0; i<8; i++)
152     {
153         data <<= 1;
154         IIC_SCL=1;              //拉高时钟线
155         delay_us(2);            //延时
```

```
156         if(READ_SDA)
157             data+=1;
158         IIC_SCL=0;                          //拉低时钟线
159         delay_us(2);                        //延时
160     }
161     return data;
162 }
```

在“bsp_iic.h”文件中输入以下代码：

```
1   #ifndef __BSP_IIC_H
2   #define __BSP_IIC_H
3   #include "sys.h"
4
5   #define IIC_SCL_CLK     RCC_AHB1Periph_GPIOB
6   #define IIC_SCL_PORT    GPIOB
7   #define IIC_SCL_PIN     GPIO_Pin_6
8
9   #define IIC_SDA_CLK     RCC_AHB1Periph_GPIOB
10  #define IIC_SDA_PORT    GPIOB
11  #define IIC_SDA_PIN     GPIO_Pin_7
12
13  #define IIC_SCL         PBout(6)
14  #define IIC_SDA         PBout(7)
15  #define READ_SDA        PBin(7)
16
17  void IIC_Init(void);                    //I2C相关引脚初始化
18  void SDA_IN(void);                      //设置SDA引脚为输入
19  void SDA_OUT(void);                     //设置SDA引脚为输出
20  void IIC_Start(void);                   //产生起始条件
21  void IIC_Stop(void);                    //产生停止条件
22  void IIC_SendACK(uint8_t ack);          //发送响应，应答（ACK）或者非应答（NACK）
23  uint8_t IIC_RecvACK(void);              //接收响应
24  void IIC_SendByte(uint8_t data);        //I2C发送一个字节的数据
25  uint8_t IIC_RecvByte(void);             //I2C接收数据
26
27  #endif
```

3. 编写与BH1750传感器读写控制相关的程序

在“HARDWARE”文件夹下新建“BH1750”子文件夹，新建“bh1750.c”和“bh1750.h”两个文件，将它们加入工程中，并配置头文件包含路径。在“bh1750.c”文件中编写与BH1750传感器读写控制相关的程序，输入以下代码：

```
1   #include "bsp_iic.h"
2   #include "bh1750.h"
3   #include "delay.h"
```

```
4
5   uint8_t BUF[3];                         //接收数据缓存区
6
7   /**
8     * @brief  向 BH1750 写入指令
9     * @param  Command：需要写入的指令
10    * @retval  None
11    */
12  void BH1750_Write_Command(uint8_t Command)
13  {
14      IIC_Start();                        //产生起始条件
15      IIC_SendByte(SlaveAddress);         //发送设备地址+写信号
16      IIC_SendByte(Command);              //发送指令
17      IIC_Stop();                         //产生停止条件
18  }
19
20  /**
21    * @brief  从 BH1750 中连续读取数据
22    * @param  None
23    * @retval None
24    */
25  void BH1750_Multiple_Read(void)
26  {
27      uint8_t i;
28      IIC_Start();                        //产生起始条件
29      IIC_SendByte(SlaveAddress + 1);     //发送设备地址+读信号
30      for (i=0; i<2; i++)                 //连续读取 2 个字节数据，存储在 BUF
31      {
32          BUF[i] = IIC_RecvByte();        //BUF[0]存储高 8 位的数据
33          if (i == 1)                     //BUF[1]存储低 8 位的数据
34              IIC_SendACK(1);             //最后一个数据需要回应 NACK
35          else
36              IIC_SendACK(0);             //回应 ACK
37      }
38      IIC_Stop();                         //产生停止条件
39      delay_ms(150);
40  }
41
42  /**
43    * @brief   BH1750 初始化(ADDR 地址线，进入通电模式)
44    * @param   None
45    * @retval  None
46    */
47  void BH1750_Init()
```

```
48 {
49    GPIO_InitTypeDef GPIO_InitStructure;
50    RCC_AHB1PeriphClockCmd(BH1750_ADDR_CLK,ENABLE);
51
52    GPIO_InitStructure.GPIO_Pin = BH1750_ADDR_PIN;  //ADDR 线 GPIO 初始化
53    GPIO_InitStructure.GPIO_Mode = GPIO_Mode_OUT;
54    GPIO_InitStructure.GPIO_OType = GPIO_OType_PP;
55    GPIO_InitStructure.GPIO_Speed = GPIO_Speed_100MHz;
56    GPIO_Init(BH1750_ADDR_PORT,&GPIO_InitStructure);
57
58    BH1750_Write_Command(BH1750_CMD_PowOn);      //使 BH1750 进入通电状态
59    ADDR = 0;                                    //将 ADDR 线初始化拉低
60 }
61
62 /**
63   * @brief  BH1750 测量一次光照强度
64   * @param  None
65   * @retval 16bit 测量的光照强度值
66   */
67 uint16_t BH1750_Measure(void)
68 {
69    float temp;
70    uint16_t light_ret, light_origin;            //测量的原始光照值
71
72    BH1750_Write_Command(BH1750_CMD_PowOn);      //Power on
73    BH1750_Write_Command(BH1750_CMD_ModeH1);     //H-Resolution Mode1
74    delay_ms(200);                               //等待 200ms 后读取结果
75    BH1750_Multiple_Read();                      //连续读出数据，存储在 BUF 中
76
77    light_origin = BUF[0];
78    light_origin = (light_origin<<8) + BUF[1]; //合成数据，即光照数据
79    temp = (double)light_origin / 1.2;
80    light_ret = (int)temp;
81    return light_ret;
82 }
```

在“bh1750.h”文件中输入以下代码：

```
1  #ifndef __BH1750_H
2  #define __BH1750_H
3  #include "sys.h"
4
5  #define BH1750_ADDR_CLK     RCC_AHB1Periph_GPIOG
6  #define BH1750_ADDR_PORT    GPIOG
7  #define BH1750_ADDR_PIN     GPIO_Pin_15
8
```

```
9   #define ADDR PGout(15)                   //ADDR 引脚:PG15
10  #define SlaveAddress    0x46             //BH1750 从机地址，ADDR 接低电平
11  //#define SlaveAddress    0xB8           //BH1750 从机地址，ADDR 接高电平
12
13  /**************************************************************/
14  //BH1750 Instruction Set    指令集定义
15  #define BH1750_CMD_AddWrite 0x46     //从机地址+写方向位
16  #define BH1750_CMD_AddRead  0x47     //从机地址+读方向位
17  #define BH1750_CMD_PowDown  0x00     //关闭模块
18  #define BH1750_CMD_PowOn    0x01     //打开模块等待测量指令
19  #define BH1750_CMD_Reset    0x07     //重置数据寄存器值 在 PowerOn 模式下有效
20  #define BH1750_CMD_ModeH1   0x10     //高分辨率模式 1，分辨率 1lx，测量时间 120ms
21  #define BH1750_CMD_ModeH2   0x11     //高分辨率模式 2，分辨率 0.5lx，测量时间 120ms
22  #define BH1750_CMD_ModeL    0x13     //低分辨率，分辨率 4lx，测量时间 16ms
23  #define BH1750_CMD_SigModeH   0x20   //一次高分辨率测量
24  #define BH1750_CMD_SigModeH   20x21  //同上类似
25  #define BH1750_CMD_SigModeL 0x23     //同上类似
26  /**************************************************************/
27
28  void BH1750_Init(void);                              //BH1750 初始化
29  void BH1750_Write_Command(uint8_t Command);          //BH1750 写入指令
30  void BH1750_Multiple_Read(void);                     //连续的读取内部寄存器数据
31  uint16_t BH1750_Measure(void);                       //BH1750 测量一次光照强度
32
33  #endif
```

4. 编写 main()函数

在“main.c”文件中输入以下代码：

```
1   #include "sys.h"
2   #include "delay.h"
3   #include "usart.h"
4   #include "led.h"
5   #include "bsp_iic.h"
6   #include "bh1750.h"
7
8   uint16_t bh1750Light = 0;              //采集的光照值，单位 lx
9   char myString[50] = {0};
10
11  int main(void)
12  {
13      delay_init(168);                   //延时函数初始化
14      LED_Init();                        //LED 端口初始化
15      USART1_Init(115200);               //USART1 初始化
16      IIC_Init();                        //I2C 总线初始化
```

```
17     printf("System Started!\r\n");
18
19     while(1)
20     {
21         bh1750Light = BH1750_Measure();
22         sprintf(myString,"光照强度值为: %d \r\n",bh1750Light);
23         printf("%s",myString);
24         delay_ms(1000);
25     }
26 }
```

5. 观察试验现象

应用程序编译无误后，下载至开发板运行。打开上位机的串口调试助手，设置好波特率等参数，即可在接收窗口中看到 STM32F4 系列微控制器上传的光照强度测量值，如图 4-2-14 所示。

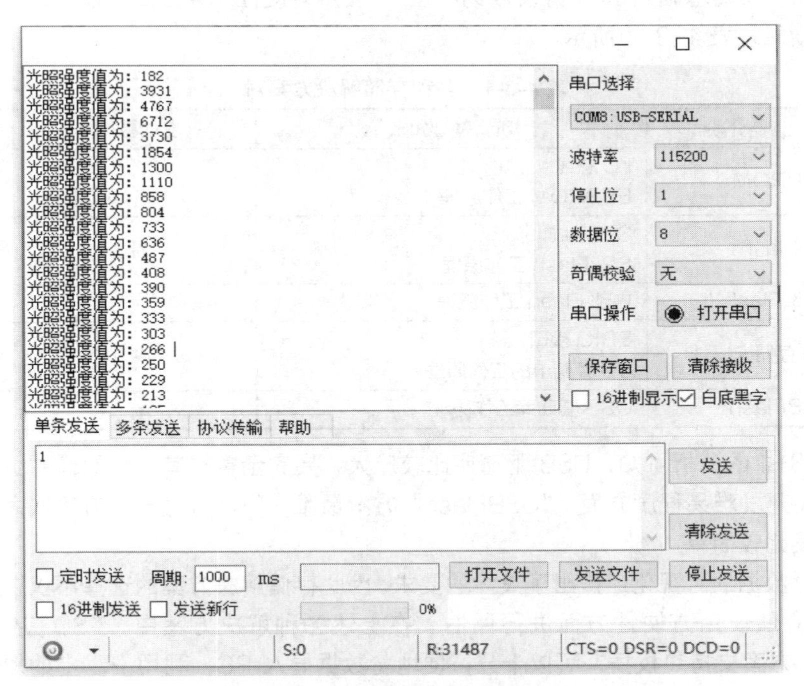

图4-2-14　BH1750测量的光照强度值

任务 4.3　环境参数持久化存储的应用开发

4.3.1　任务分析

本任务要求设计一个应用程序，以实现对采集到的环境参数进行持久化存储，并为后续的数据分析提供便利。具体要求如下。

系统每隔 1h 采集一次环境参数，并在数据前加入时间戳（即采集的日期与时间）后存入一种存储介质中。用户从存储介质中读出数据后可对其进行分析，如将某个时间段内的数据生成曲线图表并分析数据的走向趋势等。

分析本任务的要求，我们需要解决“存储介质的选择”与“存储格式的规划”两个问题。

1. 存储介质的选择

在 STM32F4 系列微控制器开发平台上常用的存储介质有以下几种：

- 基于 I^2C 总线的 EEPROM；
- 基于 SPI 总线的 SPIFlash；
- STM32F4 系列微控制器的内部 Flash；
- SD 存储卡；
- USBFlash（U 盘）。

接下来从“所需基础知识”“开发难易程度”“使用方便性”等方面对以上几种存储解决方案进行对比，结果如表 4-3-1 所示。

表 4-3-1　各种存储解决方案对比

序号	存储介质	所需基础知识	开发难易程度	使用方便性
1	EEPROM	I^2C 总线 EEPROM 工作原理	易	中
2	SPIFlash	SPI 总线 SPI Flash 工作原理	易	中
3	内部 Flash	内部 Flash 工作原理	易	中
4	SD 存储卡	SDIO 接口 SD 存储卡的工作原理	中	易
5	USBFlash	USB 驱动库工作原理	难	易

从表 4-3-1 的分析可知，USB 驱动库比较庞大，要完全掌握其工作原理并灵活应用比较不容易，因此在开发难易程度方面，“USBFlash”方案最难，“SD 存储卡”方案次之，其余 3 种存储方案的开发比较简单。

本任务对数据的可视化还提出了具体的要求，因此存储解决方案的选择不仅要考虑其开发难易程度，还应从使用方便性方面进行评估。在上述各种解决方案中，“SD 存储卡”方案与“USBFlash”方案支持热拔插，可以十分方便地将数据导入 PC，利用 PC 上的软件对数据进行分析和可视化呈现，它们在使用方便性方面具有很大的优势。

综上所述，“SD 存储卡”方案可更好地满足本任务的要求。

2. 存储格式的规划

通过“存储介质的选择”部分的分析，我们确定了本任务使用“SD 存储卡”方案。

SD 存储卡上的数据存储通常使用两种格式：一种是二进制格式，另一种是字符格式。对这两种格式从“占用空间”“解析难易程度”“阅读直观性”“复制便利性”等方面进行对比，我们可以得到表 4-3-2 所示的结果。

表 4-3-2　两种数据存储格式对比

序号	存储格式	占用空间	解析难易程度	阅读直观性	复制便利性
1	二进制	小	中	差	差
2	字符	大	优	优	优

从表 4-3-2 可知，“二进制”格式的数据存储占用空间小。而数据以“字符”格式进行存储时需要增加分隔符来提高其阅读的直观性，这就占用了额外的存储空间。但是，“字符”格式相对“二进制”格式在解析难易程度和复制便利性方面具有绝对的优势。

综上所述，选取“字符”格式作为本任务的数据存储格式。同时，我们需要在应用程序中加入“文件系统”支持，才能将数据以“字符”格式存储在 SD 存储卡上。

根据任务要求，我们可规划数据的存储格式如下：

year;month-day;hour;temp;humi;light（年；月-日；小时；温度；湿度；光照强度）

即在采集的环境参数（温度、湿度和光照强度）前加上“年、月、日和小时”信息作为时间戳，以便区分各个时段的数据。各数据段之间采用“;”作为分隔符，“月”与“日”之间使用“-”作为分割。数据存入 SD 存储卡中的文本文档（.txt）中，每行存一条数据。

本任务涉及的知识点有：

- SD 存储卡的工作原理；
- STM32F4 系列微控制器的 SDIO 接口功能特性；
- STM32F4 标准外设库中 SDIO 相关内容介绍；
- RTC（实时时钟）的配置与编程使用；
- FatFs 文件系统模块的移植与编程应用。

4.3.2　知识链接

1. SD 存储卡介绍

（1）SD 存储卡概述

SD 存储卡（SecureDigital Memory Card）的全称是“安全数字存储卡”，简称 SD 卡。它由日本松下电器、东芝和美国 SanDisk 公司于 1999 年 8 月共同开发出来，是一种基于 Flash 存储器的新一代存储设备。SD 存储卡具备体积小、数据传输速度快和可热拔插等优良特性，因此被广泛地应用于便携式装置上，如数码相机、移动电话和多媒体播放器等。

SD 存储卡规范定义了 3 种容量等级的 SD 存储卡，各容量等级的图标如图 4-3-1 所示。

第一种是标准容量的 SD 存储卡（Standard Capacity SD Memory Card，SDSC），如图 4-3-1（a）所示，它支持最大 2GB 容量；

第二种是高容量的 SD 存储卡（High Capacity SD Memory Card，SDHC），如图 4-3-1（b）所示，它支持 2～32GB 容量；

第三种是扩展容量的 SD 存储卡（Extended Capacity SD Memory Card，SDXC），如图 4-3-1（c）所示，它支持 32GB～2TB 容量。

SD 协会发布的《SD 存储卡物理层简易规范》（以下简称 SD 规范）文件划分了 SD 存储卡的速度等级，并对其最低工作性能进行了定义。图 4-3-2 展示了 SD 存储卡的速度等级划分及其应用范围。

（a）SD存储卡标准容量图标　（b）SD存储卡高容量图标　（c）SD存储卡扩展容量图标

图4-3-1　SD存储卡各容量等级的图标

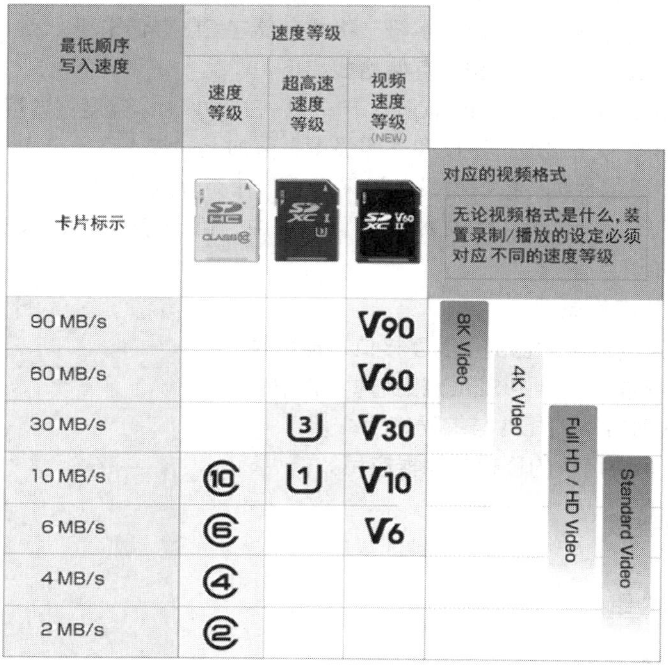

最低顺序写入速度	速度等级			
	速度等级	超高速速度等级	视频速度等级（NEW）	
卡片标示	SDHC CLASS⑩	SDXC I U3	SDXC V60 II	对应的视频格式 无论视频格式是什么，装置录制/播放的设定必须对应不同的速度等级
90 MB/s			V90	8K Video
60 MB/s			V60	4K Video
30 MB/s		U3	V30	Full HD / HD Video
10 MB/s	⑩	U1	V10	Standard Video
6 MB/s	⑥		V6	
4 MB/s	④			
2 MB/s	②			

图4-3-2　SD存储卡的速度等级划分及其应用范围

从图 4-3-2 中可以看到，SD 规范根据最低顺序写入速度的不同，将 SD 存储卡的速度划分为以下 3 个等级。

第一是“基本速度等级”。它主要针对 SDHC，分为 Class 2、Class 4、Class 6 和 Class 10 等几个等级，对应的最低顺序写入速度分别为 2 MB/s、4 MB/s、6 MB/s 和 10 MB/s。另外，还有一种图中未出现的 Class 0 等级，其对应传输速度为 2 MB/s 以下。

第二是“超高速速度等级”。它主要针对支持 UHS-I 传输标准的 SDXC，分为 UHS Speed Class 1 和 UHS Speed Class 3 两种等级，对应的最低顺序写入速度分别为 10 MB/s 和 30 MB/s。

第三是“视频速度等级”。它主要针对支持 UHS-II 传输标准的 SDXC，分为 V6、V10、V30、V60 和 V90 等几个等级。这些速度等级的 SD 存储卡主要被应用于 4K 和 8K 影像录制的场景。

（2）SD 总线

① SD 总线拓扑

SD 存储卡在物理层支持安全数字输入/输出（Secure Digital Input/Output，SDIO）接口与串行外围设备（Serial Peripheral Interface，SPI）接口。本书的讲解与实践基于 STM32F4 开发板，开发板上配备了一个 MicroSD 存储卡的卡槽，其通过 SDIO 接口与微控制器连接。主机（微控制器）与 SD 存储卡之间通过 SDIO 接口进行数据传输的性能优于 SPI，因此本书只介绍基于 SDIO 接口的 SD 存储卡的读写。图 4-3-3 展示了基于 SDIO 接口的主机与 SD 存储卡的连接。

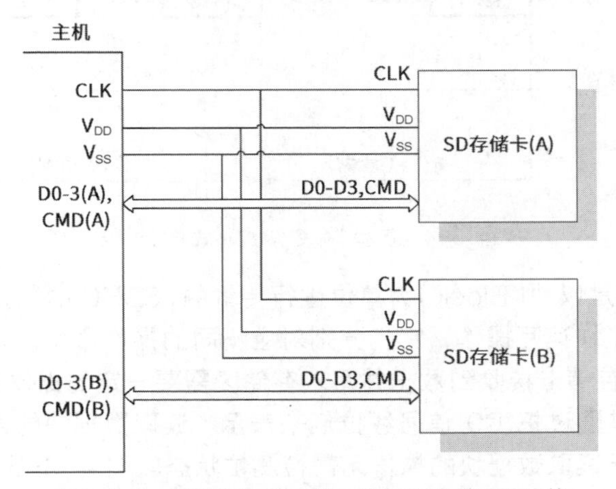

图4-3-3　基于SDIO接口的主机与SD存储卡的连接

从图 4-3-3 中可以看到，SDIO 接口的信号线主要有以下 5 条。

- SDIO_CLK：时钟线，其上传输的时钟信号由 SDIO 主机产生。
- SDIO_CMD：命令线，SDIO 主机通过该信号线发送命令控制 SD 存储卡，同时 SD 存储卡通过该信号线返回响应信号。
- SDIO_D0~D3：数据线，它用于传输读写的数据。
- V_{DD}：电源线。
- V_{SS}：地线。

② SD 总线协议

在 SD 总线上，主机与 SD 存储卡之间的通信是通过传输命令与数据来实现的，它基于“命令/响应”式的工作机制，有 3 个基本要素。

- 命令：命令是开启一项操作的信令，它由主机发起，包含广播命令（发给所有连接的卡）和点对点命令（发给一张卡）两种。命令在 CMD 信号线上通过串行的方式传输。
- 响应：响应是一种由“选定的卡”或“所有连接的卡”传回主机的信令，它用于响应之前收到的命令。响应也在 CMD 信号线上通过串行的方式传输。
- 数据：数据可由 SD 存储卡传输到主机，也可由主机传输到 SD 存储卡，它通过 D0~D3 数据线进行传输。

SD 总线通信时序的逻辑很简单，不论是主机向 SD 存储卡方向传输或者反向传输，数据都以 CLK 时钟线上升沿为有效。数据通信由起始位“0”开始，以停止位“1”作为终止符号。数据通信的流程一般是由主机向 SD 存储卡发送一个命令（Command），SD 存储卡在收到命令后作出响应（Response），如有需要还将加入数据（Data）传输环节。下面对 SD 总线通信中常见的几种通信过程进行介绍。

基本“命令/响应”式通信过程如图 4-3-4 所示，该图展示了“无响应命令”和“无数据传输”的通信过程。

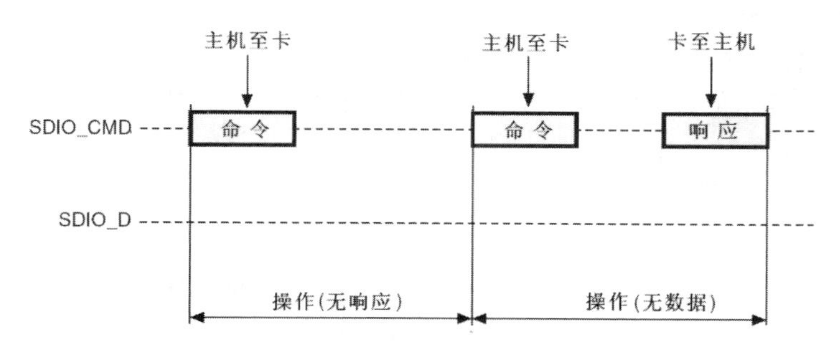

图4-3-4 基本“命令/响应”式通信过程

SD存储卡的数据是以块(Block)为单位进行传输的，SDHC的数据块长度一般为512B。数据传输支持单块和多块读写操作，它们分别对应不同的操作命令，多块读写操作需要使用停止命令来结束。SD存储卡接收到数据并写入存储区需要一定的操作时间，因此在数据写入前需要检测忙状态，其通过把D0信号线拉低来表示。读取数据块的操作与写入数据块的操作类似，不同之处在于读取数据块的操作无需检测忙状态。图4-3-5和图4-3-6分别展示了SD总线中主机读取和写入多个数据块的操作过程，整个过程体现了“命令/响应”式的工作机制。

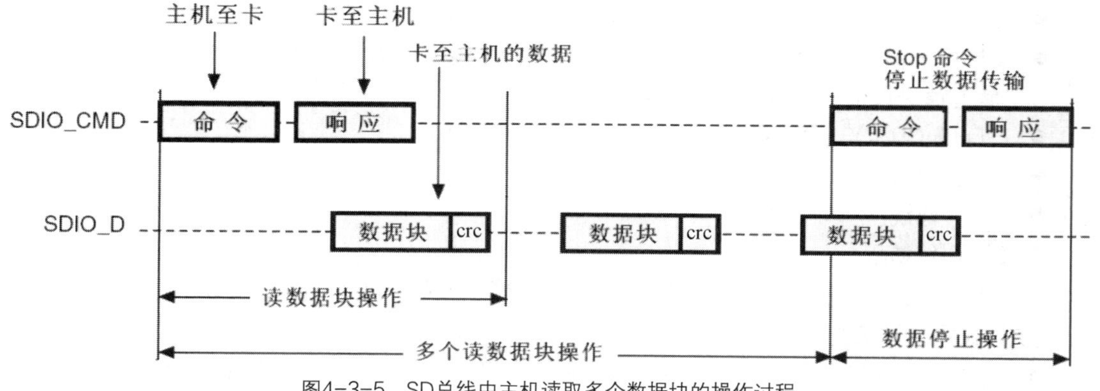

图4-3-5 SD总线中主机读取多个数据块的操作过程

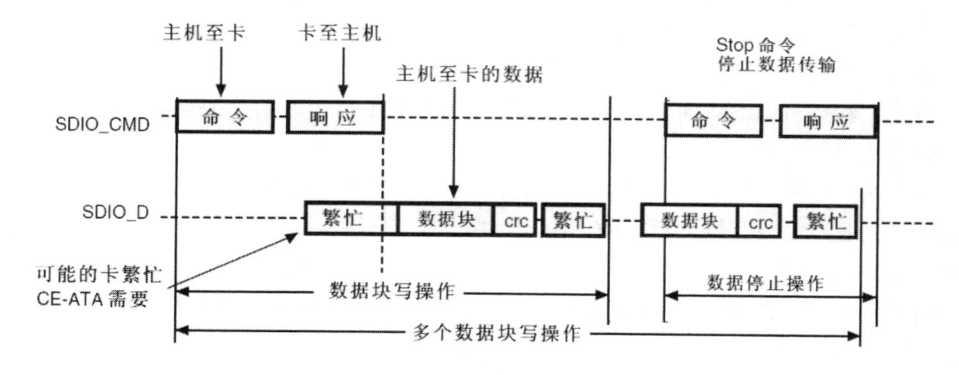

图4-3-6 SD总线中主机写入多个数据块的操作过程

（3）SD 存储卡的引脚分配与寄存器

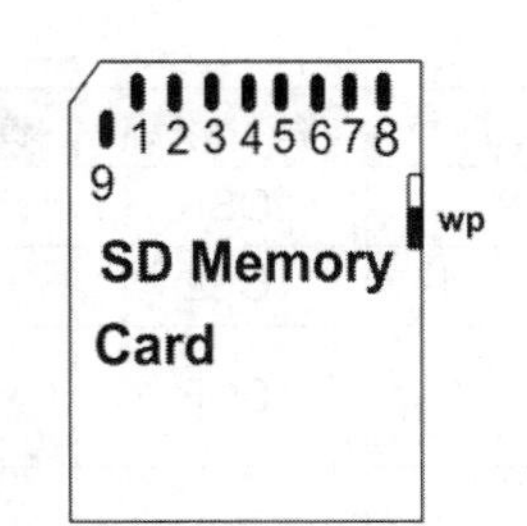

图4-3-7　标准大小的SD存储卡的外形与接口定义

标准大小的 SD 存储卡的外形与接口定义如图 4-3-7 所示，从该图中可以看到，标准 SD 存储卡上有 9 个引脚和 1 个写保护拨码开关，它支持 SDIO 与 SPI 两种通信模式，各引脚的功能描述见表 4-3-3。

注意事项说明如下。

① 引脚类型说明：I 为输入，O 为推挽输出，PP 为推挽输入/输出。

② DAT 数据线（DAT0~DAT3）在刚上电时工作在输入模式，当主机配置完数据位宽为 4 位后才工作在数据线模式。

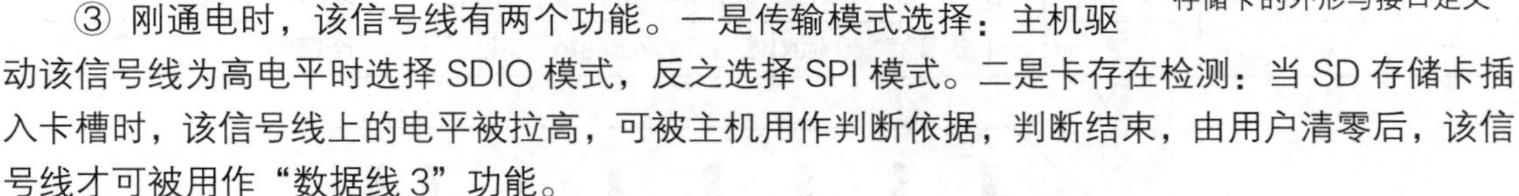

③ 刚通电时，该信号线有两个功能。一是传输模式选择：主机驱动该信号线为高电平时选择 SDIO 模式，反之选择 SPI 模式。二是卡存在检测：当 SD 存储卡插入卡槽时，该信号线上的电平被拉高，可被主机用作判断依据，判断结束，由用户清零后，该信号线才可被用作“数据线 3”功能。

表 4-3-3　标准大小的 SD 存储卡各引脚功能描述

引脚编号	SDIO 模式			SPI 模式		
	引脚名称	引脚类型	功能描述	引脚名称	引脚类型	功能描述
1	CD/DAT3③	I/O/PP	卡存在检测/数据线 3	CS	I	芯片选择（低电平）
2	CMD	I/O/PP	命令/响应	DI	I	数据输入
3	VSS1	S	地线	VSS	S	地线
4	VDD	S	电源	VDD	S	电源
5	CLK	I	时钟线	SCLK	I	时钟线
6	VSS2	S	地线	VSS2	S	地线
7	DAT0②	I/O/PP①	数据线 0	DO	O/PP	数据输出
8	DAT1	I/O/PP	数据线 1	RSV	—	保留功能
9	DAT2	I/O/PP	数据线 2	RSV	—	保留功能

SD 存储卡的物理结构如图 4-3-8 所示，从图中可以看到，一张 SD 存储卡包含存储单元、存储单元接口、卡接口控制单元、接口驱动器和电源检测 5 个组成部分。各组成部分的功能如下。

- 存储单元：用于存储数据，由 NANDFlash 构成。
- 存储单元接口：用于存储单元与卡接口控制单元之间的连接。
- 卡接口控制单元：用于控制 SD 存储卡的工作状态，内部含 8 个寄存器。
- 接口驱动器：用于控制 SD 存储卡各引脚的输入输出。
- 电源检测：用于保证 SD 存储卡工作在合适的电压下，当出现掉电或刚通电的情况时，它会复位卡接口控制单元和存储单元接口。

SD 存储卡各寄存器的功能描述如表 4-3-4 所示。

表 4-3-4　SD 存储卡各寄存器的功能描述

序号	寄存器名称	位宽/bit	功能描述
1	CID	128	卡识别号(Card Indentification Number)，用于识别卡的独立号码，具有唯一性
2	RCA	16	相对卡地址(Relative Card Address)，卡的本地系统地址，初始化时，由 SD 存储卡动态生成，并由主机核准

续表

序号	寄存器名称	位宽/bit	功能描述
3	DSR	16	驱动级寄存器(Driver Stage Register)，用于配置卡的输出驱动
4	CSD	128	卡特定数据(Card Specific Data)，指明了卡操作条件的相关信息
5	SCR	64	SD 配置寄存器(SD Configuration Register)，指明了 SD 存储卡的特殊特性信息
6	OCR	32	操作条件寄存器(Operation Conditions Register)，指明了访问 SD 存储卡时所需的电压范围
7	SSR	512	SD 状态寄存器(SD Status Register)，指明了卡专有的特征信息
8	CSR	32	卡状态寄存器(Card Status Register)，指明了卡状态信息

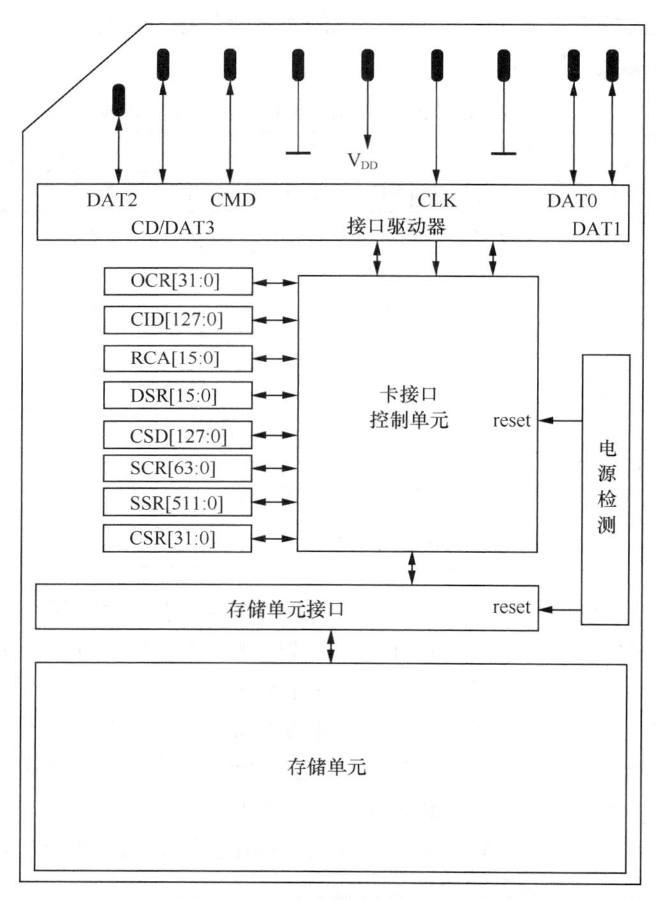

图4-3-8 SD存储卡的物理结构

（4）SD 命令

① 命令类型

SD 命令有 4 种类型。

- 无响应广播命令（Broadcast Commands，bc）：发送到所有连接到系统的卡，不返回响应。

- 带响应广播命令（Broadcast Commands with Cesponses，bcr）：发送到所有连接到系统的卡，同时接收来自所有卡的响应。
- 寻址命令（Addressed Commands，ac）：发送到选定的卡，DAT 信号线上无数据传输，又称点对点（Point to Point）命令。
- 寻址数据传输命令（Addressed Data Transfer Commands，adtc）：发送到选定的卡，DAT 信号线上有数据传输。

另外，SD 规范中定义了两种类型的通用命令：特定应用命令(ACMD)和常规命令(GEN_CMD)。若要使用 SD 存储卡制造商特定的 ACMD（如 ACMD8），则需要在发送该命令前先发送 CMD55，告知 SD 存储卡接下来的命令为特定应用命令。CMD55 只对跟随的第一条命令有效，SD 存储卡如果检测到 CMD55 之后第一条命令为 ACMD，则执行其特定应用命令；反之，则执行常规命令。

② 命令格式

SD 命令的长度固定为 48 bit，它只在 CMD 信号线上传输。表 4-3-5 展示了具体的命令格式。

表 4-3-5　SD 命令格式

位号	47	46	[45:40]	[39:8]	[7:1]	0
位宽/bit	1	1	6	32	7	1
值	‘0’	‘1’	x	x	x	‘1’
描述	起始位	传输标志	命令索引号	地址信息/命令参数	CRC7 校验	终止位

从表 4-3-5 可知，SD 命令由下列部分组成。

- 起始位和终止位：它们的数据位宽都是 1 bit，起始位的值为‘0’，终止位的值为‘1’。
- 传输标志：该标志占 1bit，用于区分传输方向。值‘1’表示命令，方向为主机到 SD 存储卡；值‘0’表示响应，方向为 SD 存储卡到主机。
- 命令索引号：这部分内容固定占用 6 bit，对应 64 个命令（CMD0~CMD63）。
- 地址信息/命令参数：这部分内容用于指定命令的“地址信息或者命令参数”，它因命令类型的不同而存在差异。如广播命令不需要地址信息，因此这部分内容用于指定命令参数；而寻址命令中这部分内容用于指定目标 SD 存储卡的地址。
- CRC7 校验：这部分内容用于验证命令传输内容的正确性。如果在数据传输过程中个别位的值因传输错误而改变，则命令的 CRC7 校验将不通过，其也不会被执行。

③ 详细的命令描述

表 4-3-6 列出了 SD 存储卡常用命令的具体信息，更多详细的内容可参考《SD 简易规格书》的说明。

表 4-3-6　SD 存储卡常用命令的具体信息

命令序号	类型	参数	响应	缩写	描述
基本命令(Class 0)					
CMD0	bc	[31:0]填充位	—	GO_IDLE_STATE	复位所有的卡到“idle”状态
CMD2	bcr	[31:0]填充位	R2	ALL_SEND_CID	通知所有卡通过 CMD 线返回 CID 值

续表

命令序号	类型	参数	响应	缩写	描述
基本命令(Class 0)					
CMD3	bcr	[31:0]填充位	R6	SEND_RELATIVE_ADDR	通知所有卡发布新 RCA
CMD4	bc	[31:16]DSR [15:0]填充位	—	SET_DSR	编程所有卡的 DSR
CMD7	ac	[31:16]RCA [15:0]填充位	R1b	SELECT/DESELECT_CARD	根据 RCA 地址“选择/取消选择”卡
CMD8	bcr	[31:12]保留位 [11:8]VHS [7:0]检查模式	R7	SEND_IF_COND	发送 SD 卡接口条件，包含主机支持的电压信息，并询问卡是否支持
CMD9	ac	[31:16]RCA [15:0]填充位	R2	SEND_CSD	选定卡通过 CMD 线发送 CSD 内容
CMD10	ac	[31:16] RCA[15:0]填充位	R2	SEND_CID	选定卡通过 CMD 线发送 CID 内容
CMD12	ac	[31:0]填充位	R1b	STOP_TRANSMISSION	强制卡停止传输
CMD13	ac	[31:16]RCA [15:0]填充位	R1	SEND_STATUS	选定卡通过 CMD 线发送它状态寄存器
CMD15	ac	[31:16]RCA [15:0]填充位	—	GO_INACTIVE_STATE	使选定卡进入“inactive”状态
面向块的读操作(Class 2)					
CMD16	ac	[31:0]块长度	R1	SET_BLOCK_LEN	对于标准 SD 卡，设置块命令的长度，SDHC 卡块命令长度固定为 512B
CMD17	adtc	[31:0]数据地址	R1	READ_SINGLE_BLOCK	对于标准 SD 卡，读取 SEL_BLOCK_LEN 长度字节的块；对于 SDHC 卡，读取 512B 的块
CMD18	adtc	[31:0]数据地址	R1	READ_MULTIPLE_BLOCK	连续从 SD 卡读取数据块，直到被 CMD12 中断。块长度同 CMD17
面向块的写操作(Class 4)					
CMD24	adtc	[31:0]数据地址	R1	WRITE_BLOCK	对于标准 SD 卡，写入 SEL_BLOCK_LEN 长度字节的块；对于 SDHC 卡,写入 512B 的块
CMD25	adtc	[31:0]数据地址	R1	WRITE_MILTIPLE_BLOCK	连续向 SD 卡写入数据块，直到被 CMD12 中断。块长度同 CMD17
CMD27	adtc	[31:0]填充位	R1	PROGRAM_CSD	对 CSD 的可编程位进行编程
擦除命令(Class 5)					
CMD32	ac	[31:0]数据地址	R1	ERASE_WR_BLK_START	设置擦除的起始块地址
CMD33	ac	[31:0]数据地址	R1	ERASE_WR_BLK_END	设置擦除的结束块地址
CMD38	ac	[31:0]填充位	R1b	ERASE	擦除预先选定的块

续表

命令序号	类型	参数	响应	缩写	描述
加锁命令(Class 7)					
CMD42	adtc	[31:0]保留	R1	LOCK_UNLOCK	加锁/解锁 SD 卡
特定应用命令(Class 8)					
CMD55	ac	[31:16]RCA [15:0]填充位	R1	APP_CMD	指定下个命令为特定应用命令，不是常规命令
CMD56	adtc	[31:1]填充位 [0]读/写	R1	GEN_CMD	常规命令，或者特定应用命令中，用于传输一个数据块，最低位为 1 表示读数据，为 0 表示写数据
SD 卡特定应用命令					
ACMD6	ac	[31:2]填充位 [1:0]总线宽度	R1	SET_BUS_WIDTH	定义数据总线宽度 ('00'=1bit,'10'=4bit)
ACMD13	adtc	[31:0]填充位	R1	SD_STATUS	发送 SD 状态
ACMD41	bcr	[32]保留位 [30]HCS(OCR[30]) [29:24]保留位 [23:0]VDD 电压 (OCR[23:0])	R3	SD_SEND_OP_COND	主机要求卡发送它的支持信息(HCS)和 OCR 内容
ACMD51	adtc	[31:0]填充位	R1	SEND_SCR	读取 SCR

（5）SD 响应

SD 响应的传输方向是“SD 存储卡到主机”，它通过 CMD 信号线传输，多用于反馈 SD 存储卡的状态信息。SDIO 接口支持 7 种响应类型（R1~R7），但 SD 存储卡不支持 R4 和 R5 类型的响应。

从表 4-3-6 可知，不同的命令对应不同的响应类型。如主机发送 CMD2 命令至 SD 存储卡，会得到 R2 类型的响应。按照响应内容的长短来分，可将 SD 响应分为短响应和长响应，其长度分别为 48 bit 和 136 bit。表 4-3-7 列出了 SD 存储卡所支持的各类型响应的具体信息。

表 4-3-7　SD 存储卡所支持的各类型响应的具体信息

R1(正常响应命令)						
描述	起始位	传输位	命令号	卡状态	CRC7	终止位
位号	47	46	[45:40]	[39:8]	[7:1]	0
位宽/bit	1	1	6	32	7	1
值	‘0’	‘0’	x	x	x	‘1’
备注	如果有数据传输到卡，则数据线中可能有 busy 信号					
R2(CID，CSD)						
描述	起始位	传输位	保留	卡状态		终止位
位号	135	134	[133:128]	[127:1]		0
位宽/bit	1	1	6	127		1

续表

R2(CID，CSD)					
描述	起始位	传输位	保留	卡状态	终止位
值	‘0’	‘0’	"111111"	x	‘1’
备注	CID 内容作为 CMD2 和 CMD10 响应，CSD 寄存器内容作为 CMD9 响应				

R3(OCR)						
描述	起始位	传输位	保留	卡状态	保留	终止位
位号	47	46	[45:40]	[39:8]	[7:1]	0
位宽/bit	1	1	6	32	7	1
值	‘0’	‘0’	"111111"	x	"1111111"	‘1’
备注	OCR 的值作为 ACMD41 的响应					

R6(发布的 RCA 响应)							
描述	起始位	传输位	CMD3	RCA	卡状态	CRC7	终止位
位号	47	46	[45:40]	[39:8]		[7:1]	0
位宽/bit	1	1	6	16	16	7	1
值	‘0’	‘0’	"000011"	x	x	x	‘1’
备注	专用于命令 CMD3 的响应						

R7(发布的 RCA 响应)								
描述	起始位	传输位	CMD8	保留	接收电压	检测模式	CRC7	终止位
位号	47	46	[45:40]	[39:20]	[19:16]	[15:8]	[7:1]	0
位宽/bit	1	1	6	20	4	8	7	1
值	"0"	"0"	"001000"	"00000h"	x	x	x	"1"
备注	专用于命令 CMD8 的响应，返回卡支持电压范围和检测模式							

（6）SD 存储卡的操作模式与状态转换

《SD 简易规格书》规定了 SD 存储卡的两种操作模式：卡识别模式和数据传输模式。系统复位后，主机处于卡识别模式，寻找总线上可用的 SD 存储卡。此时 SD 存储卡也处于卡识别模式，直至被主机成功识别才转为数据传输模式。当总线上所有的卡都被识别之后，主机也将进入数据传输模式。

表 4-3-8 列出了 SD 存储卡的操作模式与状态的关联，每个卡状态都与一种操作模式相关联。

表 4-3-8　SD 存储卡的操作模式与状态的关联

SD 存储卡操作模式	SD 存储卡状态
无效模式（Inactive Mode）	无效状态（Inactive State）
卡识别模式（Card Identification Mode）	空闲状态（Idle State）
	准备状态（Ready State）
	识别状态（Identification State）

续表

SD 存储卡操作模式	SD 存储卡状态
数据传输模式（Data Transfer Mode）	待机状态（Stand-by State）
	传输状态（Transfer State）
	发送数据状态（Sending-data State）
	接收数据状态（Receive-data State）
	编程状态（Programming State）
	断开连接状态（Disconnect State）

① 卡识别模式

在卡识别模式下，主机会复位所有处于“卡识别模式”的 SD 存储卡，确认其工作电压范围，识别卡类型，并获取卡相对地址。图 4-3-9 展示了 SD 存储卡的卡识别模式的状态转换。

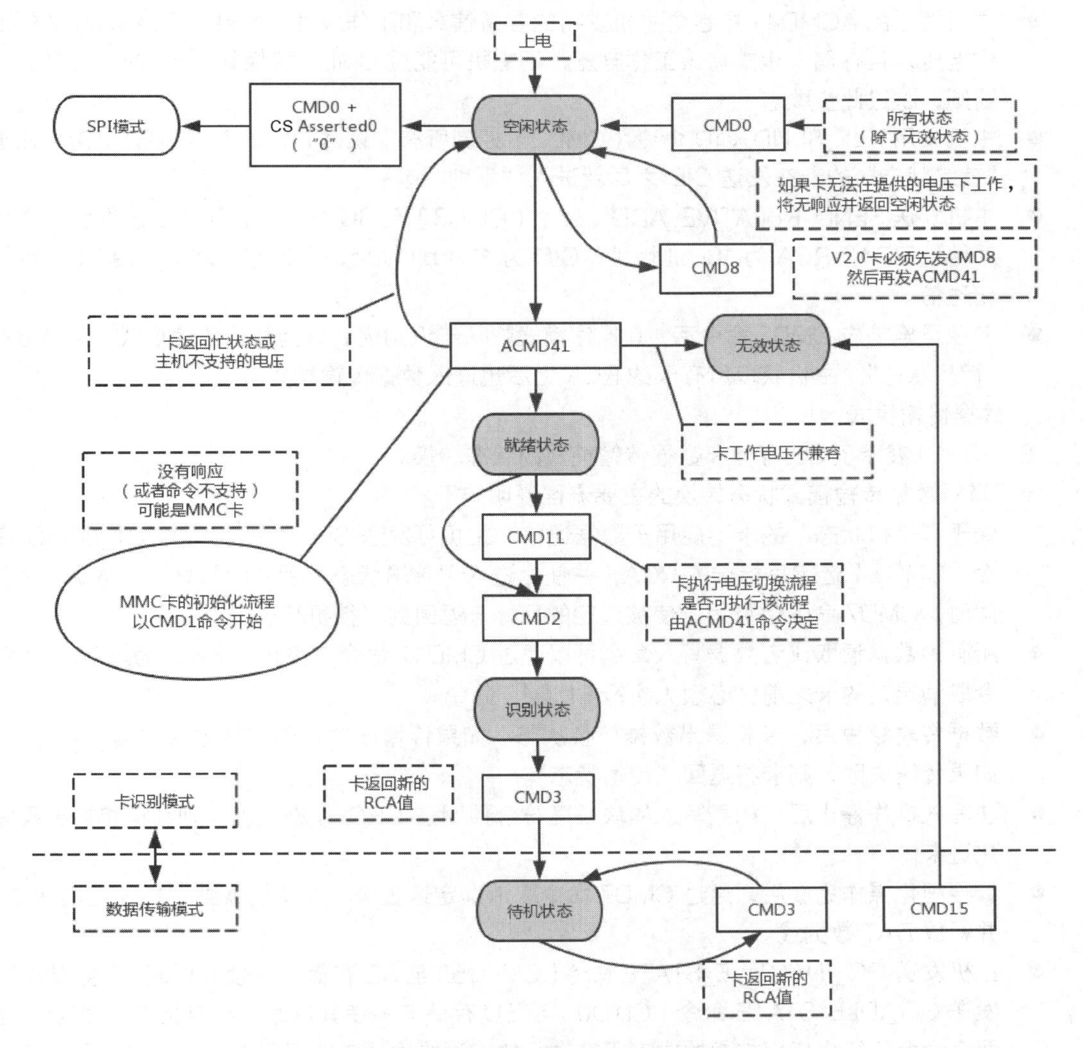

图4-3-9 SD存储卡的卡识别模式的状态转换

接下来对卡识别模式的状态转换的主要流程进行说明。

- 通电后所有卡默认处于“空闲状态”。另外，主机也可发送 GO_IDLE_STATE 命令（CMD0）让所有卡软复位而进入“空闲状态”。
- 在主机与卡进行通信之前，双方需要事先确定所支持的电压范围。主机发送 SEND_IF_COND 命令（CMD8）至 SD 存储卡，卡根据命令参数检测双方所支持电压的匹配性。如果卡支持主机电压，则产生响应，否则不响应。CMD8 是 SD 存储卡标准 V2.0 才有的新命令，因此如果主机接收到该命令的响应，则可以判断卡为 V2.0 或更高版本的 SD 存储卡(非 MMC 卡)。
- 主机在确认卡所支持的电压与自身可以匹配之后，发送 SD_SEND_OP_COND 命令（ACMD41）至 SD 存储卡，进一步明确卡支持的电压范围。同时，主机还可根据该命令的响应判断 SD 存储卡的类型是 SDSC 还是 SDHC。在这步操作之后，与工作电压不兼容的卡将进入“无效状态”，而正确响应该命令的卡则进入“就绪状态”。
- 主机发送的 ACMD41 中包含主机支持的容量信息和工作条件，如果主机请求 1.8V 的工作电压，且存储卡也支持该工作电压，则主机可能过 CMD1 切换到 1.8V 的工作电压；否则，跳过此步骤。
- 主机使用 ALL_SEND_CID 命令（CMD2）控制所有卡返回它们的卡识别号(CID)，处于“就绪状态”的卡在发送 CID 之后就进入“识别状态”。
- 主机发送 SEND_RELATIVE_ADDR 命令（CMD3）至 SD 存储卡，让卡自己推荐一个相对地址 RCA。RCA 为 16 bit 地址，CID 为 128 bit 地址，主机与卡之间使用 RCA 可简化通信。
- 卡在正确响应 CMD3 命令后，其操作模式就从卡识别模式转为数据传输模式，并停留在“待机状态”。主机获取所有卡的 RCA 之后也进入数据传输模式。

② 数据传输模式

图 4-3-10 展示了 SD 存储卡数据传输模式的状态转换。

接下来对数据传输模式状态转换的主要流程说明如下。

- 处于“待机状态”的卡不能用于数据通信。主机可发送 SELECT/DESELECT_CARD 命令（CMD7）选定目标卡的 RCA，并使之进入“传输状态”后才能与之进行数据交互。同时，CMD7 命令也可用于使被选定的目标卡返回到“待机状态”。
- 所有的数据读取或者数据写入命令可以通过 CMD12 命令来终止，而且在通过 CMD7 命令取消选定的卡之前，必须先执行 CMD12 命令。
- 数据传输结束后，卡将退出数据接收状态。如果传输成功，则卡将进入“编程状态”；如果传输失败，则卡将返回“传输状态”。
- 块写入操作停止后，如果写入的块长度符合预期且 CRC 校验正确，则数据将被编程固化进卡内。
- 编程固化操作完成后，通过 CMD7 命令取消选定这张卡，卡将切换到“断开连接状态”并释放 DAT 数据线。
- 主机发送 GO_INACTIVE_STATE 命令（CMD15）至 SD 存储卡将使其返回“无效状态”，发送 GO_IDLE_STATE 命令（CMD0）至 SD 存储卡将使其返回“空闲状态”。即：上述两个命令将终止任何挂起的或者正在进行的编程操作，使卡返回卡识别模式。需要注意的是，这个操作有可能会损坏卡上的数据内容。

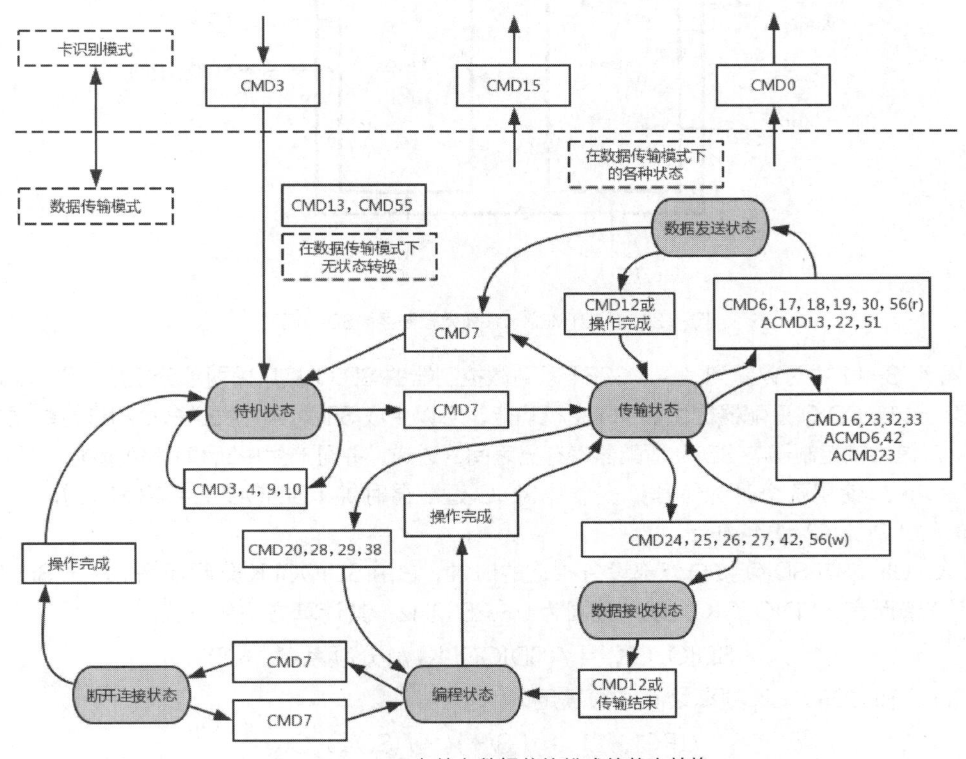

图4-3-10　SD存储卡数据传输模式的状态转换

2. STM32F4 系列微控制器 SDIO 接口的功能特性

（1）STM32F4 系列微控制器的 SDIO 框图

STM32F4 系列微控制器配备一个安全数字输入输出（SDIO）主机接口，它可提供 APB2 与多媒体卡（MMC）、SD 存储卡、SDI/O 卡以及 CE-ATA 设备之间的接口。

STM32F4 系列微控制器的 SDIO 接口具有以下特性。

- 完全兼容多媒体卡系统规范版本 4.2，卡支持 3 种不同数据总线模式：1 位（默认）、4 位和 8 位。
- 完全兼容先前版本的多媒体卡（向前兼容性）。
- 完全兼容 SD 存储卡规范版本 2.0。
- 完全兼容 SD I/O 卡规范版本 2.0，卡支持两种不同数据总线模式：1 位（默认）和 4 位。
- 完全支持 CE-ATA 功能（完全符合 CE-ATA 数字协议版本 1.1）。
- 对于 8 位模式，数据传输高达 48 MHz。
- 数据和命令输出使能信号，控制外部双向驱动程序。

图 4-3-11 展示了 STM32F4 系列微控制器的 SDIO 框图。

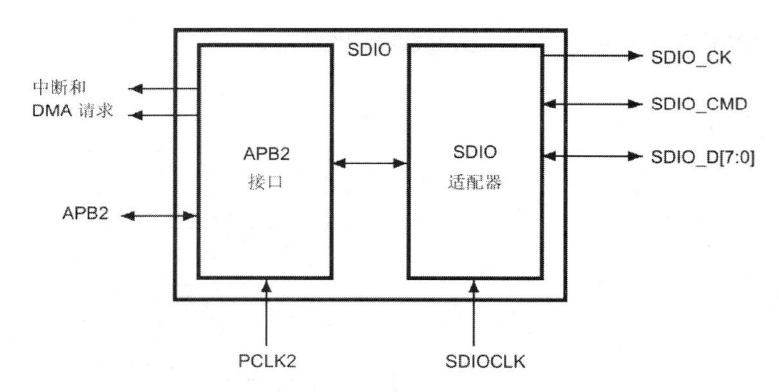

图4-3-11 STM32F4系列微控制器的SDIO框图

从图 4-3-11 中可以看到，STM32F4 系列微控制器的 SDIO 接口由两部分组成：SDIO 适配器和 APB2 接口。SDIO 适配器提供 SDIO 主机功能，可以生成 SD 时钟、发送命令和进行数据传输。APB2 接口提供微控制器与 SDIO 适配器寄存器之间的通道，并可产生中断和 DMA 请求信号。

SDIO 接口使用两个时钟信号：一个是 SDIO 适配器时钟（SDIOCLK= 48 MHz），另一个是 APB2 时钟（PCLK2 =84 MHz）。

SDIO_CK 是与 SDIO 接口外部设备相连的时钟，它由 SDIOCLK 分频而来。对于 SD 存储卡和 SD I/O 卡而言，SDIO_CK 的频率范围为 0~25 MHz，其计算方法如下：

$$f(\text{SDIO\_CK}) = f(\text{SDIOCLK}) / (\text{分频系数} + 2)$$

PCLK2 和 SDIO_CK 频率之间必须满足以下条件：

$$f(\text{PCLK2}) \geqslant (3/8) \times f(\text{SDIO\_CK})$$

（2）STM32F4 系列微控制器的 SDIO 适配器

SDIO 适配器是 SD 存储卡与 MMC 总线的主设备，它提供主机与 MMC 堆栈或 SD 存储卡的接口。该适配器由 5 个单元组成：适配器寄存器模块、控制单元、命令路径单元、数据路径单元和数据 FIFO，具体结构框架如图 4-3-12 所示。

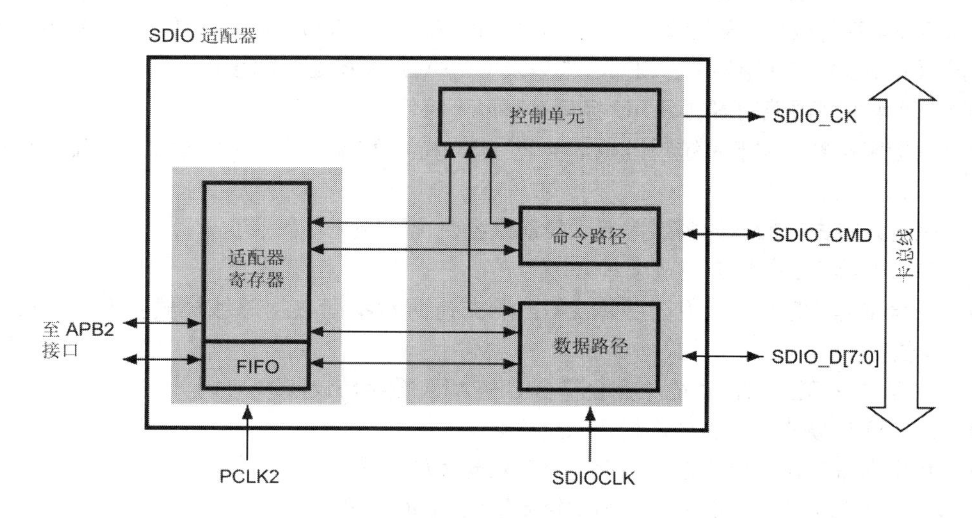

图4-3-12 STM32F4系列微控制器的SDIO适配器结构框架

适配器寄存器模块包含控制 SDIO 接口外设的各种控制寄存器和状态寄存器。在实际的编程应用中，开发者需要先了解各寄存器的作用，然后使用 STM32F4 标准外设库提供的库函数对它们进行配置。

控制单元包含电源管理子单元和时钟管理子单元。电源管理子单元根据适配器寄存器模块中的寄存器配置参数，开启/关闭 SDIO 适配器的电源；时钟管理子单元则负责控制并生成 SDIO 适配器与 SD 存储卡之间的同步时钟信号 SDIO_CK。

命令路径单元用于向卡发送命令并从卡接收响应，它的结构框图如图 4-3-13 所示。

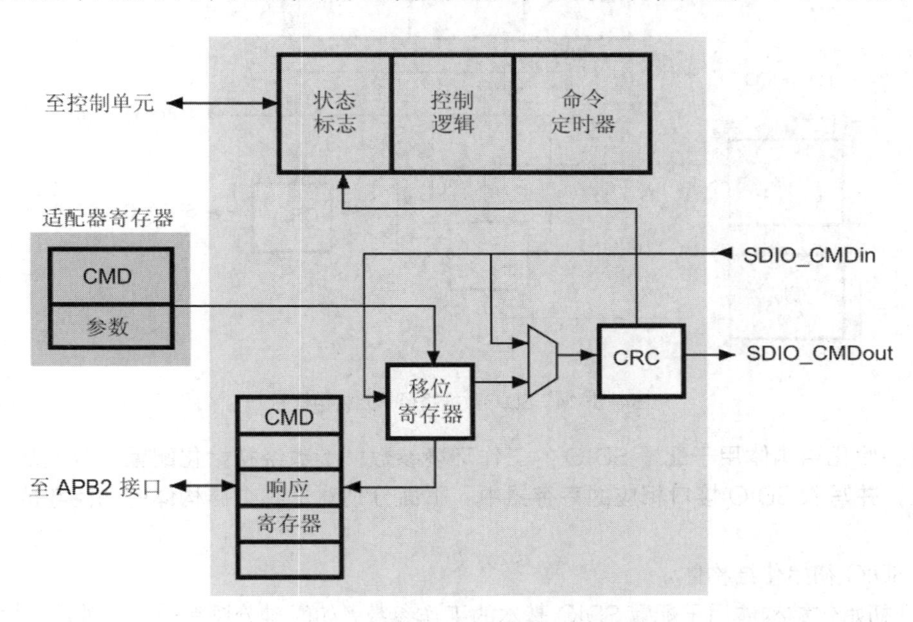

图4-3-13 SDIO命令路径单元结构框图

STM32F4 的 SDIO 适配器使用命令路径状态机(Command Path State Machine，CPSM)来描述 SDIO 适配器的状态变化，并加入了等待超时检测功能，避免出现永久等待的情况。CPSM 可实现主机向 SD 存储卡发送命令与接收响应的自主状态切换，因此在程序中加入 CPSM 可极大地简化用户的编程操作。STM32F4 的标准外设库中 SDIO 相关驱动文件已实现了 CPSM 功能，用户可通过软件配置将此功能加入自己的应用程序中。CPSM 状态转换图可参考《STM32F4xx 中文参考手册》中 SDIO 接口章节的内容。

数据路径单元负责与 SD 存储卡进行数据传输，它的结构框图如图 4-3-14 所示。

STM32F4 的 SDIO 适配器使用数据路径状态机（DataPathStateMachine，DPSM）来描述数据发送与接收过程中的状态变化，并加入了等待超时检测功能，避免出现永久等待的情况，具体的 DPSM 状态转换图可参考《STM32F4xx 中文参考手册》中 SDIO 接口章节的内容。

数据先进先出（FIFO）单元是一个数据缓冲器（带发送单元和接收单元），它包含一个宽度为 32bit、深度为 32B 的数据缓冲器和发送/接收逻辑。

3. STM32F4 标准外设库中 SDIO 接口相关的内容介绍

STM32F4 标准外设库为 SDIO 接口提供了 3 个初始化结构体，它们分别是：

- SDIO 初始化结构体（SDIO_InitTypeDef）;
- SDIO 命令初始化结构体（SDIO_CmdInitTypeDef）;
- SDIO 数据初始化结构体（SDIO_DataInitTypeDef）。

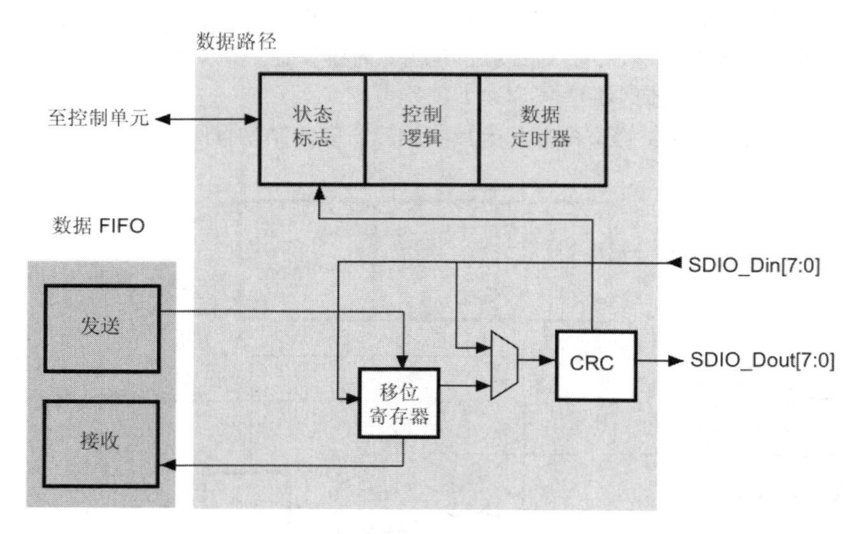

图4-3-14　SDIO数据路径单元结构框图

上述初始化结构体用于配置 SDIO 的工作环境参数，参数经初始化配置函数或功能函数部署后生效，并写入 SDIO 接口相应的寄存器中。下面分别对这几个结构体的功能与成员变量进行介绍。

（1）SDIO 初始化结构体

SDIO 初始化结构体用于配置 SDIO 基本的工作参数，如时钟分频系数、时钟沿、数据宽度、是否启用硬件流控制、是否启用节能模式等。该结构体所配置的参数经 SDIO_Init()函数部署后生效，其原型定义如下：

```
typedef struct {
    uint32_t SDIO_ClockEdge;                    //时钟沿
    uint32_t SDIO_ClockBypass;                  //旁路时钟
    uint32_t SDIO_ClockPowerSave;               //节能模式
    uint32_t SDIO_BusWide;                      //数据宽度
    uint32_t SDIO_HardwareFlowControl;          //硬件流控制
    uint8_t SDIO_ClockDiv;                      //时钟分频
} SDIO_InitTypeDef;
```

接下来对 SDIO 初始化结构体各成员变量的作用进行介绍。

① SDIO_ClockEdge

数据采样的有效时钟沿配置，它实际配置 SDIO 时钟控制寄存器（SDIO_CLKER）的 NEGEDGE 位，可供配置的参数如下：

- 上升沿有效（SDIO_ClockEdge_Rising）;
- 下降沿有效（SDIO_ClockEdge_Falling）。

② SDIO_ClockBypass

是否使能时钟分频器的旁路功能配置，它实际配置 SDIO 时钟控制寄存器（SDIO_CLKER）的 BYPASS 位。由于 SDIOCLK 频率较高，而 SDIO_CK 同步时钟信号所需频率较低，因此在实际应用中我们一般选择禁用时钟分频器旁路功能（即 SDIO_CK 由 SDIOCLK 分频后得到）。SDIO_ClockBypass 成员变量可供配置的参数如下：

- 使能时钟分频器旁路（SDIO_ClockBypass_Enable）；
- 禁用时钟分频器旁路（SDIO_ClockBypass_Disable）。

③ SDIO_ClockPowerSave

是否使能节能模式配置，它实际配置 SDIO 时钟控制寄存器（SDIO_CLKER）的 PWRSAV 位，可供配置的参数如下：

- 使能节能模式（SDIO_ClockPowerSave_Enable）；
- 禁用节能模式（SDIO_ClockPowerSave_Disable）。

④ SDIO_BusWide

SDIO 总线数据宽度配置，它实际配置 SDIO 时钟控制寄存器（SDIO_CLKER）的 WIDBUS 位。系统默认将 SDIO_BusWide 成员变量配置为 1bit 数据宽度，在实际应用中我们一般将其修改为 4bit 数据宽度。SDIO_BusWide 成员变量可供配置的参数如下：

- 1bit 数据宽度（SDIO_BusWide_1b）；
- 4bit 数据宽度（SDIO_BusWide_4b）；
- 8bit 数据宽度（SDIO_BusWide_8b）。

⑤ SDIO_HardwareFlowControl

硬件流控功能配置，它实际配置 SDIO 时钟控制寄存器（SDIO_CLKER）的 HWFC_EN 位。使能硬件流控功能可以避免 FIFO 发送发生上溢和下溢错误，SDIO_HardwareFlowControl 成员变量可供配置的参数如下：

- 使能硬件流控功能（SDIO_HardwareFlowControl_Enable）；
- 禁用硬件流控功能（SDIO_HardwareFlowControl_Disable）。

⑥ SDIO_ClockDiv

时钟分频系数配置，它实际配置 SDIO 时钟控制寄存器（SDIO_CLKER）的 CLKDIV 位。根据《SD 简易规格书》，初始化时 SDIO_CK 的时钟频率不能超过 400 kHz。因此当 SDIOCLK 为 48MHz 时，我们一般配置该时钟分频系数为 0x76（十进制数 118），此时 SDIO_CK 的频率计算如下：

$$
\begin{aligned}
f(\text{SDIO\_CK}) &= f(\text{SDIOCLK}) / (\text{CLKDIV} + 2) \\
&= 48\ \text{MHz} / (118 + 2) = 400\ \text{kHz}
\end{aligned}
$$

（2）SDIO 命令初始化结构体

SDIO 命令初始化结构体用于配置 SD 命令的相关内容，如命令号、命令参数、响应类型等。该结构体所配置的参数经 SDIO_SendCommand()函数部署后生效，其原型定义如下：

```
typedef struct {
    uint32_t SDIO_Argument;      //命令参数
    uint32_t SDIO_CmdIndex;      //命令索引号
    uint32_t SDIO_Response;      //响应类型
```

```
    uint32_t SDIO_Wait;              //等待类型
    uint32_t SDIO_CPSM;              //命令路径状态机
} SDIO_CmdInitTypeDef;
```

接下来对 SDIO 命令初始化结构体各成员变量的作用进行介绍。

① SDIO_Argument

SD 命令参数配置，它是命令的一部分，实际配置 SDIO 参数寄存器（SDIO_ARG）的值。

② SDIO_CmdIndex

SD 命令索引号，它实际配置 SDIO 命令寄存器（SDIO_CMD）的 CMDINDEX 位，可供配置的参数为各命令的索引号。

由于 SD 存储卡支持 64 个命令（CMD0~CMD63），因此索引号最大值为 63（对应十六进制 0x3F）。如进入空闲状态命令（SD_CMD_GO_IDLE_STATE）的索引号为 0，即 CMD0。

③ SDIO_Response

响应类型配置，它实际配置 SDIO 响应寄存器（SDIO_RESPx，x=1，2，3，4），可供配置的参数如下：

- 无响应（SDIO_Response_No）;
- 短响应（SDIO_Response_Short）;
- 长响应（SDIO_Response_Long）。

④ SDIO_Wait

等待类型配置，它实际配置命令寄存器（SDIO_CMD）的 WAITPEND 位和 WAITINT 位，可供配置的参数如下：

- 无等待状态（SDIO_Wait_No）;
- 等待中断（SDIO_Wait_IT）;
- 等待传输完成（SDIO_Wait_Pend）。

⑤ SDIO_CPSM

是否使能命令路径状态机配置，它实际配置 SDIO 命令寄存器（SDIO_CMD）的 CPSMEN 位的值，可供配置的参数如下：

- 禁用命令路径状态机 CPSM（SDIO_CPSM_Disable）;
- 使能命令路径状态机 CPSM（SDIO_CPSM_Enable）。

（3）SDIO 数据初始化结构体

SDIO 数据初始化结构体用于配置数据发送和接收的参数，如数据传输超时时间、数据长度、数据块大小等。该结构体所配置的参数经 SDIO_DataConfig()函数部署后生效，其原型定义如下：

```
typedef struct {
    uint32_t SDIO_DataTimeOut;         //数据传输超时时间
    uint32_t SDIO_DataLength;          //数据长度
    uint32_t SDIO_DataBlockSize;       //数据块大小
    uint32_t SDIO_TransferDir;         //数据传输方向
    uint32_t SDIO_TransferMode;        //数据传输模式
    uint32_t SDIO_DPSM;                //数据路径状态机
} SDIO_DataInitTypeDef;
```

接下来对 SDIO 数据初始化结构体各成员变量的作用进行介绍。

① SDIO_DataTimeOut

数据传输超时时间配置，它以 SDIO_CK 时钟周期为基本单位，实际配置 SDIO 数据定时器寄存器(SDIO_DTIMER)的值。SDIO 数据定时器的值在 DPSM 进入 Wait_R 或繁忙状态后开始递减，减至 0 后若 DPSM 还处于上述两种状态，则将超时状态标志位置 1。

② SDIO_DataLength

数据长度配置，单位为 B，它实际配置 SDIO 数据长度寄存器(SDIO_DLEN)的值。在实际应用中，SDIO_DataLength 一般被配置成与 SD 存储卡的块(Block)大小相同的值。如 SDHC 的块大小为 512B，那么可将 SDIO_DataLength 的值配置为 512。

③ SDIO_DataBlockSize

数据块大小配置，按照实际使用的 SD 存储卡数据块大小进行配置即可，它实际配置 SDIO 数据控制寄存器(SDIO_DCTRL)的 DBLOCKSIZE 位的值。如 SDHC 的数据块大小为 512B，配置 SDIO_DataBlockSize 的值时，可使用标准外设库提供的宏定义 SDIO_DataBlockSize_512b。

④ SDIO_TransferDir

数据传输方向配置，它实际配置 SDIO 数据控制寄存器(SDIO_DCTRL)的 DTDIR 位的值，可供配置的参数如下：

- 从主机到卡方向（SDIO_TransferDir_ToCard）；
- 从卡到主机方向（SDIO_TransferDir_ToSDIO）。

⑤ SDIO_TransferMode

数据传输模式配置，可选数据块或数据流传输模式，SD 存储卡的读写一般使用数据块传输模式。SDIO_TransferMode 实际配置 SDIO 数据控制寄存器(SDIO_DCTRL)的 DTMODE 位的值，可供配置的参数如下：

- 数据块传输模式（SDIO_TransferMode_Block）；
- 数据流传输模式（SDIO_TransferMode_Stream）。

⑥ SDIO_DPSM

是否使能数据路径状态机配置，它实际配置 SDIO_DCTRL 的 DTEN 位的值，可供配置的参数如下：

- 禁用数据路径状态机（SDIO_DPSM_Disable）；
- 使能数据路径状态机（SDIO_DPSM_Enable）。

读者在完成 STM32F4 标准外设库中 SDIO 相关内容的学习以后，可进行任务实施环节中“SD 存储卡基本读写测试”的实践。

4. STM32F4 的实时时钟介绍

根据 4.3.1 节的任务分析，本任务要求在存储的环境参数前面加上时间戳，因此需要在系统中加入实时时钟功能。接下来对 STM32F4 系列微控制器的实时时钟进行介绍。

（1）STM32F4 实时时钟的主要特性

STM32F4 的实时时钟（RealTimeClock，RTC）是一个独立的 BCD 定时器/计数器，它提供一个日历时钟，两个可编程闹钟中断，以及一个具有中断功能的周期性可编程唤醒标志供用户使用。此外，RTC 还具备用于管理低功耗模式的自动唤醒单元，它具有以下主要特性。

- 可直接输出包含亚秒、秒、分钟、小时（12/24 小时制）、星期、日期、月份和年份的日历。

- 软件可编程的夏令时补偿。
- 两个具有中断功能的可编程闹钟，可通过任意日历字段组合驱动闹钟。
- 自动唤醒单元，可周期性地生成标志以触发自动唤醒中断。
- 利用亚秒级移位特性与外部时钟实现精确同步。
- 具有以下可屏蔽的中断/事件：闹钟 A、闹钟 B、唤醒中断、时间戳和入侵检测。
- 具有 20 个备份寄存器（80B），发生入侵检测事件时，将复位备份寄存器。

（2）RTC 各模块功能介绍

图 4-3-15 展示了 RTC 的结构框图，从该框图中可以看到它主要由以下模块构成：时钟源、预分频器、实时时钟与日历、闹钟、时间戳和入侵检测。本任务用到了时钟源、预分频器、实时时钟与日历 3 个模块，接下来对它们进行详细介绍。

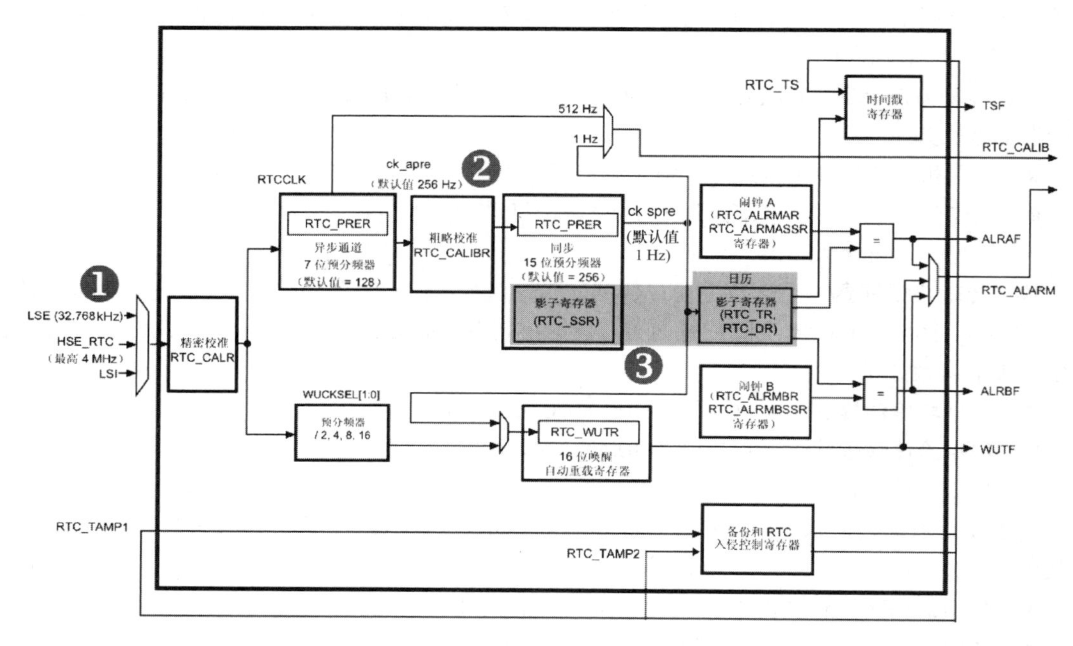

图4-3-15 RTC的结构框图

① 时钟源

从图 4-3-15 中可以看到 RTC 的时钟源可以是 LSE、HSE_RTC 或 LSI。

- LSE：该时钟源由外部晶振（32.768 kHz）提供，精度高且稳定，是 RTC 外设时钟源的首选。
- HSE_RTC：该时钟源由 HSE 分频得到，最高频率为 4 MHz，在编程实践中应用较少。
- LSI：该时钟源由芯片内部 RC 振荡器产生，频率为 30kHz，精度低且有温漂，一般不选用。

② 预分频器

RTC 的预分频器模块由两部分构成。

其一是异步预分频器（APRE），其长度为 7bit。APRE 的分频系数通过 RTC 预分频器寄存器（RTC_PRER）的 PREDIV_A[6:0]位段进行配置，分频后的时钟信号 f_{ck_apre} 为亚秒递减计数器提供时钟。

其二是同步预分频器（SPRE），其长度为 15bit。SPRE 的分频系数通过 RTC 预分频器寄存器（RTC_PRER）的 PREDIV_S[14:0]位段进行配置，分频后的时钟信号 f_{ck_spre} 用于更新日历。

f_{ck_apre} 可根据以下公式求得：

$$f_{ck\_apre}=\frac{f_{RTCCLK}}{PREDIV\_A+1}$$

f_{ck_spre} 可根据以下公式求得：

$$f_{ck\_spre}=\frac{f_{RTCCLK}}{(PREDIV\_S+1)\times(PREDIV\_A+1)}$$

在实际应用中，我们一般选择 LSE 作为 RTC 时钟源，即 $f_{RTCCLK}=32.768kHz$。若需要配置 f_{ck_spre} 为 1Hz 用于更新日历，可配置 PREDIV_A 的值为 127，PREDIV_S 的值为 255，f_{ck_spre} 的计算结果如下：

$$f_{ck\_spre}=\frac{32.768kHz}{(127+1)\times(256+1)}=\frac{32768Hz}{32768}=1Hz$$

注 意

为了最大程度地降低功耗，一般把 PREDIV_S 的分频系数设置为较大的值。

③ 实时时钟与日历

STM32F4 系列微控制器中与 RTC 日历功能相关的寄存器有以下 3 个：

- RTC 亚秒寄存器（RTC_SSR）；
- RTC 时间寄存器（RTC_TR）；
- RTC 日期寄存器（RTC_DR）。

接下来分别对它们进行介绍。

日历功能的“亚秒”值来自 RTC 亚秒寄存器（RTC_SSR），该寄存器的位段定义如图 4-3-16 所示。

31	30	29	28	27	26	25	24	23	22	21	20	19	18	17	16
Reserved															
r	r	r	r	r	r	r	r	r	r	r	r	r	r	r	r

15	14	13	12	11	10	9	8	7	6	5	4	3	2	1	0
SS[15:0]															
r	r	r	r	r	r	r	r	r	r	r	r	r	r	r	r

图4-3-16 RTC亚秒寄存器的位段定义

“亚秒”值的计算公式如下：

$$“亚秒”值=\frac{(PREDIV\_S-SS[15:0])}{(PREDIV\_S+1)}$$

日历功能的“时、分、秒”值可直接从 RTC 时间寄存器（RTC_TR）中读取，该寄存器的位段定义与功能说明分别如图 4-3-17 和表 4-3-9 所示。

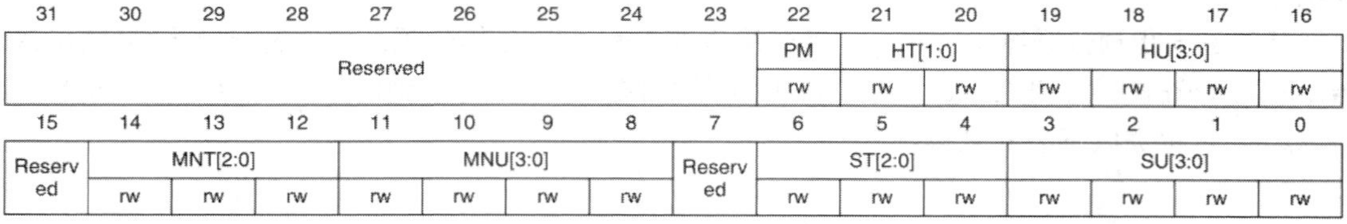

31	30	29	28	27	26	25	24	23	22	21	20	19	18	17	16
Reserved									PM	HT[1:0]		HU[3:0]			
									rw	rw	rw	rw	rw	rw	rw
15	**14**	**13**	**12**	**11**	**10**	**9**	**8**	**7**	**6**	**5**	**4**	**3**	**2**	**1**	**0**
Reserved	MNT[2:0]			MNU[3:0]				Reserved	ST[2:0]			SU[3:0]			
	rw	rw	rw	rw	rw	rw	rw		rw	rw	rw	rw	rw	rw	rw

图4-3-17　RTC时间寄存器的位段定义

表 4-3-9　RTC 时间寄存器的位段功能说明

序号	位段名称	功能说明
1	PM	AM/PM 符号 （24 小时制）0:AM，1:PM
2	HT[1:0]	小时的十位
3	HU[3:0]	小时的个位
4	MNT[2:0]	分钟的十位
5	MNU[3:0]	分钟的个位
6	ST[2:0]	秒的十位
7	SU[3:0]	秒的个位

日历功能的“日期”相关的值可直接从 RTC 日期寄存器（RTC_DR）中读取，该寄存器的位段定义与功能说明分别如图 4-3-18 和表 4-3-10 所示。

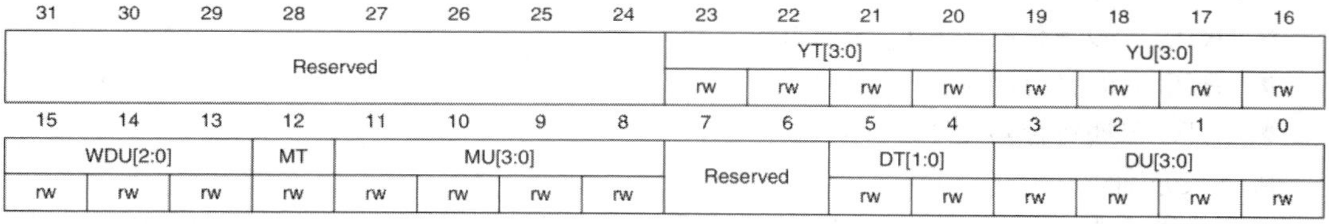

31	30	29	28	27	26	25	24	23	22	21	20	19	18	17	16
Reserved								YT[3:0]				YU[3:0]			
								rw	rw	rw	rw	rw	rw	rw	rw
15	**14**	**13**	**12**	**11**	**10**	**9**	**8**	**7**	**6**	**5**	**4**	**3**	**2**	**1**	**0**
WDU[2:0]			MT	MU[3:0]				Reserved		DT[1:0]		DU[3:0]			
rw	rw	rw	rw	rw	rw	rw	rw			rw	rw	rw	rw	rw	rw

图4-3-18　RTC日期寄存器的位段定义

表 4-3-10　RTC 日期寄存器的位段功能说明

序号	位段名称	功能说明
1	YT[1:0]	年份的十位
2	YU[3:0]	年份的个位
3	WDU[2:0]	星期（001:星期一，…，111:星期日）
4	MT	月份的十位
5	MU	月份的个位
6	DT[1:0]	日期的十位
7	DU[3:0]	日期的个位

（3）STM32F4 标准外设库中 RTC 相关结构体与库函数介绍

STM32F4 标准外设库为 RTC（实时时钟）外设提供了一个初始化结构体，并分别为时间、日期和闹钟提供了参数初始化结构体，它们分别是：

- RTC 初始化结构体（RTC_InitTypeDef）；
- RTC 时间结构体（RTC_TimeTypeDef）；
- RTC 日期结构体（RTC_DateTypeDef）；
- RTC 闹钟结构体（RTC_AlarmTypeDef）。

接下来主要对本任务相关的 RTC 初始化结构体、RTC 时间结构体和 RTC 日期结构体的功能与成员变量进行介绍。

① RTC 初始化结构体

RTC 初始化结构体用于配置 RTC 小时的制式和 RTC_CLK 的分频系数，该结构体所配置的参数经 RTC_Init()函数部署后生效，其原型定义如下：

```
typedef struct
{
    uint32_t RTC_HourFormat;            //配置 RTC 小时的制式
    uint32_t RTC_AsynchPrediv;          //配置 RTC_CLK 的异步分频系数
    uint32_t RTC_SynchPrediv;           //配置 RTC_CLK 的同步分频系数
} RTC_InitTypeDef;
```

接下来对 RTC 初始化结构体各成员变量的作用进行介绍。

a. RTC_HourFormat

RTC 小时的制式配置，它实际配置 RTC 控制寄存器(RTC_CR)的 FMT 位的值，可供配置的参数如下：

- 24 小时制（RTC_HourFormat_24）；
- 12 小时制（RTC_HourFormat_12）。

b. RTC_AsynchPrediv

RTC_CLK 异步分频系数配置，它实际配置 RTC 预分频寄存器(RTC_PRER)的 PREDIV_A[6:0]位段的值。

c. RTC_SynchPrediv

RTC_CLK 同步分频系数配置，它实际配置 RTC 预分频寄存器(RTC_PRER)的 PREDIV_S[14:0]位段的值。

② RTC 时间结构体

RTC 时间结构体主要用于配置 RTC 初始时间，它实际配置 RTC 时间寄存器(RTC_TR)的值，其原型定义如下：

```
typedef struct {
    uint8_t RTC_Hours;          //配置 RTC 小时值
    uint8_t RTC_Minutes;        //配置 RTC 分钟值
    uint8_t RTC_Seconds;        //配置 RTC 秒值
    uint8_t RTC_H12;            //配置 AM/PM
} RTC_TimeTypeDef;
```

接下来对 RTC 时间结构体各成员变量的作用进行介绍。

a. RTC_Hours

RTC 小时值配置，取值范围为 0~11（12 小时制式）或 0~23（24 小时制式）。

b. RTC_Minutes

RTC 分钟值配置，取值范围为 0~59。

c. RTC_Seconds

RTC 秒值配置，取值范围为 0~59。

d. RTC_H12

AM/PM 配置，可供配置的参数有：

- 12 小时制的上午（RTC_H12_AM）；
- 12 小时制的下午（RTC_H12_PM）。

③ RTC 日期结构体

RTC 日期结构体主要用于配置 RTC 初始日期，它实际配置 RTC 日期寄存器(RTC_DR)的值，其原型定义如下：

```
typedef struct {
    uint8_t RTC_WeekDay;      //配置 RTC 星期值
    uint8_t RTC_Month;        //配置 RTC 月份值
    uint8_t RTC_Date;         //配置 RTC 日期值
    uint8_t RTC_Year;         //配置 RTC 年份值
} RTC_DateTypeDef;
```

接下来对 RTC 日期结构体各成员变量的作用进行介绍。

a. RTC_WeekDay

RTC 星期值配置，取值范围为 1~7（对应星期一至星期日）。

b. RTC_Month

RTC 月份值配置，取值范围为 1~12。

c. RTC_Date

RTC 日期值配置，取值范围为 1~31。

d. RTC_Year

RTC 年份值配置，取值范围为 0~99。起始年份为 2000 年，因此年份值“19”对应“2019 年”。

5. FatFs 文件系统介绍

（1）什么是 FatFs

FatFs 是一种通用的面向小型嵌入式系统的 FAT/exFAT 文件系统模块。它完全按照 ANSI C 标准（C89）编写，并且完全与磁盘底层 I/O 独立。这意味着它的运行不依赖特定的平台，可以很容易地被移植到一些资源紧缺的微控制器平台中，如 8051、PIC、AVR、ARM、Z80、RX 等。

FatFs 在系统中位于“应用层”与“硬件抽象层”之间，基于 FatFs 的应用程序分层情况如图 4-3-19 所示。

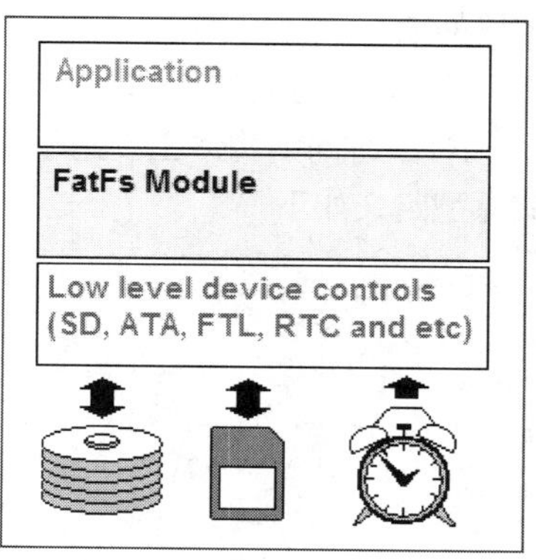

图4-3-19 基于FatFs的应用程序分层情况

FatFs 具有以下特性。

- 支持 FAT/exFAT 文件系统，并与 DOS 操作系统和 Windows 操作系统兼容。

- 不依赖运行平台，易于移植。
- 程序代码与工作区占用内存非常小。
- 有丰富的配置选项，可支持以下功能配置与系统裁减。
  - ✧ ANSI/OEM 或 Unicode 编码的长文件名支持。
  - ✧ 支持 exFAT 文件系统。
  - ✧ 在 RTOS 应用系统中支持线程安全功能。
  - ✧ 支持多卷标（物理磁盘或分区）。
  - ✧ 支持多种扇区大小，如 512B、1024B 和 4096B 等。
  - ✧ 支持配置为只读，去除不需要的 API 以及支持 I/O 缓存功能等。

（2）FatFs 源码目录结构

FatFs 文件系统模块是一个免费的开源软件，我们可在其官网获取到源码。

截至编者编写此章节时，FatFs 的最新版本号是“R0.13c”，本章节后续的讲解将基于此版本展开。源码压缩包解压后的目录结构如图 4-3-20 所示。

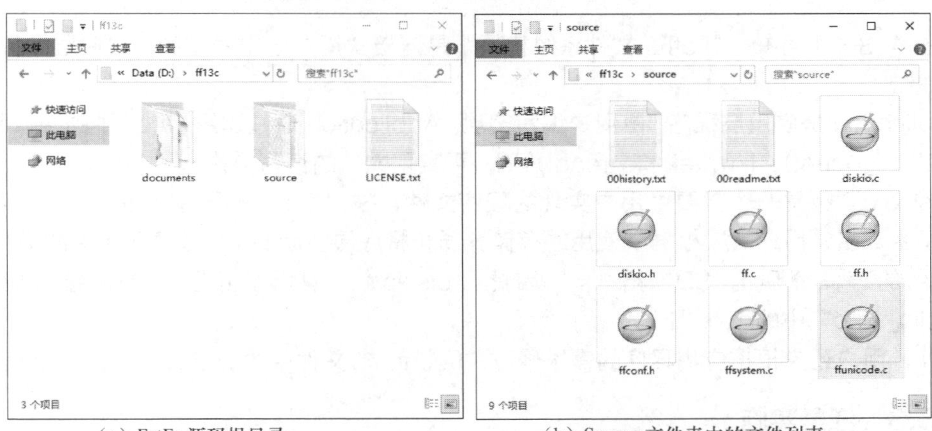

（a）FatFs 源码根目录　　（b）Source 文件夹中的文件列表

图4-3-20　FatFs源码目录结构

图 4-3-20（a）为 FatFs 源码根目录，含“documents”和“source”两个文件夹。前者装载了 API 接口函数说明、示例程序和一些图片资源，后者装载了 FatFs 文件系统模块的源代码，Source 文件夹中的文件列表如图 4-3-20（b）所示。“source”文件夹中各源码文件的功能如下。

- diskio.c 和 diskio.h：包含底层存储介质的操作函数，这些函数需要用户自己实现，即在函数框架内添加存储介质的底 SS 层驱动函数。
- ff.c 和 ff.h：FatFs 的核心文件，是文件管理的具体实现。这两个文件独立于底层存储介质的操作函数，调用这些操作函数进行文件的读写。
- ffconf.h：该文件包含 FatFs 功能配置的宏定义，用户可通过修改这些宏定义进行 FatFs 功能的裁减。
- ffsystem.c：该文件包含 FatFs 在不同操作系统（Operation System，OS）中应用的示例代码。
- ffunicode.c：该文件是系统支持简体中文显示所需添加的文件，它实现了 unicode 编码的一些实用功能。

（3）FatFs 应用程序中的调用与包含关系

图 4-3-21 展示了 FatFs 应用程序中的调用与包含关系，通过这部分内容的学习，我们可对 FatFs 在应用程序中所处的位置与作用有更加深入的了解。

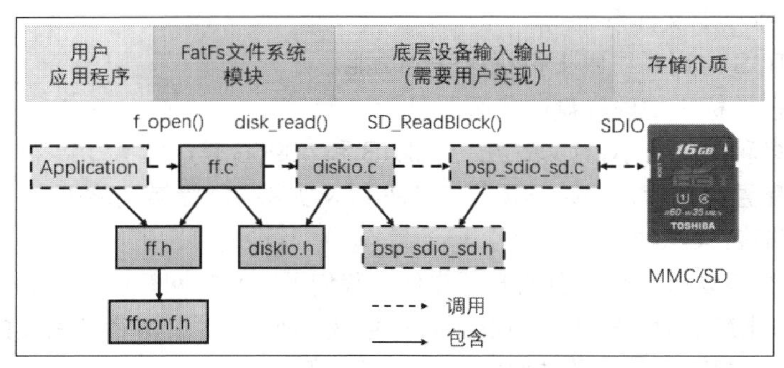

图4-3-21 FatFs应用程序中的调用与包含关系

从图 4-3-21 可知，“FatFs 文件系统模块”是连接“用户应用程序”与“底层设备输入/输出”的纽带。

Application 是应用层程序，由用户编写实现。Application 通过调用“ff.c”中的接口函数（如 f_mount()、f_open()、f_write()和 f_read()等），可实现文件的读写操作。

“diskio.c”也是一个需要由用户实现的程序文件，被“ff.c”所调用。“diskio.c”文件内部已定义了函数名，用户需要根据所使用的存储介质，将底层驱动 I/O 函数填入相应的函数中。本任务使用的存储介质为 SD 存储卡，因此“diskio.c”调用了底层 SDIO 接口驱动文件“bsp_sdio_sd.c”中的函数。

此外，用户还应根据应用程序的需求修改“ffconf.h”文件中的宏定义，裁减 FatFs 的功能。

4.3.3 任务实施

1. SD 存储卡基本读写测试试验

通过 4.3.2 节知识链接部分的学习，我们已掌握了 SD 存储卡的基础知识、SDIO 接口的功能特性和 STM32F4 标准外设库中 SDIO 接口相关的内容。使用 STM32F4 系列微控制器驱动 SD 存储卡进行数据传输的流程如下：

- 初始化 SDIO 相关 GPIO 引脚的工作模式；
- 配置 SDIO 进入卡识别模式，发送相应的命令选中可用的 SD 存储卡；
- 配置 SDIO 进入数据传输模式，执行 SD 存储卡的读取、写入与擦除等操作。

STM32F4 标准外设库提供了基于 ST 公司官方开发板的驱动程序（如 LCD 屏、SD 存储卡、SRAM、音频解码 IC 等），这些驱动程序已经通过 ST 公司官方严格地验证，可稳定地运行。因此，将 ST 公司官方的驱动程序移植到用户开发板可极大地减少用户的工作量，加快项目进展。接下来介绍将标准外设库提供的“基于 SDIO 接口的 SD 存储卡驱动程序”移植到用户应用程序中的步骤。

（1）依次进入 STM32F4 标准外设库源码的“Utilities”→“STM32_EVAL”→

“STM324x7I_EVAL”文件夹，复制“stm324x7i_eval_sdio_sd.c”和“stm324x7i_eval_sdio_sd.h”文件至“Hardware”下的“SDIO_SD”文件夹中，并分别改名为“bsp_sdio_sd.c”和“bsp_sdio_sd.h”。

（2）复制步骤（1）文件夹中“stm324x7i_eval.c”源码的 SD_LowLevel_DeInit()、SD_LowLevel_Init()、SD_LowLevel_DMA_TxConfig()和 SD_LowLevel_DMA_RxConfig()这 4 个函数定义至“bsp_sdio_sd.c”文件中，并在“bsp_sdio_sd.h”文件中对上述 4 个函数进行声明。

（3）将步骤（1）文件夹中“stm324x7i_eval.h”源码里与 STM324x7I_EVAL_LOW_LEVEL_SD_FLASH 有关的宏定义复制到“bsp_sdio_sd.h”文件中。

（4）在“bsp_sdio_sd.c”文件中增加 SDIO 总线和 DMA 传输中断的 NVIC 优先级设置函数——NVIC_Configuration()，并在“bsp_sdio_sd.h”文件中对函数进行声明。可直接从 STM32F4 标准外设库的“Project”→“STM32F4xx_StdPeriph_Examples”→“SDIO”→“SDIO_uSDCard”文件夹中的“main.c”源码中复制同名函数。

（5）在“stm32f4xx_it.c”文件中增加 SDIO_IRQHandler()和 SD_SDIO_DMA_IRQHANDLER()中断服务程序，并包含“bsp_sdio_sd.h”头文件。中断服务程序的具体内容如下：

```
1   /**
2     * @brief  该函数处理 SDIO 的全局中断请求
3     * @param  None
4     * @retval None
5     */
6   void SDIO_IRQHandler(void)
7   {
8      /* Process All SDIO Interrupt Sources */
9      SD_ProcessIRQSrc();
10  }
11
12  /**
13    * @brief  该函数处理 DMA2 的 Stream3 或 DMA2 的 Stream6 全局中断请求
14    * @param  None
15    * @retval None
16    */
17  void SD_SDIO_DMA_IRQHANDLER(void)
18  {
19     /* Process DMA2 Stream3 or DMA2 Stream6 Interrupt Sources */
20     SD_ProcessDMAIRQ();
21  }
```

（6）编写通过 SDIO 接口操作 SD 存储卡的测试程序。在工程文件夹“USER”下新建“sdio_test.c”文件，输入以下代码：

```
1    #include "stm32f4xx.h"
2    #include "bsp_sdio_sd.h"
3    #include "usart.h"
4
5    /* Private typedef -----------------------------------------*/
```

```
6   typedef enum {FAILED = 0, PASSED = !FAILED} TestStatus;
7
8   /* Private define ---------------------------------------*/
9   #define BLOCK_SIZE            512     // 定义块大小(以字节为单位)
10
11  #define NUMBER_OF_BLOCKS     100     // 需要读写的块数量(操作多个块时需要)
12  #define MULTI_BUFFER_SIZE    (BLOCK_SIZE * NUMBER_OF_BLOCKS)
13
14  #define SD_OPERATION_ERASE              0
15  #define SD_OPERATION_BLOCK              1
16  #define SD_OPERATION_MULTI_BLOCK        2
17  #define SD_OPERATION_END                3
18
19  /* Private variables ------------------------------------*/
20  uint8_t aBuffer_Block_Tx[BLOCK_SIZE];
21  uint8_t aBuffer_Block_Rx[BLOCK_SIZE];
22  uint8_t aBuffer_MultiBlock_Tx[MULTI_BUFFER_SIZE];
23  uint8_t aBuffer_MultiBlock_Rx[MULTI_BUFFER_SIZE];
24
25  __IO TestStatus EraseStatus = FAILED;
26  __IO TestStatus TransferStatus1 = FAILED;
27  __IO TestStatus TransferStatus2 = FAILED;
28
29  SD_Error Status = SD_OK;
30  __IO uint32_t uwSDCardOperation = SD_OPERATION_ERASE;
31
32  void SD_EraseTest(void);
33  void SD_SingleBlockTest(void);
34  void SD_MultiBlockTest(void);
35  static void Fill_Buffer(uint8_t *pBuffer, uint32_t BufferLength, uint32_t Offset);
36  static TestStatus Buffercmp(uint8_t* pBuffer1, uint8_t* pBuffer2, uint32_t
37  BufferLength);
38  static TestStatus eBuffercmp(uint8_t* pBuffer, uint32_t BufferLength);
39
40  /**
41    * @brief  测试SD存储卡的基本擦除/读取/写入操作
42    * @param  None
43    * @retval None
44    */
45  void SD_Test(void)
46  {
47    while((SD_Init() == SD_OK) && (uwSDCardOperation != SD_OPERATION_END) )
48    {
49      switch(uwSDCardOperation)
50      {
51      /*---------------------- SD擦写测试 ------------------- */
```

```
52          case (SD_OPERATION_ERASE):
53              SD_EraseTest();
54              uwSDCardOperation = SD_OPERATION_BLOCK;
55              break;
56          /*-------------------- SD 单个块操作测试 ---------------- */
57          case (SD_OPERATION_BLOCK):
58              SD_SingleBlockTest();
59              uwSDCardOperation = SD_OPERATION_MULTI_BLOCK;
60              break;
61          /*-------------------- SD 多个块操作测试----------------- */
62          case (SD_OPERATION_MULTI_BLOCK):
63              SD_MultiBlockTest();
64              uwSDCardOperation = SD_OPERATION_END;
65              break;
66          }
67      }
68  }
69
70  /**
71    * @brief  测试 SD 存储卡的擦除操作
72    * @param  None
73    * @retval None
74    */
75  void SD_EraseTest(void)
76  {
77      /*--------------------- 块擦写 ------------------------*/
78      if (Status == SD_OK)
79      {
80          /* 擦写多个块,块大小为 512 Bytes */
81          Status = SD_Erase(0x00, (BLOCK_SIZE * NUMBER_OF_BLOCKS));
82      }
83
84      if (Status == SD_OK)
85      {
86          Status = SD_ReadMultiBlocks(aBuffer_MultiBlock_Rx, 0x00, BLOCK_SIZE,
87  NUMBER_OF_BLOCKS);
88
89          /* 判断是否传输已结束 */
90          Status = SD_WaitReadOperation();
91
92          /* 等待，直到 DMA 传输结束 */
93          while(SD_GetStatus() != SD_TRANSFER_OK);
94      }
95
96      /* Check the correctness of erased blocks */
97      if (Status == SD_OK)
```

```
98      {
99          EraseStatus = eBuffercmp(aBuffer_MultiBlock_Rx, MULTI_BUFFER_SIZE);
100     }
101     if(EraseStatus == PASSED)
102     {
103         printf("Erase success.\r\n");
104     }
105     else
106     {
107         printf("Erase failed\r\n");
108     }
109 }
110
111 /**
112   * @brief  测试SD存储卡单块操作
113   * @param  None
114   * @retval None
115   */
116 void SD_SingleBlockTest(void)
117 {
118     /*-------------------- 块读写 ---------------------*/
119     /* 填充要发送的缓冲区 */
120     Fill_Buffer(aBuffer_Block_Tx, BLOCK_SIZE, 0x320F);
121
122     if (Status == SD_OK)
123     {
124         /* 从地址0开始进行写入块操作 */
125         Status = SD_WriteBlock(aBuffer_Block_Tx, 0x00, BLOCK_SIZE);
126         /* 判断传输是否结束 */
127         Status = SD_WaitWriteOperation();
128         while(SD_GetStatus() != SD_TRANSFER_OK);
129     }
130
131     if (Status == SD_OK)
132     {
133         /* 从地址0开始进行读取块操作 */
134         Status = SD_ReadBlock(aBuffer_Block_Rx, 0x00, BLOCK_SIZE);
135         /* 判断传输是否结束 */
136         Status = SD_WaitReadOperation();
137         while(SD_GetStatus() != SD_TRANSFER_OK);
138     }
139
140     /* 如果写入数据操作无误 */
141     if (Status == SD_OK)
142     {
143         TransferStatus1 = Buffercmp(aBuffer_Block_Tx, aBuffer_Block_Rx,
```

```
144 BLOCK_SIZE);
145     }
146 
147     if(TransferStatus1 == PASSED)
148     {
149         printf("Single block read_write success.\r\n");
150     }
151     else
152     {
153         printf("Single block read_write failed.\r\n");
154     }
155 }
156 
157 /**
158   * @brief  测试SD存储卡的多块操作
159   * @param  None
160   * @retval None
161   */
162 void SD_MultiBlockTest(void)
163 {
164     /* 填充要发送的缓冲区 */
165     Fill_Buffer(aBuffer_MultiBlock_Tx, MULTI_BUFFER_SIZE, 0x0);
166 
167     if (Status == SD_OK)
168     {
169         /* 从地址0开始写入多个块 */
170         Status = SD_WriteMultiBlocks(aBuffer_MultiBlock_Tx, 0, BLOCK_SIZE,
171 NUMBER_OF_BLOCKS);
172 
173         /* 判断传输是否已结束 */
174         Status = SD_WaitWriteOperation();
175         while(SD_GetStatus() != SD_TRANSFER_OK);
176     }
177 
178     if (Status == SD_OK)
179     {
180         /* 从地址0开始读取多个块 */
181         Status = SD_ReadMultiBlocks(aBuffer_MultiBlock_Rx, 0, BLOCK_SIZE,
182 NUMBER_OF_BLOCKS);
183 
184         /* 判断传输是否已结束 */
185         Status = SD_WaitReadOperation();
186         while(SD_GetStatus() != SD_TRANSFER_OK);
187     }
188 
189     /* 如果写入数据无误 */
```

```
190     if (Status == SD_OK)
191     {
192         TransferStatus2 = Buffercmp(aBuffer_MultiBlock_Tx, aBuffer_MultiBlock_Rx,
193 MULTI_BUFFER_SIZE);
194     }
195     if(TransferStatus2 == PASSED)
196     {
197         printf("MultiBlocks read_write success.\r\n");
198     }
199     else
200     {
201         printf("MultiBlocks read_write failed.\r\n");
202     }
203 }
204 
205 /**
206   * @brief  比较两块缓存区域的内容
207   * @param  pBuffer1, pBuffer2: 要比较的缓存区域
208   * @param  BufferLength: 缓存的长度
209   * @retval PASSED: pBuffer1 与 pBuffer2 相同
210   *          FAILED: pBuffer1 与 pBuffer2 不同
211   */
212 static TestStatus Buffercmp(uint8_t* pBuffer1, uint8_t* pBuffer2, uint32_t
213 BufferLength)
214 {
215     while (BufferLength--)
216     {
217         if (*pBuffer1 != *pBuffer2)
218         {
219             return FAILED;
220         }
221         pBuffer1++;
222         pBuffer2++;
223     }
224     return PASSED;
225 }
226 
227 /**
228   * @brief  给缓存填入用于预定义的数据
229   * @param  pBuffer: 指向要填入缓存的指针
230   * @param  BufferLength: 要填入缓存的长度
231   * @param  Offset: 偏移量
232   * @retval None
233   */
234 static void Fill_Buffer(uint8_t *pBuffer, uint32_t BufferLength, uint32_t Offset)
235 {
```

```
236     uint16_t index = 0;
237
238     /* 填充缓存区 */
239     for (index = 0; index < BufferLength; index++)
240     {
241         pBuffer[index] = index + Offset;
242     }
243 }
244
245 /**
246   * @brief  检测缓存区域内容是否为全 0
247   * @param  pBuffer: 待检测的缓存区域
248   * @param  BufferLength: 缓存长度
249   * @retval PASSED: 缓存区域内容为全 0
250   *         FAILED: 缓存区域中至少有 1 个字节的内容不为 0
251   */
252 static TestStatus eBuffercmp(uint8_t* pBuffer, uint32_t BufferLength)
253 {
254     while (BufferLength--)
255     {
256         /* 对于有的 SD 存储卡，写入状态为 0xFF，其他的则为 0x00 */
257         if ((*pBuffer != 0xFF) && (*pBuffer != 0x00))
258         {
259             return FAILED;
260         }
261         pBuffer++;
262     }
263     return PASSED;
264 }
```

（7）在工程中添加 STM32F4 标准外设库的 SDIO 接口库文件“stm32f4xx_sdio.c”和 DMA 库文件“stm32f4xx_dma.c”。

（8）编写 main()函数。在“main.c”文件中输入以下代码：

```
1  #include "sys.h"
2  #include "delay.h"
3  #include "usart.h"
4  #include "led.h"
5  #include "key.h"
6  #include "exti.h"
7  #include "bsp_sdio_sd.h"
8  extern void SD_Test(void);
9  uint8_t keyValue = 0;
10
11 int main(void)
12 {
13     delay_init(168);                    //延时函数初始化
```

```
14      LED_Init();                              //LED 端口初始化
15      Key_Init();                              //按键初始化
16      EXTIx_Init();                            //外部中断初始化
17      USART1_Init(115200);                     //USART1 初始化
18      SDIO_NVIC_Configuration();               //SDIO 中断和 DMA 中断的 NVIC 初始化
19
20      while(1)
21      {
22          if(keyValue == KEY_L_PRESS)  //左键按下，执行 SD 存储卡基本读写擦除操作
23          {
24              SD_Test();                       //调用 SD 存储卡基本读写擦除函数
25              keyValue = 0;
26          }
27          delay_ms(50);
28      }
29  }
```

（9）观察试验现象。

图 4-3-22 展示了 SD 存储卡基本“读/写/擦除”测试结果。

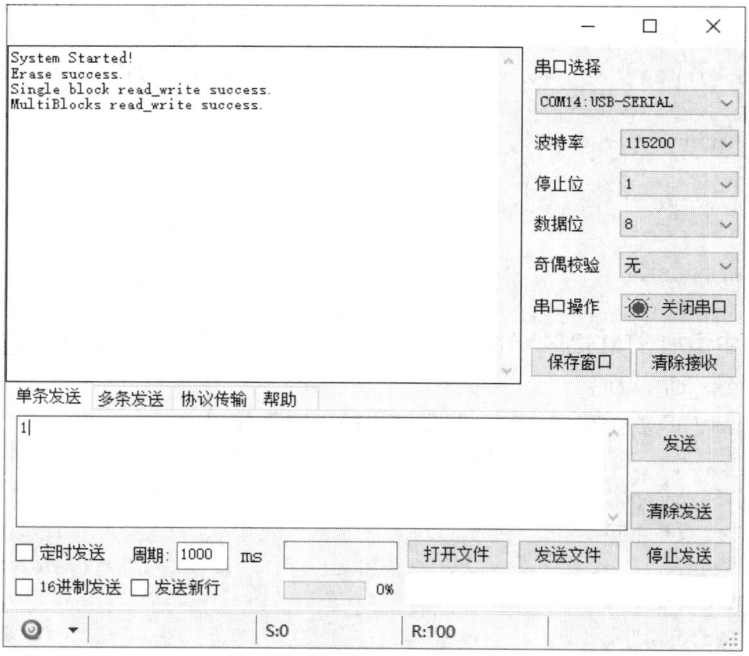

图4-3-22　SD存储卡基本“读/写/擦除”测试结果

若操作成功，应用程序将会通过串口输出以下语句：

```
Erase success.
Single block read_write success.
MultiBlocks read_write success.
```

2. 环境参数持久化存储应用程序设计

(1) RTC(实时时钟)驱动程序的编写

在“HARDWARE”文件夹下新建“RTC”子文件夹，新建“bsp_rtc.c”和“bsp_rtc.h”两个文件，将它们加入工程中，并配置头文件包含路径。在“bsp_rtc.c”文件中编写 RTC 的驱动程序，表 4-3-11 列出了驱动程序的函数清单。

表 4-3-11 RTC 驱动程序的函数清单

序号	函数原型	功能描述
1	void RTC_CLK_Config(uint8_t RTC_Clock_Type)	RTC 配置：选择时钟源，设置 RTC_CLK 的分频系数
2	void RTC_Set_DateTime(void)	配置日期和时间初始值，只在程序初始化时调用一次
3	static void RTC_Get_DateTime(void)	获取当前的日期和时间(内部调用)
4	uint8_t RTC_Get_Year(void)	获得当前“年份值”
5	uint8_t RTC_Get_Month(void)	获得当前“月份值”
6	uint8_t RTC_Get_Date(void)	获得当前“日期值”
7	uint8_t RTC_Get_WeekDay(void)	获得当前“星期值”
8	uint8_t RTC_Get_Hour(void)	获得当前“小时值”
9	uint8_t RTC_Get_Minute(void)	获得当前“分钟值”
10	uint8_t RTC_Get_Second(void)	获得当前“秒值”

在“bsp_rtc.c”文件中输入以下代码：

```
1    #include "bsp_rtc.h"
2    #include "usart.h"
3
4    RTC_TimeTypeDef myRTC_TimeStructure;
5    RTC_DateTypeDef myRTC_DateStructure;
6
7    /**
8      * @brief  RTC 配置：选择 RTC 时钟源，设置 RTC_CLK 的分频系数
9      * @param  0：时钟源选择 LSI，  1：时钟源选择 LSE
10     * @retval None
11     */
12   void RTC_CLK_Config(uint8_t RTC_Clock_Type)
13   {
14       RTC_InitTypeDef RTC_InitStructure;
15
16       /* 使能 PWR 时钟 */
17       RCC_APB1PeriphClockCmd(RCC_APB1Periph_PWR, ENABLE);
18       /* 使能 RTC、RTC 备份寄存器和备份 SRAM 的访问 */
19       PWR_BackupAccessCmd(ENABLE);
20
```

```
21        if(RTC_Clock_Type == 0)
22        {
23            /* 使能 LSI */
24            RCC_LSICmd(ENABLE);
25            /* 等待 LSI 稳定 */
26            while(RCC_GetFlagStatus(RCC_FLAG_LSIRDY) == RESET);
27            /* 选择 LSI 作为 RTC 的时钟源 */
28            RCC_RTCCLKConfig(RCC_RTCCLKSource_LSI);
29        }
30        else if(RTC_Clock_Type == 1)
31        {
32            /* 使能 LSE */
33            RCC_LSEConfig(RCC_LSE_ON);
34            /* 等待 LSE 稳定 */
35            while(RCC_GetFlagStatus(RCC_FLAG_LSERDY) == RESET);
36            /* 选择 LSE 作为 RTC 的时钟源 */
37            RCC_RTCCLKConfig(RCC_RTCCLKSource_LSE);
38        }
39        RCC_RTCCLKCmd(ENABLE);                  //使能 RTC 时钟
40        RTC_WaitForSynchro();                   //等待 RTC 的 APB 寄存器同步
41
42        /* 设置异步预分频器的值 */
43        RTC_InitStructure.RTC_AsynchPrediv = ASYNCH_PREDIV;
44        /* 设置同步预分频器的值 */
45        RTC_InitStructure.RTC_SynchPrediv = SYNCH_PREDIV;
46        RTC_InitStructure.RTC_HourFormat = RTC_HourFormat_24;
47        /* 用 RTC_InitStructure 的内容初始化 RTC 寄存器 */
48        if(RTC_Init(&RTC_InitStructure) == ERROR)
49        {
50            printf("\n\r RTC 时钟初始化失败 \r\n");
51        }
52        else
53        {
54            printf("\n\r RTC 时钟初始化成功 \r\n");
55        }
56    }
57
58    /**
59      * @brief  设置日期和时间
60      * @param  None
61      * @retval None
62      */
63    void RTC_Set_DateTime(void)
64    {
```

```
65      RTC_TimeTypeDef RTC_TimeStructure;
66      RTC_DateTypeDef RTC_DateStructure;
67
68      /* 初始化日期 */
69      RTC_DateStructure.RTC_WeekDay = WEEKDAY;
70      RTC_DateStructure.RTC_Date = DATE;
71      RTC_DateStructure.RTC_Month = MONTH;
72      RTC_DateStructure.RTC_Year = YEAR;
73      RTC_SetDate(RTC_Format_BINorBCD, &RTC_DateStructure);
74      /* 初始化时间 */
75      RTC_TimeStructure.RTC_H12 = RTC_H12_AMorPM;
76      RTC_TimeStructure.RTC_Hours = HOURS;
77      RTC_TimeStructure.RTC_Minutes = MINUTES;
78      RTC_TimeStructure.RTC_Seconds = SECONDS;
79      RTC_SetTime(RTC_Format_BINorBCD, &RTC_TimeStructure);
80      /* 往备份域寄存器 0 写入一个值 */
81      RTC_WriteBackupRegister(RTC_BKP_DR0, 0x5F5F);
82  }
83
84  /**
85    * @brief  获取当前日期和时间
86    * @param  None
87    * @retval None
88    */
89  static void RTC_Get_DateTime(void)
90  {
91      RTC_GetTime(RTC_Format_BIN, &myRTC_TimeStructure);
92      RTC_GetDate(RTC_Format_BIN, &myRTC_DateStructure);
93  }
94  /* 以下函数用于获取当前的“年/月/日/星期/小时/分钟/秒”值 */
95  uint8_t RTC_Get_Year(void)
96  {
97      RTC_Get_DateTime();
98      return myRTC_DateStructure.RTC_Year;
99  }
100 uint8_t RTC_Get_Month(void)
101 {
102     RTC_Get_DateTime();
103     return myRTC_DateStructure.RTC_Month;
104 }
105 uint8_t RTC_Get_Date(void)
106 {
107     RTC_Get_DateTime();
108     return myRTC_DateStructure.RTC_Date;
```

```
109 }
110 uint8_t RTC_Get_WeekDay(void)
111 {
112     RTC_Get_DateTime();
113     return myRTC_DateStructure.RTC_WeekDay;
114 }
115 uint8_t RTC_Get_Hour(void)
116 {
117     RTC_Get_DateTime();
118     return myRTC_TimeStructure.RTC_Hours;
119 }
120 uint8_t RTC_Get_Minute(void)
121 {
122     RTC_Get_DateTime();
123     return myRTC_TimeStructure.RTC_Minutes;
124 }
125 uint8_t RTC_Get_Second(void)
126 {
127     RTC_Get_DateTime();
128     return myRTC_TimeStructure.RTC_Seconds;
129 }
```

在“bsp_rtc.h”文件中输入以下代码：

```
1  #ifndef __RTC_H
2  #define __RTC_H
3  #include "sys.h"
4
5  /* 是否使用 OLED 显示 */
6  //#define USE_OLED_DISPLAY
7
8  #define ASYNCH_PREDIV   0X7F    //异步分频系数
9  #define SYNCH_PREDIV    0XFF    //同步分频系数
10
11 /* 初始日期设置宏定义 */
12 #define WEEKDAY         4       //星期，1~7
13 #define DATE            17      //日，1~31
14 #define MONTH           1       //月，1~12
15 #define YEAR            19      //年，0~99
16
17 /* 初始时间设置宏定义*/
18 #define RTC_H12_AMorPM  RTC_H12_PM
19 #define HOURS           19      //小时，0~23
20 #define MINUTES         07      //分钟，0~59
21 #define SECONDS         1       //秒值，0~59
```

```
22
23  /* 时间格式宏定义*/
24  #define RTC_Format_BINorBCD  RTC_Format_BIN
25
26  void RTC_CLK_Config(uint8_t RTC_Clock_Type);
27  void RTC_Set_DateTime(void);
28  uint8_t RTC_Get_Year(void);
29  uint8_t RTC_Get_Month(void);
30  uint8_t RTC_Get_Date(void);
31  uint8_t RTC_Get_WeekDay(void);
32  uint8_t RTC_Get_Hour(void);
33  uint8_t RTC_Get_Minute(void);
34  uint8_t RTC_Get_Second(void);
35  #endif
```

（2）FatFs 的移植

接下来在 SD 存储卡基本读写测试程序的基础上进行 FatFs 文件系统模块的移植。

① 复制 FatFs 源码到工程文件夹

将解压后的 FatFs 源码复制到工程文件夹根目录，重命名为“FATFS”，如图 4-3-23 所示。

② 添加 FatFs 相关源码文件至工程中

使用 Keil μVision5 软件打开 SD 存储卡基本测试工程，添加 FatFs 相关源码文件至工程中。需要添加的文件有：diskio.c、ff.c 和 ffunicode.c，如图 4-3-24 所示。

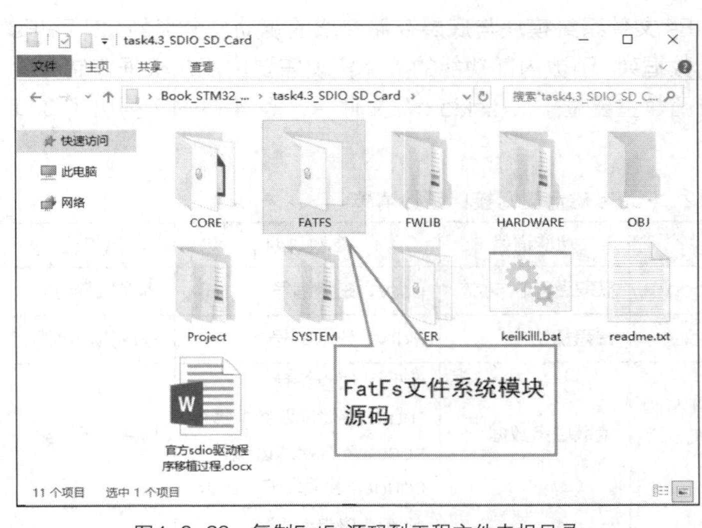

图4-3-23　复制FatFs源码到工程文件夹根目录

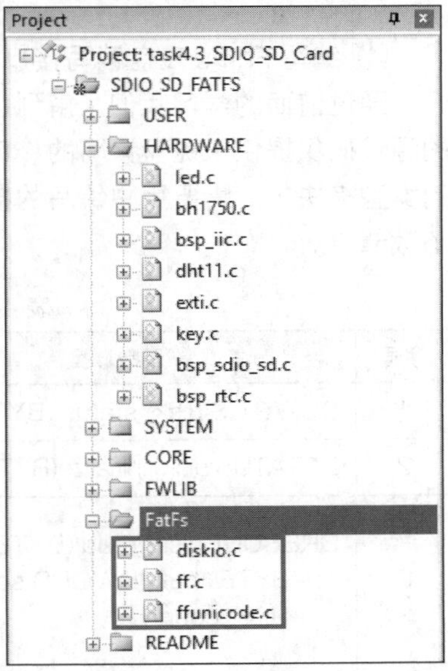

图4-3-24　添加FatFs相关源码文件至工程

③ 配置工程头文件包含路径

打开工程选项对话框，选择“C/C++”选项下的“IncludePaths”项目，在弹出的路径设置对话框中添加“FATFS”文件夹的路径，如图 4-3-25 所示。

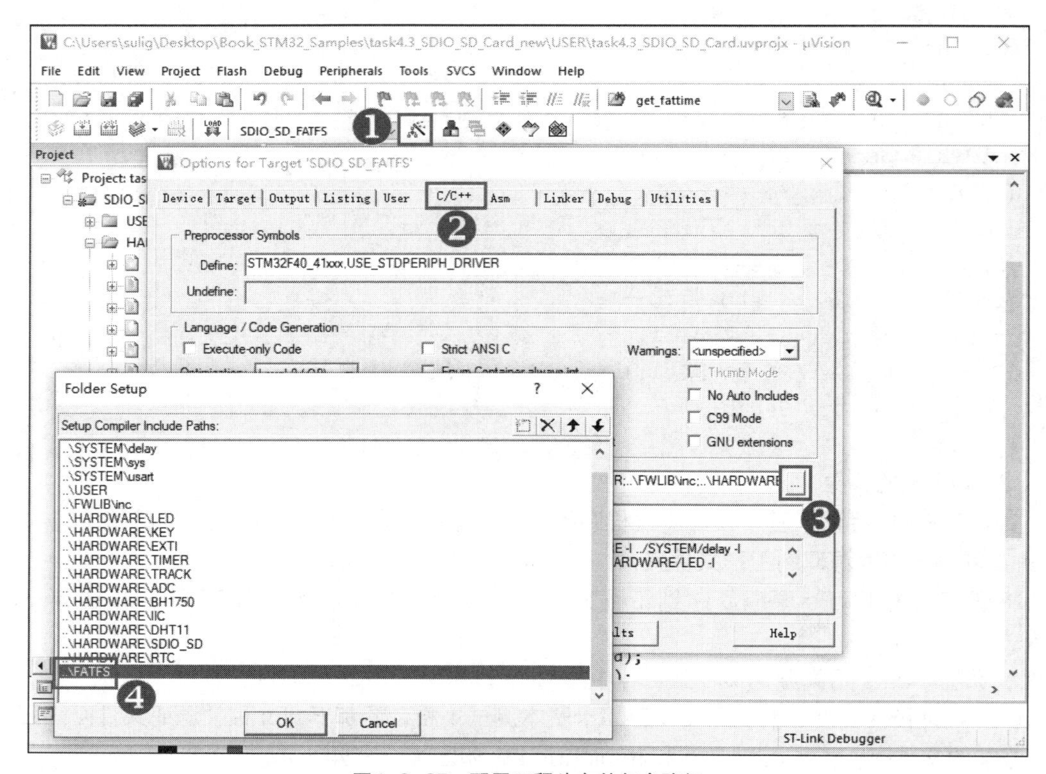

图4-3-25　配置工程头文件包含路径

④ 编写 FatFs 磁盘读写接口函数

通过前面的学习我们了解到：FatFs 文件系统模块与底层存储介质的驱动是分离的，即 FatFs 的源代码仅提供了磁盘读写的接口函数框架，函数内部功能的具体实现需要由用户根据存储介质的类型来决定。需要用户编写的接口函数主要位于“diskio.c”文件中，表 4-3-12 列出了接口函数清单。

表 4-3-12　FatFs 磁盘读写接口函数清单

序号	函数原型	功能描述	参数说明	返回值
1	DSTATUS disk_status (BYTE pdrv)	获取磁盘工作状态	pdrv：磁盘编号	程序执行结果
2	DSTATUS disk_initialize(BYTE pdrv)	磁盘初始化	Pdrv：磁盘编号	程序执行结果
3	DRESULT disk_read (BYTE pdrv, BYTE *buff, DWORD sector, UINT count)	读取磁盘数据	pdrv：磁盘编号 *buff：存储读取数据缓存 sector：开始扇区编号 count：要读取的扇区数	程序执行结果
4	DRESULT disk_write (BYTE pdrv, const BYTE *buff, DWORD sector, UINT count)	写入磁盘数据	pdrv：磁盘编号 *buff：要写入的数据缓存 sector：开始扇区编号 count：要读取的扇区数	程序执行结果

续表

序号	函数原型	功能描述	参数说明	返回值
5	DRESULT disk_ioctl (BYTE pdrv, BYTE cmd, void *buff)	磁盘输入/输出控制	pdrv：磁盘编号 cmd：控制码 *buff：控制数据缓存	程序执行结果
6	__weak uint32_t get_fattime(void)	获得实时时间戳	None （该函数为新增函数）	时间戳

在“diskio.c”文件中输入以下代码：

```
1   #include "ff.h"                  //整型数据类型的重定义
2   #include "diskio.h"              //磁盘功能函数声明
3
4   #include "bsp_sdio_sd.h"         //sdio_sd 底层驱动函数声明
5
6   /* 每个物理磁盘驱动器的编号定义 */
7   #define DEV_RAM0                 //将 Ramdisk 映射到驱动器 0
8   #define DEV_MMC1                 //将 MMC 卡映射到驱动器 1
9   //#define DEV_USB4               //将 USB MSD 映射到驱动器 4
10  #define DEV_SPI_FLASH2           //将 EN25Q128 SPI_Flash 映射到驱动器 2
11  #define DEV_SDIO_SD3             //将 SD 存储卡映射到驱动器 3
12
13  #define FLASH_SECTOR_SIZE 512
14  #define FLASH_BLOCK_SIZE   8
15  uint16_t FLASH_SECTOR_COUNT = 2048 * 12;
16
17  /*-----------------------------------*/
18  /*             获取磁盘工作状态          */
19  /*-----------------------------------*/
20  DSTATUS disk_status (
21     BYTE pdrv       /* 磁盘的驱动器编号 */
22  )
23  {
24     DSTATUS stat = STA_NOINIT;
25     switch (pdrv) {
26     /* 解析磁盘驱动器编号 */
27     case DEV_SDIO_SD :
28        stat &= ~STA_NOINIT;
29        return stat;
30     case DEV_SPI_FLASH :
31        return stat;
32     }
33     return STA_NOINIT;
```

```
34  }
35
36  /*-----------------------------------*/
37  /*              初始化磁盘             */
38  /*-----------------------------------*/
39  DSTATUS disk_initialize (
40      BYTE pdrv       /* 磁盘的驱动器编号*/
41  )
42  {
43      DSTATUS stat = STA_NOINIT;
44      switch (pdrv) {
45      case DEV_SDIO_SD :
46          if( SD_Init() == SD_OK )
47          {
48              stat &= ~STA_NOINIT;
49              return stat;
50          }
51      case DEV_SPI_FLASH :
52          return stat;
53      }
54      return STA_NOINIT;
55  }
56
57  /*-------------------------------------*/
58  /*              读磁盘扇区               */
59  /*-------------------------------------*/
60  DRESULT disk_read (
61      BYTE pdrv,       /* 磁盘的驱动器编号 */
62      BYTE *buff,      /* 存放读取数据的缓存区 */
63      DWORD sector,    /* LBA 模式下的起始扇区 */
64      UINT count       /* 要读取的扇区数 */
65  )
66  {
67      DRESULT res = RES_PARERR;
68      SD_Error SD_status;
69
70      switch (pdrv) {
71      case DEV_SDIO_SD :
72          /* 从地址 0 开始读取多个字节数据 */
73          SD_status = SD_ReadMultiBlocks(buff, sector*SDCardInfo.CardBlockSize,
74  SDCardInfo.CardBlockSize, count);
75          if(SD_status != SD_OK)
```

```
76              return res = RES_ERROR;
77
78          /* 判断是否传输已完毕 */
79          SD_status = SD_WaitReadOperation();
80          if(SD_status != SD_OK)
81              return res = RES_ERROR;
82
83          while(SD_GetStatus() != SD_TRANSFER_OK);
84
85          res = RES_OK;
86          return res;
87      case DEV_SPI_FLASH :
88          res = RES_OK;
89          return res;
90      }
91      return RES_PARERR;
92  }
93
94  /*-----------------------------------------*/
95  /*                 写入磁盘扇区               */
96  /*-----------------------------------------*/
97  #if FF_FS_READONLY == 0
98  DRESULT disk_write (
99      BYTE pdrv,                  /* 磁盘的驱动器编号 */
100     const BYTE *buff,           /* 要写入的数据 */
101     DWORD sector,               /* LBA 模式下的起始扇区 */
102     UINT count                  /* 要写入的扇区数 */
103 )
104 {
105     DRESULT res = RES_PARERR;
106     SD_Error SD_status;
107     if (!count) {
108         return RES_PARERR;      /* 指明参数错误 */
109     }
110     switch (pdrv) {
111     case DEV_SDIO_SD :
112         /* 向地址 0 写入多个字节 */
113         SD_status = SD_WriteMultiBlocks((uint8_t *)buff, sector * \
114                 SDCardInfo.CardBlockSize,SDCardInfo.CardBlockSize, count);
115         /* 判断是否传输已经结束 */
116         if(SD_status != SD_OK)
117           return res = RES_ERROR;
```

```
118         SD_status = SD_WaitWriteOperation();
119 
120         if(SD_status != SD_OK)
121           return res = RES_ERROR;
122 
123         while(SD_GetStatus() != SD_TRANSFER_OK) ;
124         res = RES_OK;
125         return res;
126     case DEV_SPI_FLASH :
127         res = RES_OK;
128         return res;
129     }
130     return RES_PARERR;
131 }
132 #endif
133 
134 /*-----------------------------------------------------------------------*/
135 /*                  磁盘控制的其他功能                    */
136 /*-----------------------------------------------------------------------*/
137 DRESULT disk_ioctl (
138     BYTE pdrv,       /* 磁盘驱动器的编号 (0..) */
139     BYTE cmd,        /* 控制码 */
140     void *buff       /* 存放收发控制数据的缓存 */
141 )
142 {
143     DRESULT res = RES_PARERR;
144 
145     switch (pdrv)
146     {
147     case DEV_SDIO_SD :
148         switch (cmd)
149         {
150         case CTRL_SYNC:
151             res = RES_OK;
152             break;
153 
154         /* 获取扇区数量 */
155         case GET_SECTOR_COUNT:
156             *(DWORD *)buff = SDCardInfo.CardCapacity/SDCardInfo.CardBlockSize;
157             res = RES_OK;
158             break;
159 
```

```
160            /* 获取扇区大小 */
161            case GET_SECTOR_SIZE :
162                *(WORD * )buff = SDCardInfo.CardBlockSize;
163                res = RES_OK;
164                break;
165
166            /* 获取块的大小 */
167            case GET_BLOCK_SIZE :
168                *(DWORD * )buff = 1;
169                res = RES_OK;
170                break;
171
172            default:
173                res = RES_PARERR;
174                break;
175            }
176            break;
177
178        case DEV_SPI_FLASH :
179            /* 在这里处理 SPIFlash 操作相关的指令 */
180            break;
181        }
182        return res;
183    }
184
185    __weak uint32_t get_fattime(void)
186    {
187        uint16_t year;
188        uint8_t month,day,hour,minute,second;
189
190        RTC_TimeTypeDef RTC_TimeStructure;
191        RTC_DateTypeDef RTC_DateStructure;
192
193        /* 获取日期和时间 */
194        RTC_GetTime(RTC_Format_BIN, &RTC_TimeStructure);
195        RTC_GetDate(RTC_Format_BIN, &RTC_DateStructure);
196        /* 日期和时间赋值 */
197        year = RTC_DateStructure.RTC_Year + 2000;
198        month = RTC_DateStructure.RTC_Month;
199        day = RTC_DateStructure.RTC_Date;
200        hour = RTC_TimeStructure.RTC_Hours;
201        minute = RTC_TimeStructure.RTC_Minutes;
```

```
202     second = RTC_TimeStructure.RTC_Seconds;
203
204     /* 返回当前时间戳 */
205     return ((uint32_t)(year - 1980) << 25)        /* 年 */
206            | ((uint32_t)month << 21)               /* 月 */
207            | ((uint32_t)day << 16)                 /* 日 */
208            | ((uint32_t)hour << 11)                /* 小时 */
209            | ((uint32_t)minute << 5)               /* 分钟 */
210            | ((uint32_t)second >> 1);              /* 秒*/
211 }
```

⑤ FatFs 功能配置

FatFs 有丰富的功能配置选项，并支持用户对其进行配置与裁减，进而使之更符合应用程序的需求。功能配置操作通过修改“ffconf.h”文件来完成，接下来主要对与本任务相关的宏定义进行介绍，其他未提到的保持默认即可。

```
28  #define FF_USE_STRFUNC       1
41  #define FF_USE_MKFS          1
45  #define FF_USE_FASTSEEK      1
58  #define FF_USE_LABEL         1
71  #define FF_CODE_PAGE         936
166 #define FF_VOLUMES           4
170 #define FF_STR_VOLUME_ID     1
171 #define FF_VOLUME_STRS       "RAM","MMC","FLASH","SD",\
                                 "SD2","USB","USB2","USB3"
```

说明：在上述代码段中，前面的数字代表“ffconf.h”文件中配置项所在的行号，根据此数字即可在“ffconf.h”文件中快速查找相应的配置项。各宏定义说明如下。

- FF_USE_STRFUNC：使能字符串支持功能。
- FF_USE_MKFS：使能格式化函数 f_mkfs()。
- FF_USE_FASTSEEK：使能文件快速定位功能。
- FF_USE_LABEL：使能“卷标”支持功能。
- FF_CODE_PAGE：使能“简体中文”支持功能。
- FF_VOLUMES：支持的逻辑磁盘个数，默认为 1，本任务设置为 4。
- FF_STR_VOLUME_ID：是否支持将任意字符串作为“卷标”ID 设置，默认为 0 表示不支持，本任务设置为 1，表示可将任务字符串作为磁盘编号并出现在路径名中。
- FF_VOLUME_STRS：“卷标”ID 字符串，在本任务中，“diskio.c”中第 11 行“#define DEV_SDIO_SD 3”，映射 SD 存储卡为 drive 3，因此对应上述字符串中的“SD”作为“卷标”（注：下标从 0 开始计算）。

（3）编写 main()函数

① 应用层程序工作流程设计

根据任务要求，设计应用层程序的工作流程如图 4-3-26 所示。

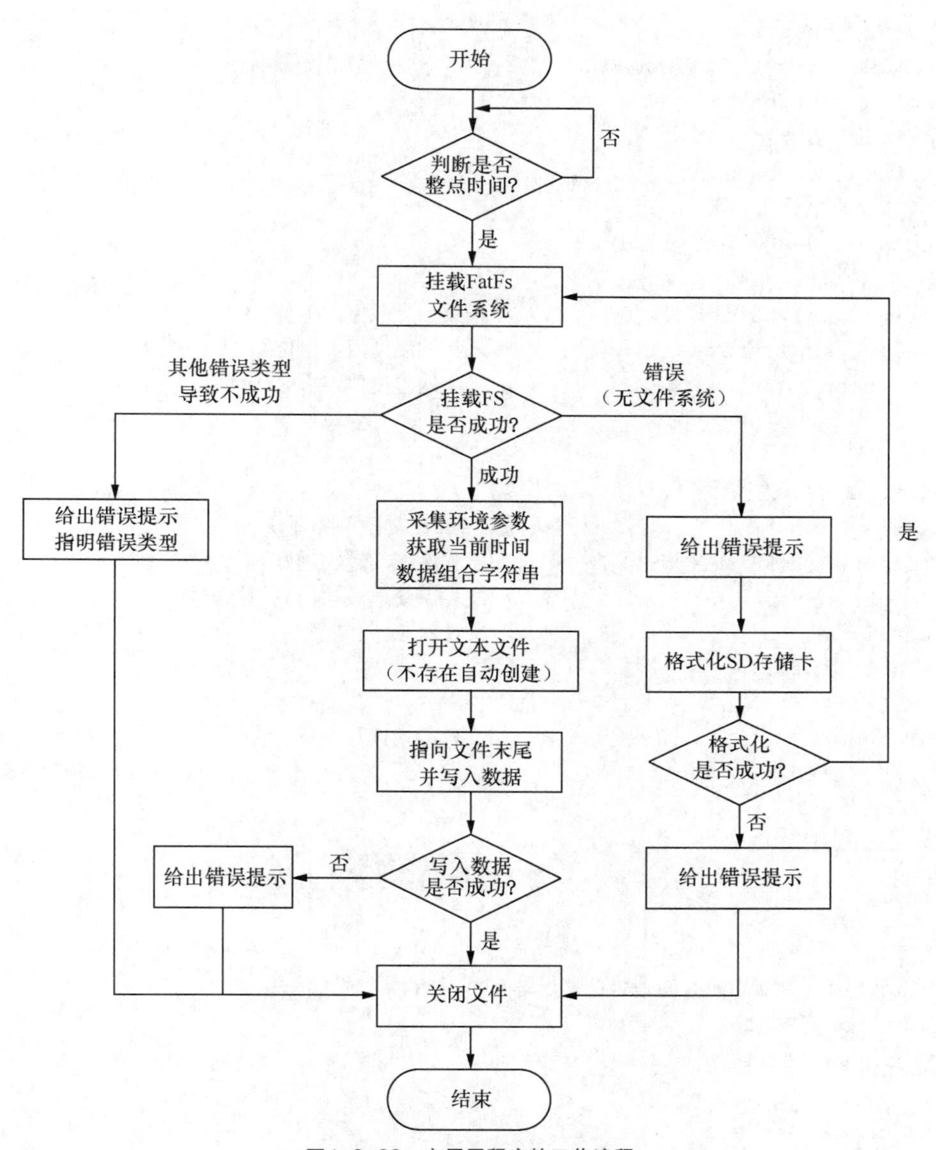

图4-3-26 应用层程序的工作流程

② 在“main.c”文件中输入以下代码：

```
1    #include "sys.h"
2    #include "delay.h"
3    #include "usart.h"
4    #include "led.h"
5    #include "key.h"
6    #include "exti.h"
7    #include "bsp_iic.h"
8    #include "bh1750.h"
9    #include "dht11.h"
```

```
10  #include "bsp_sdio_sd.h"
11  #include "bsp_rtc.h"
12  #include "ff.h"
13  #include <string.h>
14  #include <stdbool.h>
15
16  extern void SD_Test(void);
17
18  uint16_t bh1750Light = 0;        //采集的光照值，单位 lx
19  uint8_t temperature = 0;         //采集的温度值，单位℃
20  uint8_t humidity = 0;            //采集的湿度值，百分比
21  uint8_t keyValue = 0;
22
23  /* FatFs 文件系统相关 */
24  FATFS sysFs;                     //FatFs 文件系统对象
25  BYTE gFsWork[FF_MAX_SS];         //工作区域（越大越好）
26  BYTE gFsInited = 0;              //文件系统已成功挂载的标志位
27  FIL fil;                         //文件对象
28  FILINFO Finfo;
29  FRESULT res;
30  UINT fnum;                       //文件成功读写数量
31  BYTE Buff[4096] __attribute__ ((aligned (4))) ;    //Working buffer
32
33  char strFinal[100];
34  uint8_t currentHour = 0;         //用于存储当前小时值
35
36  /**
37    * @brief  判断当前时间是否是整点时间
38    * @param  None
39    * @retval None
40    */
41  bool Check_Certain_Hour(void)
42  {
43     uint8_t hour,minute,second;
44     RTC_TimeTypeDef RTC_TimeStructure;
45     RTC_GetTime(RTC_Format_BIN, &RTC_TimeStructure);
46
47     hour = RTC_TimeStructure.RTC_Hours;
48     minute = RTC_TimeStructure.RTC_Minutes;
49     second = RTC_TimeStructure.RTC_Seconds;
50
51     if(minute == 0 && second == 0)
52     {
```

```
53          if(hour != currentHour)
54          {
55              currentHour = hour;
56              return true;
57          }
58      }
59      return false;
60  }
61
62  /**
63    * @brief  存储时间戳与环境参数函数
64    * @param  None
65    * @retval None
66    */
67  void Save_Data(void)
68  {
69      uint16_t year;
70      uint8_t month,day,hour,minute,second;
71
72      /* 在SD存储卡挂载文件系统 */
73      res = f_mount(&sysFs,"3:",1);
74
75      if(res == FR_NO_FILESYSTEM)
76      {
77          printf(">>> No file system, formatting...\r\n");
78          res = f_mkfs("3:", FM_FAT32, 0, Buff, sizeof Buff);
79
80          if(res == FR_OK)
81          {
82              printf(">>> SD memory card is successfully formatted.\r\n");
83              res = f_mount(NULL,"3:",1);                //格式化后，先取消挂载
84              res = f_mount(&sysFs,"3:",1);              //重新挂载
85          }
86          else
87          {
88              printf(">>> Format failed. (%d)\r\n",res);
89              while(1);
90          }
91      }
92      else if(res != FR_OK)
93      {
94          printf(">>> Mount FS failed. (%d)\r\n",res);  //给出错误提示和错误类型
95          while(1);
```

```
96      }
97      else if(res == FR_OK)
98      {
99          printf(">>> Mount FS success, you can operate read write test.\r\n");
100     }
101
102     /* 采集环境参数 */
103     bh1750Light = BH1750_Measure();                //读取 BH1750 的光照强度值
104     DHT11_Read_Data(&temperature,&humidity);    //读取 DHT11 的温湿度值
105
106     /* 获得当前日期和时间 */
107     year = RTC_Get_Year() + 2000;                   //“年份”值需要加 2000
108     month = RTC_Get_Month();
109     day = RTC_Get_Date();
110     hour = RTC_Get_Hour();
111     minute = RTC_Get_Minute();
112
113     /* 将各数据组合成字符串 */
114     sprintf(strFinal,"%d;%0.2d-%0.2d;%0.2d:00;%d;%d;%d\r\n",year,month,day,\
115                  hour,temperature,humidity,bh1750Light);
116
117     /* 打开文件，如果文件不存在则创建它 */
118     res = f_open(&fil, "sd:/Data.txt", FA_OPEN_ALWAYS | FA_WRITE );
119     /* 文件读写指针定位到最后 */
120     f_lseek(&fil, f_size(&fil));
121
122     if (res == FR_OK)
123     {
124         printf(">>> Open/Create file(.txt) success, writting...\r\n");
125         /* 将指定存储区内容写入文件内 */
126         res=f_write(&fil,strFinal,strlen(strFinal),&fnum);
127
128         if(res==FR_OK)
129         {
130             printf(">>> 文件写入成功，共写入字节数据：%d\r\n",fnum);
131             printf(">>> 此次写入的数据是:\r\n%s\r\n",strFinal);
132         }
133         else
134         {
135             printf(">>> 文件写入失败:(%d)\n",res);
136         }
137         /* 不再读写，关闭文件 */
138         f_close(&fil);
```

```
139     }
140     else
141     {
142        printf(">>> Open/Create file(.txt) failed.\r\n");
143     }
144 }
145
146 int main(void)
147 {
148     delay_init(168);                //延时函数初始化
149     LED_Init();                     //LED 端口初始化
150     Key_Init();                     //按键初始化
151     EXTIx_Init();                   //外部中断初始化
152
153     USART1_Init(115200);            //USART1 初始化
154     IIC_Init();                     //IIC 总线初始化
155     BH1750_Init();                  //BH1750 初始化
156     RTC_CLK_Config(1);              //RTC 配置，时钟源选择 LSE
157
158     SDIO_NVIC_Configuration();  //SDIO 中断和 DMA 中断 NVIC 初始化
159
160     while(DHT11_Init())             //DHT11 初始化
161     {
162        printf("DHT11 Init Error!\r\n");
163        delay_ms(500);
164     }
165     printf("DHT11 Init Success!\r\n");
166
167     /* 若备份区域读取的值不符 */
168     if (RTC_ReadBackupRegister(RTC_BKP_DR0) != 0x5F5F)
169     {
170        RTC_Set_DateTime();          //重新设置时间和日期
171     }
172     else
173     {
174        printf("\r\n 不需要重新配置 RTC....\r\n");
175        /* 使能 PWR 时钟 */
176        RCC_APB1PeriphClockCmd(RCC_APB1Periph_PWR, ENABLE);
177        /* PWR_CR:DBF 置 1，使能 RTC、RTC 备份寄存器和备份 SRAM 的访问 */
178        PWR_BackupAccessCmd(ENABLE);
179        /* 等待 RTC APB 寄存器同步 */
180        RTC_WaitForSynchro();
181     }
```

```
182     currentHour = RTC_Get_Hour();    //首次获取当前小时值
183     printf("System Started!\r\n");
184
185     while(1)
186     {
187      /* 左键按下， SDIO 基本读写 SD 存储卡测试*/
188         if(keyValue == KEY_L_PRESS)
189         {
190             SD_Test();
191             keyValue = 0;
192         }
193         /* 如果当前为整点*/
194         if(Check_Certain_Hour())
195         {
196             printf("过了一个小时\r\n");
197             Save_Data();//存储时间戳和环境参数至 SD 存储卡
198         }
199     }
200 }
```

（4）数据分析

系统运行一段时间后，我们可查看 SD 卡上存储的环境参数原始数据，如图 4-3-27 所示。

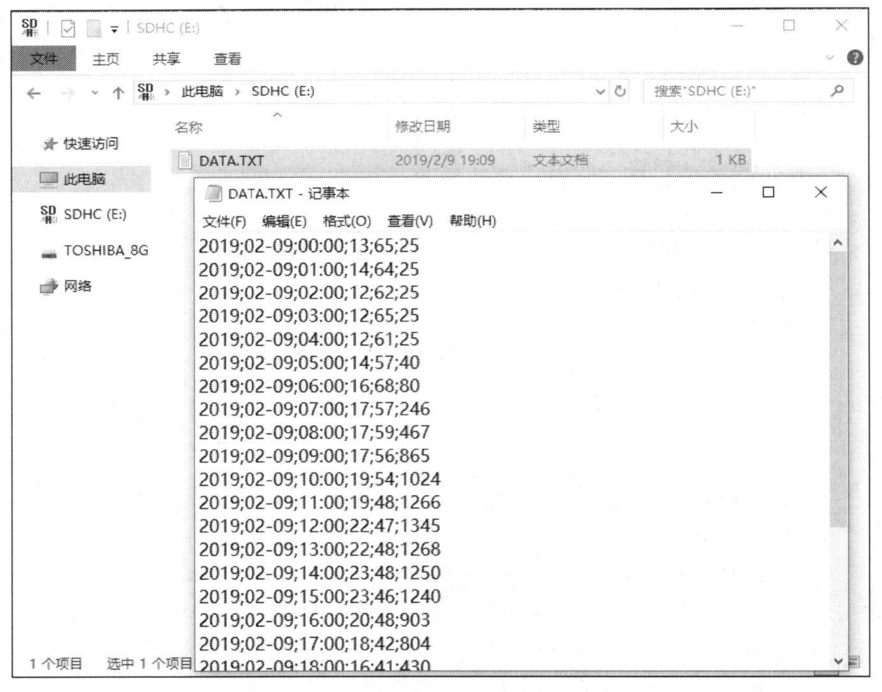

图4-3-27 SD卡存储的环境参数原始数据

我们可使用 MicrosoftExcel 软件对环境参数原始数据进行分析，并生成折线图等图表，进而查看一天中各个时段的参数走向趋势。首先打开 Excel 软件，单击“数据”标签，选择“从文本/CSV”选项，导入原始数据文件“DATA.txt”，如图 4-3-28 所示。

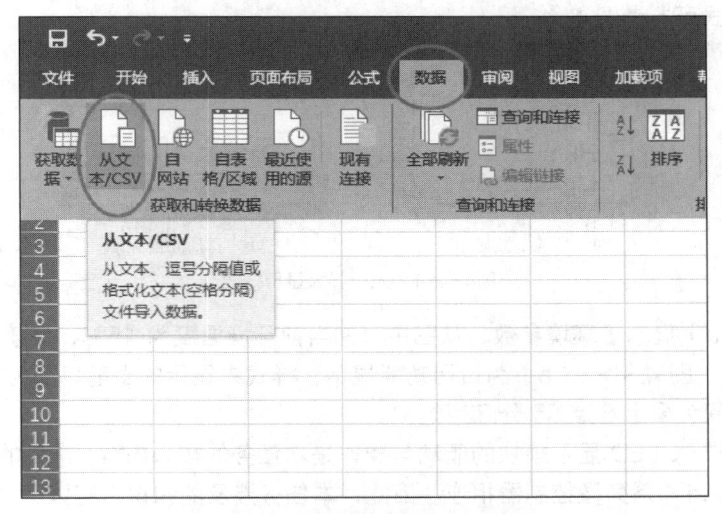

图4-3-28　将原始数据导入Excel软件

将数据导入 Excel 软件后，即可选取感兴趣的数据列，生成相应的图表进行分析。图 4-3-29 展示了使用“折线图”分析一天中 24 小时的环境参数效果。

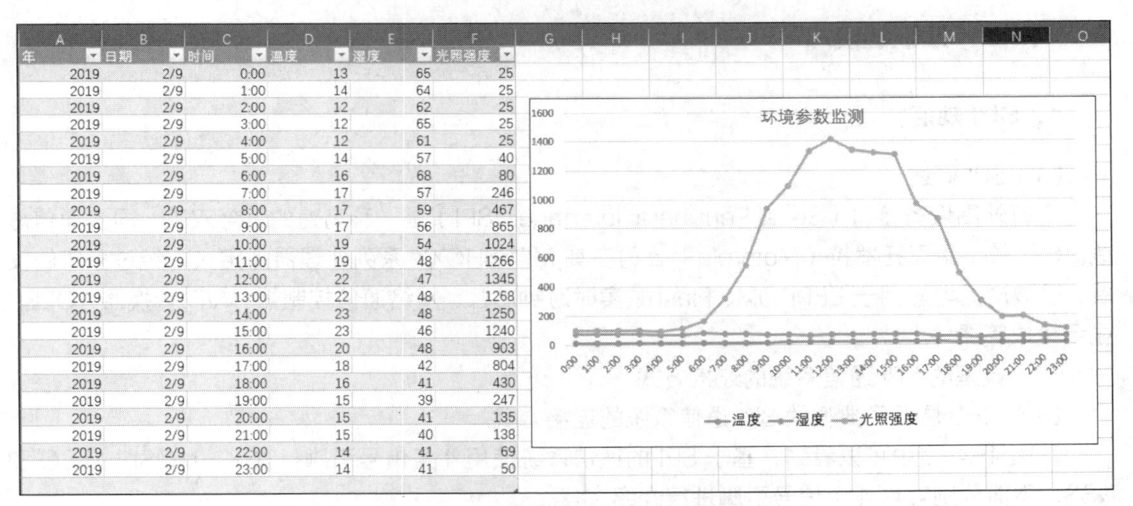

年	日期	时间	温度	湿度	光照强度
2019	2/9	0:00	13	65	25
2019	2/9	1:00	14	64	25
2019	2/9	2:00	12	62	25
2019	2/9	3:00	12	65	25
2019	2/9	4:00	12	61	25
2019	2/9	5:00	14	57	40
2019	2/9	6:00	16	68	80
2019	2/9	7:00	17	57	246
2019	2/9	8:00	17	59	467
2019	2/9	9:00	17	56	865
2019	2/9	10:00	19	54	1024
2019	2/9	11:00	19	48	1266
2019	2/9	12:00	22	47	1345
2019	2/9	13:00	22	48	1268
2019	2/9	14:00	23	48	1250
2019	2/9	15:00	23	46	1240
2019	2/9	16:00	20	48	903
2019	2/9	17:00	18	42	804
2019	2/9	18:00	16	41	430
2019	2/9	19:00	15	39	247
2019	2/9	20:00	15	41	135
2019	2/9	21:00	15	40	138
2019	2/9	22:00	14	41	69
2019	2/9	23:00	14	41	50

图4-3-29　采用图表分析环境参数

任务 4.4　具备交互功能的人机界面应用开发

4.4.1　任务分析

本任务要求开发一个具备交互功能的人机界面应用，该应用集环境温湿度显示、光照强度显示与日历功能于一身。系统与 DHT11 温湿度传感器、BH1750 环境光照强度传感器和 OLED 显示模块连接，通电后默认每隔一段时间采集一次环境参数，并将其显示在 OLED 显示模块上。用户操作按键并保持长按，系统切换为日历功能，OLED 显示模块上显示当前的日期、星期以及时间。显示界面样式可参考图 4-4-1。

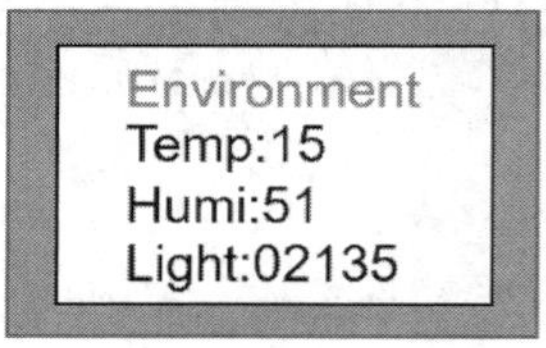

Environment
Temp:15
Humi:51
Light:02135

（a）环境参数显示

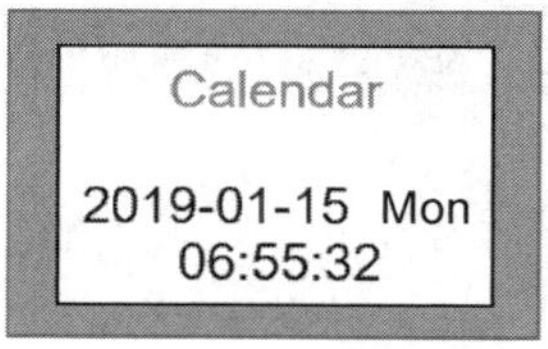

Calendar
2019-01-15 Mon
06:55:32

（b）日历功能显示

图4-4-1 人机界面显示样式

图 4-4-1（a）显示了环境参数，从图中可知当前环境温度为 15℃，环境湿度为 51%，光照强度为 2135lx。图 4-4-1（b）为日历功能显示，样式中显示的当前日期为 2019 年 1 月 15 日、星期一，时间为早上 6 点 55 分 32 秒。

根据任务要求，OLED 显示模块的驱动与操作是本任务的核心内容。常见的 OLED 显示模块通过 SPI 与 STM32F4 系列微控制器相连。因此，本任务涉及的知识点有以下 3 点：

- SPI 规范；
- OLED 显示模块的工作原理；
- 使用 STM32F4 系列微控制器进行 OLED 编程配置并显示指定内容的方法。

4.4.2 知识链接

1. SPI 规范

（1）SPI 概述

串行外围设备接口（Serial Peripheral Interface，SPI）是一种高速的、全双工、同步通信总线。SPI 最早由摩托罗拉（Motorola）公司在其 MC68HCXX 系列处理器上定义，经过多年的发展，已被广泛地应用于 EEPROM、Flash、实时时钟芯片、网络通信控制器、A/D 转换器、OLED 显示模块等器件上。

（2）典型的 SPI 通信系统的连接方式

图 4-4-2 展示了典型的 SPI 通信系统的连接方式。

从图 4-4-2 中可以看到，基于 SPI 的通信系统使用 4 条信号引脚：SCK、MOSI、MISO 和 NSS，下面分别对这 4 个信号引脚进行介绍。

① SCK

SCK（Serial Clock）引脚为同步时钟信号线，用于数据通信的同步。同步时钟由主机产生，具体频率大小取决于数据接收方。不同的设备支持的最高时钟频率不同，当两个设备之间进行 SPI 通信时，通信速率取决于低速设备。

② MOSI

MOSI（Master Output/Slave Input）引脚为“主机输出/从机输入”信号线，用于数据收发。当设备被配置为主机时，通过该信号线发送数据；当设备被配置为从机时，通过该信号线接收数据。

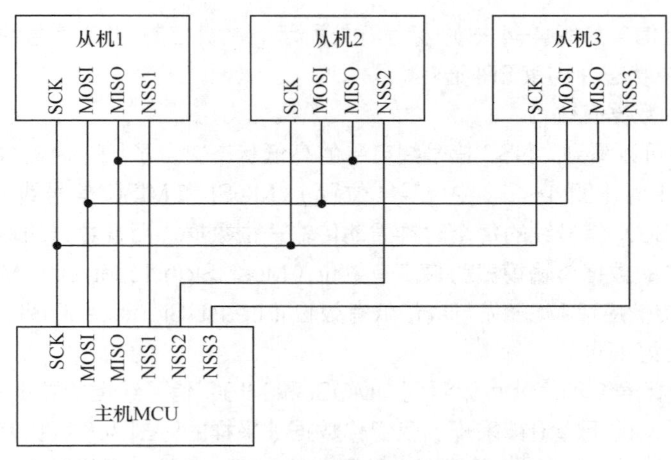

图4-4-2 典型的SPI通信系统的连接方式

③ MISO

MISO（Master Input/Slave Output）引脚为“主机输入/从机输出”信号线，用于数据收发。当设备被配置为从机时，通过该信号线发送数据；当设备被配置为主机时，通过该信号线接收数据。

④ NSS

NSS（Negative Slave Select, Negative 代表取反）引脚为“从机选择”信号线，也被称为片选端，在不同的设备上有时也表示为$\overline{SS}$或 CS。SPI 总线上同一时刻连接了多个从机，当主机需要与某一台从机通信时，就通过“从机选择”信号线来确定要通信的从机。该信号线为低电平有效，因此主机将某台从机的 NSS 信号线置低后选中该从机，然后主机就可以开始与该从机进行通信。

（3）SPI 通信系统的通信时序

图 4-4-3 展示了 SPI 通信系统的通信时序。

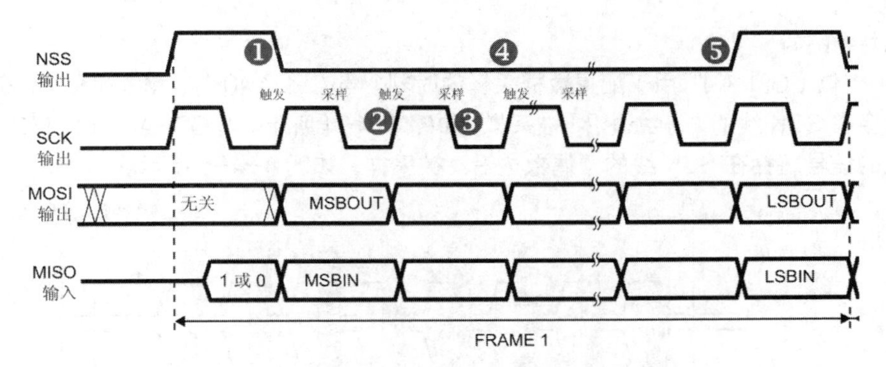

图4-4-3 SPI通信系统的通信时序

从图 4-4-3 中可以看到，NSS、SCK 和 MOSI 这 3 条信号线为输出方向，由主机控制输出。而 MISO 信号线为输入方向，主机通过该信号线接收从机数据。MOSI 与 MISO 信号线上的数据收发仅当 NSS 信号线为低电平时有效，每个同步时钟（SCK）的信号周期均采样一位数据。

（4）SPI 通信的起始信号和停止信号

SPI 通信的起始信号如图 4-4-3 中标号①处所示。主机控制 NSS 信号线由高电平转为低电平，选中总线上某从机之后，主从机之间开始通信。

SPI 通信的停止信号如图 4-4-3 中标号⑤处所示。主机控制 NSS 信号线由低电平转为高电平，取消从机的选中状态并结束 SPI 通信。

（5）SPI 通信的数据有效性

从图 4-4-3 中可以看到，NSS 信号线电平的高低状态决定了 SPI 通信数据有效与否。仅当 NSS 信号线为低电平时（图 4-4-3 中标号④位置），MOSI 和 MISO 信号线上的数据收发有效。

两条数据线在 SCK 信号线的每个时钟周期传输一位数据，而且数据的输入与输出是同时进行的。图 4-4-3 中的数据传输模式为最高有效位（Most Significant Bit，MSB）先行，但 SPI 规范并未规定数据传输应该 MSB 先行或最低有效位（Least Significant Bit，LSB）先行，只要 SPI 通信的双方约定好即可。

从图 4-4-3 中标号②和③处可以看到，MOSI 和 MISO 信号线上的数据在 SCK 的上升沿期间触发电平，在 SCK 的下降沿被采样。我们称数据被采样的时刻为“数据有效”时刻，此时数据线上的高电平表示数据“1”，低电平表示数据“0”。而在非数据采样时刻，两条数据线上的数据均无效。

根据 SPI 规范，数据线上每次传输的数据可以是 8 位或 16 位。

（6）SPI 通信的模式

根据 SPI 规范，SPI 通信共有 4 种模式，分别是模式 0～模式 3。这几种模式之间的主要不同有两点：一是总线空闲时，SCK 的电平状态不同；二是 MOSI 和 MISO 信号线上数据的采样时刻不同。

在学习 SPI 通信的模式之前，我们需要掌握两个概念，分别是“时钟极性”与“时钟相位”。

① 时钟极性

“时钟极性（CPOL）”用于指示当 SPI 通信设备处于空闲状态（即 NSS 线为高电平）时 SCK 信号线的电平状态。当 CPOL=0 时，空闲状态的 SCK 为低电平；当 CPOL=1 时，空闲状态的 SCK 为高电平。

② 时钟相位

“时钟相位（CPHA）”用于配置数据采样的时刻。当 CPHA=0 时，MOSI 和 MISO 信号线上的信号将会在 SCK 线的“奇数边沿”被采样，如图 4-4-4 所示。当 CPHA=1 时，MOSI 和 MISO 信号线上的信号将会在 SCK 线的“偶数边沿”被采样，如图 4-4-5 所示。

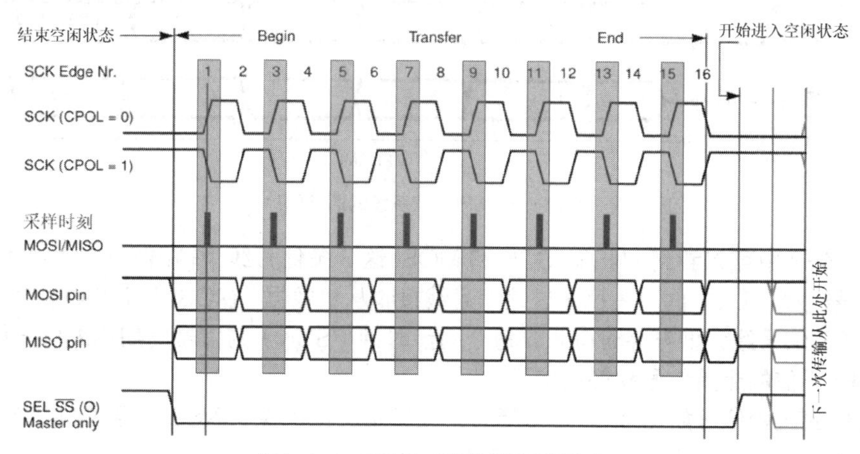

图4-4-4　CPHA=0时的SPI通信时序

图 4-4-4 展示了 CPHA=0 时的 SPI 通信时序。从图中可以看到，MOSI 和 MISO 线上的数据采样时刻位于 SCK 线上的奇数（第 1、3、5、7、9 等）边沿。注意：当 CPOL=0 时，时钟的奇数边沿为上升沿；而 CPOL=1 时，时钟的奇数边沿为下降沿，但这并不影响数据的采样。

图 4-4-5 展示了 CPHA=1 时的 SPI 通信时序。从图中可以看到，MOSI 和 MISO 线上的数据采样时刻位于 SCK 线上的偶数（第 2、4、6、8、10 等）边沿。同样地，数据采样时刻不受 CPOL 参数的影响。

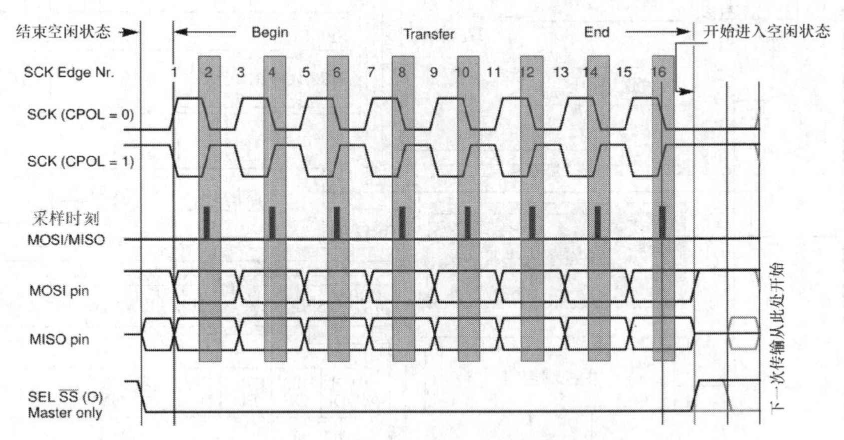

图4-4-5　CPHA=1时的SPI通信时序

综上所述，CPOL 和 CPHA 各有两种不同的取值，不同取值的组合形成了 SPI 通信的 4 种模式，如表 4-4-1 所示。需要注意的是，在 SPI 通信系统中，主机和从机必须工作在相同的模式下才能正常通信。

表 4-4-1　SPI 通信的 4 种模式

SPI 通信模式	CPOL	CPHA	空闲时 SCK 电平状态	采样时刻
0	0	0	低电平	奇数边沿
1	0	1	低电平	偶数边沿
2	1	0	高电平	奇数边沿
3	1	1	高电平	偶数边沿

2. STM32F4 系列微控制器 SPI 的功能特性

STM32F4 系列微控制器内部集成了 SPI 外设，该外设具有以下主要特性：

- 可作为主机也可作为从机；
- 支持双线全双工、双线单工以及单线传输；
- 支持 SPI 通信的 4 种模式；
- 可选择 8 位或 16 位传输帧格式，并可设置数据传输 MSB 先行或 LSB 先行；
- 支持的 SCK 频率最高为 $f_{PCLK}/2$（对于 STM32F407ZGT6 型号 MCU 而言，f_{PCLK2}=84 MHz，f_{PCLK1}=42 MHz）；
- 主机和从机模式都可通过硬件或软件方式进行 NSS 片选管理。

图 4-4-6 展示了 STM32F4 系列微控制器 SPI 外设的硬件框图。

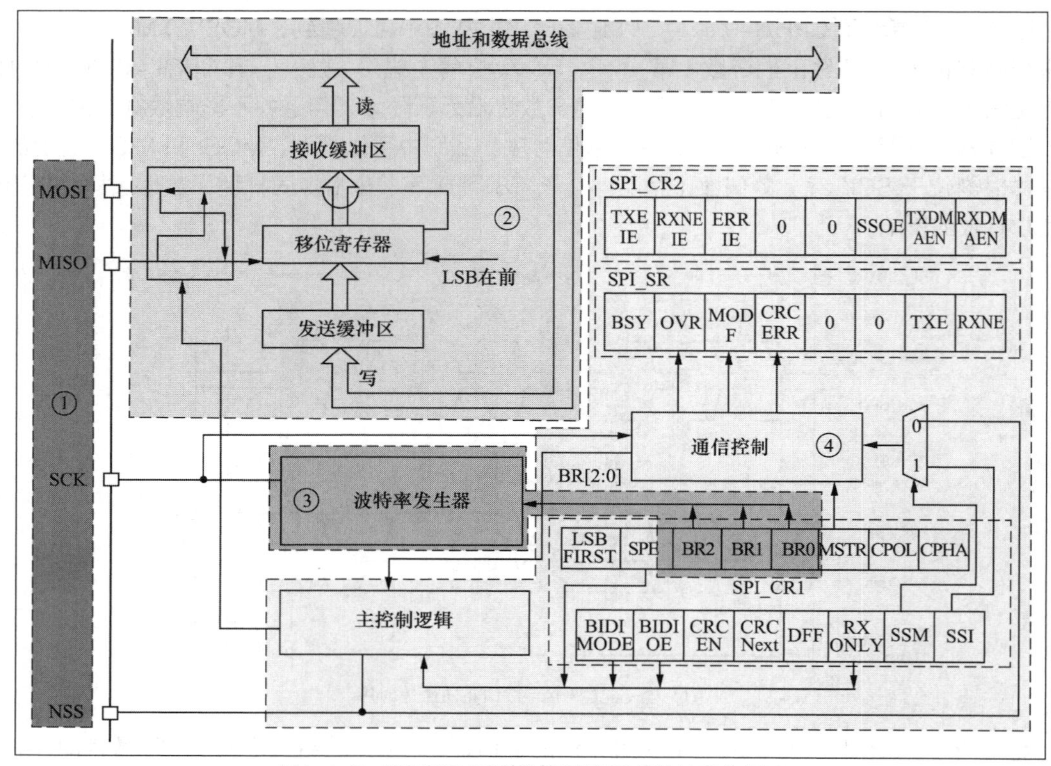

图4-4-6 STM32F4系列微控制器SPI外设的硬件框图

从图 4-4-6 中可以看到，SPI 外设的硬件框图被分为 4 个部分：外部引脚、数据收发控制、通信波特率控制和 SPI 通信整体控制，下面分别对它们进行介绍。

（1）外部引脚

根据 SPI 规范，SPI 通信需要使用 4 根信号线：MOSI、MISO、SCK 和 NSS（图 4-4-6 中标号①位置）。根据 ST 公司的产品规格书，STM32F4 系列微控制器配备了 6 个 SPI 外设，各 SPI 外设的引脚映射如表 4-4-2 所示。

表 4-4-2 STM32F4 系列微控制器各 SPI 外设的引脚映射

SPI 信号线	STM32F4 系列微控制器的 SPI 外设编号					
	SPI1	SPI2	SPI3	SPI4	SPI5	SPI6
MOSI	PA7/PB5	PB15/PC3/PI3	PB5/PC12/PD6	PE6/PE14	PF9/PF11	PG14
MISO	PA6/PB4	PB14/PC2/PI2	PB4/PC11	PE5/PE13	PF8/PH7	PG12
SCK	PA5/PB3	PB10/PB13/PD3	PB3/PC10	PE2/PE12	PF7/PH6	PG13
NSS	PA4/PA15	PB9/PB12/PI0	PA4/PA15	PE4/PE11	PF6/PH5	PG8

由表 4-4-2 可知，在 6 个 SPI 外设中，SPI1、SPI4、SPI5 和 SPI6 挂载于 APB2 总线上，支持的最高通信速率为 84 MHz / 2 = 42 MHz，而 SPI2 和 SPI3 挂载于 APB1 总线上，支持的最高通信速率为 42 MHz / 2 = 21 MHz。需要注意的是，只有 176 引脚的 MCU 才有 PH 和 PI 端口。

（2）数据收发控制

从图 4-4-6 中标号②处对应的阴影部分可知，“地址和数据总线”“接收缓冲区”“移位寄存器”“发送缓冲区”“MOSI 与 MISO 数据引脚”等部分构成了 SPI 通信的数据收发控制逻辑。其中，MOSI 与 MISO 数据引脚与移位寄存器直接相连，是 SPI 通信数据的主要出入口。下面对数据收发控制流程进行介绍。

① 数据发送流程

- 微控制器通过“地址和数据总线”，将需要发送的数据填充到“发送缓冲区”中。
- “移位寄存器”以“发送缓冲区”为数据源，将数据一位一位地通过 MOSI 信号线发送出去。

② 数据接收流程

- MISO 信号线将采样到的数据一位一位地接收进来。
- 通过“移位寄存器”将数据一位一位地存储到“接收缓冲区”中。
- 读取“数据寄存器”，获得“接收缓冲区”中的内容。

另外，配置“CR1”中的“DFF”位段，可将数据帧长度配置为 8bit 或 16bit。配置“CR1”中的“LSBFIRST”位段，可控制数据传输是 MSB 先行还是 LSB 先行。

（3）通信波特率控制

在 SPI 通信中，主机须提供 SCK 信号，该信号决定了 SPI 通信的波特率。SCK 信号的时钟源是 f_{PCLK1} 或 f_{PCLK2}，经分频后由波特率发生器输出。从图 4-4-6 中标号③处对应的阴影部分可知，分频系数由“CR1”中的 BR[2:0]位段控制，具体配置方式如表 4-4-3 所示。

表 4-4-3　SCK 信号分频系数的配置

BR[2:0]	分频系数	SCK 时钟频率	BR[2:0]	分频系数	SCK 时钟频率
000	2	$f_{PCLK}/2$	100	32	$f_{PCLK}/32$
001	4	$f_{PCLK}/4$	101	64	$f_{PCLK}/64$
010	8	$f_{PCLK}/8$	110	128	$f_{PCLK}/128$
011	16	$f_{PCLK}/16$	111	256	$f_{PCLK}/256$

注：f_{PCLK} 频率取决于 SPI 外设挂载的 APB 频率，可以是 f_{PCLK1} 或 f_{PCLK2}。

（4）SPI 通信整体控制

从图 4-4-6 中标号④处对应的阴影部分可知，跟 SPI 通信配置相关的寄存器主要有 3 个：SPI_CR1、SPI_CR2 和 SPI_SR。

SPI_CR1 和 SPI_CR2 可以对 SPI 的通信模式、波特率、是否 MSB 先行、主从模式、单双向模式等工作参数进行配置。用户读取 SPI_SR 中相应位的值，可获取 SPI 通信的工作状态，为程序的后续走向提供参考。另外，用户还应根据应用的需求，配置是否产生 SPI 中断、是否使用 DMA 进行数据的传输等参数。

接下来通过一个示例对 SPI 通信的过程进行解析。图 4-4-7 展示了 SPI 通信主机的数据收发时序。

读者在分析该示例时，应关注数据收发的流程，并理解 SR 中各状态标志位（TXE、BSY 和 RXNE 等）对程序流程的控制作用。在该示例中主机需要发送 3 个字节的数据（0xF1、0xF2 和 0xF3），接收 3 个字节的数据（0xA1、0xA2 和 0xA3），数据收发流程及主要事件如下。

① 设置“SPI_CR1”中的“SPE”位为 1，使能 SPI 模块，并控制 NSS 信号线为低电平，产生起始信号。

② 向“DR”中写入第一个要发送的数据 0xF1，该数据将会存储到“发送缓冲区”中。

③ “移位寄存器”通过 MOSI 数据线将“发送缓冲区”中的数据一位一位地发送出去。

④ 一帧数据发送完毕后，“SR”中的“TXE 标志位”置 1。此时可向“DR”中写入第二个要发送的数据 0xF2，重复第②步和第③步的过程。0xF3 数据的发送流程亦是如此。

⑤ 等待“RXNE 标志位”变为 1，这表明接收到了一帧数据。此时可读取“DR”获取“接收缓冲区”中的数据内容。读取“DR”的同时会清除“RXNE 标志位”。重复本步骤操作即可接收所有的数据。

⑥ 等待“BSY 标志位”变为 0 后关闭 SPI 模块。

在这个示例中，数据收发的控制是通过“软件查询标志位”的方式进行的。这种控制方式效率较低，且浪费 CPU 资源。我们可采用以下两种控制方式提高程序执行的效率。

一是配置使能 SPI 通信的“TXE 中断”与“RXNE 中断”。事件发生时会进入相应的中断服务函数，用户可在中断服务函数中编写事件处理方法的程序。

二是配置使能 SPI 通信的直接内存访问（DMA）功能。使用 DMA 方式收发“DR”中的数据可极大地提升程序执行的效率。

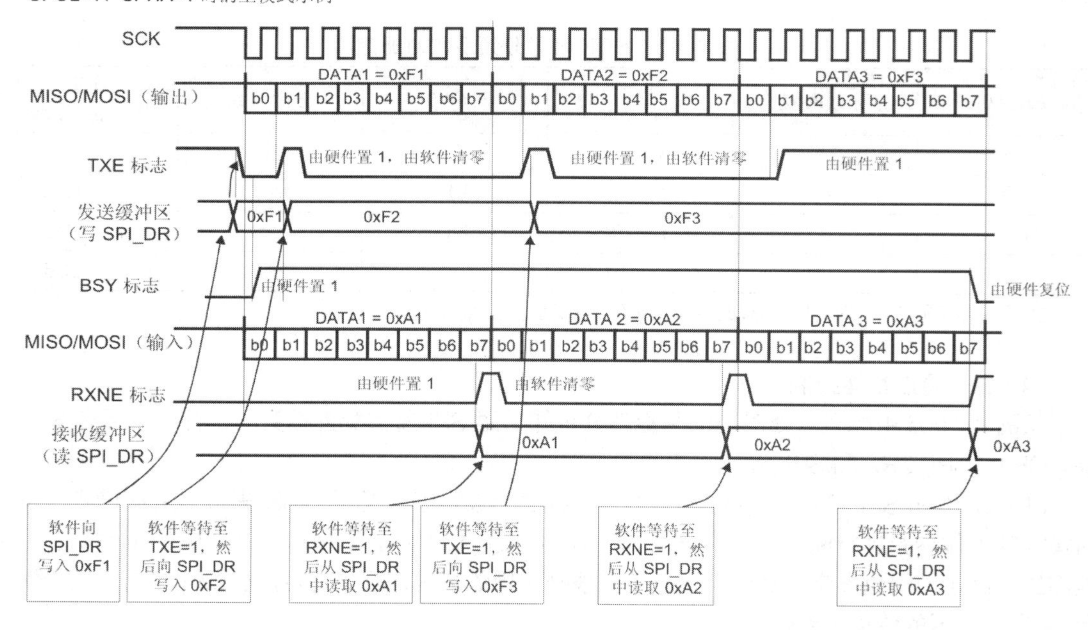

图4-4-7 SPI通信主机的数据收发时序

3. 使用 STM32F4 标准外设库配置 SPI 外设的步骤

STM32F4 标准外设库提供了初始化与数据收发等函数，用于 SPI 外设的初始化配置与操作控制，相关函数定义在库文件“stm32f4xx_spi.c”和“stm32f4xx_spi.h”中。若要将 STM32F4 系列微控制器的 SPI 外设配置为主机模式并能进行数据的收发，则具体的步骤如下。

（1）使能 SPI 时钟，配置相关的 GPIO 引脚功能

在使用某个 SPI 外设之前，需要先使能相应的 SPI 时钟。调用 RCC_APBxPeriphClockCmd() 函数可实现该功能，下列代码片段表示可使能 SPI2 的时钟。

```
RCC_APB1PeriphClockCmd(RCC_APB1Periph_SPI2, ENABLE);
```

除此之外，我们还需配置 SPI 外设对应 GPIO 引脚的工作模式为复用功能（复用为 SPI 外设引脚）。根据表 4-4-2，PB15、PB14 和 PB10 这 3 个 GPIO 引脚可分别复用为 SPI2 的 MOSI、MISO 和 SCK，配置的关键代码片段如下：

```
GPIO_InitStructure.GPIO_Mode = GPIO_Mode_AF;                    //GPIO 引脚配置为复用功能
GPIO_PinAFConfig(GPIOB,GPIO_PinSource15,GPIO_AF_SPI2);   //PB15 复用为 SPI2_MOSI
GPIO_PinAFConfig(GPIOB,GPIO_PinSource14,GPIO_AF_SPI2);   //PB14 复用为 SPI2_MISO
GPIO_PinAFConfig(GPIOB,GPIO_PinSource10,GPIO_AF_SPI2);   //PB10 复用为 SPI2_SCK
```

（2）配置 SPI 的工作参数并初始化 SPI

STM32F4 标准外设库提供了 SPI 初始化结构体和相应的初始化函数来完成 SPI 工作参数的配置。SPI 初始化结构体的原型定义如下：

```
typedef struct
{
   uint16_t SPI_Direction;             //配置 SPI 的通信方向
   uint16_t SPI_Mode;                  //配置 SPI 的主/从机模式
   uint16_t SPI_DataSize;              //配置 SPI 的数据帧长度，可选 8bit/16bit
   uint16_t SPI_CPOL;                  //配置时钟极性，可选高/低电平
   uint16_t SPI_CPHA;                  //配置时钟相位，可选奇/偶数边沿采样
   uint16_t SPI_NSS;                   //配置 NSS 引脚由 SPI 硬件控制还是软件控制
   uint16_t SPI_BaudRatePrescaler; //配置时钟分频系数，fPCLK/分频系数= fSCK
   uint16_t SPI_FirstBit;              //配置 MSB 或 LSB 先行
   int16_t SPI_CRCPolynomial;          //配置 CRC 校验的多项式
} SPI_InitTypeDef;
```

接下来对 SPI 初始化结构体各成员变量的功能进行介绍。

① SPI_Direction

该成员被用于配置 SPI 的通信方向，可供配置的选项如下：

- 双线全双工（SPI_Direction_2Lines_FullDuplex）；
- 双线只接收（SPI_Direction_2Lines_RxOnly）；
- 单线只接收（SPI_Direction_1Line_Rx）；
- 单线只发送（SPI_Direction_1Line_Tx）。

② SPI_Mode

该成员被用于配置 SPI 的模式，可供配置的选项如下：

- 主机模式（SPI_Mode_Master）；
- 从机模式（SPI_Mode_Slave）。

在 SPI 通信系统中，微控制器一般被配置为主机模式。

③ SPI_DataSize

该成员被用于配置 SPI 通信的数据帧长度，可供配置的选项如下：

- 数据帧长度为 8 bit（SPI_DataSize_8b）；
- 数据帧长度为 16 bit（SPI_DataSize_16b）。

④ SPI_CPOL

该成员被用于配置SPI外设的“时钟极性”参数，它与SPI_CPHA的不同取值组合形成了4种不同的SPI通信模式，具体如表4-4-1所示。可供配置的选项如下：

- CPOL高电平（SPI_CPOL_High）；
- CPOL低电平（SPI_CPOL_Low）。

⑤ SPI_CPHA

该成员被用于配置SPI外设的“时钟相位”参数，它与SPI_CPOL的不同取值组合形成了4种不同的SPI通信模式，具体如表4-4-1所示。可供配置的选项如下：

- 在SCK的奇数边沿采集数据（SPI_CPHA_1Edge）；
- 在SCK的偶数边沿采集数据（SPI_CPHA_2Edge）。

⑥ SPI_NSS

该成员被用于配置NSS引脚（俗称片选端）的控制模式，可供配置的选项如下：

- 硬件控制模式（SPI_NSS_Hard）；
- 软件控制模式（SPI_NSS_Soft）。

在实际应用中，使用软件控制模式居多。本任务的示例程序就使用了软件控制模式对NSS引脚进行控制。

⑦ SPI_BaudRatePrescaler

该成员被用于配置SPI波特率的分频系数，时钟源为f_{PCLK}，分频后的时钟信号作为SCK信号线的时钟信号，可供配置的参数如表4-4-3所示。

例如：要对f_{PCLK}时钟进行2分频的宏定义为SPI_BaudRatePrescaler_2，其他分频系数的配置选项与此类似。

⑧ SPI_FirstBit

该成员被用于配置SPI通信的数据传输是“高位数据先行”还是“低位数据先行”，可供配置的选项如下：

- 高位数据（MSB）先行（SPI_FirstBit_MSB）；
- 低位数据（LSB）先行（SPI_FirstBit_LSB）。

⑨ SPI_CRCPolynomial

该成员被用于配置SPI通信的CRC校验多项式，一般配置其值大于1即可。

SPI初始化结构体各成员变量配置完毕后，调用SPI_Init()函数将变量值写入SPI_CR1中，完成SPI外设的初始化，关键代码片段如下：

```
SPI_Init(SPI2, &SPI_InitStructure);
```

（3）使能SPI外设

配置好SPI的工作参数后，我们可使能某SPI外设。标准外设库提供了使能SPI的函数SPI_Cmd()，该函数使能SPI2外设的代码片段如下：

```
SPI_Cmd(SPI2, ENABLE);
```

（4）编写SPI通信的数据传输函数

STM32F4标准外设库提供了SPI发送数据函数和接收数据函数，它们的原型定义如下：

```
void SPI_I2S_SendData(SPI_TypeDef* SPIx, uint16_t Data);
uint16_t SPI_I2S_ReceiveData(SPI_TypeDef* SPIx);
```

前者为 SPI 发送数据函数，它需要两个参数：一是 SPI 编号；二是需要发送的数据，数据类型为无符号 16 位整型数。

后者为 SPI 接收数据函数，它只需一个参数，即 SPI 编号。该函数返回接收到的数据，数据类型为无符号 16 位整型数。

用户可对 STM32F4 标准外设库提供的基本数据收发函数进行封装，编写相应的数据传输函数，以满足具体应用场景的需求。

（5）获取 SPI 传输的状态

我们在解析 SPI 通信数据收发示例时，提到了若干个在 SPI 通信中用于指示传输状态的标志，如 TXE、RXNE、BSY 等。在 SPI 通信系统的程序设计过程中，我们经常需要获取 SPI 传输的状态（如数据是否发送完成、是否收到了新数据等），并使其作为后续程序走向的判断依据。STM32F4 标准外设库提供了 SPI_I2S_GetFlagStatus()函数来获取相应的状态标志。例如，判断 SPI2 是否收到了新数据的代码片段如下：

```
SPI_I2S_GetFlagStatus(SPI2, SPI_I2S_FLAG_RXNE);
```

4. OLED 显示模块的编程控制

（1）OLED 显示模块概述

有机发光二极管（Organic Light-Emitting Diode，OLED），又称有机激光显示。OLED 同时具备自发光、无需背光源、对比度高、厚度薄、视角广、反应速度快、可用于挠曲性面板、使用温度范围广、构造及制程较简单等优良的特性，因此被认为是下一代的平面显示器的新兴应用技术。

OLED 分为被动矩阵 OLED 和主动矩阵 OLED 两种类型，两者在驱动方式上有所不同。

被动矩阵 OLED（PassiveMatrixOLED，PMOLED）由阴极带、有机层和阳极带构成，阳极带与阴极带相互垂直，它们的交叉点形成像素，也就是发光的部位。外部电路向选取的阴极带和阳极带施加电流，从而决定哪些像素发光，哪些像素不发光。另外，每个像素的亮度与施加电流的大小成正比。PMOLED 的优点是结构简单，制造成本低。缺点是耗电量高，因此 PMOLED 不适合在大尺寸、高分辨率的面板上应用。

主动矩阵 OLED（Active Matrix OLED，AMOLED）采用独立的薄膜晶体管（Thin Film Transistor，TFT）控制每个像素，每个像素都可以连续且独立地发光。AMOLED 的优点是耗电量低，发光元件寿命长。

接下来介绍一种在智能电子产品中常用的 OLED 显示模块，其实物如图 4-4-8 所示。

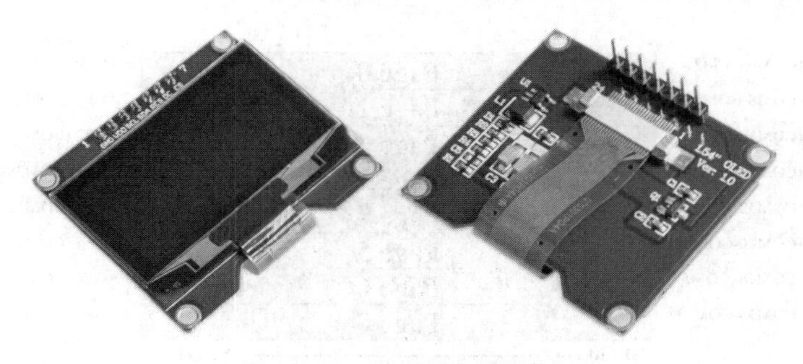

图4-4-8 OLED显示模块实物

该显示模块具有以下特点。

① 集成了显示驱动芯片（如 SSD1306），该驱动芯片体积很小，一般被封装在显示屏背面的玻璃基板上。

② 尺寸可选 0.96 寸、1.3 寸、1.54 寸（1 寸≈3.33cm）等，显示模块整体体积小。

③ 分辨率较高，一般为 128 像素×64 像素。

④ 所需供电电压低，一般为 3.3 V。

⑤ 支持多种接口，如 8 位 6800/8080 并行接口、3 线/4 线 SPI 和 I^2C 接口等，用户可根据应用需求选择合适的接口方式。

（2）显示驱动芯片的控制原理

在实际应用中，我们一般使用 MCU 作为主控，通过编程驱动 OLED 显示模块显示指定的字符和数字。在编写 OLED 驱动程序之前，我们须了解显示驱动芯片的控制原理。接下来对显示驱动芯片 SSD1306 的控制原理进行介绍。

SSD1306 是一款内置了“有机/高分子”发光二极管点阵显示系统控制器的单片 CMOSOLED/PLED 驱动芯片，它专门为共阴极 OLED 显示面板而设计。SSD1306 内置了对比度调节电路、显示存储器和振荡器，可支持 256 级亮度调节。

SSD1306 具有以下主要特性。

- 支持 128 像素×64 像素的点阵显示面板。
- 输入工作电压低：1.65～3.3 V。
- 内部集成容量为（128×64）bit 的 SRAM 显示缓存。
- 内部集成振荡器，可减少周边电路元器件。
- 支持多种接口：8 位 6800/8080 并行接口、3 线/4 线 SPI 和 I^2C 接口。
- 行列均可重映射。
- 支持水平方向和垂直方向的持续滚动，以实现屏幕保护的功能。

① SSD1306 的 GDDRAM 介绍

图形显示数据存储器（Graphic Display Data Random Access Memory，GDDRAM）主要用于存储显示数据。用户通过 MCU 把需要显示的数据写入 GDDRAM，然后向 SSD1306 发送相应的显示命令，显示驱动芯片则会按照用户的命令要求逐帧扫描显示。

SSD1306 的 GDDRAM 存储空间大小为 1024B，该存储空间里的每个 bit 与 OLED 显示屏上 128 像素×64 像素的像素点阵是一一对应的。这些空间被分成了 8 页（编号 Page0~Page7），每页含 128 个位段（编号 Seg0~Seg127），如图 4-4-9 所示。

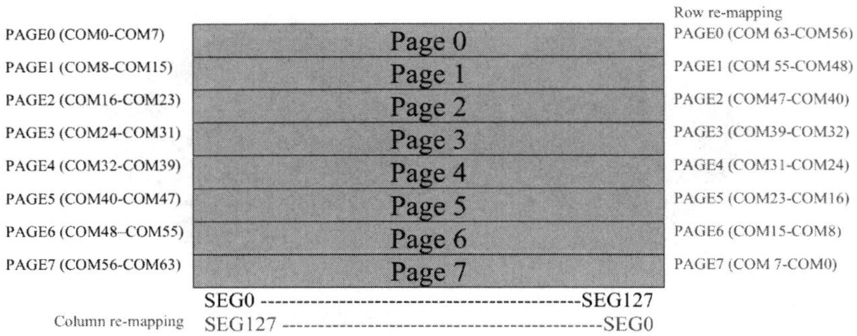

		Row re-mapping
PAGE0 (COM0-COM7)	Page 0	PAGE0 (COM 63-COM56)
PAGE1 (COM8-COM15)	Page 1	PAGE1 (COM 55-COM48)
PAGE2 (COM16-COM23)	Page 2	PAGE2 (COM47-COM40)
PAGE3 (COM24-COM31)	Page 3	PAGE3 (COM39-COM32)
PAGE4 (COM32-COM39)	Page 4	PAGE4 (COM31-COM24)
PAGE5 (COM40-COM47)	Page 5	PAGE5 (COM23-COM16)
PAGE6 (COM48-COM55)	Page 6	PAGE6 (COM15-COM8)
PAGE7 (COM56-COM63)	Page 7	PAGE7 (COM 7-COM0)
	SEG0 --SEG127	
Column re-mapping	SEG127 --SEG0	

图4-4-9 SSD1306 GDDRAM的分页结构图

图 4-4-10 展示了 GDDRAM 某分页（Page2）的存储结构，从图中可以看到一个页包含 8 行、128 列（即每页的存储空间为 128B）。每个字节按竖向排列，低位在上、高位在下。

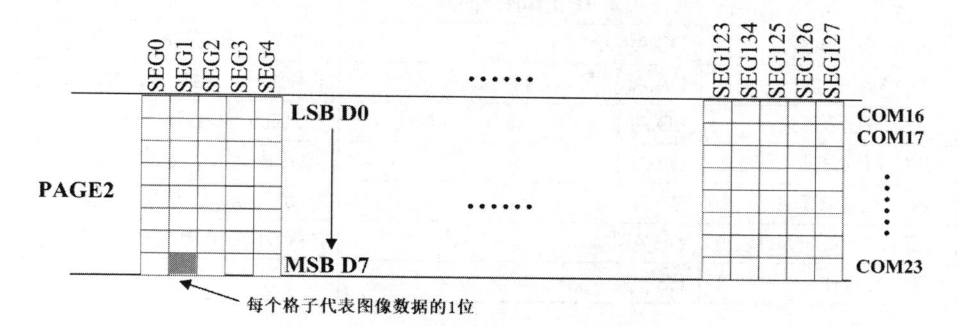

图4-4-10　GDDRAM某分页（Page2）的存储结构

② SSD1306 的指令系统解析

按照功能来分，SSD1306 的指令可分为 5 大类，即基础指令、显示滚动指令、地址设置指令、硬件配置指令和时序设置指令。这些指令长短不一，最短的是单字节指令，最长的是 6B 指令。各指令的详细说明如表 4-4-4 所示。

表 4-4-4　SSD1306 指令的详细说明

指令类别	指令名称	指令代码（16 进制显示,H）	指令作用简介
基础指令	（1）亮度控制	81,A[7:0]	参数 A[ ]可设置 256 级亮度
	（2）全显开关	A4/A5	A4 正常显示，A5 点亮全部像素
	（3）反白开关	A6/A7	A6 正常显示，A7 反白显示
	（4）显示开关	AE/AF	AE 关闭显示，AF 打开显示
显示滚动指令	（5）水平滚动	26/27,00,B[ ],C[ ],D[ ],00,FF	26 水平右滚，27 水平左滚
	（6）双向滚动	29/2A,00,B[ ],C[ ],D[ ],E[ ]	垂直+水平右/左滚动
	（7）关闭滚动	2E	
	（8）启动滚动	2F	
	（9）垂直滚动区域	A3,A[ ],B[ ]	A[ ]区域锁定不动，B[ ]区域滚动
地址设置指令	（10）起始列地址低 4 位	00~0F	2 个 4 位合成一个字节作为列指针，页寻址模式下指定显示内容的列位置
	（11）起始列地址高 4 位	10~1F	
	（12）存储器寻址模式	20,A[1:0]	3 种寻址模式：页，水平，垂直
	（13）列（起止）地址	21	水平或垂直寻址模式时，指定行列起止地址来描写一块连续写入存储区域
	（14）页（起止）地址	22	
	（15）页地址设置	B0~B7	页寻址模式下，指定要写入的页
硬件设置指令	（16）显示起始行	40~7F	从 RAM 中哪一行起读取显示内容
	（17）段重映射	A0/A1	A0：列显示次序正向，A1：反向
	（18）行扫多路系数	A8,A[ ]	设置只扫描哪些行（16~63）
	（19）行扫方向	C0/C8	C0：行扫描次序正向，C8：反向

续表

指令类别	指令名称	指令代码（16 进制显示,H）	指令作用简介
硬件设置指令	（20）行扫偏移	D3,A[5:0]	公共极（垂直）方向移动 A[ ]行
	（21）行扫配置	DA,A[ ]	4 种组合，再结合行扫方向共 8 种
	（22）升压泵开关	8D,A[ ]	打开或关闭内置升压泵
时序设置指令	（23）时钟分频	D5,A[ ]	16 级振荡频率及 16 级分频设置
	（24）充放电周期	D9,A[ ]	16 级充电、放电周期设置
	（25）VCOMH 反压设置	DB,A[ ]	3 级反向截止电压设置
	（26）空操作	E3	

③ 存储器寻址模式介绍

要在 OLED 显示屏的指定位置显示字符，我们需要先指定字符的显示位置（又称为“地址”或“指针”）。因此我们有必要了解 SSD1306 的存储器寻址模式。SSD1306 有 3 种不同的存储器寻址模式：页寻址模式、水平寻址模式和垂直寻址模式。表 4-4-4 中的第 12 条指令即可设置 SSD1306 的存储器寻址模式。

页寻址模式支持在本页内连续写入数据。MCU 往 SSD1306 依次发送“确定寻址模式”“确定页指针”“确定列起始指针”指令后，就可以逐个字节连续写入数据。这种模式既可以写入整行数据，也可以在该页的任意一列起写入一列或者多列数据，是最灵活的一种写入方式。页寻址模式下的地址指针移动示意如图 4-4-11 所示。

	COL0	COL 1	……	COL 126	COL 127
PAGE0					
PAGE1					
……	……	……	……	……	……
PAGE6					
PAGE7					

图4-4-11　页寻址模式下的地址指针移动示意

水平寻址模式和垂直寻址模式可以在整个屏中划出一块行列区域，然后连续写入数据。写入数据前 MCU 需要往 SSD1306 依次发送以下指令：“确定寻址模式”“确定页起始指针”“确定页结束指针”“确定列起始指针”“确定列结束指针”。这两种存储器寻址模式都是根据页的结构来组织数据的写入，它们的不同之处在于：在水平寻址模式中，数据的写入顺序是写完一页再写入下一页；而在垂直寻址模式中，数据的写入顺序是写完一列再写下一列。水平寻址模式和垂直寻址模式的地址指针移动示意分别如图 4-4-12 和图 4-4-13 所示。

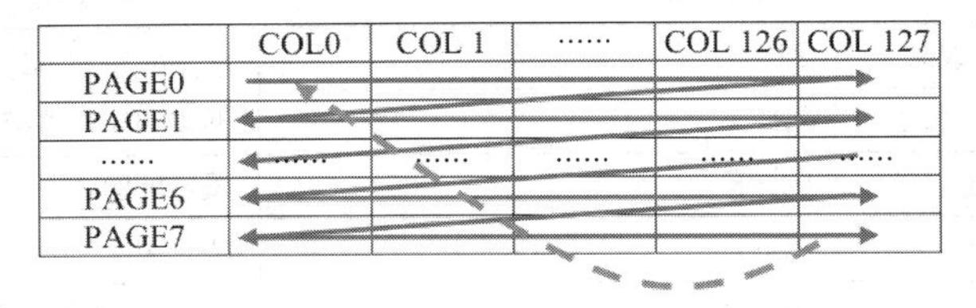

图4-4-12　水平寻址模式的地址指针移动示意

④ SSD1306 初始化流程

掌握了 SSD1306 显示驱动芯片的控制原理和指令系统后，接下来我们对其初始化流程进行学习。SSD1306 的典型初始化流程如图 4-4-14 所示，该初始化流程是芯片手册推荐的流程，我们只需对其进行小幅度修改即可适应项目需求。

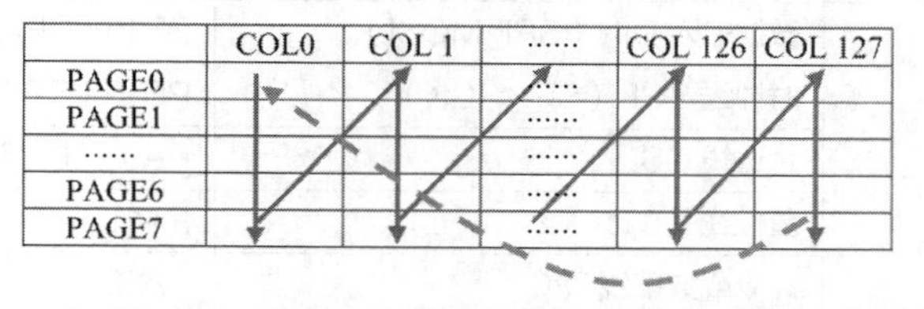

图4-4-13　垂直寻址模式的地址指针移动示意

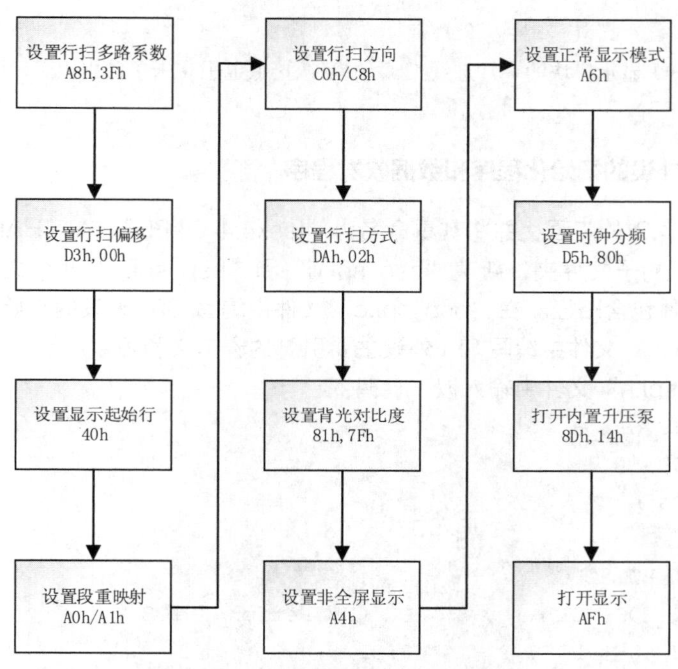

图4-4-14　SSD1306的典型初始化流程

4.4.3　任务实施

1. 硬件连接

按照表 4-4-5 所示的人机界面应用系统硬件接线表将温湿度传感器 DHT11、环境光照强度传感器 BH1750、OLED 显示模块与 STM32F4 系列微控制器相连。

表 4-4-5　人机界面应用系统硬件接线表

序号	模块名称	模块引脚名	STM32F4 系列微控制器引脚名
1	温湿度传感器 DHT11	数据收发线 DATA	PG9
2	环境光照强度传感器 BH1750	时钟线 IIC_SCL	PB6
		数据收发线 IIC_SDA	PB7
		地址线 BH1750_ADDR	PG15

续表

序号	模块名称	模块引脚名	STM32F4 系列微控制器引脚名
3	OLED 显示模块	数据输入 DIN（SPI_MOSI）	PB15（SPI2）
		时钟线 SCK（SPI_SCK）	PB10（SPI2）
		片选线 CS	PA3（注：可选）
		复位线 RST	PA11
		命令或数据线 D/C	PA12

由于部分 OLED 显示模块的“片选线 CS”端默认接低电平（未单独引出），因此该引脚的接线为可选。

2. 编写 SPI 外设的初始化程序和数据收发程序

复制一份任务 4.3 的工程，并将其重命名为“task4.4_OLED”。在“HARDWARE”文件夹下新建名为“SPI”的子文件夹，新建“bsp_spi.c”和“bsp_spi.h”两个文件，将它们加入工程中，并配置头文件包含路径。在“bsp_spi.c”文件中编写 SPI 外设的初始化程序和数据收发程序，在“bsp_spi.h”文件中编写 SPI 外设主要引脚的宏定义和函数声明。

首先在“bsp_spi.h”文件中输入以下代码：

```
1   #ifndef __BSP_SPI_H
2   #define __BSP_SPI_H
3   #include "sys.h"
4
5   /* SPI2_MOSI PB15/PC3 */
6   #define SPI2_MOSI_CLK         RCC_AHB1Periph_GPIOB
7   #define SPI2_MOSI_PORT        GPIOB
8   #define SPI2_MOSI_PIN         GPIO_Pin_15
9   #define SPI2_MOSI_PINSOURCE   GPIO_PinSource15
10  #define SPI2_MOSI_AF          GPIO_AF_SPI2
11
12  /* SPI2_SCK PB10/PB13 */
13  #define SPI2_SCK_CLK          RCC_AHB1Periph_GPIOB
14  #define SPI2_SCK_PORT         GPIOB
15  #define SPI2_SCK_PIN          GPIO_Pin_10
16  #define SPI2_SCK_PINSOURCE    GPIO_PinSource10
17  #define SPI2_SCK_AF           GPIO_AF_SPI2
18
19  void SPI2_Init(void);
20  uint8_t SPI2_ReadWriteByte(uint8_t TxData);
21  #endif
```

然后在“bsp_spi.c”文件中输入以下代码：

```
1  #include "bsp_spi.h"
2
3  /**
4    * @brief  SPI2 外设初始化
5    * @param  None
6    * @retval None
7    */
8  void SPI2_Init(void)
9  {
10     GPIO_InitTypeDef GPIO_InitStructure;
11     SPI_InitTypeDef SPI_InitStructure;
12
13     RCC_AHB1PeriphClockCmd(SPI2_MOSI_CLK|SPI2_SCK_CLK,ENABLE);
14     RCC_APB1PeriphClockCmd(RCC_APB1Periph_SPI2,ENABLE);
15
16     GPIO_PinAFConfig(SPI2_MOSI_PORT,SPI2_MOSI_PINSOURCE,SPI2_MOSI_AF);
17     GPIO_PinAFConfig(SPI2_SCK_PORT,SPI2_SCK_PINSOURCE,SPI2_SCK_AF);
18
19     /* MOSI-PB15 SCK-PB10 */
20     GPIO_InitStructure.GPIO_Pin = SPI2_MOSI_PIN;
21     GPIO_InitStructure.GPIO_Mode = GPIO_Mode_AF;
22     GPIO_InitStructure.GPIO_Speed = GPIO_Speed_50MHz;         //速度 50MHz
23     GPIO_InitStructure.GPIO_OType = GPIO_OType_PP;            //推挽复用输出
24     GPIO_InitStructure.GPIO_PuPd = GPIO_PuPd_NOPULL;
25     GPIO_Init(SPI2_MOSI_PORT,&GPIO_InitStructure);
26
27     GPIO_InitStructure.GPIO_Pin = SPI2_SCK_PIN;
28     GPIO_Init(SPI2_SCK_PORT,&GPIO_InitStructure);
29
30     RCC_APB1PeriphResetCmd(RCC_APB1Periph_SPI2,ENABLE);      //复位 SPI2
31     RCC_APB1PeriphResetCmd(RCC_APB1Periph_SPI2,DISABLE);     //停止复位 SPI2
32
33     /* SPI 工作参数配置 */
34     SPI_InitStructure.SPI_Direction = SPI_Direction_2Lines_FullDuplex;//双线全双工
35     SPI_InitStructure.SPI_Mode = SPI_Mode_Master;              //主机模式
36     SPI_InitStructure.SPI_DataSize =SPI_DataSize_8b;           //数据帧长度 8bit
37     SPI_InitStructure.SPI_CPOL = SPI_CPOL_High;                //空闲时 SCK 高电平
38     SPI_InitStructure.SPI_CPHA = SPI_CPHA_2Edge;//在 SCK 的偶数边沿采集数据
39     SPI_InitStructure.SPI_NSS = SPI_NSS_Soft;                  //片选线由软件管理
40     SPI_InitStructure.SPI_BaudRatePrescaler = SPI_BaudRatePrescaler_2;//2 分频
41     SPI_InitStructure.SPI_FirstBit = SPI_FirstBit_MSB;         //高位在前
42     SPI_InitStructure.SPI_CRCPolynomial = 7;                   //CRC 多项式
43
44     SPI_Init(SPI2,&SPI_InitStructure);
```

```
45      SPI_Cmd(SPI2,ENABLE);
46  }
47
48  /**
49    * @brief  SPI2 发送与接收数据
50    * @param  TxData: 要发送的数据
51    * @retval 通过 SPI2 接收到的数据
52    */
53  uint8_t SPI2_ReadWriteByte(uint8_t TxData)
54  {
55      uint8_t retry = 0;
56       /* 检查发送缓存空标志位 TXE */
57      while (SPI_I2S_GetFlagStatus(SPI2, SPI_I2S_FLAG_TXE) == RESET)
58      {
59          retry++;
60          if(retry>200)     return 0;
61      }
62      SPI_I2S_SendData(SPI2, TxData);      //通过外设 SPI2 发送数据
63      retry=0;
64      /* 检查接收缓存非空标志位 RXNE */
65      while (SPI_I2S_GetFlagStatus(SPI2, SPI_I2S_FLAG_RXNE) == RESET)
66      {
67          retry++;
68          if(retry>200) return 0;
69      }
70      return SPI_I2S_ReceiveData(SPI2);    //返回 SPI2 接收的数据
71  }
```

3. 编写 OLED 显示模块初始化程序和字符显示程序

在“HARDWARE”文件夹下新建名为“OLED”的子文件夹，新建“oled.c”和“oled.h”两个文件，将它们加入工程中，并配置头文件包含路径。在“oled.c”文件中编写 OLED 显示模块初始化程序和字符显示程序，具体函数清单如表 4-4-6 所示。在“oled.h”文件中编写 OLED 显示模块主要引脚的宏定义和函数声明。

表 4-4-6　OLED 显示模块相关函数清单

序号	函数原型	功能描述
1	void OLED_Write_Data(u8 data)	向显示驱动芯片写入数据
2	void OLED_Write_Cmd(u8 cmd)	向显示驱动芯片写入命令
3	void OLED_Refresh_Gram(void)	将要显示的数据写入 SSD1306 的 GDDRAM
4	void OLED_GPIO_Config(void)	初始化 OLED 控制相关 GPIO 引脚
5	void OLED_Init(void)	OLED 显示模块初始化
6	void OLED_Display_Clear(void)	OLED 清屏函数
7	void OLED_Set_Pos(u8 x,u8 y)	OLED 定位函数

续表

序号	函数原型	功能描述
8	void OLED_DrawPoint(u8 x,u8 y,u8 mode)	在指定位置画点函数
9	void OLED_Display_Onechar(u8 x,u8 y,u8 chr,u8 size,u8 mode)	在指定位置显示字符函数
10	void OLED_Display_String(u8 x,u8 y,char *p, u8 size)	在指定位置显示字符串函数

首先在“oled.h”文件中输入以下代码：

```
1  #ifndef __OLED_H
2  #define __OLED_H
3  #include "sys.h"
4
5  /* OLED CS(NSS) PA3 */
6  #define OLED_CS_CLK     RCC_AHB1Periph_GPIOA
7  #define OLED_CS_PORT    GPIOA
8  #define OLED_CS_PIN     GPIO_Pin_3
9  #define OLED_CS_LOW     GPIO_ResetBits(OLED_CS_PORT,OLED_CS_PIN)
10 #define OLED_CS_HIGH    GPIO_SetBits(OLED_CS_PORT,OLED_CS_PIN)
11
12 /* OLED DC(Command or Data) PA12 */
13 #define OLED_DC_CLK     RCC_AHB1Periph_GPIOA
14 #define OLED_DC_PORT    GPIOA
15 #define OLED_DC_PIN     GPIO_Pin_12
16 #define OLED_DC_LOW     GPIO_ResetBits(OLED_DC_PORT,OLED_DC_PIN)
17 #define OLED_DC_HIGH    GPIO_SetBits(OLED_DC_PORT,OLED_DC_PIN)
18
19 /* OLED RST PA11 */
20 #define OLED_RST_CLK    RCC_AHB1Periph_GPIOA
21 #define OLED_RST_PORT   GPIOA
22 #define OLED_RST_PIN    GPIO_Pin_11
23 #define OLED_RST_LOW    GPIO_ResetBits(OLED_RST_PORT,OLED_RST_PIN)
24 #define OLED_RST_HIGH   GPIO_SetBits(OLED_RST_PORT,OLED_RST_PIN)
25
26 void OLED_Write_Data(u8 data);
27 void OLED_Write_Cmd(u8 cmd);
28 void OLED_GPIO_Config(void);
29 void OLED_Init(void);
30 void OLED_Set_Pos(u8 x,u8 y);
31 void OLED_DrawPoint(u8 x,u8 y,u8 mode);
32 void OLED_Display_Clear(void);
33 void OLED_Display_Onechar(u8 x,u8 y,u8 chr,u8 size,u8 mode);
```

```
34 void OLED_Display_String(u8 x,u8 y,char *p, u8 size);
35 #endif
```

然后在“oled.c”文件中输入以下代码：

```
1   #include "delay.h"
2   #include "oled.h"
3   #include "bsp_spi.h"
4   #include "oledfont.h"              //该文件为字库文件
5
6   /*
7       定义 OLED 的显存,存放格式如下
8       [Page0]0 1 2 3 ... 127         //第 0 页
9       [Page1]0 1 2 3 ... 127         //第 1 页
10      [Page2]0 1 2 3 ... 127         //第 2 页
11      [Page3]0 1 2 3 ... 127         //第 3 页
12      [Page4]0 1 2 3 ... 127         //第 4 页
13      [Page5]0 1 2 3 ... 127         //第 5 页
14      [Page6]0 1 2 3 ... 127         //第 6 页
15      [Page7]0 1 2 3 ... 127         //第 7 页
16  */
17  uint8_t OLED_GRAM[128][8];
18
19  /**
20    * @brief    向显示驱动芯片写入数据
21    * @param    data：要写入的数据
22    * @retval   None
23    */
24  void OLED_Write_Data(u8 data)
25  {
26      OLED_CS_LOW;
27      OLED_DC_HIGH;                  //DC 引脚高电平，写入数据
28      SPI2_ReadWriteByte(data);      //调用硬件 SPI 写入 1 个字节
29  }
30
31  /**
32    * @brief    向显示驱动芯片写入命令
33    * @param    Cmd：要写入的命令
34    * @retval   None
35    */
36  void OLED_Write_Cmd(u8 cmd)
37  {
38      OLED_CS_LOW;
39      OLED_DC_LOW;                   //DC 引脚低电平，写入命令
```

```
40      SPI2_ReadWriteByte(cmd);            //调用硬件 SPI 写入 1 个字节
41  }
42
43  /**
44    * @brief    将要显示的数据写入 SSD1306 的 GDDRAM
45    * @param    None
46    * @retval None
47    */
48  void OLED_Refresh_Gram(void)
49  {
50      uint8_t page,column;
51      for(page=0; page<8; page++)
52      {
53          OLED_Write_Cmd(0xB0+page);   //设置页地址(0~7)
54          OLED_Write_Cmd(0x00);        //设置列低 4 位地址
55          OLED_Write_Cmd(0x10);        //设置列高 4 位地址
56          for(column=0; column<128; column++)
57              OLED_Write_Data(OLED_GRAM[column][page]);
58      }
59  }
60
61  /**
62    * @brief    初始化 OLED 控制相关 GPIO 引脚
63    * @param    None
64    * @retval None
65    */
66  void OLED_GPIO_Config(void)
67  {
68      GPIO_InitTypeDef GPIO_InitStructure;
69      RCC_AHB1PeriphClockCmd(OLED_CS_CLK|OLED_DC_CLK|OLED_RST_CLK,ENABLE);
70
71      /* CS(NSS)-PA3 | DC(Data or Command)-PA12 | RST-PA11 */
72      GPIO_InitStructure.GPIO_Pin = OLED_CS_PIN;
73      GPIO_InitStructure.GPIO_Mode = GPIO_Mode_OUT;
74      GPIO_InitStructure.GPIO_OType = GPIO_OType_PP;
75      GPIO_InitStructure.GPIO_Speed = GPIO_Speed_50MHz;
76      GPIO_Init(OLED_CS_PORT,&GPIO_InitStructure);
77
78      GPIO_InitStructure.GPIO_Pin = OLED_DC_PIN;
79      GPIO_Init(OLED_DC_PORT,&GPIO_InitStructure);
80      GPIO_InitStructure.GPIO_Pin = OLED_RST_PIN;
81      GPIO_Init(OLED_RST_PORT,&GPIO_InitStructure);
```

```
82  }
83
84  /**
85    * @brief   OLED 显示模块初始化
86    * @param   None
87    * @retval  None
88    */
89  void OLED_Init(void)
90  {
91      OLED_GPIO_Config();             //初始化 OLED 控制相关引脚
92
93      OLED_RST_HIGH;                  //硬件复位
94      delay_ms(100);
95      OLED_RST_LOW;
96      delay_ms(100);
97      OLED_RST_HIGH;
98
99      OLED_Write_Cmd(0xAE);           //关闭显示
100
101     OLED_Write_Cmd(0x20);           //设置存储器寻址模式
102     OLED_Write_Cmd(0x02);           //页寻址模式
103
104     OLED_Write_Cmd(0xA8);           //设置行扫多路系数
105     OLED_Write_Cmd(0x3F);
106
107     OLED_Write_Cmd(0xD3);           //设置行扫偏移(0x00~0x3F)
108     OLED_Write_Cmd(0x00);           //not offset
109
110     OLED_Write_Cmd(0x40|0x00);      //设置显示起始行(0x00~0x3F)
111
112     OLED_Write_Cmd(0xA1);           //设置段重映射 0xa0 左右反置 0xa1 正常
113     OLED_Write_Cmd(0xC8);           //设置行扫方向 0xc0 上下反置 0xc8 正常
114
115     OLED_Write_Cmd(0xD9);           //设置充放电周期
116     OLED_Write_Cmd(0xF1);           //充电周期 15Clocks & 放电周期 1Clock
117
118     OLED_Write_Cmd(0xDA);           //设置行扫方式
119     OLED_Write_Cmd(0x12);
120
121     OLED_Write_Cmd(0x81);           //设置背光对比度
122     OLED_Write_Cmd(0x7F);           //默认是 0x7F(0x00~0xFF)
123
```

```
124     OLED_Write_Cmd(0xA4);                //设置非全屏显示(0xa4/0xa5)
125     OLED_Write_Cmd(0xA6);                //设置正常显示(0xa6/a7)
126
127     OLED_Write_Cmd(0xD5);                //设置时钟分频
128     OLED_Write_Cmd(0x80);
129
130     OLED_Write_Cmd(0x8D);                //打开内置升压泵
131     OLED_Write_Cmd(0x14);                //0x14 打开，0x10 关闭
132
133     OLED_Write_Cmd(0xDB);                //反向截止电压设置
134     OLED_Write_Cmd(0x40);
135
136     OLED_Write_Cmd(0xAF);                //打开 OLED 面板显示
137     OLED_Display_Clear();                //清屏
138 }
139
140 /**
141   * @brief   OLED 清屏函数
142   * @param   None
143   * @retval  None
144   */
145 void OLED_Display_Clear(void)
146 {
147     u8 i,n;
148     for(i=0; i<8; i++)
149         for(n=0; n<128; n++)
150             OLED_GRAM[n][i]=0x00;
151     OLED_Refresh_Gram();                 //OLED 显存写入全 0
152 }
153
154 /**
155   * @brief   OLED 定位函数
156   * @param   x：列地址(0~127)，  y：行地址(0~63)
157   * @retval  None
158   */
159 void OLED_Set_Pos(u8 x,u8 y)
160 {
161     OLED_Write_Cmd(0xB0 + y/8);        //设置页指针
162     OLED_Write_Cmd(x&0x0F);            //列低 4 位地址
163     OLED_Write_Cmd(((x&0xF0)>>4)|0x10); //列高 4 位地址
164 }
165
```

```
166 /**
167   * @brief    在指定位置画点函数
168   * @param    x:列地址(0~127), y:行地址(0~63)
169   * @param    mode:1 填充, 0 清空
170   * @retval   None
171   */
172 void OLED_DrawPoint(u8 x,u8 y,u8 mode)
173 {
174     u8 page,bx,temp=0;
175     OLED_Set_Pos(x,y);
176     if(x>127||y>63) return;                  //超出范围
177     page=y/8;
178     bx=y%8;
179     temp=1<<bx;
180     if(mode)    OLED_GRAM[x][page]|=temp;
181     else        OLED_GRAM[x][page]&=~temp;
182     /* 写入显示缓存 */
183     OLED_Write_Data(OLED_GRAM[x][page]);
184 }
185 
186 /**
187   * @brief    在指定位置显示字符
188   * @param    x: 列地址(0~127),  y: 行地址(0~63)
189   * @param    chr: 要显示的字符 | size: 字体大小 12/16/24
190   * @param    mode: 1 填充, 0 清空
191   * @retval   None
192   */
193 void OLED_Display_Onechar(u8 x,u8 y,u8 chr,u8 size,u8 mode)
194 {
195     u8 temp,t,t1;
196     u8 y0=y;
197     u8 csize=(size/8+((size%8)?1:0))*(size/2);
198     chr=chr-' ';                             //得到偏移后的值
199     for(t=0; t<csize; t++)
200     {
201         if(size==12)
202             temp = oled_asc2_1206[chr][t];   //调用 1206 字体
203         else if(size==16)
204             temp = oled_asc2_1608[chr][t];   //调用 1608 字体
205         else if(size==24)
206             temp = oled_asc2_2412[chr][t];   //调用 2412 字体
207         else return;                         //字库中不存在相关字体
```

```
208         for(t1=0; t1<8; t1++)
209         {
210             if(temp & 0x80)
211                 OLED_DrawPoint(x, y, mode);
212             else
213                 OLED_DrawPoint(x, y, !mode);
214             temp <<= 1;
215             y++;
216             if((y-y0) == size)
217             {
218                 y = y0; x++; break;
219             }
220         }
221     }
222 }
223 
224 /**
225   * @brief   在指定位置显示字符串
226   * @param   x：列地址(0~127)， y：行地址(0~63)
227   * @param   *p：要显示的字符串起始地址
228   * @param   size：字体大小 12/16/24
229   * @retval  None
230   */
231 void OLED_Display_String(u8 x,u8 y,char *p, u8 size)
232 {
233     while((*p <= '~') && (*p >= ' '))//判断是否为非法字符
234     {
235         if(x > (128-(size/2)))
236         {
237             x = 0;
238             y += size;
239         }
240         if(y  > (64-size))
241         {
242             y = x = 0;
243             OLED_Display_Clear();
244         }
245         OLED_Display_Onechar(x,y,*p,size,1);
246         x += size/2;
247         p++;
248     }
249 }
```

4. 编写 OLED 显示模块显示日历功能的函数

在任务 4.3 中，我们已完成了 STM32F4 系列微控制器的 RTC（实时时钟）的应用开发。我们可继续沿用已编写好的 RTC 初始化程序，同时根据本任务的“日历显示”功能要求，增加相应的显示函数与其他代码。在“bsp_rtc.c”文件中增加以下代码：

```
1  #include "bsp_rtc.h"
2  #include "oled.h"
3  #include "usart.h"
4
5  char DateShow[50],TimeShow[50];
6  void OLED_Show_DateTime(void);
7
8  /**
9    * @brief   显示日期和时间
10   * @param   None
11   * @retval  None
12   */
13 void RTC_Show_DateTime(void)
14 {
15     char WeekDay[4];//用于存放星期的缩写，如 Mon
16     RTC_TimeTypeDef RTC_TimeStructure;
17     RTC_DateTypeDef RTC_DateStructure;
18     /* 获取日历 */
19     RTC_GetTime(RTC_Format_BIN, &RTC_TimeStructure);
20     RTC_GetDate(RTC_Format_BIN, &RTC_DateStructure);
21     /* 将 RTC 获取到的“星期”参数转化为相应的英文缩写 */
22     switch(RTC_DateStructure.RTC_WeekDay)
23     {
24         case 1:       //星期一
25             WeekDay[0]='M';WeekDay[1]='O';WeekDay[2]='N';
26             break;
27             case 2:  //星期二
28             WeekDay[0]='T';WeekDay[1]='U';WeekDay[2]='E';
29             break;
30             case 3:  //星期三
31             WeekDay[0]='W';WeekDay[1]='E';WeekDay[2]='D';
32             break;
33         case 4:       //星期四
34             WeekDay[0]='T';WeekDay[1]='H';WeekDay[2]='U';
35             break;
36         case 5:       //星期五
37             WeekDay[0]='F';WeekDay[1]='R';WeekDay[2]='I';
```

```
38              break;
39          case 6:        //星期六
40              WeekDay[0]='S';WeekDay[1]='A';WeekDay[2]='T';
41              break;
42          case 7:        //星期日
43              WeekDay[0]='S';WeekDay[1]='U';WeekDay[2]='N';
44              break;
45      }
46      /* 串口显示日期 */
47      printf("The Date :  Y:20%0.2d - M:%0.2d - D:%0.2d - W:%0.2d\r\n",
48             RTC_DateStructure.RTC_Year,
49             RTC_DateStructure.RTC_Month,
50             RTC_DateStructure.RTC_Date,
51             RTC_DateStructure.RTC_WeekDay);
52      /* 使用 OLED 显示日期 */
53      sprintf(DateShow,"20%0.2d-%0.2d-%0.2d  %s",
54              RTC_DateStructure.RTC_Year,
55              RTC_DateStructure.RTC_Month,
56              RTC_DateStructure.RTC_Date,
57              WeekDay);
58      /* 串口显示时间 */
59      printf("The Time :  %0.2d:%0.2d:%0.2d \r\n\r\n",
60             RTC_TimeStructure.RTC_Hours,
61             RTC_TimeStructure.RTC_Minutes,
62             RTC_TimeStructure.RTC_Seconds);
63      /* 使用 OLED 显示时间 */
64      sprintf(TimeShow,"%0.2d:%0.2d:%0.2d",
65              RTC_TimeStructure.RTC_Hours,
66              RTC_TimeStructure.RTC_Minutes,
67              RTC_TimeStructure.RTC_Seconds);
68
69      OLED_Show_DateTime();    //使用 OLED 显示日期时间
70  }
71
72  /**
73    * @brief  OLED 显示日期和时间
74    * @param  None
75    * @retval None
76    */
77  void OLED_Show_DateTime(void)
78  {
79      OLED_Display_String(32,0,"Calendar",16);
```

```
80      OLED_Display_String(4,32,DateShow,16);
81      OLED_Display_String(32,48,TimeShow,16);
82  }
```

在“bsp_rtc.h”文件中可增加函数声明。

5. 编写main()函数

在“main.c”文件中输入以下代码：

```
1   #include "sys.h"
2   #include "delay.h"
3   #include "usart.h"
4   #include "led.h"
5   #include "key.h"
6   #include "exti.h"
7   #include "dht11.h"
8   #include "bsp_iic.h"
9   #include "bh1750.h"
10  #include "bsp_spi.h"
11  #include "bsp_rtc.h"
12  #include "oled.h"
13
14  uint16_t bh1750Light = 0;   //采集的光照值，单位 lx
15  uint8_t temperature = 0;    //采集的温度值，单位℃
16  uint8_t humidity = 0;       //采集的湿度值
17  char tempString[50], humiString[50], lightString[50];
18  uint8_t refresh_flag = 2, keyValue = 0;
19
20  void Show_TempHumiLight(void);
21
22  int main(void)
23  {
24      delay_init(168);            //延时函数初始化
25      LED_Init();                 //LED 端口初始化
26      Key_Init();                 //按键端口初始化
27      EXTIx_Init();               //外部中断初始化
28      USART1_Init(115200);        //USART1 初始化
29      IIC_Init();                 //IIC 总线初始化
30      BH1750_Init();              //BH1750 初始化
31      DHT11_Init();               //DHT11 初始化
32      SPI2_Init();                //SPI2 外设初始化
33      OLED_Init();                //OLED 显示模块初始化
34      RTC_CLK_Config(1);          //RTC 配置，时钟源选择 LSE
35
```

```
36      while(DHT11_Init())                          //DHT11 初始化
37      {
38          printf("DHT11 Init Error!\r\n");
39          delay_ms(500);
40      }
41      printf("DHT11 Init Success!\r\n");
42      /* 若备份区域读取的值不对 */
43      if (RTC_ReadBackupRegister(RTC_BKP_DR0) != 0x5F5F)
44      {
45          RTC_Set_DateTime();                      //设置时间和日期
46      }
47      else
48      {
49          printf("\r\n 不需要重新配置 RTC……\r\n");
50          /* 使能 PWR 时钟 */
51          RCC_APB1PeriphClockCmd(RCC_APB1Periph_PWR, ENABLE);
52          /* PWR_CR:DBF 置 1，使能 RTC、RTC 备份寄存器和备份 SRAM 的访问 */
53          PWR_BackupAccessCmd(ENABLE);
54          /* 等待 RTC APB 寄存器同步 */
55          RTC_WaitForSynchro();
56      }
57
58      while(1)
59      {
60          if(keyValue == KEY_D_PRESS)              //如果“下键”按下
61          {
62              if(refresh_flag == 1)
63              {
64                  refresh_flag = 2;
65                  OLED_Display_Clear();            //刷一次屏
66              }
67              RTC_Show_DateTime();                 //显示时间和日期
68          }
69          else                                     //如果“下键”没有按下
70          {
71              bh1750Light = BH1750_Measure();   //读取 BH1750 的光照强度值
72              DHT11_Read_Data(&temperature,&humidity);//读取 DHT11 的温湿度值
73              /* 组合需要显示的信息 */
74              sprintf(lightString,"Light:%0.5d",bh1750Light);
75              printf("%s",lightString);
76              sprintf(tempString,"Temp:%d",temperature);
77              printf("%s",tempString);
```

```
78              sprintf(humiString,"Humi:%d",humidity);
79              printf("%s",humiString);
80
81              if(refresh_flag == 2)
82              {
83                  refresh_flag = 1;
84                  OLED_Display_Clear();       //刷一次屏
85              }
86              Show_TempHumiLight();           //显示环境参数
87          }
88          LED1 = ~LED1;delay_ms(500);
89      }
90  }
91
92  /**
93    * @brief   OLED 显示环境参数(温度/湿度/光照强度)
94    * @param   None
95    * @retval None
96    */
97  void Show_TempHumiLight(void)
98  {
99      OLED_Display_String(20,0,"Environment",16);
100     OLED_Display_String(20,16,tempString,16);
101     OLED_Display_String(20,32,humiString,16);
102     OLED_Display_String(20,48,lightString,16);
103 }
```

5 Chapter

项目 5
多机通信系统的设计与实现

项目描述

本项目主要介绍在工业控制、电力通信和智能仪表等领域常用的多机通信系统，着重分析 RS-485 和 CAN 标准的细节，讲解 STM32F4 系列微控制器上的 CAN 控制器——bxCAN 的工作原理、STM32F4 标准外设库中与 CAN 相关的函数 API 的使用方法。读者通过完成两个任务，可掌握基于 STM32F4 系列微控制器的 RS-485 多机通信系统与 CAN 多机通信系统的编程应用技巧。

（1）了解多机通信系统的基础知识；

（2）掌握 RS-485 和 CAN 标准的细节；

（3）掌握 RS-485 通信的应用层协议的制定方法；

（4）掌握 STM32F4 系列微控制器的 bxCAN 外设的工作原理；

（5）掌握 STM32F4 标准外设库中与 CAN 相关的函数 API 的使用方法；

（6）会编写基于 RS-485 总线的多机通信程序；

（7）会编写基于 CAN 总线的多机通信程序。

任务 5.1 基于 RS-485 总线的多机通信应用开发

5.1.1 任务分析

本任务要求设计一个基于 RS-485 总线的多机通信系统，系统中有两台设备（理论上最多可接入 32 台设备）。其中一台设备作为主机，连接 OLED 显示屏；另一台设备作为从机，连接温湿度传感器 DHT11 与 LED 灯。

系统通电后，默认情况下两台设备之间没有数据交互。系统的控制要求如下。

（1）用户按下主机的 Key1，向从机发出“上报温湿度数据”的命令。从机收到此命令后，以 2s 为周期持续上报相应的数据。主机收到温湿度数据后，在 OLED 屏幕上显示。

（2）用户按下主机的 Key2，向从机发出“停止上报温湿度数据”的命令。从机收到此命令后，停止上报相应的数据。

（3）用户按下主机的 Key3，向从机发出“翻转 LED 状态”的命令。从机收到此命令后，将 LED 显示状态翻转，同时上报当前 LED 灯的亮灭情况。主机收到从机上报的 LED 灯亮灭情况后，在 OLED 屏幕上显示。主机显示界面的样式可参考图 5-1-1。

RS-485
Temp:15
Humi:51
LED: ON

（a）LED 灯亮时 OLED 屏幕显示结果

RS-485
Temp:20
Humi:64
LED: OFF

（b）LED 灯灭时 OLED 屏幕显示结果

图5-1-1 主机显示界面样式

上述任务要求规定了系统的架构与工作流程，因此本任务涉及的知识点主要有：

- RS-485 标准的基础知识；
- RS-485 收发器芯片的工作原理；
- RS-485 总线通信应用层协议的制订方法和技巧。

5.1.2 知识链接

1. RS-485/RS-422/RS-232 标准

在任务 2.3 中，我们学习了 RS-232 串行通信标准。本节着重介绍 RS-422 和 RS-485 标准，并对 3 种标准进行比较。

RS-232、RS-422 和 RS-485 标准最初都是由美国电子工业协会（EIA）制定并发布的。RS-232 标准在 1962 年发布，它的缺点是通信距离短、速率低，而且只能点对点通信，无法组建多机通信系统。另外，在工业控制环境中，基于 RS-232 标准的通信系统经常会由于外界的电气干扰而导致信号传输出现错误。以上缺点决定了 RS-232 标准无法适用于工业控制现场总线。

RS-422 标准在 RS-232 的基础上发展而来，它弥补了 RS-232 标准的一些不足。如 RS-422 标准定义了一种平衡通信接口，改变了 RS-232 标准的单端通信的方式，总线上使用差分电压进行信号的传输。这种连接方式将传输速率提高到 10 Mbit/s，传输距离（在速率低于 100 kbit/s 时）延长到 4000 英尺（1 英尺=0.3048m），而且允许在一条平衡总线上最多连接 10 个接收器。

为了扩展应用范围，EIA 又于 1983 年发布了 RS-485 标准。RS-485 标准与 RS-422 标准相比，增加了多点、双向的通信功能，在一条平衡总线上最多可连接 32 个接收器。

下面对 RS-232、RS-422 和 RS-485 标准的主要特性进行比较，比较结果如表 5-1-1 所示。

表 5-1-1　RS-485/ RS-422/ RS-232 标准特性对比

标准	工作方式	节点数	最大传输电缆长度（英尺）	最大传输速率	连接方式	电气特性	
						逻辑 1	逻辑 0
RS-232	单端（非平衡）	1 发 1 收（点对点）	50	20kbit/s	点对点（全双工）	-3~-15V	+3~+15V
RS-422	差分（平衡）	1 发 10 收	4000	10Mbit/s	一点对多点（四线制，全双工）	两线间电压差-2~-6V	两线间电压差+2~+6V
RS-485	差分（平衡）	1 发 32 收	4000	10Mbit/s	多点对多点（两线制，半双工）	两线间电压差-2~-6V	两线间电压差+2~+6V

2. RS-485 收发器芯片与典型应用电路

RS-485 收发器（Transceiver）芯片是一种常用的通信接口器件，世界上大多数半导体公司都有符合 RS-485 标准的收发器产品线，如 Sipex 公司的 SP307x 系列芯片、Maxim 公司的 MAX485 系列、TI 公司的 SN65HVD485 系列、Intersil 公司的 ISL83485 系列等。

接下来以 Sipex 公司的 SP3072EEN 芯片为例，讲解 RS-485 标准的收发器芯片的工作原理与典型应用电路。图 5-1-2 展示了 RS-485 收发器芯片的典型应用电路。

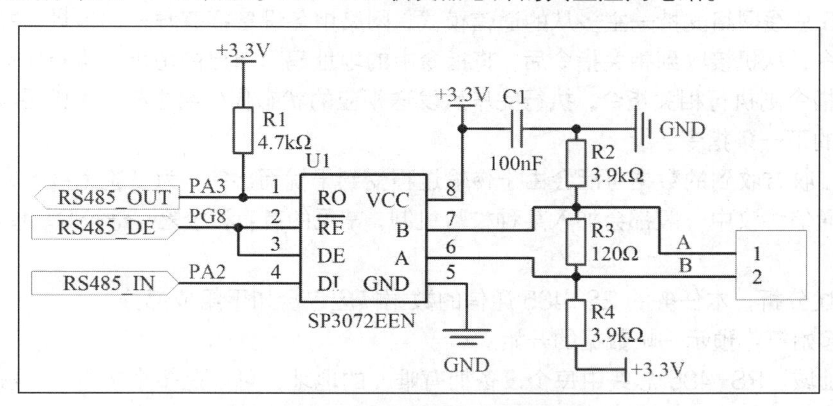

图 5-1-2　RS-485 收发器芯片的典型应用电路

在图 5-1-2 中，电阻 R3 为终端匹配电阻，其阻值为 120Ω。电阻 R2 和 R4 为偏置电阻，它们用于确保在静默状态时，RS-485 总线维持逻辑 1 高电平状态。SP3072EEN 芯片的封装是 SOP-8，RO 与 DI 分别为数据接收与发送引脚，它们用于连接 MCU 的 USART 外设。$\overline{RE}$ 和 DE 分别为接收使能和发送使能引脚，它们与 MCU 的 GPIO 引脚相连。A、B 两端用于连接 RS-485 总线上的其他设备，所有设备以并联的形式接在总线上。

目前市面上各个半导体公司生产的RS-485收发器芯片的管脚分布情况几乎相同，具体的管脚功能描述如表5-1-2所示。

表5-1-2　RS-485收发器芯片的管脚功能描述

管脚编号	名称	功能描述
1	RO	接收器输出（至MCU）
2	$\overline{RE}$	接收允许（低电平有效）
3	DE	发送允许（高电平有效）
4	DI	发送器输入（来自MCU）
5	GND	接地
6	A	发送器同相输出/接收器同相输入
7	B	发送器反相输出/接收器反相输入
8	V_{CC}	电源电压

3. RS-485的应用层通信协议

RS-485标准只对接口的电气特性做出相关规定，并未对接插件、电缆和通信协议等做出相关规定，所以用户需要在RS-485总线网络的基础上制定应用层通信协议。一般来说，各应用领域的RS-485通信协议都是指应用层通信协议。

在工业控制领域应用十分广泛的ModBus协议（ASCII/RTU模式）就是一种应用层通信协议，它可以选择RS-232或RS-485总线作为基础传输介质。另外，在智能电表领域也有同样的案例，如多功能电能表通信规约（DL/T645-1997）也是一种基于RS-485总线的应用层通信协议。

接下来根据本任务的要求，讲解如何制定RS-485总线中主机与从机之间的通信协议。

RS-485总线网络支持一主多从的通信模式，网络中各设备拥有唯一的地址。主机以广播的形式下发指令，从机接收到相关指令后，将指令中的地址码与自己的地址码进行比较，如果是下发给自己的指令则执行相关指令，执行完毕后发送相应的状态代码给主机。否则丢弃该指令，静默等待主机的下一条指令。

另外，接收方收到的数据可能会由于传输过程受到干扰而出错。为了避免接收方对错误数据进行处理，通信协议中一般都会加入某种校验机制，常见的有：和校验、奇校验、偶校验和CRC校验等。

根据上述分析，本任务的RS-485通信的数据帧应包含如下组成部分。

- 帧起始符：预示一帧数据的开始。
- 地址域：RS-485总线中每个设备拥有唯一的地址，可以是多个字节。一般取最大值作为广播地址，如当地址域占1个字节时，0xFF为广播地址。
- 命令码域：作为执行操作的依据。
- 数据长度域：指示数据域的长度。
- 数据域：包含要发送的数据内容。
- 校验码域：自“地址域”至“数据域”所有数据位的和，一般保留低8位，溢出位丢弃。
- 结束符：预示一帧数据的结束。

完整的数据帧格式如表5-1-3所示。

表5-1-3 数据帧格式

组成部分（缩写）	字长（B）	下行内容（主机命令）	上行内容（从机回传）
帧起始符（ST）	1	0x55	0xAA
地址域（ADDR）	1	DstAddr	DstAddr
命令码域（CMD）	1	Command	Command
数据长度域（L）	1	Length	Length
数据域（DATA）	N	Data	Data
校验码域（CS）	1	CheckSum	CheckSum
结束符（END）	1	0x0B	0x0C

注：“下行内容”为主机往从机发送的命令，“上行内容”为从机向主机回传的温湿度数据或LED灯的亮灭情况。

“地址域”“命令码域”“数据长度域”“数据域”的具体内容如表5-1-4所示。

表5-1-4 数据帧各域的具体内容

帧域	具体内容		
	内容1	内容2	内容3
地址域	主机 （0x01）	从机 （0x02）	
命令码域	上报温湿度 （0x01）	停止上报 （0x02）	翻转LED （0x03）
数据长度域	温湿度数据 （0x02，代表2B）	LED状态 （0x01，代表1B）	
数据域	（温度值，湿度值） （如0x16，0x40）	LED状态 （亮:0x02 | 灭:0x03）	

根据数据帧格式以及数据帧各域的具体内容定义，以温湿度数据采集为例，完整的主机下发命令的数据帧与从机回传的数据帧示例如表5-1-5所示。

表5-1-5 完整的数据帧示例

<table>
<tr><th>组成部分
（缩写）</th><th>缓存数组下标</th><th>主机下发
上报温湿度命令</th><th>缓存数
组下标</th><th>从机回传
温湿度数据</th></tr>
<tr><td>帧起始符（ST）</td><td>[0]</td><td>0x55</td><td>[0]</td><td>0xAA</td></tr>
<tr><td>地址域（ADDR）</td><td>[1]</td><td>0x02</td><td>[1]</td><td>0x01</td></tr>
<tr><td>命令码（CMD）</td><td>[2]</td><td>0x01</td><td>[2]</td><td>0x01</td></tr>
<tr><td>数据长度（L）</td><td>[3]</td><td>0x01</td><td>[3]</td><td>0x02</td></tr>
<tr><td rowspan="2">数据域（DATA）</td><td rowspan="2">[4]</td><td rowspan="2">0x00</td><td>[4]</td><td>0x16</td></tr>
<tr><td>[5]</td><td>0x40</td></tr>
<tr><td>校验码（CS）</td><td>[5]</td><td>0x04</td><td>[6]</td><td>0x5A</td></tr>
<tr><td>结束符（END）</td><td>[6]</td><td>0x0B</td><td>[7]</td><td>0x0C</td></tr>
</table>

注：主机下发的命令帧与从机回传的数据帧的数据域长度不同，前者为1B，后者为2B。

5.1.3 任务实施

1. 硬件连接

图 5-1-3 展示了 RS-485 网络中通信主机与通信从机的连接方式。从图中可以看到，通信主机与通信从机的连接方式较为简单，只须将两者的 RS-485 接线端 A 与 B 分别相连即可。STM32F4 系列微控制器与硬件的接线方式如表 5-1-6 所示。

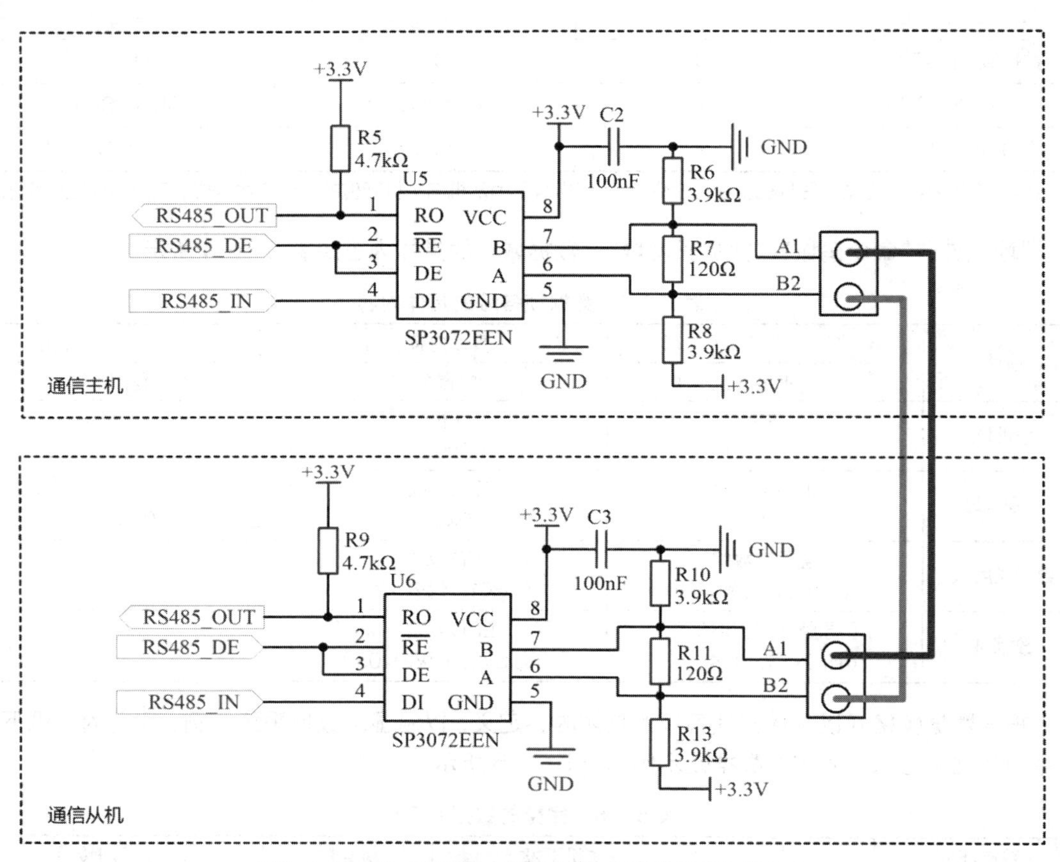

图5-1-3 RS-485网络中通信主机与通信从机的连接方式

表 5-1-6 STM32F4 系列微控制器与硬件的接线方式

温湿度传感器与 LED	STM32F4 系列 MCU		SP3072EEN	外部接线端子
		PA3（USART2_RX）	RO	
		PA2（USART2_TX）	DI	
		PG8	$\overline{\text{RE}}$ 和 DE	
DHT11（DATA）	PG9		B	B
LED1	PF9		A	A

由表 5-1-4 可知，RS-485 网络的两个基本组成部分是 MCU 的 USART 外设与 RS-485 收发器芯片。在本任务中，我们使用 STM32F407ZGT6 的 USART2 外设与 RS-485 收发器芯片 SP3072EEN 相连。

2. 绘制主机和从机的程序流程

根据 5.1.1 节的任务分析，绘制主机和从机的程序流程，如图 5-1-4 和图 5-1-5 所示。

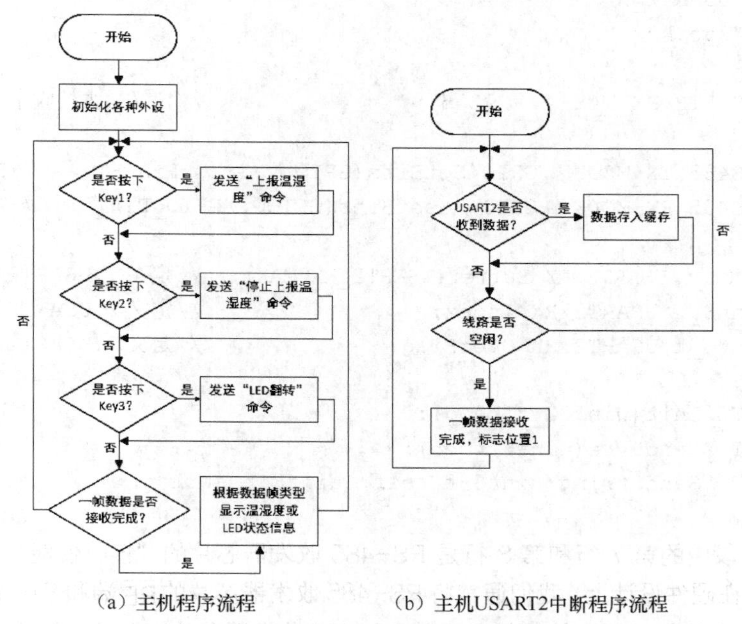

（a）主机程序流程　　（b）主机USART2中断程序流程

图5-1-4　主机的程序流程

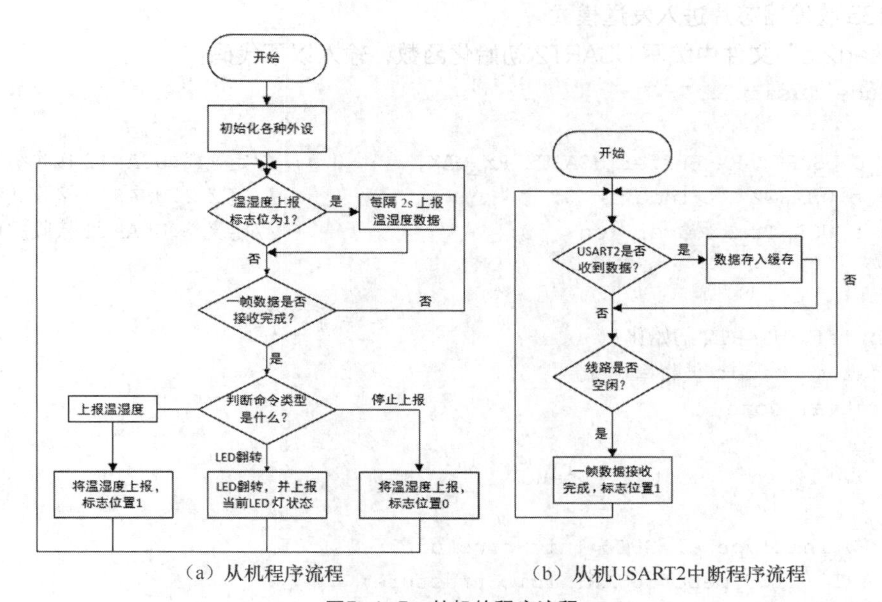

（a）从机程序流程　　（b）从机USART2中断程序流程

图5-1-5　从机的程序流程

3. 编写 USART2 的初始化函数与数据发送函数

复制一份任务 4.4 的工程，重命名为“task5.1_RS485”，在“HARDWARE”文件夹下新建“USART2”子文件夹，新建“usart2.c”和“usart2.h”两个文件，将它们加入工程中，并配置头文件的包含路径。在“usart2.h”文件中输入以下代码：

```
1  #ifndef __USART2_H
2  #define __USART2_H
3  #include "sys.h"
4
5  #define USART2_RX_MAX       255                    //定义最大接收字节数 255
6
7  #define RS485_TX_MODE   GPIO_SetBits(GPIOG, GPIO_Pin_8)     //RS-485 发送模式
8  #define RS485_RX_MODE   GPIO_ResetBits(GPIOG, GPIO_Pin_8)   //RS-485 接收模式
9
10 extern uint8_t USART2_RX_Buffer[USART2_RX_MAX];  //定义 1.USART2 接收缓存
11 extern uint8_t USART2_RX_Index;                  //定义 2.USART2 接收数组下标
12 extern uint8_t USART2_RX_OverFlag;               //定义 3.USART2 接收完成标志位
13
14 void USART2_Init(uint32_t baud);
15 void USART2_SendByte(uint8_t ch);
16 void USART2_SendString(uint8_t *str, uint8_t strlen);
17 #endif
```

上述代码片段中的第 7 行和第 8 行是 RS-485 收发器芯片的“接收使能”与“发送使能”功能的宏定义。在硬件设计上，我们通常将 RS-485 收发器芯片的 $\overline{RE}$ 端和 DE 端并联后与 MCU 的某个 GPIO 引脚相连。MCU 输出低电平时 RS-485 收发器芯片进入接收模式；MCU 输出高电平时 RS-485 收发器芯片进入发送模式。

在“usart2.c”文件中编写 USART2 初始化函数，输入以下代码：

```
1  #include "usart2.h"
2
3  uint8_t USART2_RX_Buffer[USART2_RX_MAX] = { 0 }; //定义 1.USART2 接收缓存
4  uint8_t USART2_RX_Index = 0;                     //定义 2.USART2 接收数组下标
5  uint8_t USART2_RX_OverFlag = 0;                  //定义 3.USART2 接收完成标志位
6
7  /**
8    * @brief  USART2 初始化
9    * @param  baud: 波特率设置
10   * @retval None
11   */
12 void USART2_Init(uint32_t baud)
13 {
14     GPIO_InitTypeDef GPIO_InitStructure;
15     USART_InitTypeDef USART_InitStructure;
16     NVIC_InitTypeDef NVIC_InitStructure;
```

```
17
18      RCC_AHB1PeriphClockCmd(RCC_AHB1Periph_GPIOA|RCC_AHB1Periph_GPIOG,ENABLE);
19      RCC_APB1PeriphClockCmd(RCC_APB1Periph_USART2, ENABLE);      //使能USART2时钟
20
21      /* USART2 引脚复用映射 */
22      GPIO_PinAFConfig(GPIOA, GPIO_PinSource2, GPIO_AF_USART2); //PA2 复用为USART2
23      GPIO_PinAFConfig(GPIOA, GPIO_PinSource3, GPIO_AF_USART2); //PA3 复用为USART2
24
25      GPIO_InitStructure.GPIO_Pin = GPIO_Pin_2 | GPIO_Pin_3;      //PA2 与 PA3
26      GPIO_InitStructure.GPIO_Mode = GPIO_Mode_AF;                //复用功能
27      GPIO_InitStructure.GPIO_Speed = GPIO_Fast_Speed;            //速度 50MHz
28      GPIO_InitStructure.GPIO_OType = GPIO_OType_PP;              //推挽复用输出
29      GPIO_InitStructure.GPIO_PuPd = GPIO_PuPd_UP;                //上拉
30      GPIO_Init(GPIOA, &GPIO_InitStructure);                      //配置生效
31
32      //PG8 推挽输出,用于 RS-485 模式控制
33      GPIO_InitStructure.GPIO_Pin = GPIO_Pin_8;                   //PG8
34      GPIO_InitStructure.GPIO_Mode = GPIO_Mode_OUT;               //输出
35      GPIO_InitStructure.GPIO_Speed = GPIO_High_Speed;            //速度 100MHz
36      GPIO_InitStructure.GPIO_OType = GPIO_OType_PP;              //推挽输出
37      GPIO_InitStructure.GPIO_PuPd = GPIO_PuPd_UP;                //上拉
38      GPIO_Init(GPIOG, &GPIO_InitStructure);                      //配置生效
39
40      /* USART2 初始化设置 */
41      USART_InitStructure.USART_BaudRate = baud;                  //波特率设置
42      USART_InitStructure.USART_WordLength = USART_WordLength_8b; //字长 8bit
43      USART_InitStructure.USART_StopBits = USART_StopBits_1;      //一个停止位
44      USART_InitStructure.USART_Parity = USART_Parity_No;         //无奇偶校验位
45      USART_InitStructure.USART_HardwareFlowControl =
46
47      USART_HardwareFlowControl_None;
48      USART_InitStructure.USART_Mode = USART_Mode_Rx | USART_Mode_Tx;//收发模式
49      USART_Init(USART2, &USART_InitStructure);          //配置生效
50      USART_Cmd(USART2, ENABLE);                         //使能 USART2
51
52      USART_ITConfig(USART2, USART_IT_RXNE, ENABLE); //开启接收中断
53      USART_ITConfig(USART2, USART_IT_IDLE, ENABLE); //开启空闲中断
54      /* USART2 NVIC 配置 */
55      NVIC_InitStructure.NVIC_IRQChannel = USART2_IRQn;
56      NVIC_InitStructure.NVIC_IRQChannelPreemptionPriority = 0;
57      NVIC_InitStructure.NVIC_IRQChannelSubPriority = 1;
58      NVIC_InitStructure.NVIC_IRQChannelCmd = ENABLE;
59      NVIC_Init(&NVIC_InitStructure);
60
```

```
61      RS485_RX_MODE;   //默认为接收模式
62  }
63
64  /**
65    * @brief  USART2 发送一个字节
66    * @param  ch：要发送的字节数据
67    * @retval None
68    */
69  void USART2_SendByte(uint8_t ch)
70  {
71      /* 发送一个字节数据到 USART2 */
72      USART_SendData(USART2, ch);
73      /* 等待发送完毕 */
74      while (USART_GetFlagStatus(USART2, USART_FLAG_TXE) == RESET);
75  }
76
77  /**
78    * @brief  USART2 发送一个字符串
79    * @param  *str：要发送的字符串
80    * @param  strlen：字符串长度
81    * @retval None
82    */
83  void USART2_SendString(uint8_t *str, uint8_t strlen)
84  {
85      unsigned int k = 0;
86      RS485_TX_MODE;   //进入发送模式
87      do
88      {
89          USART2_SendByte(*(str + k));
90      } while (k++ < strlen);
91      RS485_RX_MODE;   //进入接收模式
92  }
```

4. 编写 USART2 的中断服务函数

继续在“usart2.c”文件中输入以下代码：

```
1   /**
2     * @brief  USART2 中断服务函数
3     * @param  None
4     * @retval None
5     */
6   void USART2_IRQHandler(void)
7   {
8       uint8_t Res, forclear;
9       if (USART_GetITStatus(USART2, USART_IT_RXNE) != RESET)
```

```
10     {
11         Res = USART_ReceiveData(USART2);
12         USART2_RX_Buffer[USART2_RX_Index++] = Res;
13         /* 防止接收缓存下标溢出 */
14         if (USART2_RX_Index >= USART2_RX_MAX)
15             USART2_RX_Index = 0;
16     }
17     if (USART_GetITStatus(USART2, USART_IT_IDLE) != RESET)
18     {
19         USART2_RX_OverFlag = 1;
20         forclear = USART_ReceiveData(USART2);
21     }
22 }
```

5. 根据任务要求定义必要的数据类型

为了更加方便地进行数据的解析与校验，我们应根据任务要求定义必要的数据类型。本任务的 RS-485 数据帧包含多个帧域，因此我们可根据数据帧的格式定义相应的结构体类型。另外，本任务的命令类型有 3 种，为了增加程序的可读性，我们可定义命令的枚举类型。新建“main.h”文件，在其中输入以下代码：

```
1  #ifndef __MAIN_H
2  #define __MAIN_H
3  #include "sys.h"
4
5  //#define MASTER_DEV    1          //主机宏定义
6  #define SLAVE_DEV      1           //从机宏定义
7  #define masterAddr     0x01        //主机地址
8  #define slaveAddr      0x02        //从机地址
9
10 /* 各种命令的枚举类型定义 */
11 typedef enum {
12     CMD_None = 0x00,               //无效命令
13     CMD_UPLOAD_TH,                 //上报温湿度命令
14     CMD_STOP_UPLOAD_TH,            //停止上报温湿度命令
15     CMD_TOGGLE_LED,                //翻转 LED 命令
16 } Command_EnumDef;
17
18 /* 自定义 RS-485 数据帧结构体类型 */
19 typedef struct {
20     uint8_t sof;                   //帧起始符
21     uint8_t dstAddr;               //目的地址
22     uint8_t cmd;                   //命令码
23     uint8_t dataLen;               //数据长度
24     uint8_t data[16];              //数据域（16 B）
```

```
25      uint8_t checkSum;                //校验和
26      uint8_t eof;                     //帧结束符
27  } DataFrame_TypeDef;
28
29  #endif
```

本任务中的主从机功能虽然不同，但由于两者基于同一硬件平台，底层驱动程序完全一致，因此它们的程序可编写在同一个工程中。本示例程序采用预编译的方式区别主从机的代码。上述代码片段第 5 行和第 6 行分别是主机和从机的宏定义，具体用法见本任务工程的main()函数。

6．编写数据的解析与校验函数

主机和从机在接收完一帧数据后，应先对数据的完整性与正确性进行校验，确保数据无误后才能实施数据的解析。在“main.c”文件中编写相应的函数如下：

```
1   /**
2     * @brief   获取收到的命令类型
3     * @param   *dataFrame：数据帧结构体首地址
4     * @retval  Command_EnumDef：命令的枚举类型
5     */
6   Command_EnumDef getCommandType(DataFrame_TypeDef *dataFrame)
7   {
8       switch (dataFrame->cmd) {
9           case 1://上报温湿度数据
10              return CMD_UPLOAD_TH;
11          case 2://停止上报温湿度数据
12              return CMD_STOP_UPLOAD_TH;
13          case 3://翻转 LED
14              return CMD_TOGGLE_LED;
15          default:
16              break;
17      }
18      return CMD_None;
19  }
20
21  /**
22    * @brief   检测数据帧校验和是否正确
23    * @param   *rcvbuf：USART2 接收的数据缓存
24    * @retval  bool：true 校验和正确 | false 校验和错误
25    */
26  bool isCheckSumOK(uint8_t *rcvbuf)
27  {
28      uint8_t checkSum = 0, index = 0, tempLength = 0;
29      tempLength = rcvbuf[3];//取出帧数据长度
30      /* 判断帧起始，帧结束，校验和是否正确 */
```

```
31      if ((rcvbuf[0] == 0x55 && rcvbuf[5 + tempLength] == 0x0B)  \
32          || (rcvbuf[0] == 0xAA && rcvbuf[5 + tempLength] == 0x0C))
33      {
34          checkSum = rcvbuf[1] + rcvbuf[2] + rcvbuf[3];
35          while (tempLength--)
36          {
37              checkSum += rcvbuf[4 + index];
38              index++;
39          }
40          checkSum = checkSum % 256;//checkSum 保留低 8 位
41      }
42      if (checkSum == rcvbuf[4 + index]) {
43          return true;
44      }
45      return false;
46  }
47
48  /**
49    * @brief    解析 RS-485 数据帧各部分内容
50    * @param    *buf：命令数组或 USART2 接收缓存
51    * @retval   None
52    */
53  void analysisDataFrame(uint8_t *buf)
54  {
55      uint8_t index = 0, dataLength = 0;
56
57      dataFrame_rs485.sof = buf[0];
58      dataFrame_rs485.dstAddr = buf[1];
59      dataFrame_rs485.cmd = buf[2];
60      dataFrame_rs485.dataLen = buf[3];
61      dataLength = buf[3];
62      while (dataLength--)
63      {
64          dataFrame_rs485.data[index] = *(buf + 4 + index);
65          index++;
66      }
67      dataFrame_rs485.checkSum = buf[4 + index];
68      dataFrame_rs485.eof = buf[5 + index];
69  }
70
71  /**
72    * @brief    通信从机组建回传信息
73    * @param    *buf：温湿度值数组 或 LED 灯亮灭情况数组
74    * @retval   None
```

```
75     */
76   void buildFeedbackFrame(uint8_t *dataFb, uint8_t length, \
77                       uint8_t cmd, uint8_t *full_dataFb)
78   {
79       uint8_t index = 0, tempLength = 0;
80       full_dataFb[0] = 0xAA;
81       full_dataFb[1] = masterAddr;
82       full_dataFb[2] = cmd;
83       full_dataFb[3] = length;
84       tempLength = length;
85       full_dataFb[4 + length] = full_dataFb[1] + full_dataFb[2] + \
86                                 full_dataFb[3];
87       while (tempLength--)
88       {
89           full_dataFb[4 + index] = *(dataFb + index);
90           full_dataFb[4 + length] += *(dataFb + index);    //计算 checkSum 值
91           index++;
92       }
93       full_dataFb[5 + length] = 0x0C;
94   }
95
96   /**
97     * @brief   OLED 显示环境参数(温度/湿度)
98     * @param   None
99     * @retval  None
100    */
101  void Show_TempHumiLight(void)
102  {
103      OLED_Display_String(20, 0, "RS-485", 16);
104      OLED_Display_String(20, 16, tempString, 16);
105      OLED_Display_String(20, 32, humiString, 16);
106  }
```

7. 编写 main()函数

在“main.c”文件中编写 main()函数，输入以下代码：

```
1    #include "main.h"
2    #include "sys.h"
3    #include "delay.h"
4    #include "usart.h"
5    #include "led.h"
6    #include "key.h"
7    #include "exti.h"
8    #include "dht11.h"
9    #include "bsp_spi.h"
```

```
10  #include "oled.h"
11  #include "usart2.h"
12  #include <stdbool.h>
13  #include <string.h>
14  /* 函数声明 */
15  void Show_TempHumiLight(void);
16  Command_EnumDef getCommandType(DataFrame_TypeDef *dataFrame);
17  bool isCheckSumOK(uint8_t *rcvbuf);
18  void analysisDataFrame(uint8_t *rcvbuf);
19  void buildFeedbackFrame(uint8_t *dataFb, uint8_t length, \
20                          uint8_t cmd, uint8_t *full_dataFb);
21
22  /* 变量定义 */
23  uint8_t temperature = 0x16;      //采集的温度值，单位℃
24  uint8_t humidity = 0x40;         //采集的湿度值
25  char tempString[50], humiString[50], ledString[50];
26  uint8_t keyValue = 0, count = 0;
27
28  /* 定义命令数据帧：上报|停止上报|翻转 LED */
29  uint8_t cmd_upload_th[] = {0x55, 0x02, 0x01, 0x01, 0x00, 0x04, 0x0B};
30  uint8_t cmd_stop_upload_th[] = {0x55, 0x02, 0x02, 0x01, 0x00, \
31                                  0x05, 0x0B};
32  uint8_t cmd_toggle_led[] = {0x55, 0x02, 0x03, 0x01, 0x00, 0x06, 0x0B};
33  uint8_t arrayLength = 0;
34
35  uint8_t data_upload_flag = 0;                //温湿度数据上报标志位
36  uint8_t data_feedback[8];                    //通信从机反馈数据存放缓存
37  uint8_t full_data_feedback[16];              //通信从机完整反馈数据帧存放缓存
38  Command_EnumDef cmd_rs485 = CMD_None;        //RS-485 命令
39  DataFrame_TypeDef dataFrame_rs485;           //RS-485 数据帧
40
41  int main(void)
42  {
43      delay_init(168);          //延时函数初始化
44      LED_Init();               //LED 端口初始化
45      Key_Init();               //按键端口初始化
46      EXTIx_Init();             //外部中断初始化
47      USART1_Init(115200);      //USART1 初始化
48      USART2_Init(115200);      //USART2 初始化
49      DHT11_Init();             //DHT11 初始化
50      SPI2_Init();              //SPI2 外设初始化
51      OLED_Init();              //OLED 显示模块初始化
```

```
52  #ifdef SLAVE_DEV
53      while (DHT11_Init())                          //等待 DHT11 初始化完成
54      {
55          printf("DHT11 Init Error!\r\n");
56          delay_ms(500);
57      }
58      printf("DHT11 Init Success!\r\n");
59  #endif
60      while (1)
61      {
62          count++;
63  #ifdef SLAVE_DEV
64          if (data_upload_flag == 1)                //上报标志位为 1
65          {
66              if (count >= 200)
67              {
68                  count = 0;
69                  /* 读取 DHT11 的温湿度值 */
70                  DHT11_Read_Data(&temperature, &humidity);
71                  /* 组合需要显示的信息 */
72                  data_feedback[0] = temperature;
73                  data_feedback[1] = humidity;
74                  buildFeedbackFrame(data_feedback, 2, 0x01, full_data_feedback);
75                  USART2_SendString(full_data_feedback,strlen((const char *)full_
76                                      data_feedback));
77              }
78          }
79  #endif
80  #ifdef MASTER_DEV
81          if (keyValue == KEY_D_PRESS)              //下键按下
82          {
83              keyValue = 0;
84              arrayLength = \
85                      sizeof(cmd_upload_th)/sizeof(cmd_upload_th[0]);
86              USART2_SendString(cmd_upload_th, arrayLength);
87          }
88          else if  (keyValue == KEY_U_PRESS)   //上键按下
89          {
90              keyValue = 0;
91              arrayLength = \
92              sizeof(cmd_stop_upload_th) / sizeof(cmd_stop_upload_th[0]);
93              USART2_SendString(cmd_stop_upload_th, arrayLength);
```

```
94          }
95          else if  (keyValue == KEY_L_PRESS)//左键按下
96          {
97              keyValue = 0;
98              arrayLength = \
99              sizeof(cmd_toggle_led) / sizeof(cmd_toggle_led[0]);
100             USART2_SendString(cmd_toggle_led, arrayLength);
101         }
102 #endif
103         /* 一帧数据接收完毕 */
104         if (USART2_RX_OverFlag == 1)
105         {
106             USART2_RX_OverFlag = 0;
107             USART2_RX_Index = 0;
108             cmd_rs485 = CMD_None;
109
110             if (isCheckSumOK(USART2_RX_Buffer) == true)
111             {
112                 /* 先清空数据帧结构体数据域 */
113                 memset(dataFrame_rs485.data, 0, 8);
114                 /* 解析源数据 */
115                 analysisDataFrame(USART2_RX_Buffer);
116                 /* 判断命令类型 */
117                 cmd_rs485 = getCommandType(&dataFrame_rs485);
118             }
119 #ifdef MASTER_DEV
120             /* 上报温湿度数据命令 */
121             if (cmd_rs485 == CMD_UPLOAD_TH)
122             {
123                 /* OLED 显示温湿度 */
124                 temperature = dataFrame_rs485.data[0];
125                 humidity = dataFrame_rs485.data[1];
126                 sprintf(tempString, "Temp:%d", temperature);
127                 sprintf(humiString, "Humi:%d", humidity);
128                 Show_TempHumiLight();      //OLED 显示温湿度数据
129             }
130             /* 翻转 LED 命令 */
131             else if (cmd_rs485 == CMD_TOGGLE_LED)
132             {
133                 /* OLED 显示 LED 状态 | 亮：2，灭：3 */
134                 printf("led state\r\n");
135                 if (dataFrame_rs485.data[0] == 3)
```

```
136                {
137                    sprintf(ledString, "LED:OFF");
138                }
139                else if (dataFrame_rs485.data[0] == 2)
140                {
141                    sprintf(ledString, "LED: ON");
142                }
143                OLED_Display_String(20, 48, ledString, 16);
144            }
145 #endif
146 #ifdef SLAVE_DEV
147            /* 上报温湿度数据命令 */
148            if (cmd_rs485 == CMD_UPLOAD_TH)
149            {
150                data_upload_flag = 1;
151            }
152            /* 停止上报温湿度数据命令 */
153            else if (cmd_rs485 == CMD_STOP_UPLOAD_TH)
154            {
155                data_upload_flag = 0;
156            }
157            /* 翻转 LED 命令 */
158            else if (cmd_rs485 == CMD_TOGGLE_LED)
159            {
160                LED0 = ~LED0;
161                /* LED 状态 | 亮：2，灭：3 */
162                data_feedback[0] = GPIO_ReadInputDataBit(GPIOF, \
163                                       GPIO_Pin_9) + 2;
164                /* 反馈 LED 状态至通信主机 */
165                buildFeedbackFrame(data_feedback, 1, 0x03, \
166                                          full_data_feedback);
167                USART2_SendString(full_data_feedback, \
168                                   strlen((char *)full_data_feedback));
169            }
170 #endif
171            /* 用完清空 USART2 接收缓存 */
172            memset(USART2_RX_Buffer, 0, 255);
173        }
174        if (count % 50 == 0)
175            LED1 = ~LED1;
176        delay_ms(10);
177    }
178 }
```

8. 观察试验现象

按照以下步骤完成本任务的软硬件联调并观察试验现象。

① 用户按下主机的 Key1，向从机发送“上报温湿度”命令。主机的 OLED 屏上将显示温湿度值，具体的显示样式参考图 5-1-1。

② 用户按下主机的 Key2，向从机发送“停止上报温湿度”命令。从机将停止上报温湿度值，此时主机的 OLED 屏停止更新。

③ 用户按下主机的 Key3，向从机发送“翻转 LED”命令。从机的 LED 状态将翻转并回传相应的状态信息给主机，主机的 OLED 屏刷新 LED 状态，具体的显示样式参考图 5-1-1。

任务 5.2 基于 CAN 总线的多机通信应用开发

5.2.1 任务分析

本任务要求设计一个基于 CAN 总线的多机通信系统，该系统须具备交互多种类型数据（如环境温度、环境湿度和光照强度等）的能力。

发送单元对待发数据进行编码，组建 CAN 数据帧，并将其通过 CAN 总线发送出去。

CAN 总线上的每个接收单元收到 CAN 数据帧之后，对数据帧进行筛选并接收感兴趣的数据，然后通过串行通信的方式将数据传至上位机显示。

图 5-2-1 展示了基于 CAN 总线的多机通信系统接线，从图中可以看到，CAN 总线上各通信终端之间的连接方式较为简单，只须将各自的 CAN 接线端子 CANH 与 CANL 分别相连即可。

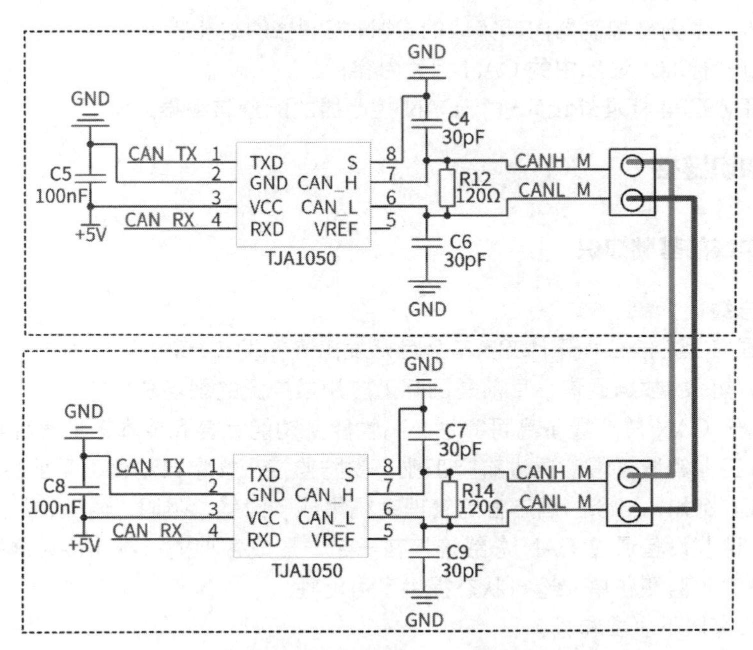

图5-2-1　基于CAN总线的多机通信系统接线

根据本任务的要求，在应用程序开发之前，我们须明确以下几个问题：CAN 总线上数据的发送模式、发送单元对不同数据的编码方式以及接收单元的数据筛选方式。

1. CAN 总线上数据的发送模式

CAN 总线上数据的发送模式为“广播”模式，同一时刻总线上只能有一个终端作为发送单元，其他终端都为接收单元。发送单元发送的数据帧可被总线上所有的接收单元接收。

当总线空闲时，判断哪个终端可成为发送单元是以终端提交发送请求的先后顺序作为依据的，即谁先提交谁就具有优先权。

当出现有多个终端同时提交发送请求时，CAN 总线会根据制定好的规则进行优先级仲裁，在仲裁中胜出的终端可继续发送数据，成为发送单元，其他终端则返回接收模式，成为接收单元。

2. 发送单元对不同数据的编码方式

发送单元在待发送的数据中加入“标识符（ID）”段，用于区分不同的数据。“标识符”段同时也是 CAN 总线进行发送单元优先级仲裁的依据。

3. 接收单元的数据筛选方式

对接收单元而言，它们也使用数据帧中“标识符”段作为判别不同数据的依据。在 CAN 技术规范中，这项判别工作并不是由用户通过软件编程来实现的，而是通过 CAN 控制器中一个名为“筛选器”的硬件来完成的，用户只须对“筛选器”进行配置即可。

根据以上的任务分析，本任务涉及的知识点如下：

- CAN 总线的基础知识；
- STM32F4 系列微控制器内部集成的 CAN 控制器的功能特性；
- STM32F4 标准外设库中的 CAN 相关内容；
- 利用 STM32F4 标准外设库进行 CAN 控制器的配置与编程方法。

5.2.2 知识链接

1. CAN 总线的基础知识

（1）CAN 总线简介

CAN 由德国 BOSCH 公司于 1986 年 2 月开发出来并发布，最早被应用于汽车内部控制系统的监测与执行机构间的数据通信，目前是国际上应用最广泛的现场总线之一。

近年来，由于 CAN 总线具备高可靠性、高性能、功能完善和成本较低等优势，其应用领域已从最初的汽车工业领域慢慢渗透进航空工业、安防监控、楼宇自动化、工业控制、工程机械、医疗器械等领域。例如，当今的酒店客房管理系统集成了门禁、照明、通风、加热和各种报警安全监测等设备，这些设备通过 CAN 总线连接在一起，形成各种执行器和传感器的联动，这样的系统架构为用户实时监测各单元运行状态提供了可能性。

CAN 总线具有以下主要特性：

- 数据传输距离远（最远 10 km）；

- 数据传输速率高（最高数据传输速率 1Mbit/s）；
- 具备优秀的仲裁机制；
- 使用筛选器实现多地址的数据帧传递；
- 借助遥控帧实现远程数据请求；
- 具备错误检测与处理功能；
- 具备数据自动重发功能；
- 故障节点可自动脱离总线且不影响总线上其他节点的正常工作。

（2）CAN 技术规范与标准

1991 年 9 月，Philips 半导体制定并发布了 CAN 技术规范 2.0 版本。这个版本的 CAN 技术规范包括 A 和 B 两部分，其中 2.0A 版本技术规范只定义了 CAN 报文的标准格式，而 2.0B 版本则同时定义了 CAN 报文的标准与扩展两种格式。1993 年 11 月，ISO（国际标准化组织）正式颁布了 CAN 国际标准 ISO 11898 与 ISO 11519。ISO 11898 标准的 CAN 通信数据传输速率为 125kbit/s～1Mbit/s，适合高速通信应用场景；而 ISO 11519 标准的 CAN 通信数据传输速率为 125kbit/s 以下，适合低速通信应用场景。

CAN 技术规范主要对 OSI（开放式系统互联参考模式）中的物理层（部分）、数据链路层和传输层（部分）进行了定义。ISO 11898 与 ISO 11519 标准则对数据链路层及物理层的一部分进行了标准化，如图 5-2-2 所示。

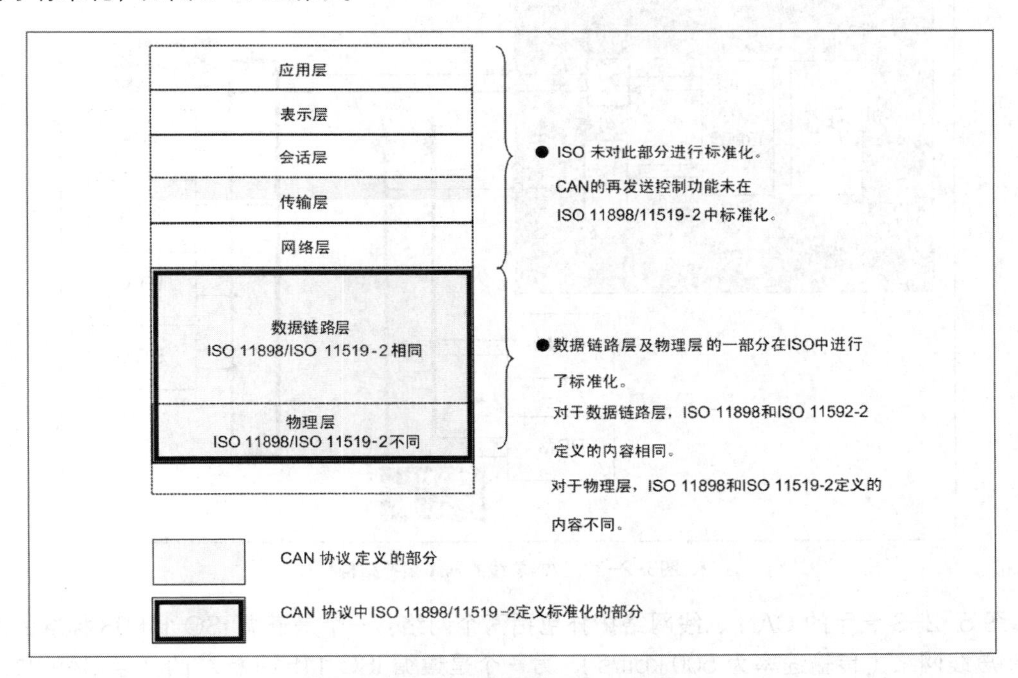

图5-2-2 OSI基本参照模型与CAN标准

ISO 并未对 CAN 技术规范的网络层、传输层、会话层、表示层和应用层等部分进行标准化，而美国汽车工程师学会（Society of Automotive Engineers，SAE）等其他组织、团体和企业则针对不同的应用领域对 CAN 技术规范进行了标准化。这些标准对 ISO 标准未涉及的部分进行了定义，它们属于 CAN 应用层协议。常见的 CAN 标准及其详情见表 5-2-1。

表 5-2-1　常见的 CAN 标准及其详情

序号	标准名称	制定组织	波特率/（kbit/s）	物理层线缆规格	适用领域
1	SAE J1939-11	SAE	250	双线式、屏蔽双绞线	卡车、大客车
2	SAE J1939-12	SAE	250	双线式、屏蔽双绞线	农用机械
3	SAE J2284	SAE	500	双线式、双绞线（非屏蔽）	汽车（高速：动力、传动系统）
4	SAE J24111	SAE	33.3、83.3	单线式	汽车（低速：车身系统）
5	NMEA-2000	NEMA	62.5、125、250、500、1000	双线式、屏蔽双绞线	船舶
6	DeviceNet	ODVA	125、250、500	双线式、屏蔽双绞线	工业设备
7	CANopen	CiA	10、20、50、125、250、500、800、1000	双线式、双绞线	工业设备
8	SDS	Honeywell	125、250、500、1000	双线式、屏蔽双绞线	工业设备

（3）CAN 总线的网络拓扑与节点硬件构成

CAN 总线的网络拓扑结构如图 5-2-3 所示。

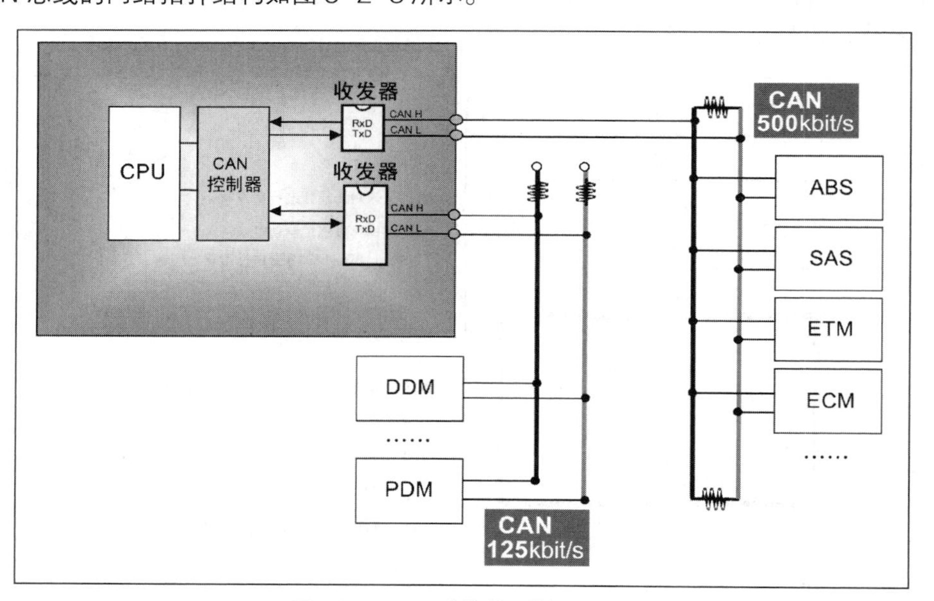

图5-2-3　CAN总线的网络拓扑结构

图 5-2-3 展示的 CAN 总线网络拓扑包括两个网络：一个是遵循 ISO 11898 标准的高速 CAN 总线网络（传输速率为 500 kbit/s），另一个是遵循 ISO 11519 标准的低速 CAN 总线网络（传输速率 125 kbit/s）。高速 CAN 总线网络被应用在汽车动力与传动系统，它是闭环网络，总线最大长度为 40m，要求两端各有一个 120Ω 的电阻。低速 CAN 总线网络被应用在汽车车身系统，它的两根总线是独立的，不形成闭环，要求每根总线上各串联一个 2.2kΩ 的电阻。

CAN 总线上节点的硬件架构如图 5-2-4 所示。

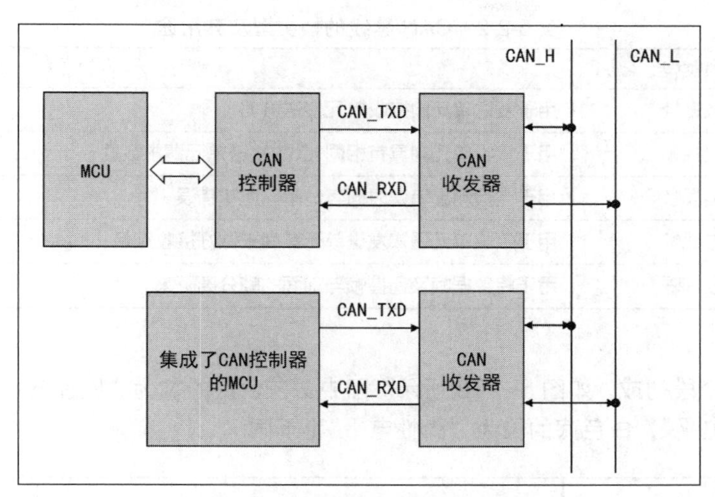

图5-2-4 CAN总线上节点的硬件架构

从图 5-2-4 可以看到，CAN 总线上节点的硬件架构有两种方案。

第一种方案的硬件架构由 MCU、CAN 控制器和 CAN 收发器组成。这种方案采用了独立的 CAN 控制器，优点是可以方便地移植程序到其他使用相同 CAN 控制器芯片的系统，缺点是需要占用 MCU 的 I/O 资源且硬件电路更复杂一些。

第二种方案的硬件架构由集成了 CAN 控制器的 MCU 和 CAN 收发器组成。这种方案的硬件电路简单，缺点是用户编写的 CAN 驱动程序只适用某个系列的 MCU（如 STM32F4、MSP430 或 C8051 等），可移植性较差。

（4）CAN 总线的报文信号电平与帧类型

总线上传输的信息被称为报文，总线规范不同，其报文信号电平标准也不同。ISO 11898 和 ISO 11519 标准在物理层的定义有所不同，两者的信号电平标准也不尽相同。CAN 总线上的报文信号使用差分电压传送。图 5-2-5 展示了 ISO 11898 标准的 CAN 总线信号电平标准。

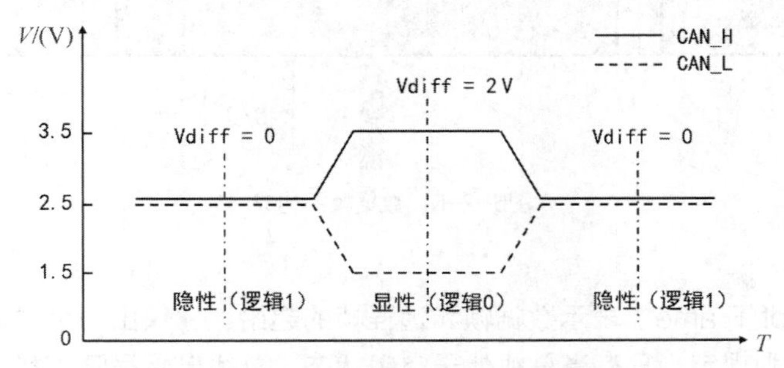

图5-2-5 ISO 11898标准的CAN总线信号电平标准

图 5-2-5 中的实线与虚线分别表示 CAN 总线的两条信号线 CAN_H 和 CAN_L。静态时两条信号线上的电平电压均为 2.5 V 左右（电位差为 0），此时的状态表示逻辑 1（或称“隐性电平”状态）。当 CAN_H 上的电压值为 3.5 V 且 CAN_L 上的电压值为 1.5 V 时，两线的电位差为 2 V，此时的状态表示逻辑 0（或称“显性电平”状态）。

CAN 总线上的数据通信基于以下 5 种类型的通信帧，它们的名称与用途如表 5-2-2 所示。

表 5-2-2 CAN 总线的帧类型及其用途

序号	帧类型	帧用途
1	数据帧	用于发送单元向接收单元传送数据
2	遥控帧	用于接收单元向具有相同 ID 的发送单元请求数据
3	错误帧	用于当检测出错误时向其他单元通知错误
4	过载帧	用于接收单元通知发送单元其尚未做好接收准备
5	帧间隔	用于将数据帧及遥控帧与前面的帧分离开来

（5）数据帧

数据帧由 7 个段构成，如图 5-2-6 所示。图中深灰色底的位为“显性电平”，浅灰色底的位为“显性或隐性电平”，白色底的位为“隐性电平”（下同）。

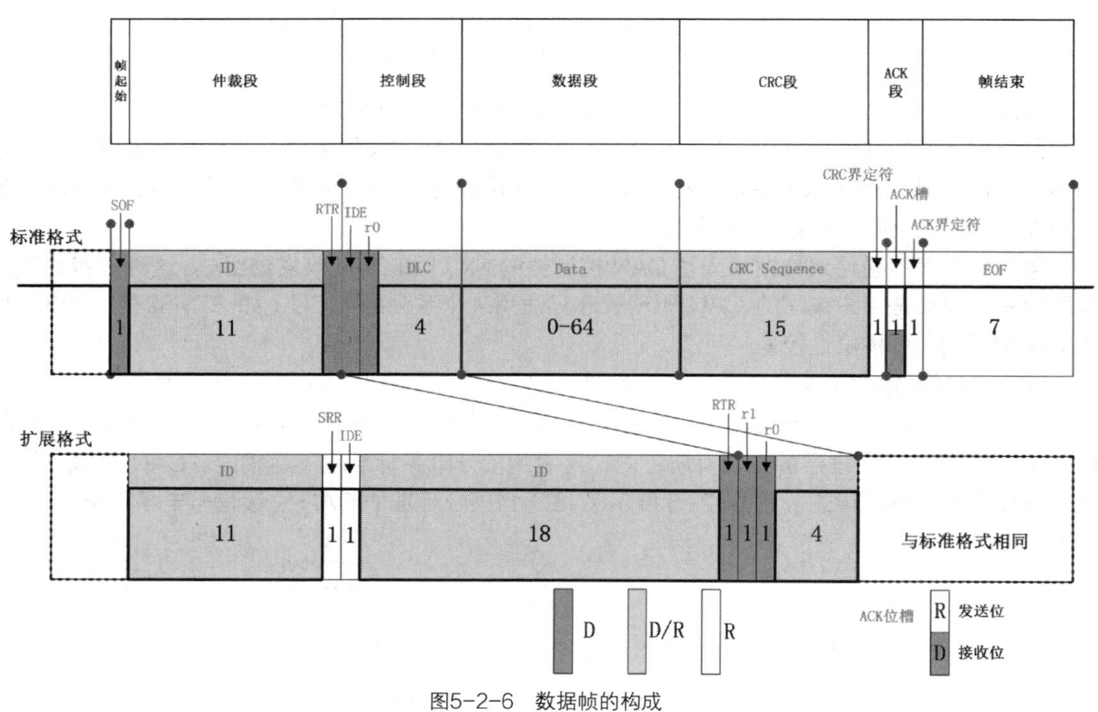

图5-2-6 数据帧的构成

① 帧起始

帧起始（Start of Frame）表示数据帧和远程帧的起始，它仅由一个“显性电平”位组成。CAN 总线的同步规则规定，只有当总线处于空闲状态（总线电平呈隐性状态）时，才允许站点开始发送信号。

② 仲裁段

仲裁段（Arbitration Field）是表示帧优先级的段。标准帧与扩展帧的仲裁段格式有所不同：标准帧的仲裁段由 11bit 的标识符和远程发送请求（Remote Transmission Request，RTR）位构成；扩展帧的仲裁段由 29bit 的标识符、替代远程请求（Substitute Remote Request，SRR）位、标识符扩展（Identifier Extension，IDE）位和 RTR 位构成。

RTR 位用于指示帧类型，数据帧的 RTR 位为“显性电平”，而遥控帧的 RTR 位为“隐性电平”。

SRR 位只存在于扩展帧中，与 RTR 位对齐，为“隐性电平”。因此当 CAN 总线对标准帧和扩展帧进行优先级仲裁时，在两者的标识符部分完全相同的情况下，扩展帧相对标准帧而言处于失利状态，具体原理见本节的“优先级仲裁”部分。

③ 控制段

控制段（Control Field）是表示数据的字节数和保留位的段，标准帧与扩展帧的控制段格式不同。标准帧的控制段由 IDE 位、保留位 r0 和 4bit 的数据长度码（DLC）构成。扩展帧的控制段由保留位 r1、r0 和 4bit 的数据长度码构成。IDE 位用于指示数据帧为标准帧还是扩展帧，标准帧的 IDE 位为“显性电平”。数据长度码与字节数的关系如表 5-2-3 所示。

表 5-2-3 数据长度码与字节数的关系

数据字节数	数据长度码			
	DLC3	DLC2	DLC1	DLC0
0	D(0)	D(0)	D(0)	D(0)
1	D(0)	D(0)	D(0)	R(1)
2	D(0)	D(0)	R(1)	D(0)
3	D(0)	D(0)	R(1)	R(1)
4	D(0)	R(1)	D(0)	D(0)
5	D(0)	R(1)	D(0)	R(1)
6	D(0)	R(1)	R(1)	D(0)
7	D(0)	R(1)	R(1)	R(1)
8	R(1)	D(0)	D(0)	D(0)

注：“D”表示显性电平（逻辑 0），“R”表示隐性电平（逻辑 1）。

④ 数据段

数据段（Data Field）用于承载数据的内容，它可包含 0~8B 的数据，从 MSB（最高有效位）开始输出。

⑤ CRC 段

CRC 段（CRC Field）是用于检查帧传输是否错误的段，它由 15bit 的 CRC 序列和 1bit 的 CRC 界定符（用于分隔）构成。CRC 序列是根据多项式生成的 CRC 值，其计算范围包括帧起始、仲裁段、控制段和数据段。

⑥ ACK 段

ACK 段（Acknowledge Field）是用于确认接收是否正常的段，它由 ACK 槽（ACK Slot）和 ACK 界定符（用于分隔）构成，长度为 2bit。

⑦ 帧结束

帧结束（End of Frame）用于表示数据帧的结束，它由 7bit 的隐性位构成。

（6）遥控帧

遥控帧的构成如图 5-2-7 所示。

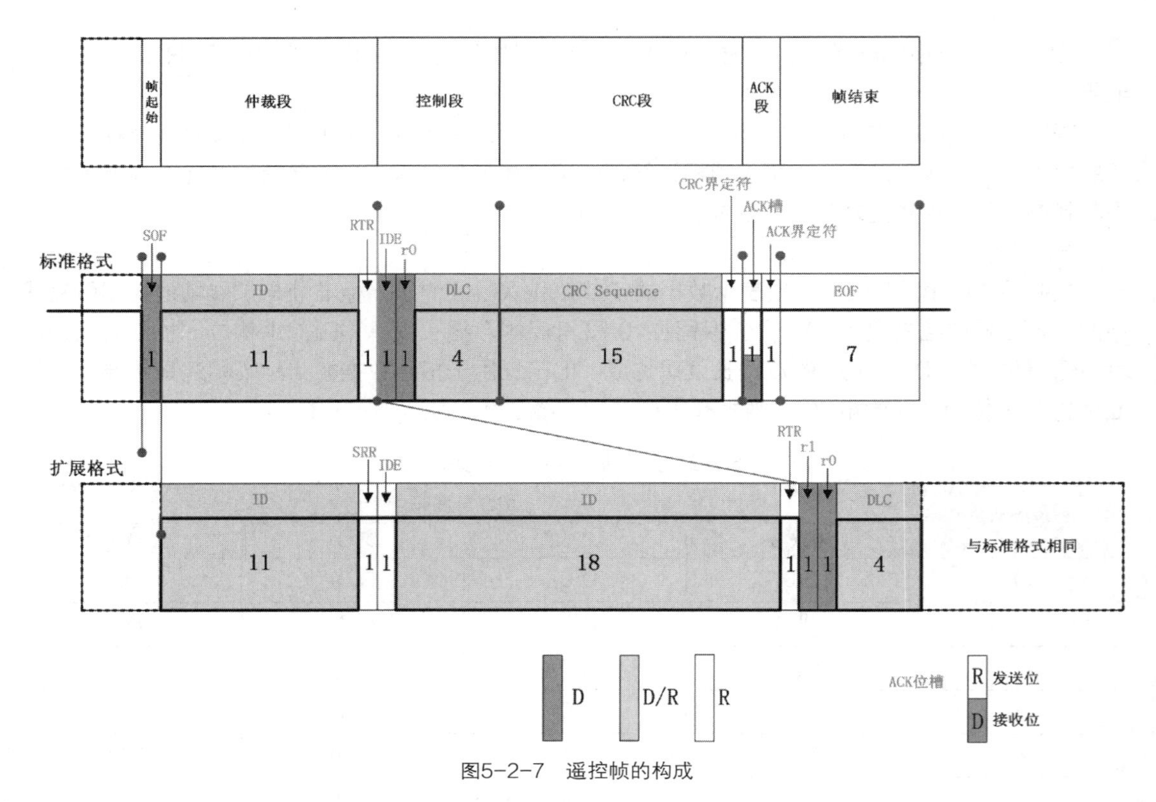

图5-2-7　遥控帧的构成

从图 5-2-7 中可以看到，遥控帧与数据帧相比，除了没有数据段外，其他段的构成与数据帧完全相同。如前所述，RTR 位的极性指明了该帧是数据帧还是遥控帧，遥控帧中的 RTR 位为“隐性电平”。

（7）错误帧

错误帧用于在接收和发送消息时检测出错误并通知系统，它的构成如图 5-2-8 所示。

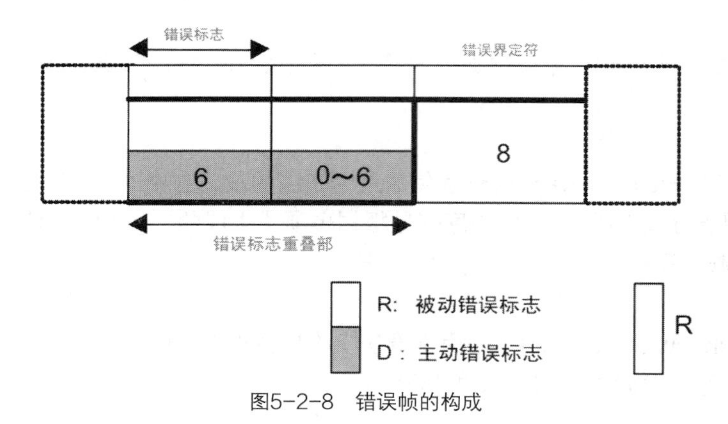

图5-2-8　错误帧的构成

从图 5-2-8 可知，错误帧由错误标志和错误界定符构成。错误标志包括主动错误标志和被动错误标志，前者由 6bit 的显性位构成，后者由 6bit 的隐性位构成。错误界定符由 8bit 的隐性位构成。

（8）过载帧

过载帧是接收单元用于通知发送单元其尚未完成接收准备的帧，它的构成如图 5-2-9 所示。

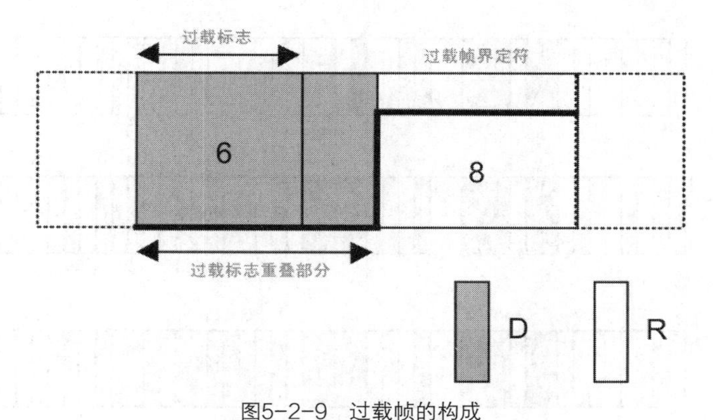

图5-2-9 过载帧的构成

从图 5-2-9 可知，过载帧由过载标志和过载界定符构成。过载标志的构成与主动错误标志的构成相同，由 6bit 的显性位构成。过载界定符的构成与错误界定符的构成相同，由 8bit 的隐性位构成。

（9）帧间隔

帧间隔是用于分隔数据帧和遥控帧的帧。数据帧和遥控帧可通过插入帧间隔将本帧与前面的任何帧（数据帧、遥控帧、错误帧或过载帧等）隔开，但错误帧和过载帧前不允许插入帧间隔。帧间隔的构成如图 5-2-10 所示。

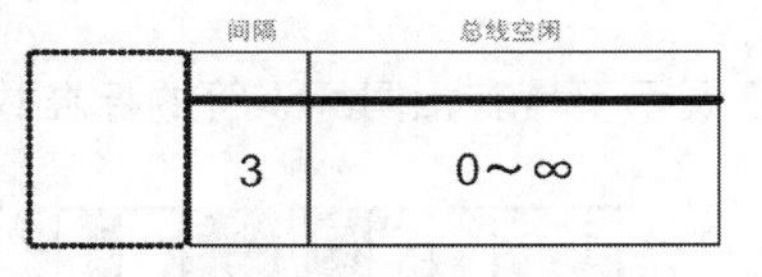

（a）不带延迟传送的帧间隔

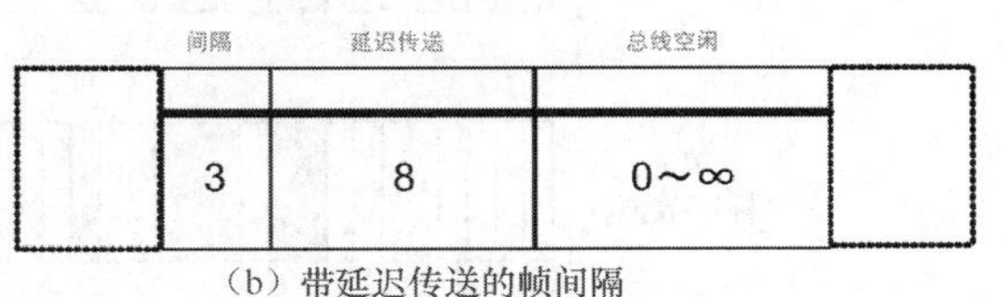

（b）带延迟传送的帧间隔

图5-2-10 帧间隔的构成

从图 5-2-10 可知，帧间隔的构成元素有 3 个。

一是间隔，它由 3bit 的隐性位构成。

二是总线空闲，它由隐性电平构成，且无长度限制。需要注意的是，只有在总线处于空闲状态下，要发送的单元才可以开始访问总线。

三是延迟传送，它由 8bit 的隐性位构成。

（10）优先级仲裁

CAN 总线上可以挂载多个 CAN 控制器单元，每个 CAN 控制器单元都可以作为主机进行数据的发送与接收。CAN 技术规范规定在总线空闲时，仅有一个单元可以占有总线并发送数据。但如果有多个单元同时准备发送数据，当它们检测到信道空闲时，会在同一时刻将数据发送出来，这就产生了发送冲撞。

为了解决上述数据发送的冲撞问题，CAN 技术规范提出了优先级的概念。数据帧与遥控帧中的仲裁段即标明了帧的优先级。在多个单元同时发送数据时，优先级较高的帧先发，优先级较低的帧则等待 CAN 总线空闲后再发送。

CAN 技术规范规定：“显性电平（逻辑 0）”的优先级高于“隐性电平（逻辑 1）”。CAN 通信的帧优先级是根据仲裁段的信号物理特性来判定的。多个单元同时发送数据时，CAN 总线对通信帧进行仲裁，从仲裁段的第一位开始，连续输出显性电平最多的单元可继续发送。若某个单元仲裁失利，则从下一个位开始转为接收状态。

图 5-2-11 展示了具有相同标识符的数据帧与遥控帧的仲裁过程。

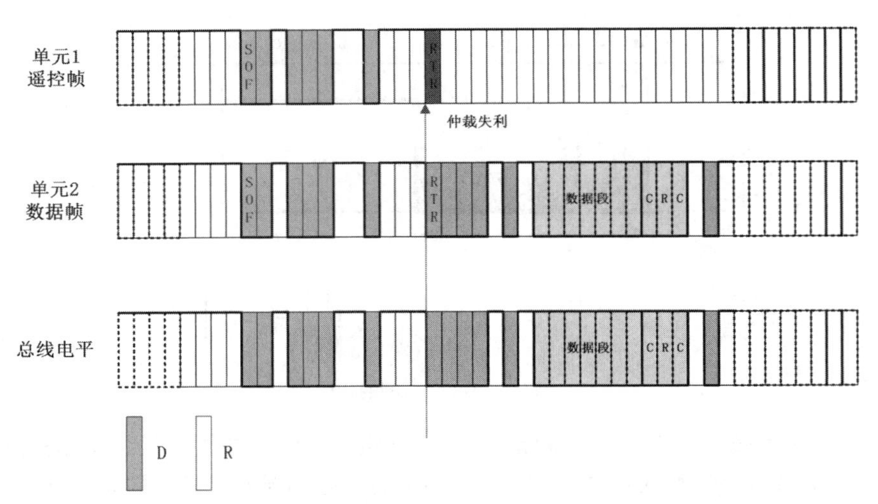

图5-2-11 具有相同标识符的数据帧与遥控帧的仲裁过程

从图 5-2-11 可知，具有相同标识符的数据帧与遥控帧在 CAN 总线上竞争时，数据帧仲裁段的最后一位（RTR）为显性电平，而遥控帧中相应的位为隐性电平，因此数据帧具有优先权，可继续发送。

图 5-2-12 展示了具有相同标识符的标准数据帧与扩展数据帧的仲裁过程。

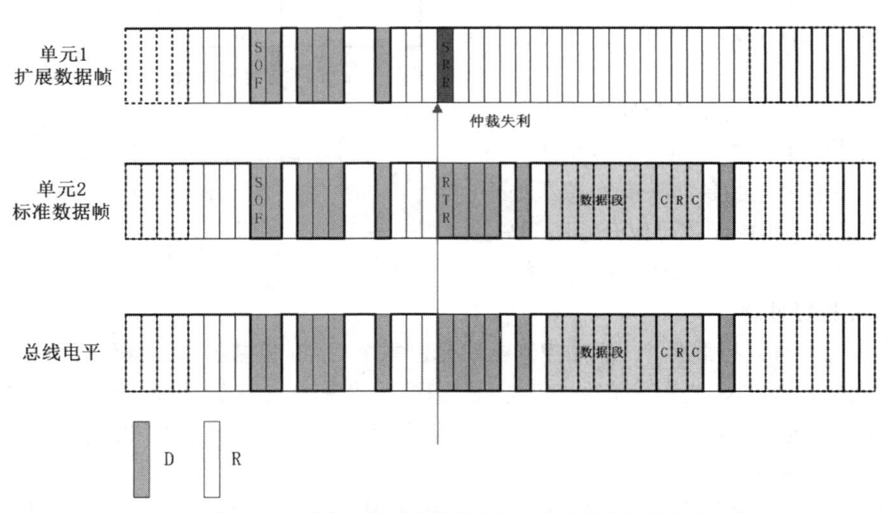

图5-2-12 具有相同标识符的标准数据帧与扩展数据帧的仲裁过程

从图 5-2-12 可知，具有相同标识符的标准数据帧与扩展数据帧在 CAN 总线上竞争时，标准数据帧的 RTR 位为显性电平，而扩展数据帧中相同位置的 SRR 位为隐性电平，因此标准数据帧具有优先权，可继续发送。

(11)位时序

CAN 通信属于异步通信，收发单元之间没有同步信号。发送单元与接收单元之间无法做到完全同步，即收发单元存在时钟频率误差，或者传输路径(电缆、驱动器等)上存在相位延迟。因此接收单元方面必须采取相应的措施调整接收时序，以确保接收数据的准确性。

CAN 总线上的收发单元使用约定好的波特率进行通信，为了实现收发单元之间的同步，CAN 技术规范把每个数据位分解成如图 5-2-13 所示的 4 段。

从图 5-2-13 可知，每个数据位由同步段(Synchronization Segment，SS)、传播时间段(Propagation Time Segment，PTS)、相位缓冲段 1(Phase Buffer Segment 1，PBS1)和相位缓冲段 2(Phase Buffer Segment 2，PBS2)构成，每个段又由若干个被称为“Time Quantum(简称 Tq)”的最小时间片构成。最小时间片长度的计算方法将在后文中给出。

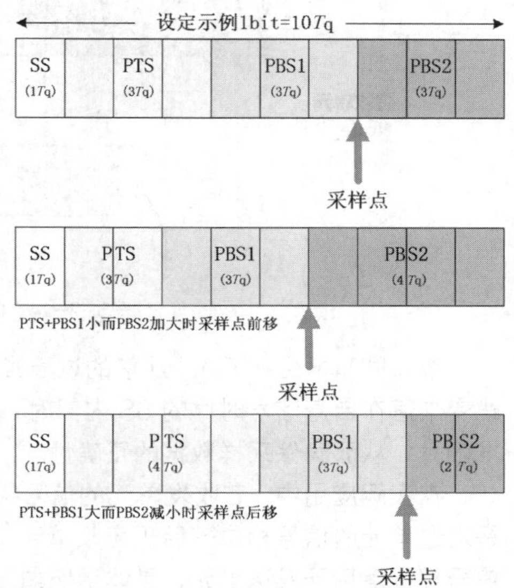

图5-2-13 数据位的构成与采样

① SS 它用于收发单元之间的时序同步。若接收单元检测到总线上的信号跳变沿包含在 SS 内，则表示接收单元当前的时序与 CAN 总线是同步的。SS 的时间长度固定为 1Tq。

② PTS 用于补偿网络上的物理延迟(即发送单元的输出延迟、信号传播延迟、接收单元的输入延迟等)。PTS 的时间长度为上述延迟时间之和的两倍以上，一般为 1~8Tq。

③ PBS1 和 PBS2 一起用于补偿收发单元由于时钟不同步引起的误差，通过加长 PBS1 来补偿误差。PBS1 的时间长度一般为 1~8Tq。

④ PBS2 和 PBS1 一起用于补偿收发单元由于时钟不同步引起的误差，通过缩短 PBS2 来补偿误差。PBS2 的时间长度为 2~8Tq。

上述介绍中提到了通过“加长 PBS1”或“缩短 PBS2”补偿收发单元之间的传输误差，而 CAN 技术规范规定了误差补偿的最大值，我们将其称为“再同步补偿宽度(reSynchronization Jump Width，SJW)”，SJW 的时间长度范围是 1~4Tq。在实际应用中，调整 PBS1 和 PBS2 的时间长度不可超过 SJW。

另外，从图 5-2-13 中可以看到，数据位的“采样点”位于 PBS1 与 PBS2 的交界处。PBS1 与 PBS2 的时间长度是可变的，因此“采样点”的位置也是可偏移的。当接收单元的时序与总线时序同步后，即可确保在“采样点”上采集到的电平为该位的准确电平。

(12)收发同步的方式

前文中提到了接收单元为了确保接收数据的准确性，必须采取相应的措施进行收发同步。CAN 技术规范规定了两种收发同步方式：硬同步方式与重新同步方式。

通过前面的学习，我们知道了 CAN 总线空闲时呈“隐性电平”状态，而帧起始(SOF)信号仅由一个“显性电平”位组成。因此 CAN 总线由空闲状态转换为传输状态时，会产生“隐性电平”到“显性电平”的跳变信号。

硬同步发生在 CAN 通信的初始阶段，它的工作过程如下：接收单元在 CAN 总线空闲时，若检测到“隐性电平”到“显性电平”的跳变信号，则调整当前数据位的 SS，使其落在帧起始（SOF）信号内部。硬同步的工作过程示意如图 5-2-14 所示。

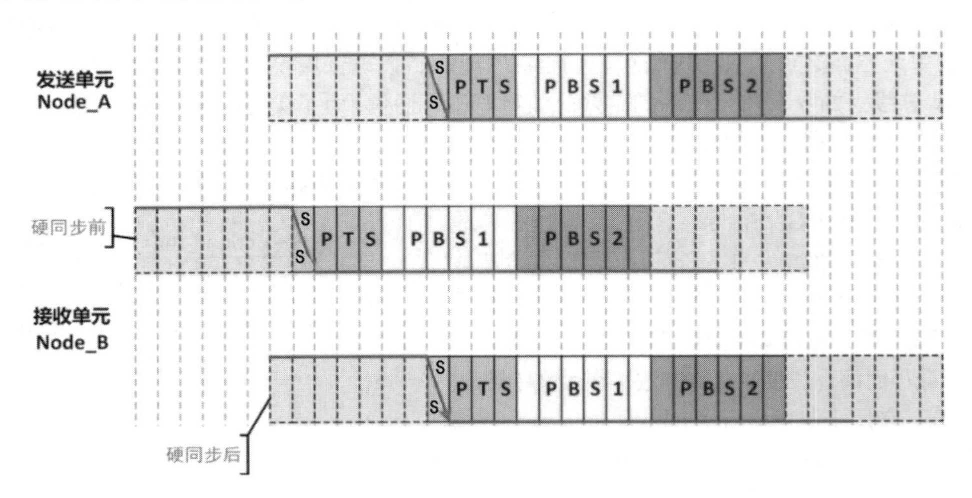

图5-2-14 CAN通信的硬同步工作过程示意

重新同步发生在 CAN 通信的过程当中。当接收单元检测到“隐性电平”到“显性电平”的跳变未落在自身信号时序的 SS 内部时，将启动重新同步。重新同步的目的是确保采样点位置的准确性，从而确保采样数据的正确性。

在实际应用中，若收发单元的信号相位不同步，则接收单元需要进行重新同步。第一种情形是发送单元的信号相位落后于接收单元，具体示例如图 5-2-15 所示。第二种情形是接收单元的信号相位落后于发送单元，具体示例如图 5-2-16 所示。

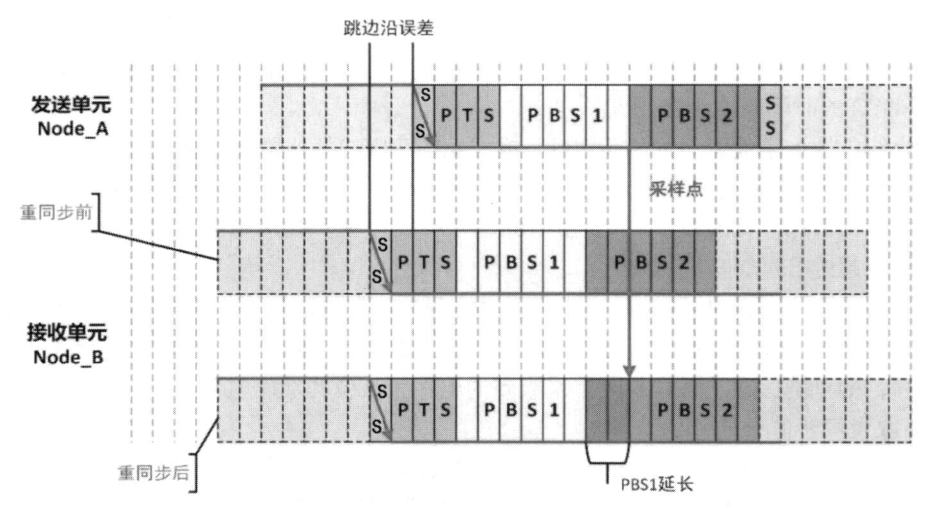

图5-2-15 CAN通信的重新同步具体示例（情形一）

从图 5-2-15 可以看到，发送单元的信号相位落后于接收单元。即接收单元当前数据位的 SS 产生后，经过 2 个 *Tq* 时长之后，发送单元当前数据位的 SS 才产生。在这种情形下，接收单元将 PBS1 延伸 2 个 *Tq* 时间片长度，以确保收发单元的采样点同步。

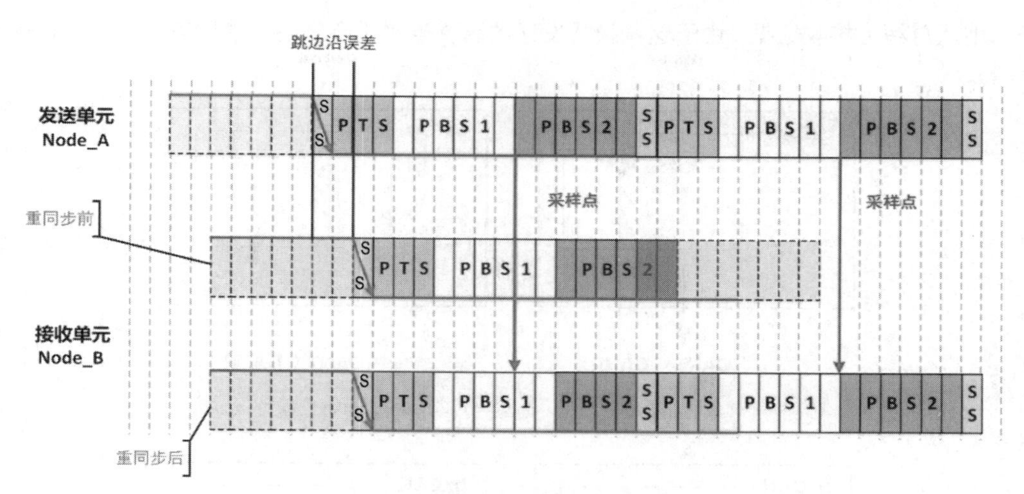

图5-2-16　CAN通信的重新同步具体示例（情形二）

从图 5-2-16 可以看到，接收单元的信号相位落后于发送单元。即发送单元当前数据位的 SS 产生后，经过 2 个 *Tq* 时长之后，接收单元当前数据位的 SS 才产生。在这种情形下，接收单元将 PBS2 缩短 2 个 *Tq* 时间片长度，以确保它的下一个数据位的采样点可以与发送单元同步。

2. STM32F4 系列微控制器的 CAN 控制器介绍

STM32F4 系列微控制器内部集成了 CAN 控制器——bxCAN（Basic Extended CAN）。

（1）bxCAN 的主要特性

bxCAN 支持 CAN 技术规范 2.0A 和 2.0B，通信比特率高达 1 Mbit/s，支持时间触发通信方案。

在数据发送方面的特性：bxCAN 含 3 个发送邮箱，其发送优先级可配置，帧起始段支持发送时间戳。

在数据接收方面的特性：bxCAN 含两个具有三级深度的接收 FIFO，其上溢参数可配置，并具有可调整的筛选器组，帧起始段支持接收时间戳。

（2）bxCAN 的工作模式与测试模式

bxCAN 有 3 种主要的工作模式：初始化模式、正常模式和睡眠模式。硬件复位后，bxCAN 进入睡眠模式以降低功耗。当硬件处于初始化模式时，可以进行软件初始化操作。一旦初始化完成，软件必须向硬件请求进入正常模式，这样才能在 CAN 总线上进行同步，并开始接收和发送数据。

同时为了方便用户调试，bxCAN 提供了 3 种测试模式，包括静默模式、环回模式、环回与静默组合模式。用户通过配置位时序寄存器（CAN_BTR）的“SILM”与“LBKM”位段可以控制 bxCAN 在正常模式与 3 种测试模式之间进行切换。各种模式的工作示意如图 5-2-17 所示。

正常模式：可正常地向 CAN 总线发送数据或从总线上接收数据。

静默模式：只能向 CAN 总线发送数据 1（隐性电平），不能发送数据 0（显性电平），但可以正常地从总线上接收数据。由于这种模式发送的隐性电平不会影响总线的电平状态，故称之为静默模式。

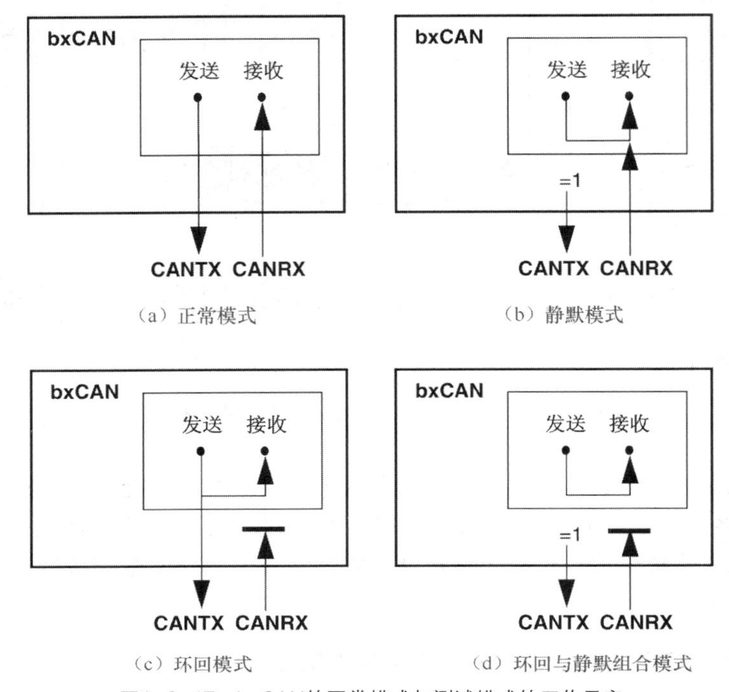

图5-2-17 bxCAN的正常模式与测试模式的工作示意

环回模式：向 CAN 总线发送的所有数据同时会直接传到接收端，但无法接收总线上的任何数据。这种模式一般用于自检。

环回与静默组合模式：这种模式是静默模式与环回模式的组合，同时具有两种模式的特点。

（3）bxCAN 的组成

bxCAN 有两组 CAN 控制器：CAN1（主）和 CAN2（从），它的组成框图如图 5-2-18 所示。

下面分别对 bxCAN 各个组成部分进行介绍。

① CAN 控制核心

CAN 控制核心包括 CAN 2.0B 活动内核与各种控制寄存器、状态寄存器和配置寄存器，应用程序使用这些寄存器可完成以下操作：

- 配置 CAN 参数，如波特率等；
- 请求发送；
- 处理接收；
- 管理中断；
- 获取诊断信息。

在所有的 CAN 控制核心寄存器中，CAN 主控制寄存器（CAN Master Control Register，CAN_MCR）与 CAN 位时序寄存器（CAN Bit Timing Register，CAN_BTR）是比较重要的两个寄存器，接下来分别对它们进行介绍。

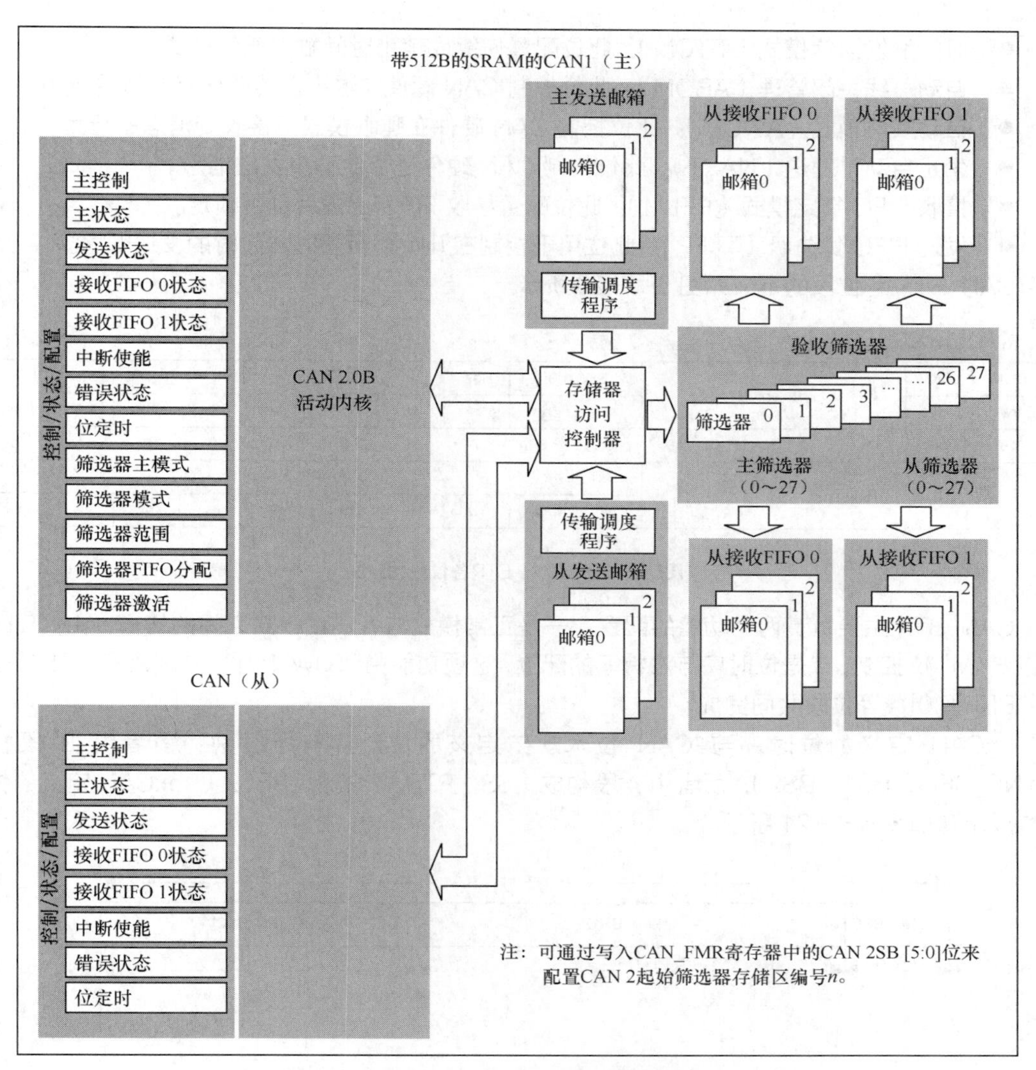

图5-2-18　bxCAN的组成框图

CAN_MCR 各位段的定义如图 5-2-19 所示。

31	30	29	28	27	26	25	24	23	22	21	20	19	18	17	16
Reserved															DBF
															rw
15	**14**	**13**	**12**	**11**	**10**	**9**	**8**	**7**	**6**	**5**	**4**	**3**	**2**	**1**	**0**
RESET	Reserved							TTCM	ABOM	AWUM	NART	RFLM	TXFP	SLEEP	INRQ
rs								rw	rw	rw	rw	rw	rw	rw	rw

图5-2-19　CAN_MCR各位段的定义

从图 5-2-19 中可以看到，CAN_MCR 负责 bxCAN 的工作模式的配置，它主要完成以下功能配置。

- 调试冻结（DBF）：此位配置调试期间 CAN 处于工作状态或接收/发送冻结状态。

- 时间触发通信模式（TTCM）：此位配置使能或禁止时间触发通信模式。
- 自动总线关闭管理（ABOM）：此位控制 CAN 硬件在退出总线关闭状态时的行为。
- 自动唤醒模式（AWUM）：此位控制 CAN 硬件在睡眠模式下接收到消息的行为。
- 禁止自动重发送（NART）：此位控制 CAN 硬件是否自动重发送消息。
- 接收 FIFO 锁定模式（RFLM）：此位配置接收 FIFO 上溢后是否锁定。
- 发送 FIFO 优先级（TXFP）：此位用于控制在几个邮箱同时挂起时的发送顺序。

CAN_BTR 各位段的定义如图 5-2-20 所示。

31	30	29	28	27	26	25	24	23	22	21	20	19	18	17	16
SILM	LBKM	Reserved				SJW[1:0]		Res.	TS2[2:0]			TS1[3:0]			
rw	rw					rw	rw		rw	rw	rw	rw	rw	rw	rw

15	14	13	12	11	10	9	8	7	6	5	4	3	2	1	0
Reserved						BRP[9:0]									
						rw	rw	rw	rw	rw	rw	rw	rw	rw	rw

图5-2-20 CAN_BTR各位段的定义

CAN_BTR 主要负责两个功能的配置：一是正常模式与各测试模式之间的切换，由“SILM”与“LBKM”位控制；二是位时序与波特率的配置，这项功能由“SJW[1:0]”“TS2[2:0]”“TS1[3:0]”和“BRP[9:0]”等位段共同完成。

bxCAN 定义的位时序与 CAN 技术规范定义的位时序有所区别：前者由 3 段构成（SYNC_SEG、BS1、BS2），后者由 4 段构成（SS、PTS、PBS1、PBS2）。bxCAN 定义的位时序构成示意如图 5-2-21 所示。

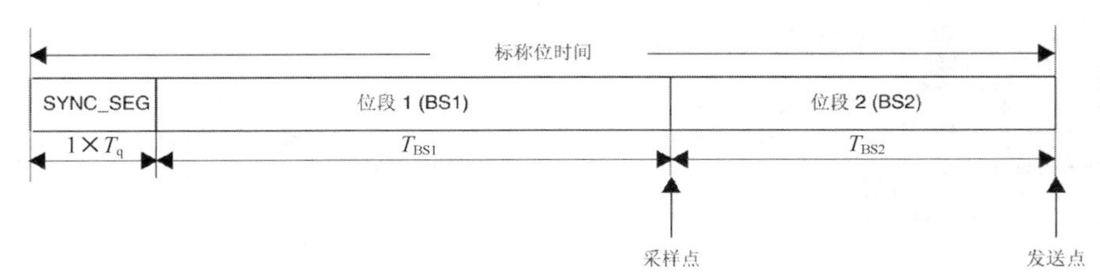

图5-2-21 bxCAN定义的位时序构成示意

从图 5-2-21 中可以看到，bxCAN 定义的位时序由 3 段构成。

- 同步段（SYNC_SEG）：对应 CAN 技术规范位时序的同步段（SS），时间长度固定为 1 Tq。
- 位段 1（BS1）：对应 CAN 技术规范位时序的传播时间段（PTS）和相位缓冲段 1（PBS1），其时间长度为 1～16 Tq，可自动加长以补偿不同网络节点的频率差异所导致的正相位漂移。
- 位段 2（BS2）：对应 CAN 标准位时序的相位缓冲段 2（PBS2），其时间长度为 1～8 Tq，可自动缩短以补偿负相位漂移。

bxCAN 的波特率配置步骤与计算过程如下。

- 计算 BS1 的时间长度：$T_{BS1} = Tq \times (TS1[3:0] + 1)$。
- 计算 BS2 的时间长度：$T_{BS2} = Tq \times (TS2[2:0] + 1)$。
- 计算一个数据位的时间长度：$T_{1bit} = Tq + T_{BS1} + T_{BS2} = N \times Tq$。
- 计算时间片长度：$Tq = T_{PCLK} \times (BRP[9:0] + 1)$。

- 计算 bxCAN 的波特率：$BaudRate = \frac{1}{N \times Tq}$ $(N = 1 + TS1[3:0] + TS2[2:0])$。

注：PCLK 为 APB1 总线的时钟频率，对于 STM32F407 微控制器来说，其值默认为 42 MHz。

表 5-2-4 以一个具体的 bxCAN 波特率配置实例（波特率配置为 512 kbit/s）解析了上述配置步骤与计算过程。

表 5-2-4　bxCAN 波特率配置实例

步骤	参数	说明与计算过程
1	同步段（SYNC_SEG）时间长度	时间长度固定为 1 Tq
2	位段 1（BS1）时间长度	将 CAN_BTR 的 TS1[3:0]配置为 8 配置 BS1 的时间长度为 9 Tq
3	位段 2（BS2）时间长度	将 CAN_BTR 的 TS2[2:0]配置为 3 配置 BS2 的时间长度为 4 Tq
4	T_{PCLK}	$T_{PCLK} = \frac{1}{42MHz} s = \frac{1}{42} \mu s$
5	bxCAN 时钟分频系数	将 CAN_BTR 的 BRP[9:0]配置为 5 配置 bxCAN 时钟的分频系数为 6
6	时间片长度	$Tq = T_{PCLK} \times (BRP[9:0] + 1) = \frac{1}{7} \mu s$
7	一个数据位时间长度	$T_{1bit} = Tq + T_{BS1} + T_{BS2} = 14Tq = 2\mu s$
8	bxCAN 的波特率	$BaudRate = \frac{1}{N \times Tq} = \frac{1}{14 \times Tq} = 0.5$ Mbit/s= 512 kbit/s

② CAN 发送邮箱

bxCAN 有 3 个发送邮箱，可缓存 3 个待发送的报文，并由发送调度程序决定先发送哪个邮箱的。每个发送邮箱都包含 4 个与数据发送功能相关的寄存器，它们的具体名称与功能如下所示。

- 标识符寄存器（CAN_TIxR）：用于存储待发送报文的标准 ID、扩展 ID 等信息。
- 数据长度控制寄存器（CAN_TDTxR）：用于存储待发送报文的 DLC 段信息。
- 低位数据寄存器（CAN_TDLxR）：用于存储待发送报文数据段的低 4 个字节内容。
- 高位数据寄存器（CAN_TDHxR）：用于存储待发送报文数据段的高 4 个字节内容。

用户使用 STM32F4 标准外设库编写 bxCAN 数据发送函数时，先将报文的各段内容分离出出，然后分别存入相应的寄存器中，最后使能发送即可将数据通过 CAN 总线发送出去。

③ CAN 接收 FIFO

bxCAN 有两个接收 FIFO，分别具有 3 级深度。即每个 FIFO 中有 3 个接收邮箱，共可缓存 6 个接收到的报文。为了减少 CPU 负载、简化软件设计并保证数据的一致性，FIFO 完全由硬件进行管理。接收到报文时，FIFO 的报文计数器自增。反之，FIFO 中缓存的数据被取走后，报文计数器自减。应用程序通过查询 CAN 接收 FIFO 寄存器（CAN_RFxR）可以获知当前 FIFO 中挂起的消息数。

根据 CAN 主控制寄存器（CAN_MCR）的相关介绍，用户配置该寄存器的“RFLM”位可以控制接收 FIFO 上溢后是否锁定。FIFO 工作在锁定模式时，溢出后会丢弃新报文。反之，在非锁定模式下，FIFO 溢出后新报文将覆盖旧报文。

与发送邮箱类似，每个接收 FIFO 也包含 4 个与数据接收功能相关的寄存器，它们的具体名称和功能如下所示。

- 标识符寄存器（CAN_RIxR）：用于存储接收报文的标准 ID、扩展 ID 等信息。
- 数据长度控制寄存器（CAN_RDTxR）：用于存储接收报文的 DLC 段信息。
- 低位数据寄存器（CAN_RDLxR）：用于存储接收报文数据段的低 4 个字节内容。
- 高位数据寄存器（CAN_RDHxR）：用于存储接收报文数据段的高 4 个字节内容。

④ 筛选器

根据 CAN 技术规范，报文消息的标识符与节点地址无关，它是消息内容的一部分。在 CAN 总线上，发送单元将消息广播给所有接收单元，接收单元根据标识符的值来判断是否需要该消息。若需要，则存储该消息；反之，则丢弃该消息。接收单元方面的整个流程应在无软件干预的情况下完成。

为了满足这一要求，STM32F4 系列微控制器的 bxCAN 为应用程序提供了 28 个可配置、可调整的硬件筛选器组（编号 0～27）。进而节省软件筛选所需的 CPU 资源。每个筛选器组包含两个 32bit 寄存器，分别是 CAN_FxR0 和 CAN_FxR1。

筛选器参数配置涉及的寄存器有：CAN 筛选器主寄存器（CAN_FMR）、模式寄存器（CAN_FM1R）、尺度寄存器（CAN_FS1R）、FIFO 分配寄存器（CAN_FFA1R）和激活寄存器（CAN_FA1R）。在使用过程中，需要对筛选器作以下配置。

一是配置筛选器的模式（Filter Mode）。用户通过配置模式寄存器（CAN_FM1R）可将筛选器配置成“标识符掩码”模式或“标识符列表”模式。

标识符掩码模式将允许接收的报文标识符的某几位作为掩码。筛选时，只须将掩码与待收报文的标识符中相应的位进行比较，若相同则筛选器接收该报文。标识符掩码模式也可以理解成“关键字搜索”。

标识符列表模式将所有允许接收的报文标识符制作成一个列表。筛选时，如果待收报文的标识符与列表中的某一项完全相同，则筛选器接收该报文。标识符列表模式也可以理解成“白名单管理”。

二是配置筛选器的尺度（Filter Scale Configuration）。用户通过配置尺度寄存器（CAN_FS1R）可将筛选器尺度配置为“双 16 位”或“单 32 位”。

三是配置筛选器的 FIFO 关联情况（FIFO Assignment for Filterx）。用户通过配置 FIFO 分配寄存器（CAN_FFA1R）可将筛选器与“FIFO0”或 “FIFO1”相关联。

不同的筛选器模式与尺度的组合构成了筛选器的 4 种工作状态，如图 5-2-22 所示。

表 5-2-5 对图 5-2-22 中筛选器的 4 种工作状态进行了说明。

表 5-2-5 筛选器的 4 种工作状态说明

序号	工作状态	模式	尺度（bit）	说明
1	1 个 32 位筛选器	标识符掩码	32	CAN_FxR1 存储 ID，CAN_FxR2 存储掩码，2 个寄存器表示 1 组待筛选的 ID 与掩码。可适用于标准 ID 和扩展 ID
2	2 个 32 位筛选器	标识符列表	32	CAN_FxR1 和 CAN_FxR2 各存储 1 个 ID，2 个寄存器表示 2 个待筛选的位 ID。可适用于标准 ID 和扩展 ID
3	2 个 16 位筛选器	标识符掩码	16	CAN_FxR1 高 16 位存储 ID，低 16 位存储相应的掩码，CAN_FxR2 高 16 位存储 ID，低 16 位存储相应的掩码，2 个寄存器表示 2 组待筛选的 16 位 ID 与掩码。只适用于标准 ID
4	4 个 16 位筛选器	标识符列表	16	CAN_FxR1 存储 2 个 ID，CAN_FxR2 存储 2 个 ID，2 个寄存器表示 4 个待筛选的 16 位 ID。只适用于标准 ID

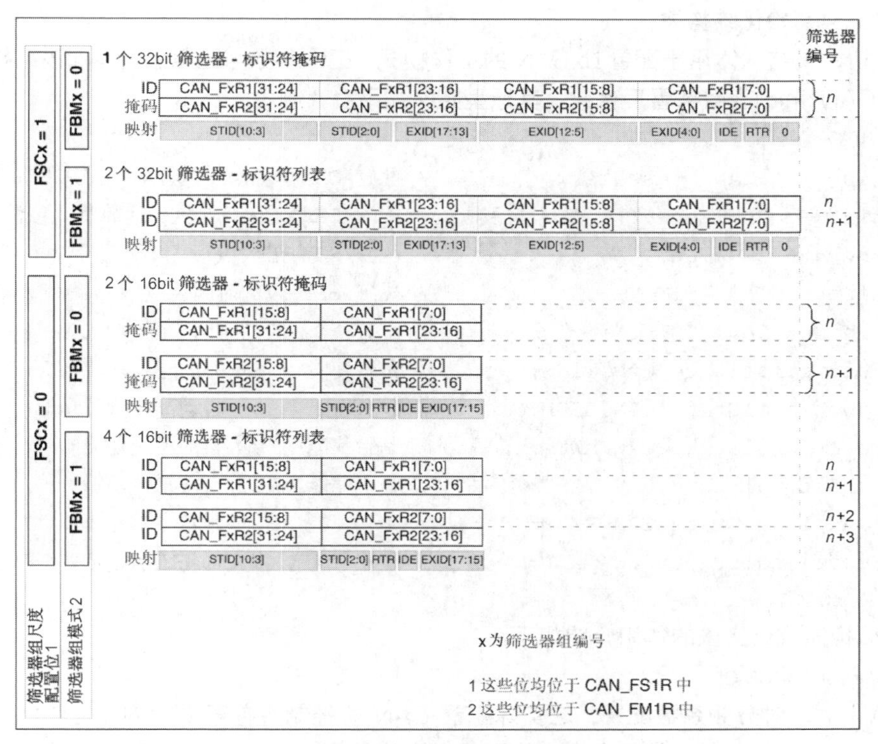

图5-2-22　筛选器的4种工作状态

根据ISO 11898标准定义，标准ID的长度为11bit，扩展ID的长度为29bit，因此筛选器的16bit尺度只能适用于标准ID的筛选，32bit尺度则可适用于标准ID或扩展ID的筛选。表5-2-6对标识符列表和标识符掩码模式的优缺点及其适用场景进行了分析。

表5-2-6　标识符列表和标识符掩码模式的优缺点及其适用场景

筛选器模式	优点	缺点	适用场景
标识符列表	可精确地筛选每个指定的标识符	由于筛选器组硬件数量有限，因此可筛选的标识符有限	待筛选的标识符数量较少，且要求精确适配的应用场景
标识符掩码	可筛选的标识符数量上限取决于掩码的配置，最多无上限（当掩码配置为全0时）	无法精确到每一个标识符，会出现部分不期望的标识符通过筛选器的情况	待筛选的标识符数量较多的应用场景

3. STM32F4标准外设库中的CAN相关内容介绍

通过前面的学习，我们了解了STM32F4系列微控制器的bxCAN组成架构及其在编程应用中需要配置的参数。bxCAN的功能丰富且其在使用过程中所涉及的寄存器繁多，因此为了减少工作人员的编程工作量，STM32F4标准外设库提供了CAN初始化结构体及其配置函数、CAN发送结构体、CAN接收结构体与CAN筛选器模式配置结构体，用于bxCAN工作参数的配置，并配套了一系列CAN数据收发功能函数。上述结构体与函数的声明定义位于库文件“stm32f4xx_can.c”和“stm32f4xx_can.h”中，接下来分别对它们进行介绍。

（1）CAN 初始化结构体

CAN 初始化结构体用于配置 bxCAN 的工作模式、工作参数与通信波特率，该结构体所配置的参数经 CAN_Init()函数部署后生效，其原型定义如下：

```
typedef struct {
    uint16_t CAN_Prescaler;             /*配置 CAN 时钟分频系数，范围 1~1024*/
    uint8_t CAN_Mode;                   /*配置 CAN 的工作模式，正常模式或测试模式*/
    uint8_t CAN_SJW;                    /*配置 SJW 最大值*/
    uint8_t CAN_BS1;                    /*配置 BS1 段的时间长度*/
    uint8_t CAN_BS2;                    /*配置 BS2 段的时间长度*/
    FunctionalState CAN_TTCM;           /*是否使能 TTCM 时间触发功能*/
    FunctionalState CAN_ABOM;           /*是否使能 ABOM 自动离线管理功能*/
    FunctionalState CAN_AWUM;           /*是否使能 AWUM 自动唤醒功能*/
    FunctionalState CAN_NART;           /*是否使能 NART 自动重传功能*/
    FunctionalState CAN_RFLM;           /*是否使能 RFLM 锁定 FIFO 功能*/
    FunctionalState CAN_TXFP;           /*配置 TXFP 报文优先级的判定方法*/
} CAN_InitTypeDef;
```

对各结构体成员变量的作用介绍如下。

① CAN_Prescaler

bxCAN 的时钟分频系数配置，它实际配置 CAN 主控制寄存器（CAN_MCR）的 BRP[9:0]位段的值。CAN_Prescaler 值的变化直接影响时间片长度 Tq，其配置范围为 1~1024。

② CAN_Mode

bxCAN 工作模式配置，它实际配置 CAN 位时序寄存器（CAN_BTR）的 SILM 位和 LBKM 位的值。用户配置 CAN_Mode 为不同的值可将 bxCAN 置为正常模式或 3 种测试模式中的一种。CAN_Mode 可供配置的选项如下：

- 正常模式（CAN_Mode_Normal）；
- 环回模式（CAN_Mode_LoopBack）；
- 静默模式（CAN_Mode_Silent）；
- 环回与静默组合模式（CAN_Mode_Silent_LoopBack）。

③ CAN_SJW

重新同步跳转宽度配置，它实际配置 CAN 位时序寄存器（CAN_BTR）的 SJW[1:0]位段的值，范围 1~4 Tq，可供配置的选项如下：

- 1 个时间片长度（CAN_SJW_1tq）；
- 2 个时间片长度（CAN_SJW_2tq）；
- 3 个时间片长度（CAN_SJW_3tq）；
- 4 个时间片长度（CAN_SJW_4tq）。

④ CAN_BS1

CAN 位时序中 BS1 的时间长度配置，它实际配置 CAN 位时序寄存器（CAN_BTR）的 TS1[3:0]位段的值，范围 1~16 Tq。如配置选项“CAN_BS1_4tq”表示将 BS1 的时间长度配置为 4 Tq。

⑤ CAN_BS2

CAN 位时序中 BS2 的时间长度配置，它实际配置 CAN 位时序寄存器（CAN_BTR）的 TS2[2:0]位段的值，范围 1~8 *T*q。如配置选项“CAN_BS2_2tq”表示将 BS2 的时间长度配置为 2 *T*q。

⑥ CAN_TTCM

是否使能时间触发功能配置，它实际配置 CAN 主控制寄存器（CAN_MCR）的 TTCM 位的值，可供配置的选项有 ENABLE（使能）和 DISABLE（禁用）。

⑦ CAN_ABOM

是否使能自动离线管理功能配置，它实际配置 CAN 主控制寄存器（CAN_MCR）的 ABOM 位的值。自动离线管理功能被使能后，CAN 收发单元可以在出错离线后适时自动恢复。CAN_ABOM 可供配置的选项有 ENABLE 和 DISABLE。

⑧ CAN_AWUM

是否使能自动唤醒功能配置，它实际配置 CAN 主控制寄存器（CAN_MCR）的 AWUM 位的值。自动唤醒功能被使能后，CAN 接收单元会在检测到总线活动后自动唤醒。CAN_AWUM 可供配置的选项有 ENABLE 和 DISABLE。

⑨ CAN_NART

是否使能自动重传功能配置，它实际配置 CAN 主控制寄存器（CAN_MCR）的 NART 位的值。自动重传功能被使能后，CAN 发送单元在报文发送失败后会自动重传，直至发送成功为止。CAN_NART 可供配置的选项有 ENABLE 和 DISABLE。

⑩ CAN_RFLM

是否使能锁定接收 FIFO 功能配置，它实际配置 CAN 主控制寄存器（CAN_MCR）的 RFLM 位的值。锁定接收 FIFO 功能被使能后，CAN 接收单元在 FIFO 发生溢出时会丢弃新数据。反之，FIFO 发生溢出时新数据将会覆盖旧数据。CAN_RFLM 可供配置的选项有 ENABLE 和 DISABLE。

⑪ CAN_TXFP

发送报文的优先级判定方法配置，它实际配置 CAN 主控制寄存器（CAN_MCR）的 TXFP 位的值。CAN_TXFP 可供配置的选项有 ENABLE 和 DISABLE。

当 CAN_TXFP 被配置为 ENABLE 时，CAN 总线根据报文存入发送邮箱的先后顺序依次发送报文。当 CAN_TXFP 被配置为 DISABLE 时，CAN 总线以报文的标识符为仲裁依据决定报文的发送顺序。

（2）CAN 发送与接收结构体

在 bxCAN 组成框图的介绍内容中指出：bxCAN 使用发送邮箱与接收邮箱进行收发数据的缓存，通信帧的各段内容分别存放在收发邮箱相应的寄存器中。

STM32F4 标准外设库为 CAN 报文收发提供了 CAN 发送结构体与 CAN 接收结构体，结构体成员变量的命名完全参照收发邮箱中相应的寄存器名，使用者可以见名知意。这两个结构体的成员变量相似，它们的原型定义如下：

```
/**
  * @brief CAN Tx message structure definition
  * CAN 发送结构体定义
  */
```

```
typedef struct {
    uint32_t StdId;          /*存储报文的标准标识符 11 bit，0~0x7FF*/
    uint32_t ExtId;          /*存储报文的扩展标识符 29 bit，0~0x1FFFFFFF*/
    uint8_t IDE;             /*存储 IDE 扩展标志*/
    uint8_t RTR;             /*存储 RTR 远程帧标志*/
    uint8_t DLC;             /*存储报文数据段的长度，0~8B*/
    uint8_t Data[8];         /*存储报文数据段的内容*/
} CanTxMsg;

/**
  * @brief CAN Rx message structure definition
  * CAN 接收结构体定义
  */
typedef struct {
    uint32_t StdId;          /*存储报文的标准标识符 11 bit，0~0x7FF*/
    uint32_t ExtId;          /*存储报文的扩展标识符 29 bit，0~0x1FFFFFFF*/
    uint8_t IDE;             /*存储 IDE 扩展标志*/
    uint8_t RTR;             /*存储 RTR 远程帧标志*/
    uint8_t DLC;             /*存储报文数据段的长度，0~8B*/
    uint8_t Data[8];         /*存储报文数据段的内容*/
    uint8_t FMI;             /*报文所经由的筛选器编号*/
} CanTxMsg;
```

对各结构体成员变量的作用介绍如下。

① StdId

存储报文的 11bit 标准标识符，范围 0~0x7FF。

② ExtId

存储报文的 29bit 扩展标识符，范围 0~0x1FFFFFFF。

③ IDE

标识符扩展标志位配置，它用于标示邮箱中存放报文的标识符的类型，可供配置的选项如下：

- 标准标识符（CAN_Id_Standard）;
- 扩展标识符（CAN_Id_Extended）。

④ RTR

报文类型标志位配置，它用于标示本报文是数据帧还是遥控帧，可供配置的选项如下：

- 数据帧（CAN_RTR_Data）;
- 遥控帧（CAN_RTR_Remote）。

⑤ DLC

数据帧中数据段长度值的配置，值范围是 0~8 字节。若报文为遥控帧，则 DLC 应配置为 0。

⑥ Data[8]

存储数据帧中数据段的内容。

⑦ FMI

FMI 用于存储筛选器的编号，只在接收结构体中定义，它标示了报文是经由哪个筛选器的筛选而存入接收 FIFO 中的。

（3）CAN 筛选器结构体

通过对筛选器相关内容的学习，我们知道了不同的筛选器模式和尺度可以组合成 4 种不同的工作状态。STM32F4 标准外设库提供了筛选器结构体，开发者利用该结构体可方便地配置筛选器的工作状态，该结构体的原型定义如下：

```
typedef struct {
   uint16_t CAN_FilterIdHigh;                /*CAN_FxR1 寄存器的高 16 位*/
   uint16_t CAN_FilterIdLow;                 /*CAN_FxR1 寄存器的低 16 位*/
   uint16_t CAN_FilterMaskIdHigh;            /*CAN_FxR2 寄存器的高 16 位*/
   uint16_t CAN_FilterMaskIdLow;             /*CAN_FxR2 寄存器的低 16 位*/
   uint16_t CAN_FilterFIFOAssignment;  /*配置经过筛选后数据存储到哪个接收 FIFO*/
   uint8_t CAN_FilterNumber;                 /*筛选器编号，范围 0~27*/
   uint8_t CAN_FilterMode;                   /*筛选器模式*/
   uint8_t CAN_FilterScale;                  /*设置筛选器的尺度*/
   FunctionalState CAN_FilterActivation;/*是否使能本筛选器*/
} CAN_FilterInitTypeDef;
```

对各结构体成员变量的作用介绍如下。

① CAN_FilterIdHigh

CAN_FilterIdHigh 成员变量的长度为 16bit，用于存放待筛选的标识符，它存放的内容根据筛选器尺度配置的不同而变化。如果筛选器尺度被配置为 32bit，则 CAN_FilterIdHigh 存放待筛选标识符的高 16bit；如果筛选器尺度被配置为 16bit，则 CAN_FilterIdHigh 存放完整的 16bit 待筛选标识符。

② CAN_FilterIdLow

CAN_FilterIdLow 成员变量的长度为 16bit，用于存放待筛选的标识符，它存放的内容根据筛选器尺度配置的不同而变化。如果筛选器尺度被配置为 32bit，则 CAN_FilterIdLow 存放待筛选标识符的低 16 位；如果筛选器尺度被配置为 16bit，则 CAN_FilterIdLow 存放完整的 16bit 待筛选标识符。

③ CAN_FilterMaskIdHigh

CAN_FilterMaskIdHigh 成员变量的长度为 16bit，它存放的内容根据筛选器模式配置的不同而变化。如果筛选器模式被配置为“标识符列表”模式，则 CAN_FilterMaskIdHigh 的功能与 CAN_FilterIdHigh 相同；如果筛选器模式被配置为“标识符掩码”模式，则 CAN_FilterMaskIdHigh 用于存放 CAN_FilterIdHigh 对应的掩码。

④ CAN_FilterMaskIdLow

CAN_FilterMaskIdLow 成员变量的长度为 16bit，它存放的内容根据筛选器模式配置的不同而变化。如果筛选器模式被配置为“标识符列表”模式，则 CAN_FilterMaskIdLow 的功能与 CAN_FilterIdLow 相同；如果筛选器模式被配置为“标识符掩码”模式，则 CAN_FilterMaskIdLow 用于存放 CAN_FilterIdLow 对应的掩码。

⑤ CAN_FilterFIFOAssignment

报文经由筛选器的筛选后存入的接收 FIFO 的编号配置，可供配置的选项如下：

- 筛选器被关联到 FIFO0（CAN_Filter_FIFO0）；
- 筛选器被关联到 FIFO1（CAN_Filter_FIFO1）。

⑥ CAN_FilterNumber

筛选器的编号配置，可选范围为 0~27。

⑦ CAN_FilterMode

筛选器模式配置，可供配置的选项如下：

- 标识符列表模式（CAN_FilterMode_IdList）；
- 标识符掩码模式（CAN_FilterMode_IdMask）。

⑧ CAN_FilterScale

筛选器尺度配置，可供配置的选项如下：

- 筛选器工作在 32bit 长度模式（CAN_FilterScale_32bit）；
- 筛选器工作在 16bit 长度模式（CAN_FilterScale_16bit）。

⑨ CAN_FilterActivation

该成员用于配置激活（ENABLE）或禁用（DISABLE）筛选器。

（4）CAN 报文收发相关函数

表 5-2-7 列出了 STM32F4 标准外设库提供的与 CAN 报文收发相关的函数。

表 5-2-7　CAN 报文收发相关函数清单

序号	函数原型	功能描述
1	uint8_t CAN_Transmit(CAN_TypeDef* CANx, CanTxMsg* TxMessage);	启动一次 CAN 报文传输，要传输的报文存于 TxMessage 结构体中
2	uint8_t CAN_TransmitStatus(CAN_TypeDef* CANx, uint8_t TransmitMailbox);	查询 CAN 报文的传输状态
3	void CAN_Receive(CAN_TypeDef* CANx, uint8_t FIFONumber, CanRxMsg* RxMessage);	从 FIFO 中接收 CAN 报文，存入 RxMessage 结构体中
4	void CAN_FIFORelease(CAN_TypeDef* CANx, uint8_t FIFONumber);	释放指定的接收 FIFO
5	uint8_t CAN_MessagePending(CAN_TypeDef* CANx, uint8_t FIFONumber);	查询 FIFO 接收邮箱中挂起的消息数量

5.2.3　任务实施

1. 硬件连接

将两个（或两个以上）STM32F4 系列微控制器通过 CAN 通信接口连接起来，接线图可参考图 5-2-1。

由于试验环境通信距离较近，我们可采用高速 CAN 总线的闭环网络，在总线两端各接一个 120Ω 的电阻，最后将各开发板的 CAN 接线端子 CANH 与 CANL 分别相连。

2. 初始化 CAN 通信相关的 GPIO 引脚

复制一份任务 2.3 的工程，重命名为“task5.2_CAN”，在“HARDWARE”文件夹下新建名为“CAN”的子文件夹，新建“bsp_can.c”和“bsp_can.h”两个文件，将它们加入工程中，并配置头文件包含路径。在“bsp_can.c”文件中编写 bxCAN 相关 GPIO 引脚的初始化程序，在“bsp_can.h”文件中完成 bxCAN 相关 GPIO 引脚的宏定义和函数声明。

首先在“bsp_can.h”文件中输入以下代码：

```
1  #ifndef __BSP_CAN_H
2  #define  __BSP_CAN_H
3  #include "sys.h"
4  
5  #define CANx                    CAN1
6  #define CAN_CLK                 RCC_APB1Periph_CAN1
7  
8  #define CAN_RX_PIN              GPIO_Pin_11
9  #define CAN_TX_PIN              GPIO_Pin_12
10 #define CAN_TX_GPIO_PORT        GPIOA
11 #define CAN_RX_GPIO_PORT        GPIOA
12 #define CAN_TX_GPIO_CLK         RCC_AHB1Periph_GPIOA
13 #define CAN_RX_GPIO_CLK         RCC_AHB1Periph_GPIOA
14 #define CAN_AF_PORT             GPIO_AF_CAN1
15 #define CAN_RX_SOURCE           GPIO_PinSource11
16 #define CAN_TX_SOURCE           GPIO_PinSource12
17 
18 void CAN_GPIO_Config(void);
19 void CAN_NVIC_Config(void);
20 void CAN_Mode_Config(uint8_t canMode);
21 void CAN_Filter_Config_Scale32_IdList(uint32_t StdId, uint32_t ExtId);
22 void CAN_Filter_Config_Scale32_IdMask(uint32_t *ExtIdArray, uint8_t extLen);
23 void CAN_Filter_Config_Scale16_IdMask(uint32_t *StdIdArray, uint8_t stdLen);
24 void CAN_SetMsg(CanTxMsg *TxMessage, uint32_t StdID, uint32_t ExtID, uint8_t IDE);
25 void Init_RxMes(CanRxMsg *RxMessage);
26 
27 #endif
28 
```

然后在“bsp_can.c”文件中输入以下代码：

```
1  #include "bsp_can.h"
2  
3  /**
4    * @brief  CAN 通信相关 GPIO 引脚初始化
5    * @param  None
6    * @retval None
```

```
7     */
8   void CAN_GPIO_Config(void)
9   {
10      GPIO_InitTypeDef GPIO_InitStructure;
11
12      /* 使能 GPIO 时钟 */
13      RCC_AHB1PeriphClockCmd(CAN_TX_GPIO_CLK|CAN_RX_GPIO_CLK, ENABLE);
14
15      /* 将 CAN1 收发引脚映射至 PA11 和 PA12 */
16      GPIO_PinAFConfig(CAN_TX_GPIO_PORT, CAN_RX_SOURCE, CAN_AF_PORT);
17      GPIO_PinAFConfig(CAN_RX_GPIO_PORT, CAN_TX_SOURCE, CAN_AF_PORT);
18
19      /* 配置 CAN 发送引脚 */
20      GPIO_InitStructure.GPIO_Pin = CAN_TX_PIN;
21      GPIO_InitStructure.GPIO_Mode = GPIO_Mode_AF;
22      GPIO_InitStructure.GPIO_Speed = GPIO_High_Speed;
23      GPIO_InitStructure.GPIO_OType = GPIO_OType_PP;
24      GPIO_InitStructure.GPIO_PuPd  = GPIO_PuPd_UP;
25      GPIO_Init(CAN_TX_GPIO_PORT, &GPIO_InitStructure);
26
27      /* 配置 CAN 接收引脚 */
28      GPIO_InitStructure.GPIO_Pin = CAN_RX_PIN;
29      GPIO_InitStructure.GPIO_Mode = GPIO_Mode_AF;
30      GPIO_Init(CAN_RX_GPIO_PORT, &GPIO_InitStructure);
31  }
```

3. 配置 CAN 工作模式、位时序以及波特率

继续在“bsp_can.c”文件中输入以下代码：

```
1   /**
2     * @brief  CAN 工作模式与波特率配置
3     * @param  canMode: bxCAN 工作模式(CAN_Mode_LoopBack|CAN_Mode_Normal 等)
4     * @retval None
5     */
6   void CAN_Mode_Config(uint8_t canMode)
7   {
8       CAN_InitTypeDef    CAN_InitStructure;
9
10      /* 使能 CAN 时钟 */
11      RCC_APB1PeriphClockCmd(CAN_CLK, ENABLE);
12
13      /* CAN 寄存器初始化 */
14      CAN_DeInit(CANx);
```

```
15      CAN_StructInit(&CAN_InitStructure);
16
17      /* CAN 工作模式配置 */
18      CAN_InitStructure.CAN_TTCM = DISABLE;          //关闭时间触发通信模式使能
19      CAN_InitStructure.CAN_ABOM = DISABLE;          //自动离线管理
20      CAN_InitStructure.CAN_AWUM = DISABLE;          //不使用自动唤醒模式
21      CAN_InitStructure.CAN_NART = ENABLE;           //报文自动重传
22      CAN_InitStructure.CAN_RFLM = DISABLE;          //接收 FIFO 不锁定
23      CAN_InitStructure.CAN_TXFP = DISABLE;          //发送优先级取决于报文标识符
24
25      CAN_InitStructure.CAN_Prescaler = 6;           //bxCAN 时钟分频系数为 6
26      CAN_InitStructure.CAN_Mode = canMode;          //配置 bxCAN 工作模式
27      CAN_InitStructure.CAN_SJW = CAN_SJW_2tq;       //SJW 设为 2 个时间单元
28      CAN_InitStructure.CAN_BS1 = CAN_BS1_9tq;       //BS1 时间长度 9Tq
29      CAN_InitStructure.CAN_BS2 = CAN_BS2_4tq;       //BS2 时间长度 4Tq
30
31      CAN_Init(CANx, &CAN_InitStructure);            //配置生效
32  }
```

4. 配置筛选器的工作方式

表 5-2-6 讨论了筛选器工作在“标识符列表”和“标识符掩码”模式的优缺点及其适用的场景。在实际的应用开发中，用户应根据待筛选标识符的类型与数量选择合适的筛选器工作方式。表 5-2-8 列举了几个常见的应用场景。

表 5-2-8　不同应用场景下的筛选器工作方式选择

场景序号	应用场景 （待筛选的标识符 ID）	筛选器工作方式
1	一个标准 ID，一个扩展 ID	32bit 标识符列表
2	一组扩展 ID	32bit 标识符掩码
3	一组标准 ID	16bit 或 32bit 标识符掩码
4	一组标准 ID 和一组扩展 ID 混合	32bit 标识符掩码

接下来以表 5-2-8 中前 3 个应用场景为例，分别讲解对应的筛选器工作方式的配置过程。

（1）筛选一个标准 ID 和一个扩展 ID

在这个应用场景里，待筛选的标识符少，同时包含扩展 ID，因此应将筛选器配置成“32bit 标识符列表”工作方式。在“bsp_can.c”文件中编写如下所示的配置函数。

```
1  /**
2    * @brief  CAN 筛选器配置(32bit 标识符列表)
3    * @param  StdId: 标准 ID,  ExtId: 扩展 ID
4    * @retval None
5    */
6  void CAN_Filter_Config_Scale32_IdList(uint32_t StdId, uint32_t ExtId)
```

```
7   {
8       CAN_FilterInitTypeDef CAN_FilterInitStructure;
9
10      CAN_FilterInitStructure.CAN_FilterNumber = 0;//配置筛选器组 0
11      /* 筛选器工作模式:标识符列表 */
12      CAN_FilterInitStructure.CAN_FilterMode = CAN_FilterMode_IdList;
13      /* 筛选器尺度为 32bit */
14      CAN_FilterInitStructure.CAN_FilterScale = CAN_FilterScale_32bit;
15      /* 待筛选的标准 ID 高位 */
16      CAN_FilterInitStructure.CAN_FilterIdHigh = StdId << 5;
17      /* 待筛选的标准 ID 低位 */
18      CAN_FilterInitStructure.CAN_FilterIdLow = CAN_Id_Standard | CAN_RTR_Data;
19      /* 筛选器组 0 被关联到 FIFO0 */
20      CAN_FilterInitStructure.CAN_FilterFIFOAssignment = CAN_Filter_FIFO0;
21      CAN_FilterInitStructure.CAN_FilterActivation = ENABLE;//使能筛选器
22      CAN_FilterInit(&CAN_FilterInitStructure);//配置生效
23
24      CAN_FilterInitStructure.CAN_FilterNumber = 1;//配置筛选器组 1
25      CAN_FilterInitStructure.CAN_FilterMaskIdHigh = ((ExtId << 3) >> 16) & \
26                                                      0xffff;
27      CAN_FilterInitStructure.CAN_FilterMaskIdLow = ((ExtId << 3) & 0xffff) \
28                                                 | CAN_Id_Extended | CAN_RTR_Data;
29      CAN_FilterInitStructure.CAN_FilterFIFOAssignment = CAN_Filter_FIFO1;
30      CAN_FilterInit(&CAN_FilterInitStructure);//配置生效
31  }
```

在上述代码片段中，使用筛选器组 0 对标准 ID 进行筛选，并与 FIFO0 接收缓存进行关联；使用筛选器组 1 对扩展 ID 进行筛选，并与 FIFO1 接收缓存进行关联。

（2）筛选一组扩展 ID

在这个应用场景里，待筛选的标识符的长度为 29bit，且数量较多，因此应将筛选器配置成“32bit 标识符掩码”的工作方式。

掩码的计算是“标识符掩码”模式的筛选器配置过程中关键的一步。如果想让一组扩展 ID 都能通过筛选器，则应将这一组 ID 中数字相同的位设置为关注项（对应的掩码位为 1），其他位设置为非关注项（对应的掩码位为 0）。具体的实现过程如下。

将扩展 ID 组中的所有成员进行两两“同或”运算，得到的最终运算结果就是相应的掩码。在“bsp_can.c”文件中编写如下所示的配置函数。

```
1   /**
2     * @brief  CAN 筛选器配置(32bit 标识符掩码)
3     * @param  ExtIdArray: 扩展 ID 数组， extLen: 扩展 ID 数组长度
4     * @retval None
5     */
```

```
6   void CAN_Filter_Config_Scale32_IdMask(uint32_t *ExtIdArray, uint8_t extLen)
7   {
8       CAN_FilterInitTypeDef CAN_FilterInitStructure;
9   
10      CAN_FilterInitStructure.CAN_FilterNumber = 2;//配置筛选器组 2
11      /* 筛选器工作模式:标识符掩码 */
12      CAN_FilterInitStructure.CAN_FilterMode = CAN_FilterMode_IdMask;
13      /* 筛选器尺度为 32bit */
14      CAN_FilterInitStructure.CAN_FilterScale = CAN_FilterScale_32bit;
15      /* 计算扩展 ID 的掩码 */
16      extMask = 0x1fffffff;
17      for (i=0; i<extLen; i++)
18      {
19          tmp = ExtIdArray[i] ^ (~ExtIdArray[0]);
20          extMask &= tmp;
21      }
22      CAN_FilterInitStructure.CAN_FilterIdHigh = ((ExtIdArray[0] << 3) >> 16) & \
23                                                  0xffff;//扩展 ID 高 16 位
24      CAN_FilterInitStructure.CAN_FilterIdLow = ((ExtIdArray[0] << 3) & 0xffff) \
25                                                | CAN_Id_Extended | CAN_RTR_Data;
26      CAN_FilterInitStructure.CAN_FilterMaskIdHigh = ((extMask << 3) >> 16) & \
27                                                      0xffff;//掩码高 16 位
28      CAN_FilterInitStructure.CAN_FilterMaskIdLow = ((extMask << 3) & 0xffff) \
29                                                    | 0x06;//掩码低 16 位
30      /* 筛选器组 2 被关联到 FIFO0 */
31      CAN_FilterInitStructure.CAN_FilterFIFOAssignment = CAN_Filter_FIFO0;
32      CAN_FilterInitStructure.CAN_FilterActivation = ENABLE;//使能筛选器
33      CAN_FilterInit(&CAN_FilterInitStructure);//配置生效
34  }
```

在上述代码片段中，使用筛选器组 2 对一组扩展 ID 进行筛选，并与 FIFO0 接收缓存进行关联。

（3）筛选一组标准 ID

在这个应用场景里，待筛选的标识符的长度为 11bit，且数量较多，因此将筛选器配置成“16bit 标识符掩码”或“32bit 标识符掩码”工作方式，本任务选取筛选器的“16bit 标识符掩码”工作方式。在“bsp_can.c”文件中编写如下所示的配置函数。

```
1   /**
2     * @brief  CAN 筛选器配置(16bit 标识符掩码)
3     * @param  StdIdArray: 标准 ID 数组,  stdLen: 标准 ID 数组长度
4     * @retval None
5     */
6   void CAN_Filter_Config_Scale16_IdMask(uint32_t *StdIdArray, uint8_t stdLen)
```

```
7   {
8       CAN_FilterInitTypeDef CAN_FilterInitStructure;
9   
10      CAN_FilterInitStructure.CAN_FilterNumber = 3;//配置筛选器组 3
11      /* 筛选器工作模式:标识符掩码 */
12      CAN_FilterInitStructure.CAN_FilterMode = CAN_FilterMode_IdMask;
13      /* 筛选器尺度为 16bit */
14      CAN_FilterInitStructure.CAN_FilterScale = CAN_FilterScale_16bit;
15  
16      /* 计算标准 ID 的掩码 */
17      stdMask = 0x7ff;
18      for (i=0; i<stdLen; i++)
19      {
20       tmp = StdIdArray[i] ^ (~StdIdArray[0]);
21       stdMask &= tmp;
22      }
23      /* 配置标准 ID */
24      CAN_FilterInitStructure.CAN_FilterIdHigh = 0x0000;
25      CAN_FilterInitStructure.CAN_FilterIdLow = StdIdArray[0] << 5 |      \
26                                    ((CAN_Id_Standard | CAN_RTR_Data) << 3);
27      /* 配置标准 ID 掩码 */
28      CAN_FilterInitStructure.CAN_FilterMaskIdHigh = 0xffff;
29      CAN_FilterInitStructure.CAN_FilterMaskIdLow = (stdMask << 5) | (0x03 << 3);
30      /* 将筛选器组 3 被关联到 FIFO0 */
31      CAN_FilterInitStructure.CAN_FilterFIFOAssignment = CAN_Filter_FIFO0;
32      CAN_FilterInitStructure.CAN_FilterActivation = ENABLE;//使能筛选器
33      CAN_FilterInit(&CAN_FilterInitStructure);//配置生效
34  }
35  
```

在上述代码片段中，使用筛选器组 3 对 1 组标准 ID 进行筛选，并与 FIFO0 接收缓存进行关联。

5. 编写报文收发结构体的填充程序

STM32F4 标准外设库提供了 CAN 通信报文发送（CanTxMsg）结构体类型与 CAN 通信报文接收（CanRxMsg）结构体类型。发送报文前，用户应先对 CanTxMsg 结构体的各成员变量进行赋值，然后调用 CAN_Transmit()函数将报文发送出去。接收数据前，可先将 CanRxMsg 结构体的各成员变量进行初始化，然后调用 CAN_Receive()函数将接收到的数据存入其中。在“bsp_can.c”文件中输入以下代码：

```
1   /**
2     * @brief  初始化 RxMessage 数据结构体
```

```
3    * @param  RxMessage: 指向要初始化的数据结构体
4    * @retval None
5    */
6  void Init_RxMes(CanRxMsg *RxMessage)
7  {
8     uint8_t ubCounter = 0;
9
10    /* 把接收结构体清零 */
11    RxMessage->StdId = 0x00;
12    RxMessage->ExtId = 0x00;
13    RxMessage->IDE = CAN_ID_STD;
14    RxMessage->DLC = 0;
15    RxMessage->FMI = 0;
16    for (ubCounter = 0; ubCounter < 8; ubCounter++)
17    {
18       RxMessage->Data[ubCounter] = 0x00;
19    }
20 }
21
22 /**
23   * @brief  初始化 TxMessage 数据结构体
24   * @param  TxMessage: 指向要发送的数据结构体
25   * @param  ID: ID(标准或扩展)
26   * @retval None
27   */
28 void CAN_SetMsg(CanTxMsg *TxMessage, uint32_t StdID, uint32_t ExtID, \
29             uint8_t IDE)
30 {
31    int8_t ubCounter = 0;
32
33    TxMessage->StdId = StdID;
34    TxMessage->ExtId = ExtID;
35    TxMessage->IDE = IDE;
36    TxMessage->RTR = CAN_RTR_Data;  //设置为数据帧
37    TxMessage->DLC = 8;             //数据长度为 8B
38    /* 标准帧的数据段内容为 01234567 */
39    if(IDE == CAN_Id_Standard)
40    {
41       for (ubCounter = 0; ubCounter < 8; ubCounter++)
42       {
43          TxMessage->Data[ubCounter] = ubCounter + 0x30;
```

```
44          }
45      }
46      /* 扩展帧的数据段内容为 76543210 */
47      else if(IDE == CAN_Id_Extended)
48      {
49          for (ubCounter = 7; ubCounter >= 0; ubCounter--)
50          {
51              TxMessage->Data[7-ubCounter] = ubCounter + 0x30;
52          }
53      }
54  }
```

在上述代码片段中，Init_RxMes()函数用于在接收报文前清空报文接收结构体。CAN_SetMsg()函数用于配置报文发送结构体，同时为了突显程序的演示效果，将标准帧与扩展帧的数据载荷初始化为不同内容。

6. 使能CAN接收中断，编写中断服务程序

在步骤4（配置筛选器的工作方式）中，我们将筛选器组0、2、3与FIFO0接收缓存相关联，筛选器组1与FIFO1接收缓存相关联。在配置CAN中断时，我们应同时使能FIFO0和FIFO1的消息挂起中断，并编写相应的中断服务程序。在“bsp_can.c”文件中输入以下代码：

```
1   /**
2     * @brief  使能 CAN 接收中断，中断优先级配置
3     * @param  None
4     * @retval None
5     */
6   void CAN_NVIC_Config(void)
7   {
8       CAN_ITConfig(CANx, CAN_IT_FMP0, ENABLE);//使能 FIFO0 消息挂起中断
9       CAN_ITConfig(CANx, CAN_IT_FMP1, ENABLE);//使能 FIFO1 消息挂起中断
10
11      NVIC_InitTypeDef NVIC_InitStructure;
12      NVIC_PriorityGroupConfig(NVIC_PriorityGroup_1);
13      /* CAN1_FIFO0 接收中断优先级配置 */
14      NVIC_InitStructure.NVIC_IRQChannel = CAN1_RX0_IRQn;
15      NVIC_InitStructure.NVIC_IRQChannelPreemptionPriority = 0;
16      NVIC_InitStructure.NVIC_IRQChannelSubPriority = 0;
17      NVIC_InitStructure.NVIC_IRQChannelCmd = ENABLE;
18      NVIC_Init(&NVIC_InitStructure);
19
20      /* CAN1_FIFO1 接收中断优先级配置 */
21      NVIC_InitStructure.NVIC_IRQChannel = CAN1_RX1_IRQn;
```

```
22     NVIC_InitStructure.NVIC_IRQChannelPreemptionPriority = 0;
23     NVIC_InitStructure.NVIC_IRQChannelSubPriority = 1;
24     NVIC_Init(&NVIC_InitStructure);
25 }
26
27 /**
28   * @brief  CAN1 FIFO0 接收中断服务程序
29   * @param  None
30   * @retval None
31   */
32 void CAN1_RX0_IRQHandler(void)
33 {
34     /* FIFO0 接收邮箱有消息挂起 */
35     if(CAN_GetITStatus(CANx,CAN_IT_FMP0) != RESET)
36     {
37         /* 接收数据结构体初始化 */
38         Init_RxMes(&RxBuf);
39         /* 从邮箱中读出报文 */
40         CAN_Receive(CANx, CAN_FIFO0, &RxBuf);
41
42         /* 判断方式:ID 值与 ID 类型，判断是否收到了单个标准 ID 的数据 */
43         if(RxBuf.StdId == StandardID && RxBuf.IDE == CAN_Id_Standard \
44             && RxBuf.DLC == 8)
45         {
46             dataType_flag = 0;
47         }
48         /* 判断方式: 筛选器邮箱编号， 本例中 FMI=2 对应一组扩展 ID */
49         if(RxBuf.FMI == 2)
50         {
51             dataType_flag = 2;
52         }
53         /* 判断方式: 筛选器邮箱编号， 本例中 FMI=3 对应一组扩展 ID */
54         else if(RxBuf.FMI == 3)
55         {
56             dataType_flag = 3;
57         }
58         /* 释放 FIFO0 邮箱 */
59         CAN_FIFORelease(CANx, CAN_FIFO0);
60     }
61 }
62
```

```
63 /**
64   * @brief   CAN1 FIFO1 接收中断服务程序
65   * @param   None
66   * @retval  None
67   */
68 void CAN1_RX1_IRQHandler(void)
69 {
70     /* FIFO1 接收邮箱有消息挂起 */
71     if(CAN_GetITStatus(CANx,CAN_IT_FMP1) != RESET)
72     {
73         /* 接收数据结构体初始化 */
74         Init_RxMes(&RxBuf);
75         /* 从邮箱中读出报文 */
76         CAN_Receive(CANx, CAN_FIFO1, &RxBuf);
77 
78         /* 判断方式:ID 值与 ID 类型，判断是否收到了单个扩展 ID 的数据 */
79         if(RxBuf.ExtId == ExtendedID && RxBuf.IDE == CAN_Id_Extended \
80             && RxBuf.DLC == 8)
81         {
82             dataType_flag = 1;
83         }
84         /* 释放 FIFO1 邮箱 */
85         CAN_FIFORelease(CANx, CAN_FIFO1);
86     }
87 }
```

上述代码片段的第 8、9 行分别使能了 FIFO0 和 FIFO1 消息挂起中断，当 FIFO0 邮箱接收到消息且未处理时，便会触发 CAN_IT_FMP0 中断；同样地，FIFO1 邮箱接收到消息且未处理时，也会触发 CAN_IT_FMP0 中断。

在 STM32F4 标准外设库中，bxCAN 的多个中断对应同一个中断入口，因此进入中断后须调用 CAN_GetITStatus()函数以判断发生了哪种中断。具体的程序编写方式见上述代码片段第 35 行和第 71 行。

调用 CAN_Receive()函数从 FIFO 邮箱中读出报文后，将其存入 CanRxMsg 结构体成员变量中（上述代码片段第 40 行和第 76 行）。

CanRxMsg 结构体包含多个成员变量，因此用户有多种方法可以判断收到的数据类型。上述代码片段演示了两种接收数据类型的判别方法。

第一种方法的判别依据是 ID 值与 ID 类型（见上述代码片段第 43、79 行）。

第二种方法的判别依据是筛选器邮箱编号（FMI 值）（见上述代码片段第 49、54 行）。

7. 编写测试程序，收发报文并校验

在“main.c”文件中输入以下代码：

```
1    #include "sys.h"
2    #include "delay.h"
3    #include "usart.h"
4    #include "led.h"
5    #include "key.h"
6    #include "exti.h"
7    #include "bsp_can.h"
8
9    uint8_t keyValue = 0;
10   CanTxMsg TxBuf;                                 //CAN 发送缓冲区
11   CanRxMsg RxBuf;                                 //CAN 接收缓冲区
12   __IO int8_t dataType_flag = -1;                 //指明接收数据类型
13   uint32_t StandardID = 0x702, ExtendedID = 0x1801f003;
14   uint32_t uwCounter = 0;
15   uint8_t TransmitMailbox = 0;
16   /* 定义一组标准 CAN ID */
17   uint32_t StdIdArray[10] = {0x711, 0x712, 0x713, 0x714, 0x715,
18                              0x716, 0x717, 0x718, 0x719, 0x71a};
19   /* 定义另外一组扩展 CAN ID */
20   uint32_t ExtIdArray[10] = {0x1900fAB1, 0x1900fAB2, 0x1900fAB3, 0x1900fAB4,
21                              0x1900fAB5, 0x1900fAB6, 0x1900fAB7, 0x1900fAB8,
22                              0x1900fAB9, 0x1900fABA};
23   /* 函数声明 */
24   void CAN_Debug_Info(CanRxMsg *RxMessage);
25
26   int main(void)
27   {
28       uint8_t ExtIdArray_length = sizeof(ExtIdArray) / sizeof(ExtIdArray[0]);
29       uint8_t StdIdArray_length = sizeof(StdIdArray) / sizeof(StdIdArray[0]);
30       delay_init(168);                            //延时函数初始化
31       LED_Init();                                 //LED 端口初始化
32       Key_Init();                                 //按键端口初始化
33       EXTIx_Init();
34       USART1_Init(115200);                        //串口 1 初始化
35
36       CAN_GPIO_Config();
37       CAN_Mode_Config(CAN_Mode_Normal);           //配置 bxCAN 工作模式
38       /* 筛选一个标准 ID 和 一个扩展 ID */
39       CAN_Filter_Config_Scale32_IdList(StandardID, ExtendedID);
40       /* 筛选一组扩展 ID */
```

```
41      CAN_Filter_Config_Scale32_IdMask(ExtIdArray, ExtIdArray_length);
42      /* 筛选一组标准 ID */
43      CAN_Filter_Config_Scale16_IdMask(StdIdArray, StdIdArray_length);
44      CAN_NVIC_Config();
45
46      while (1)
47      {
48          if (keyValue == KEY_D_PRESS)              //“下键”按下
49          {
50              keyValue = 0;
51              /* 配置数据发送结构体 */
52              CAN_SetMsg(&TxBuf, StandardID, 0x00, CAN_Id_Standard);
53
54              /* 数据发送 */
55              TransmitMailbox = CAN_Transmit(CANx, &TxBuf);
56              uwCounter = 0;
57              /* 等待传输完成 */
58              while ((CAN_TransmitStatus(CANx, TransmitMailbox) != CANTXOK) \
59              && (uwCounter !=  0xFFFF)) {
60                  uwCounter++;
61              }
62          }
63          else if (keyValue == KEY_U_PRESS)         //“上键”按下
64          {
65              keyValue = 0;
66              /* 配置数据发送结构体 */
67              CAN_SetMsg(&TxBuf, 0x00, ExtendedID, CAN_Id_Extended);
68
69              /* 数据发送 */
70              TransmitMailbox = CAN_Transmit(CANx, &TxBuf);
71              uwCounter = 0;
72              /* 等待传输完成 */
73              while ((CAN_TransmitStatus(CANx, TransmitMailbox) != CANTXOK) \
74                      && (uwCounter !=  0xFFFF)) {
75                  uwCounter++;
76              }
77          }
78          else if (keyValue == KEY_L_PRESS)         //“左键”按下
79          {
80              keyValue = 0;
```

```
81          static int n = 0;
82          /* 配置数据发送结构体 */
83          CAN_SetMsg(&TxBuf, 0x00, ExtIdArray[n++], CAN_Id_Extended);
84          if (n == 10)
85             n = 0;
86          /* 数据发送 */
87          TransmitMailbox = CAN_Transmit(CANx, &TxBuf);
88          uwCounter = 0;
89          /* 等待传输完成 */
90          while ((CAN_TransmitStatus(CANx, TransmitMailbox) != CANTXOK) \
91                 && (uwCounter !=  0xFFFF))     {
92             uwCounter++;
93          }
94       }
95       else if (keyValue == KEY_R_PRESS)         //“右键”按下
96       {
97          keyValue = 0;
98          static int m = 0;
99          /* 配置数据发送结构体 */
100         CAN_SetMsg(&TxBuf, StdIdArray[m++], 0x00, CAN_Id_Standard);
101         if (m == 10)
102            m = 0;
103         /* 数据发送 */
104         TransmitMailbox = CAN_Transmit(CANx, &TxBuf);
105         uwCounter = 0;
106         /* 等待传输完成 */
107         while ((CAN_TransmitStatus(CANx, TransmitMailbox) != CANTXOK) \
108               && (uwCounter !=  0xFFFF))  {
109            uwCounter++;
110         }
111      }
112      /* 判断接收到了什么类型的数据 */
113      switch (dataType_flag)
114      {
115         case 0:                                    //单个标准 ID
116            printf("Single StdId.\r\n");
117            CAN_Debug_Info(&RxBuf);
118            dataType_flag = -1;
119            break;
120         case 1:                                    //单个扩展 ID
```

```
121                 printf("Single ExtId.\r\n");
122                 CAN_Debug_Info(&RxBuf);
123                 dataType_flag = -1;
124                 break;
125             case 2:   //一组扩展 ID
126                 printf("Array ExtId.\r\n");
127                 CAN_Debug_Info(&RxBuf);
128                 dataType_flag = -1;
129                 break;
130             case 3:   //一组标准 ID
131                 printf("Array StdId.\r\n");
132                 CAN_Debug_Info(&RxBuf);
133                 dataType_flag = -1;
134                 break;
135             default:
136                 break;
137         }
138     }
139 }
140
141 /**
142   * @brief  CAN 调试信息输出
143   * @param  RxMessage: 指向存放接收数据的结构体
144   * @retval None
145   */
146 void CAN_Debug_Info(CanRxMsg *RxMessage)
147 {
148     printf("StdId: 0x%x\r\n", RxMessage->StdId);
149     printf("ExtId: 0x%x\r\n", RxMessage->ExtId);
150     printf("Filter Mailbox Index: %d\r\n", RxMessage->FMI);
151     printf("收到的数据: ");
152     for (int i = 0; i < 8; i++)
153     {
154         printf("%c", RxMessage->Data[i]);
155     }
156     printf("\r\n*************************************\r\n");
157 }
```

8. 观察试验现象

将接收单元与上位机通过串行通信口相连，然后打开上位机的串口调试助手，设置好波特率等参数。按下发送单元电路板上的不同按键，可在串口调试助手中查看接收到的 CAN 报文帧信息，具体如图 5-2-23 所示。

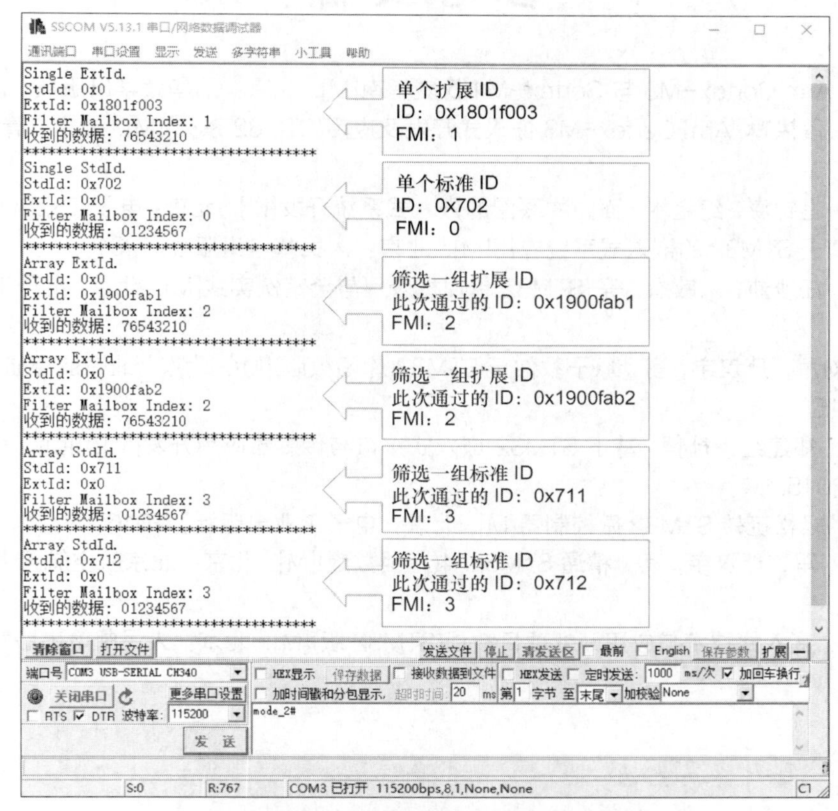

图5-2-23　在串口调试助手中查看收到的CAN报文帧信息

从图 5-2-23 中可以看到，不同 ID 的报文会经由不同的筛选器（邮箱编号 FMI 不同）筛选后存入接收 FIFO，如单个标准 ID（0x702）对应的邮箱编号 FMI 为 0，一组扩展 ID（0x1900fab1）对应的邮箱编号 FMI 为 2。

参考文献

[1] 姚文祥. Arm Cortex-M3 与 Cortex-M4 权威指南[M]. 北京：清华大学出版社，2015.

[2] 张新民，段洪琳. Arm Cortex-M3 嵌入式开发及应用(STM32 系列)[M]. 北京：清华大学出版社，2016.

[3] 廖建尚，冯锦澎，纪金水. 面向物联网的嵌入式系统开发[M]. 北京：电子工业出版社，2019.

[4] 孙光. 基于 STM32 的嵌入式系统应用[M]. 北京：人民邮电出版社，2019.

[5] 沈红卫，任沙浦，朱敏杰，等. STM32 单片机应用与全案例实践[M]. 北京：电子工业出版社，2017.

[6] 张洋，刘军，严汉宇，等. 原子教你玩 STM32(库函数版)[M]. 北京：北京航空航天大学出版社，2015.

[7] 廖建尚，郑建红，杜恒. 基于 STM32 嵌入式接口与传感器应用开发[M]. 北京：电子工业出版社，2015.

[8] 杨百军. 轻松玩转 STM32 微控制器[M]. 北京：电子工业出版社，2016.

[9] 张洋，刘军，严汉宇，等. 精通 STM32F4(库函数版)[M]. 北京：北京航空航天大学出版社，2019.

[10] 郭志勇. 嵌入式技术与应用开发项目教程(STM32 版)[M]. 北京：人民邮电出版社，2019.